计算机辅助产品造型与结构设计

王　展著

電子工業出版社
Publishing House of Electronics Industry
北京 · BEIJING

内 容 简 介

本书以产品设计工程建模软件的应用方法为基础，将产品设计实现方面的知识与之相结合，系统地阐述了产品造型、结构、材料与加工工艺之间的联系，构建了一个“一体化”的关于产品设计实现的方法。本书分为五章，内容包括产品造型、结构与工艺的设计解读，数字模型构建思维与工程软件的基本操作，经典产品造型设计解析与数模重构，塑料产品成型工艺与结构设计的基本方法，钣金产品成型工艺与结构设计的基本方法。通过本书的阅读，读者可以较为系统地了解产品设计与工程实现之间的关系，掌握产品设计工程建模的方法，形成“一体化”的产品设计思维。

本书可供工业设计或机械设计专业技术人员参考，也可作为应用型本科院校的教学用书。

图书在版编目（CIP）数据

计算机辅助产品造型与结构设计 / 王展著. —北京：电子工业出版社，2019.3

ISBN 978-7-121-35576-9

Ⅰ. ①计… Ⅱ. ①王… Ⅲ. ①产品设计－计算机辅助设计－应用软件－教材 Ⅳ. ①TB472-39

中国版本图书馆 CIP 数据核字（2018）第 265207 号

策划编辑：赵玉山
责任编辑：赵玉山
印　　刷：北京京师印务有限公司
装　　订：北京京师印务有限公司
出版发行：电子工业出版社
　　　　　北京市海淀区万寿路 173 信箱　邮编　100036
开　　本：787×1 092　1/16　印张：15.5　字数：427 千字
版　　次：2019 年 3 月第 1 版
印　　次：2019 年 9 月第 2 次印刷
定　　价：44.00 元

凡所购买电子工业出版社图书有缺损问题，请向购买书店调换。若书店售缺，请与本社发行部联系，联系及邮购电话：(010) 88254888，88258888。

质量投诉请发邮件至 zlts@phei.com.cn，盗版侵权举报请发邮件至 dbqq@phei.com.cn。

本书咨询联系方式：（010）88254556，zhaoys@phei.com.cn。

前　　言

笔者从事工业设计方面的教学工作多年，主要教授“产品设计”、“产品结构设计”、“产品设计材料与加工工艺”、“计算机辅助产品设计”等专业课程。根据多年的产品设计实践和教学经验，笔者认为这四门课程在工业设计专业的体系内有着非常紧密的联系，具体表现为：产品外观设计离不开结构设计的支撑，产品结构的实现需要根据产品功能与外观的要求选择合适的材料与加工工艺并且采用合理的结构设计方案，同时现代产品设计大多是依靠计算机实现数字模型的创建然后交付加工流程的。这四门课程最终目的都是解决产品设计实现的问题，而在一般的教学过程中，这四门课程通常分散在不同的学期和阶段，课程间割裂的情况比较严重，学生很难形成关于产品设计实现的完整的知识体系，无法有效地累积设计经验，在某种程度上影响了学生毕业时应具备的专业能力。在笔者看来，无论是概念设计还是创新设计，如果没有实现的可能，那么反映出的决不是设计者想象力的丰富，恰恰是设计者对产品实现系统知识的匮乏。通过长期的教学与实践，笔者发现借助于计算机辅助教学的契机，可以系统地将产品造型设计、产品材料与加工工艺、产品结构设计方面的知识串联起来，利用计算机辅助设计课程通常开设在其他专业课程之前的时间优势，让学生初步建立一个比较完整的产品设计实现的知识体系，而后通过后继的专业课程对知识点不断深入地学习、熟练运用，为将来的就业和深造打下坚实的产品设计工程基础。

本书想要表达的是一种一体化的、缜密的产品设计思维和方法，不追求工程软件应用上的技巧，强调产品造型设计、结构设计的合理性，能够对不同的加工材料和工艺制定相应的数字模型构建策略。本书适合已经进入产品设计专业课程学习的学生阅读，也适合对工业设计感兴趣的工程技术人员阅读。读者应该对产品设计的概念有初步的认识与了解，在此基础上本书通过计算机工程软件的教学，提供了一个整合产品设计知识的平台，教导学生通过工程软件的学习，初步掌握产品设计实现的知识体系，建立比较完整的产品设计的概念。本书尽可能采用案例说明的方式对知识点进行解释，并且由点及面充分发散，让读者能够广泛接触与产品设计相关的知识，相信对启发学习兴趣、增强学习的主动性很有帮助。

工业设计具有艺术性与技术性的双重特征，是一门综合性强、知识面广的复合型学科，又是一门与时俱进、不断变化发展的学科。作为一名工业设计师和设计教育工作者，笔者通过不断学习、实践、教学，总结出一些经验与心得，本书的撰写就是在此基础上完成的。“产品设计”是一个极具内涵的概念，影响设计结果的因素很多，包括文化、历史、管理、策划、市场、用户、成本、工艺等，最终的产品设计实物只是一个结果，采用正确的学习方法，构建完善的产品设计实现方法体系，培养一体化的设计思维才是本书撰写的根本目的。由于作者水平有限，本书存在一些不足之处，恳请广大师生和专家、读者不吝赐教。

王展　2018 年 11 月

目　　录

第1章 产品造型、结构与工艺的设计解读

2015年10月，国际设计组织（The World Design Organization，WDO）宣布了工业设计的最新定义:（工业）设计旨在引导创新、促发商业成功及提供更好质量的生活，是一种将策略性解决问题的过程应用于产品、系统、服务及体验的设计活动。它是一个跨学科的专业，将创新、技术、商业、研究及消费者紧密联系在一起，共同进行创造性活动，并将需解决的问题、提出的解决方案进行可视化，重新解构问题，并将其作为建立更好的产品、系统、服务、体验或商业网络的机会，提供新的价值以及竞争优势。（工业）设计通过其输出物对社会、经济、环境及伦理做出回应，旨在创造一个更好的世界。[①]

根据这个最新的定义，我们发现工业设计的内涵和外延发生了巨大的拓展，甚至“服务”、“商业模式”也成为了设计的对象。纵观工业设计的发展历程，出现边界如此宽泛的定义并不意外，而是历史的必然。一般认为现代工业设计根据应用场景的不同主要有三个层次的应用，分别是生产型工业设计、营销型工业设计和策略型工业设计。生产型工业设计强调产品设计过程与生产工艺的紧密结合，确保产品造型和结构的生产可实现性和成本控制能力；营销型工业设计把设计同市场营销策略与营销活动相结合，通过用户研究的方式充分发掘客户需求，“设计”也成为了产品营销策略的一部分，通过设计可以达到精准营销的目的；策略型工业设计已经成为公司发展战略的重要组成部分，设计活动可以助力公司管理，优化公司资源，打造核心产品优势，通过设计活动创造、发展出新的商业模式已经成为可能，甚至可以通过设计获得大大超越产品本身的价值。需要注意的是，这三个层次的工业设计根据不同的应用场景，在当前的设计环境中是同时存在的，并且不论哪个层次，产品设计始终是产品或服务成功的基础。目前，工业设计主要有以下几个发展趋势：（1）设计对象的范围愈加宽泛，产品+服务的模式越来越普遍；（2）多学科交叉成为产品设计创新的基础，设计与人文、技术性学科的结合愈加紧密；（3）工业设计对产品形象的凸显作用愈加明显，对品牌价值的贡献越来越大。虽然（工业）设计的外延在不断拓展，但不管怎样，前提都是把产品本身的设计工作做好，从工业设计的角度就是把产品的造型、结构、工艺的问题以及它们之间关系的问题处理好。

产品的造型设计重点解决的是产品外观形式的塑造问题，从手工艺品到工业产品都是以实体形态的形式呈现的，产品结构的表达是客观存在的，既保证了产品造型的顺利实现又确保了产品功能的实现，因此产品的造型设计与结构设计是相辅相成的，在设计过程中必须一并考虑。同时，产品外观与结构的实现又绕不开加工工艺的问题，因此在产品造型与结构设计前也需要进行“顶层设计”，将产品造型、结构与工艺的问题系统考虑，通过规划为设计活动确定切实可行的技术路径，避免给后续的设计实现留下隐患而导致设计工作的失败。

---

① http://wdo.org/about/definition.

1.1 产品造型解读

工业设计是一门古老而年轻的学科，说它年轻，是因为作为一门学科，它从20世纪20年代才开始确立，说它古老，是因为它是人类设计活动的继承和延续。人类设计活动的发展大致可以分为三个阶段：设计萌芽阶段，主要指旧石器时代，原始社会时期人类的生产活动受到自然条件的限制，制造石器一般都是就地取材，拣拾石块打制成合适的工具；手工艺设计阶段，主要指新石器时代到工业革命之前，用手工劳动或运用简单的生产工具从事生产活动；工业设计阶段，主要指采用工业设备大批量地生产各种产品。从20世纪开始，由于新技术、新材料和新工艺的发展给产品功能带来了极大的提升和拓展，现代设计的先驱们也开始了对现代设计的探索，于是主张功能第一、突出现代感和摒弃传统样式的现代设计发展起来。1919年，德国“包豪斯”的成立标志着现代设计教育的诞生，对世界现代设计的发展产生了深远的影响，也进一步推动了工业设计的发展。真正确立工业设计在工业界地位的是美国，美国对于世界设计的最重要贡献就是发展了工业设计，把工业设计带入了职业化、多元化、高度商业化的发展道路，并以科技和时尚引领了国际工业设计的潮流。1929年，由于美国股票市场崩溃导致经济大萧条，1933年，美国的国家复兴法冻结了物价，使得产品生产企业无法在价格层面进行竞争，只能通过产品的功能和外观样式吸引客户，可以说那时的工业设计就是作为产品造型塑造的方法和工具而存在的。

进入21世纪以来，产品同质化的现象愈加明显，不同品牌的同类型产品形态类似、功能相近、价格区间重合、竞争激烈的状况不胜枚举。产品想要在激烈的市场竞争中占有一席之地，造型设计必然需要体现一些与众不同的特点，造型设计的成功与否将直接影响消费者对产品的印象。通过产品造型设计凸显产品特征、增强消费者对产品的认知和识别能力无疑是避免产品同质化和强化产品形象的有效方法。随着企业对工业设计理解和运用水平的不断提高，越来越多的企业开始在进行产品造型设计时将技术、文化因素进行协同考虑，以丰富产品造型的文化内涵和技术内涵，提升产品造型设计多维度的价值。

1.1.1 对于产品造型设计的理解

1. 产品造型的来源

通过研究发现，人们生活中绝大多数产品的造型都是逐渐进化而来的。就从人们的日常生活用品来看，大部分日用品的使用历史可以追溯至上千年前，比如桌椅、橱柜、碗、筷、水杯等，上百年使用史的产品更为常见，如钟表、自行车、汽车、飞机等。人们对这些产品的使用一直在延续，而且总体看来，在整体造型的设计方面变化不大，足以证明这些产品的形态是通过实践检验，被证明在功能方面是足够优秀的，而且技术的进步给它们带来了制作材料、加工技术以及批量化生产能力的提升。同时随着设计理念的发展、设计风格的变换，这些日用品通过丰富的造型设计给人们带来了不同的视觉感受。因此在设计生活日用品时，必须充分研究人们使用产品时对应的行为特征以及产品的发展历史，对于具有颠覆性的设计，比如在使用方式上改变很大的设计要小心谨慎，下面以自行车的设计为例说明这一观点。自行车是人类发明的最成功的人力机械之一，法国人西夫拉克1790年发明了木制自行车，只有两个轮子而没有传动装置，人骑在车上用两脚蹬地驱车向前滚动。英国人罗松于1874年在此基础上装上了链条和链轮，用后轮的转动来推动车子前进。1886年英国人詹姆斯把自行车前后轮改为同样大小（见图1-1-1），使车型与现代自行车基本相同，如图1-1-2所示。一百多年后的今天，自行车已经发展出了公路车、山地车、休闲车等十几个类别，但整体造型和技术原理没有根本性的变化。

图1-1-1　詹姆斯修改后的自行车

图1-1-2　现代自行车

2. 产品是使用价值物化的表达

产品与艺术品本质的区别在于其使用价值的高占比，人们购买产品的主要目的在于实现产品的使用价值，只不过在精神文明和物质文明愈加发达的今天，人们除了要求产品能够实现使用价值，对产品的美学价值也提出了要求。不可否认工业设计的初衷是为了提升产品外观对消费者的吸引力，但在实际的设计过程中，工业设计对产品外观的优化往往会间接带来产品结构与功能的优化，产品的使用价值也能够得以进一步提升。但是，需要看到的是，工业设计并不是大部分消费者选购产品的优先条件，对绝大多数消费者而言，产品的功能、使用体验、品牌、售价等才是决定因素。西门子公司在手机领域曾经也是主流厂商之一，一度推出过不少经典手机产品，2001年上市的3618手机是当年最炫的三防手机，2003年推出的SL55手机是世界上第一款滑盖手机，当然在工业设计方面，西门子手机也是一流的，如图1-1-3所示。然而基于对当时手机市场发展的预期，2003年，西门子创立了一个新的手机品牌Xelibri，如图1-1-4、图1-1-5所示，西门子认为“游戏规则已经改变”，“移动电话市场已经迎来设计革命”，未来手机将成为人们随身的装饰品之一，手机款式的设计将决定产品的价值，相对而言技术和功能已经基本成型，不再是吸引消费者的主要因素。要知道在2003年，这样的手机造型设计绝对是十分大胆的，就算以今天的眼光来看依然是十分惊艳的，并且不是以概念机而是以量产机的形式推向了市场。然而在那时，彩屏手机越来越成为手机的主流配置，黑白屏的Xelibri即便对于普通消费者而言也有点落伍了，更不用说那些作为目标人群的时尚人士了。教训是惨痛的，随着Xelibri品牌昙花一现，加上西门子手机本身战略上的问题，2006年西门子最终退出了手机市场，错过了后来智能手机高速发展的黄金十年。

普遍认为，苹果公司的系列产品（见图1-1-6）是世界上最优秀工业设计的代表之一，消费者对简约精致的苹果风格认同度很高。众所周知，苹果产品的溢价是比较高的，即便如此还是有不少“果粉”一如既往地为其买单。苹果产品主要有以下特点：（1）苹果产品与同类产品相比具有较大的技术优势，是行业的领先者。以苹果手机搭载的A系列手机芯片来说，对于每一代芯片，苹果一般从3年前就开始着手架构设计，从A4到如今的A12，性能往往都是领先于同行旗舰芯片的。（2）苹果公司的产品质量稳定、故障率低，适合专业用户。从早期的苹果电脑开始，苹果的用户大部分为专业用户，目前来看虽然 iPhone、iPad 用户数量占到了大多数，但像 Mac 系列的电脑、工作站依然拥有大量的专业级用户。虽然软硬件闭环的产品策略使得苹果一度面临严重的危机，但从系统角度来看，针对硬件的软件优化确保了系统的稳定，给用户带来了流畅的使用体验，几乎不会发生系统崩溃的情况，这点对专业用户来说是很具有吸引力的。（3）从长期来看，苹果的性价比不低。还是以苹果手机为例，据统计，苹果手机用户换机周期最长，使用三年及三年以上的占到了苹果手机总用户的 40%以上，理由很简单，苹果新款手机往往使用两年以上还不会落伍，2015 年苹果发布的 iPhone 6s 距今已有三年之久，销售状况依然良好，相对于搭载安卓系统的手机来说，苹果手机较长的换机周期、流畅的系统性能也是消费者非常看重的因素。（4）具有优秀的工业设计品质。符合市场需求、工业设计优秀的产品终究能在激烈的市场竞争中脱颖而出。苹果公司历来重视工业设计，在苹果公司自己成立工业设计部之前，很多产品都是委托专业的设计公司进行设计的，翻看苹果早期的电脑产品，很多设计工作都是委托美国著名的设计公司——青蛙设计（Frog Deign）完成的。优秀的设计不能仅仅停留在产品造型层面，将美学与功能结合是苹果产品的一大特色。客观而言，用户使用工业设计优秀的产品，也间接提升了欣赏水平、培养了美学素养。

图 1-1-3　西门子经典手机产品

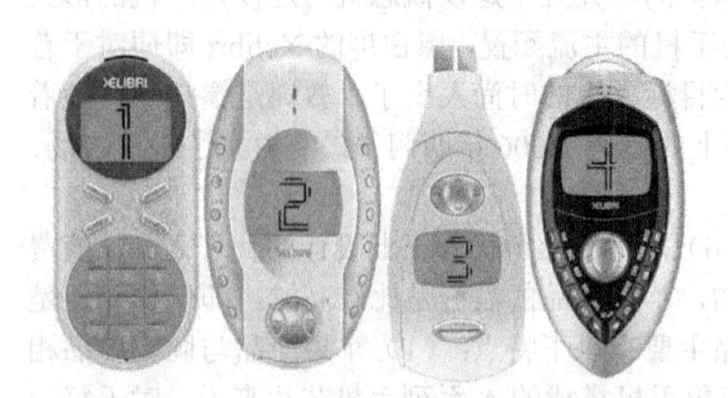

图 1-1-4　西门子 Xelibri 品牌系列产品 1

图 1-1-5　西门子 Xelibri 品牌系列产品 2

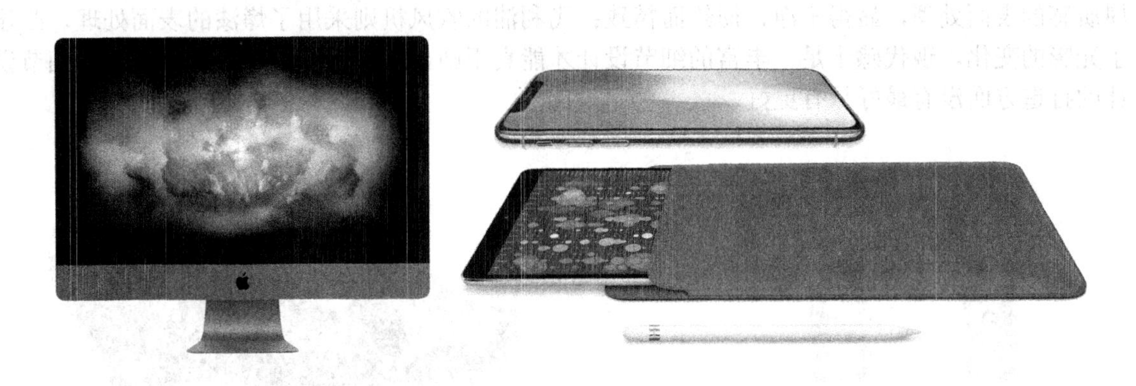

图 1-1-6　2018 年苹果最新产品

3．产品造型设计的难点在于细节的处理

前面已经讲过，生活中的绝大多数产品的造型都是“进化”后的结果，不同厂家间的同类型产品往往在整体构造上大同小异，但在设计细节的处理上区别很大。比如家用电吹风，通过百度图片搜索引擎搜索“电吹风”三个字，搜索出的电吹风在整体造型上几乎如出一辙，如图 1-1-7 所示。造成这样结果的主要原因在于产品原理构造成熟、用户对电吹风的使用方式已经基本固定，因此在进行产品造型设计的时候更加需要通过产品外观细节的处理来与其他同类型产品形成差异。

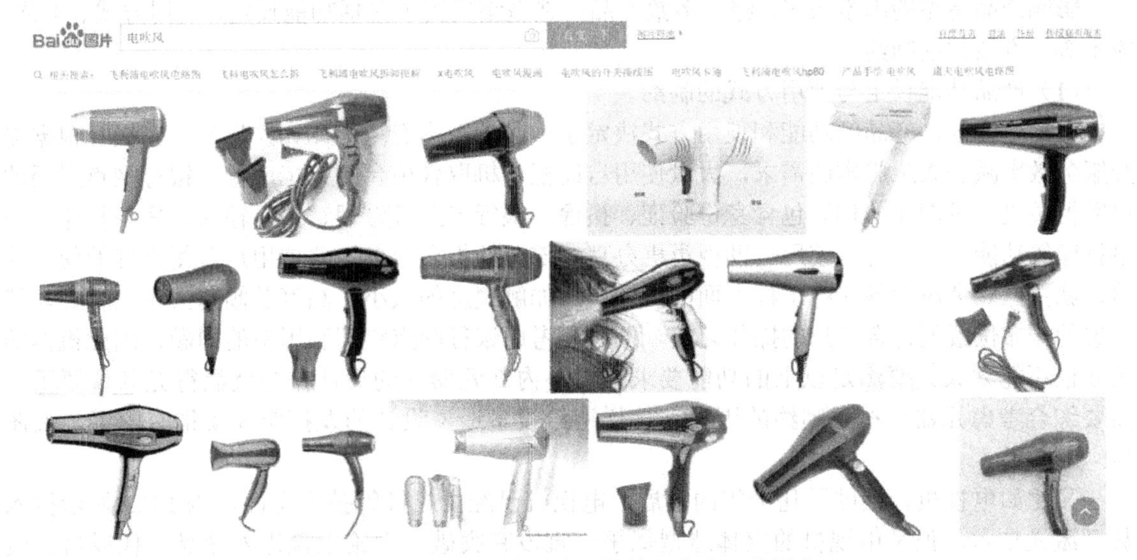

图 1-1-7　通过百度搜索到的关于电吹风的图片

首先是造型设计的主要特征，以戴森的电吹风与飞利浦的电吹风为例，两者的造型设计风格特征迥异。戴森的造型设计语言类似于苹果系列产品，如图 1-1-8 所示，机体设计采用比较几何化的处理方式，造型简洁、干练，飞利浦电吹风的设计则明显采用了有机、仿生的设计风格，造型自然流畅，如图 1-1-9 所示。其次是产品细节设计的处理，两款产品的细节造型与各自的整体风格保持了一致性，装饰性与功能性相互融合。戴森电吹风的细节设计整齐、均匀、对称，体现了很好的秩序感；飞利浦电吹风的细节设计考虑到了人机工程的因素，同时造型语言丰富，显得十分生动。再次，材质的处理也发挥了显著的作用，戴森的电吹风采用了亚光金

属质感的表面处理，显得干净、简约而精致；飞利浦的吹风机则采用了烤漆的表面处理，凸显了光影的变化，现代感十足。丰富的细节设计才能真正凸显设计的功力和价值，在产品细节设计的打造方面没有最好只有更好。

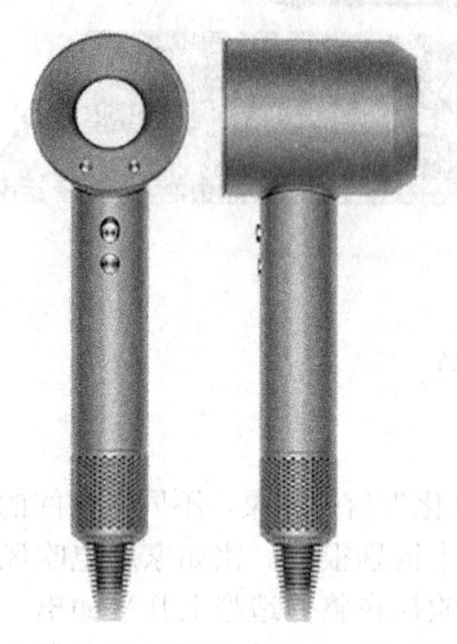

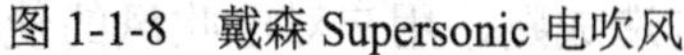

图 1-1-8 戴森 Supersonic 电吹风

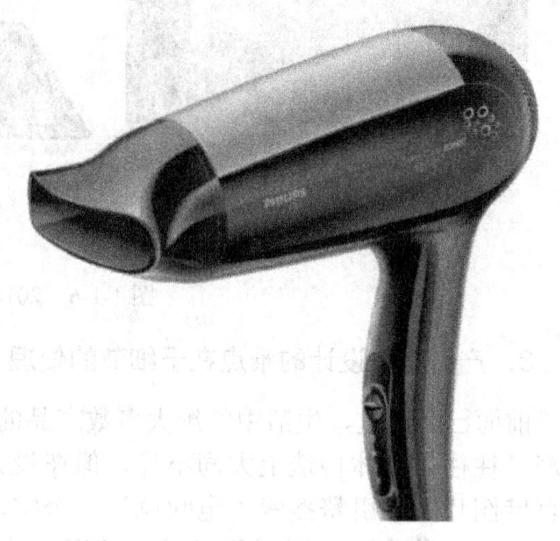

图 1-1-9 飞利浦 HP8115 型电吹风

4．产品造型是多方条件制约的结果

影响产品造型的因素很多，绝大多数产品的造型都受到了包括功能设定、使用方式、工艺、成本等多方条件的制约。

（1）产品功能设定与使用方式的制约

大部分时候，产品的功能和使用方式决定了产品的基本造型，比如，目前很多银行根据提升服务效率减少人工成本的需求，大量使用自助柜员机取代柜台的人工服务。银行网点采用的自助柜员机（见图 1-1-10）包含身份验证、摄像、银行卡业务办理、密码输入、凭条打印、回单打印等功能，用户可以使用自助柜员机办理大部分的柜台业务。要使用户获得良好的使用体验，就要重点考虑设备人机工程方面的问题，比如触摸屏的大小、高度及倾角大小，各类功能装置的排布位置要符合客户的操作习惯，同时要考虑银行网点空间利用率的问题，因此机器的尺寸也不能太大。要满足以上的功能要求，设备内部元器件的设计排布就显得尤其重要了，需要综合考虑元器件相互制约的因素，这样留给设备造型设计的发挥空间就很有限了，如图 1-1-11 所示。

又比如电视机，经过了几十年的发展，电视机已经由显像管技术全面转为 LED 显示技术甚至激光技术，但是电视机的整体造型似乎一直没有突破。理论上说进入液晶时代以后，液晶面板的形状在工艺实现上并没有局限性，圆形、三角形、菱形都可以由加工好的大面板切割而来，但在实际生活中异形面板的电视却很少见，如图 1-1-12 所示。这一现象的产生主要有以下几个原因：（1）异形面板材料的损耗率高，从大面板上进行切割时矩形的材料利用率最高；（2）电视机的主要功能是将电视台发出的高频电视信号通过解码还原成视频和音频，而视频的规格基本是矩形的，如果用异形屏幕播放要么图像不全，要么图像缩小，都会影响观感；（3）观众观看电视的习惯也是重要原因，行为习惯的力量是强大的，电视机从 1925 年诞生至今，其基本形态一直是矩形，尽管技术的发展提升了图像的品质，但基本形式没有发生改变，即使有的电视机采用了最新的曲面屏技术，但从观众的角度看过去依然是矩形的。再比如对门把手造型的设计考虑主要是从人机工程角度出发的，是由人的抓握以及施力方式决定的，因此不管风格、装饰性如何，其基本的造型特征都十分接近（见图 1-1-13、图 1-1-14）。

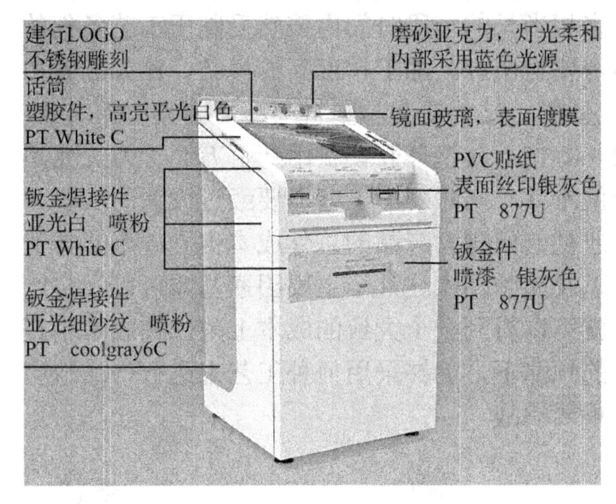

图 1-1-10　银行自助柜员机

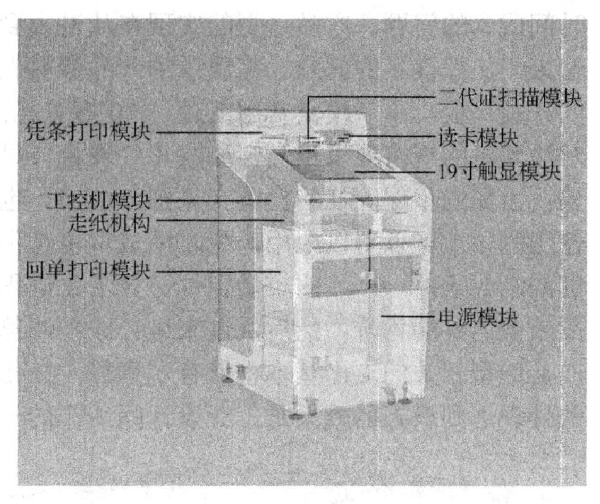

图 1-1-11　自助柜员机主要功能模块

图 1-1-12　通过百度搜索到的关于电视机的图片

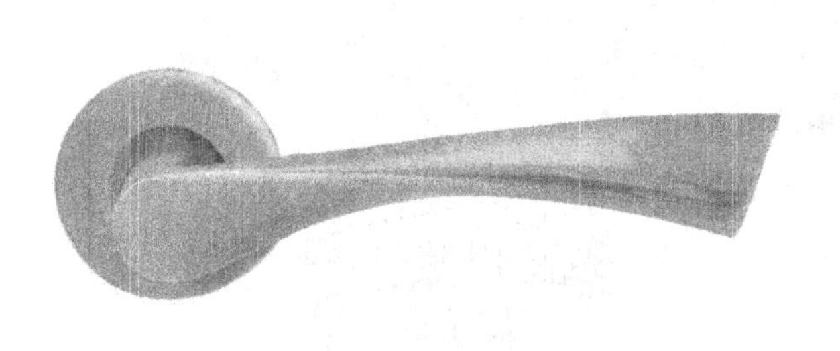

图 1-1-13　经典门把手设计

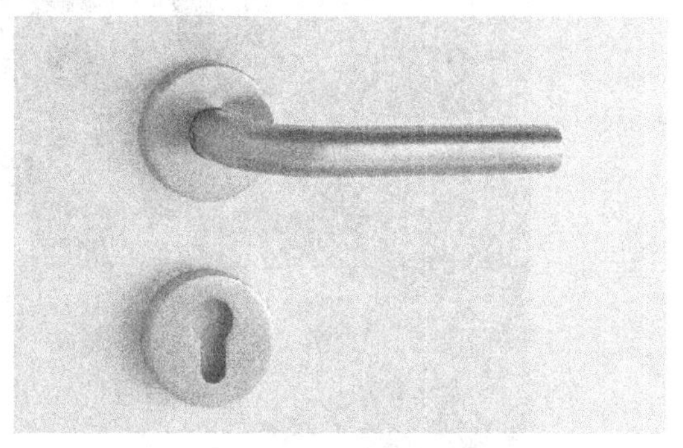

图 1-1-14　现代简约风格门把手设计

（2）产品工艺和成本的制约

产品工艺因素是很大的一个制约条件，产品制造工艺的选择不仅有工艺风险的问题，也有时间成本的问题。产品造型的实现在从过去到未来相当长的一段时间内依然受制于工艺条件的约束，比如模具的问题。高质量的产品塑料壳体需要材质好、加工精度高的模具，比如施耐德的开关面板，单个模具费用就超过 30 万美元；大体积、结构复杂的塑料产品需要大型的模具，对注塑机的规格要求也高，如汽车仪表台（见图 1-1-15）的整体开模费用从百万至千万美元不等，再如汽车保险杠的模具（见图 1-1-16）也价值不菲。同时新的工艺需要经过大量的实验与使用测试才可以得以应用，故时间成本也是不容忽视的问题。产品的总体成本也是一个非常关键的制约条件。产品的市场定位、技术先进程度以及品牌档次这几个主要因素基本可以锁定产品未来的终端售价，然后反过来进行成本测算，就可以得到一个大致的成本上限，在成本中跟产品造型相关的支出基本也就有了预算，在相应的预算下，能够采用何种工艺来进行产品造型的处理达到最好的效果是工业设计师工作的一项重要挑战。

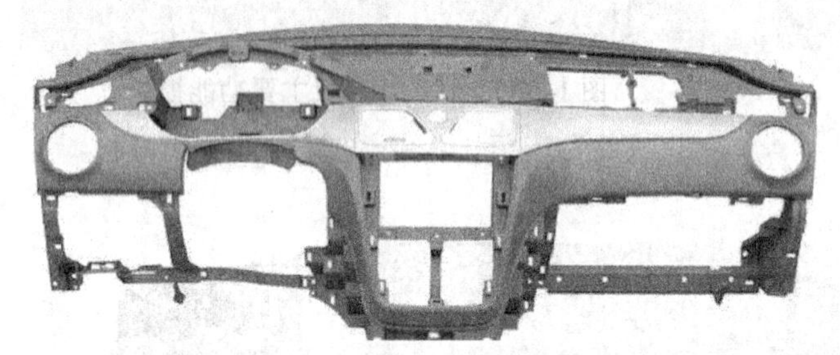

图 1-1-15　汽车仪表台

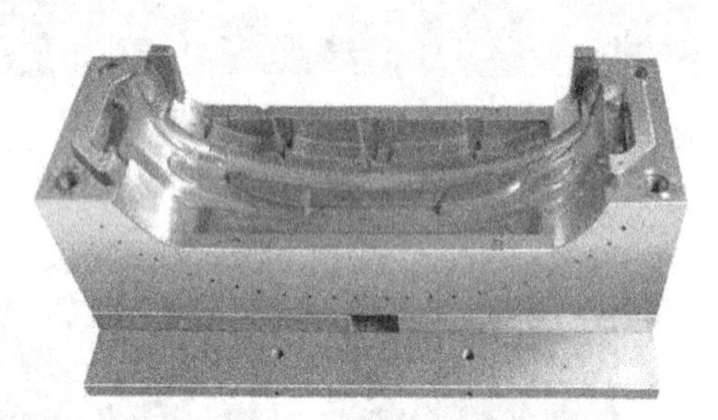

图 1-1-16　汽车保险杠模具

很多工业设计大师的作品亦留下了他们所在时代生产条件的烙印，比如德国工业设计大师迪特·拉姆斯（Dieter Rams）曾经阐述他的设计理念是“少，却更好”（Less, but better），堪称伟大，与今天苹果简约精致的设计理念如出一辙，如图 1-1-17 所示。通过对比图 1-1-18 和图 1-1-19 可以看到，产品设计呈现出的质感与造型细节的表达反映出的差距主要是由技术和工艺造成的结果。在迪特·拉姆斯先生工作的年代，数控加工中心（CNC）尚未普及，三维打印技术还没有出现，铝阳极氧化工艺还没有应用于普通家电产品。

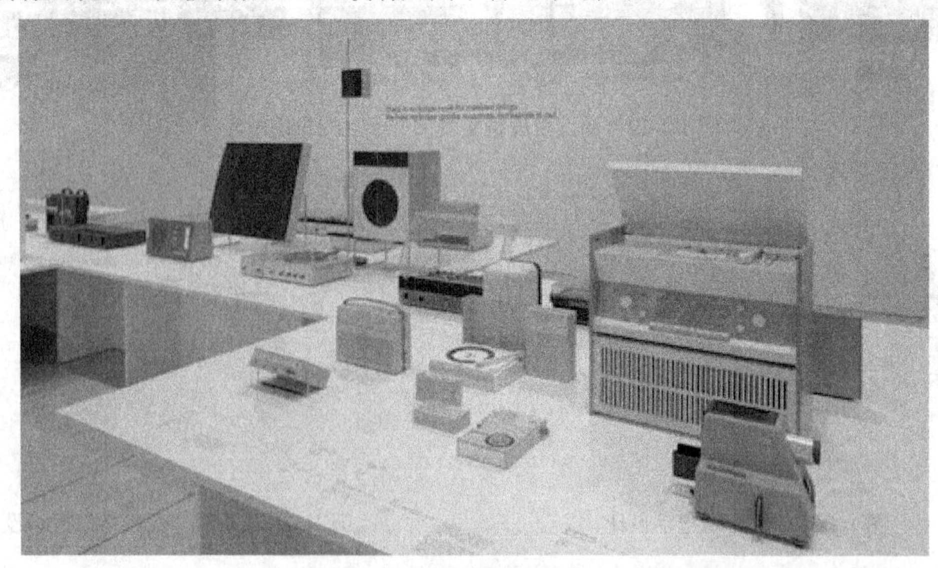

图 1-1-17　迪特·拉姆斯作品（图片来自灵感日报）

图 1-1-18　拉姆斯设计的收音机（图片来自灵感日报）

图 1-1-19　iPod 音乐播放器

5. 产品造型的创新需要大胆的设想

在大机器生产时代初始，因受制于加工工艺和技术条件，在产品造型处理的问题上方法有限，即便如此人们在产品形式创新方面的追求依然孜孜不倦。我们可以假设自己与工业设计大师们同处于一个时代，从他们的作品中可以感受到创新的勇气和想象的力量。

美国的工业设计之父雷蒙德 • 罗维在 1936 年改造了宾夕法尼亚铁路局设计的 S-1 火车车头，摒弃了数量庞大且加工繁杂的铆钉连接，而是采用焊接技术，使得火车头的外形完整流畅，极富科幻色彩，简化维护操作的同时也降低了成本，如图 1-1-20 所示。1967 年到 1973 年间，罗维被美国宇航局聘为常驻顾问，参与土星-阿波罗空间站的设计。为了确保在极端失重情况下宇航员的心理与生理的安全与舒适，雷蒙德大胆设计出模拟重力空间，开设能远望地球的舷窗，使三名宇航员在空间站中舒适地生活了 90 天。

图 1-1-20　雷蒙德 • 罗维为宾夕法尼亚铁路局设计的 S-1 火车车头

德国工业设计大师卢吉 • 科拉尼早年在柏林学习雕塑，后到巴黎学习空气动力学，1953 年在美国加州负责新材料项目。这样的经历使他的设计具有空气动力学和仿生学的特点，表现出强烈的造型意识。当时的德国设计界努力推进以系统论和逻辑优先论为基础的理性设计，而科拉尼则试图跳出功能主义圈子，希望通过更自由的造型来增加趣味性，他设计了大量造型极为夸张的作品并逐步成为世界著名的设计大师，"流线型概念"奠定了他在工业设计领域中的地位。早在20世纪50年代，他就为多家公司设计跑车和汽艇，其中包括世界上第一辆单体构造的跑车BMW700，20世纪60年代，他又在家具设计领域获得举世瞩目的成就，之后科拉尼用他极富想象力的创作手法设计了大量的运输工具、日常用品和家用电器，如图1-1-21、图1-1-22、图1-1-23所示。

图1-1-21　科拉尼设计的游艇

图1-1-22　科拉尼设计的航空器

图1-1-23　科拉尼设计的房车

现今各类加工技术和工艺日趋成熟，尤其是三维打印技术逐渐普及，对产品造型设计来说更容易跳出传统加工工艺的限制，设计师的创意实现能力得到空前的提升。3D打印的基本原理都是基于"分层制造，逐层叠加"思想的，区别于传统的"减材制造"，3D打印技术将机械、材料、计算机、通信、控制技术和生物医学等技术融会贯通，具有缩短产品开发周期、降低研发成本和一体制造复杂形状工件等优势，未来可能对制造业生产模式与人类生活方式产生重要的影响。如设计师EarlStewart与他的足科医生朋友合作设计的鞋子，先用三维扫描仪采集客户足部三维数据，再采用3D打印的方式制作，如图1-1-24、图1-1-25所示。

需要说明的是，受到加工效率、可靠性、工艺、成本等因素的影响，目前3D打印技术在产品生产领域无法进行大规模应用，但在产品研发过程中的样机加工和某些特殊的小批量产品生产领域是可以应用的。目前比较具有应用前景的3D打印的主要技术有5种。

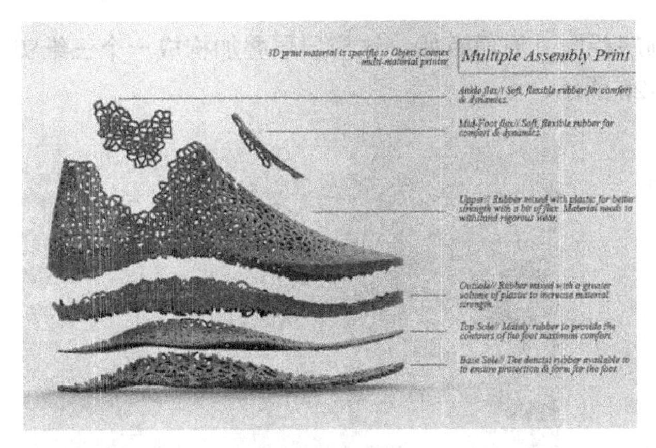

图 1-1-24　根据脚部位置不同打印材质不同

图 1-1-25　3D 打印一次成型的鞋子

（1）FDM 技术

FDM 是“Fused Deposition Modeling”的简写形式，即熔融沉积成型，其技术原理就是利用高温将材料融化成液态，通过可在 *X-Y* 方向上移动的喷嘴喷出，最后在立体空间上排列形成立体实物，如图 1-1-26 所示。FDM 使用的原材料主要有聚丙烯、ABS 铸造石蜡等。

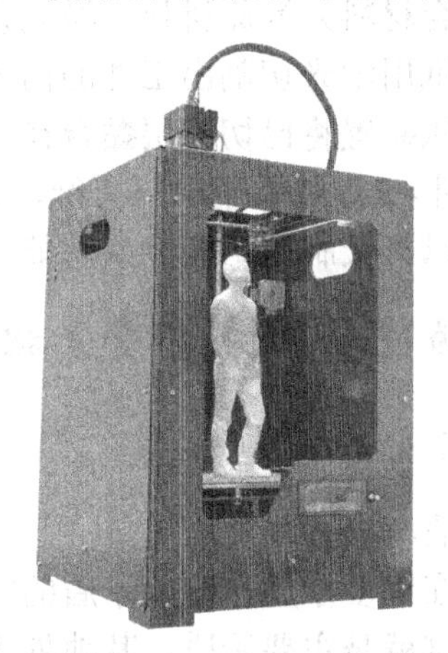

图 1-1-26　FDM 打印机

（2）3DP 技术

3DP 技术也被称为黏合喷射、喷墨粉末打印。这种 3DP 打印技术的工作方式和传统的二维喷墨打印最为接近。3DP 技术是通过喷头喷出的黏结剂将粉末黏结成整体来制作零部件的。

（3）SLS/SLM 技术

SLS/SLM 技术即激光选区烧结/熔融技术。SLM 是将激光的能量转化为热能使金属粉末成型，其主要区别在于 SLS 在制造过程中，金属粉末并未完全熔化，而 SLM 在制造过程中，金属粉末加热到完全熔化后成型。SLM 工作流程为，打印机控制激光在铺设好的粉末上方选择性地对粉末进行照射，金属粉末加热到完全熔化后成型。然后使工作台降低一个单位的高度，将新的一层粉末铺撒在已成型的当前层之上，设备调入新一层截面的数据进行激光熔化，与前一层截面黏结，此过程逐层循环直至整个物体成型（见图 1-1-27）。SLM 的整个加工过程在惰性气体保护的加工室中进行，以避免金属在高温下氧化。

（4）SLA 技术

SLA 技术，全称为立体光固化成型法（Stereo Lithography Appearance），是将激光聚焦到光固化材料表面，使之由点到线，由线到面顺序凝固，周而复始，这样层层叠加构成一个三维实体，成型的主要材料为光敏树脂，如图 1-1-28 所示。

图 1-1-27 通过 SLM 技术打印的金属零件图

图 1-1-28 3D Systems 光固化打印机

（5）LOM 技术

LOM 技术，全称为分层实体制造法（Laminated Object Manufacturing），又称层叠法成型，它以片材（如纸片、塑料薄膜或复合材料）为原材料。激光切割系统按照计算机提取的横截面轮廓线数据，将背面涂有热熔胶的纸用激光切割出工件的内外轮廓。切割完一层后，送料机构将新的一层纸叠加上去，利用热黏压装置将已切割层黏合在一起，然后再进行切割，这样一层层地切割、黏合，最终成为三维工件。LOM 常用材料有纸、金属箔、塑料膜、陶瓷膜等，此方法除可以制造模具、模型外，还可以直接制造结构件或功能件。

1.1.2 产品造型设计的过程中应当重点把握的几个问题

1. 产品造型设计中的矛盾问题

（1）产品造型设计中的主要矛盾与次要矛盾

在事物的发展过程中，同时存在许多矛盾，这些矛盾的发展是不平衡的，其中有一种居于支配地位、起着决定作用的矛盾，这就是主要矛盾，其他处于服从地位、从属地位的矛盾就是次要矛盾。产品设计中产品整体造型设计就是主要矛盾，而产品局部设计（比如对产品局部按键样式的设计）则是次要矛盾。

次要矛盾要服从主要矛盾，也就是说产品局部设计需要服从整体造型设计的需要。服从整体造型不仅仅指在功能和形式上服从，而且在结构、色彩等方面都要融入整体设计的氛围。根据设计定位的不同，我们可以选择不同的局部处理手法来体现产品的个性特征，同时也要与产品整体设计相适应。然而这不是绝对的，有时候出其不意地做一些尝试，比如刻意地夸大产品的局部，体现一种不同的风格，也许会达到独特的设计效果。

（2）产品造型设计中的矛盾转化

主要矛盾和次要矛盾是相互影响、相互作用的：主要矛盾规定和影响着次要矛盾的存在和发展，对事物的发展起决定作用，主要矛盾解决得好，次要矛盾就可以比较顺利地得到解决；次要矛盾解决得如何，反过来又影响主要矛盾的解决效果。主要矛盾和次要矛盾在一定的条件下可以相互转化。基于主要矛盾和次要矛盾的这种关系，我们在观察和处理设计层面问题的时候，首先要抓住和解决主要矛盾，同时又不忽视次要矛盾，做到统筹兼顾，辩证统一。产品整体造型设计与产品局部设计是相互影响、相互作用的。产品整体造型设计美观、合理，工艺精良就为产品局部的出彩留下了伏笔，留给产品局部设计的空间就大。产品整体造型处理得好，产品局部的雕琢才会有意义，否则就会给人产生本末倒置的印象，局部设计再出色都是枉然。因此在设计条件允许的前提下，必须确保每一个环节的设计质量，从造型、工艺等各个角度予以重视，才能充分贯彻我们的设计理念，不留下美中不足的遗憾。消费者在第一眼看到苹果公司的 iWatch 时会觉得其造型设计足够简约、现代、富有质感，符合苹果产品一贯的设计风格，如图 1-1-29、图 1-1-30 所示（图片来源于苹果公司中国官方网站），产品每一个局部的设计细节与整体风格形成了高度的一致，但保留了丰富的设计元素，极大地提升了设计的质感。

图 1-1-29　iWatch

图 1-1-30　iWatch 侧面

2. 产品造型美学与实用性的统一

（1）产品造型设计的美学价值

美学价值是现代产品重要的属性之一，视觉、触觉、听觉、嗅觉、味觉都是美学价值感受的来源。产品造型的美学价值主要体现在产品造型形式的变化和发展能够不断地给消费者带来精神上的满足感，获得“美”的体验感。产品工业设计涉及科技、文化、艺术、社会、经济等多方面的问题，也受到消费者审美标准与审美水平的影响，在“美”的创新上离不开合理、人性化这两个基本要求。合理指的是通过设计将问题进行合理化解决，同时解决问题的“成本”也是合理的；人性化指的是通过对用户审美倾向的研究，在产品造型设计中体现出对用户的审美尊重和积极的引导作用。

（2）坚持产品美学与实用性的统一

工业设计有两大功能：一是在工业设计的过程中，充分考虑人的因素，实现人与产品的和谐统一；二是按照美学的规律来完成产品的创意和生产，以实现产品美学与实用性的统一。因此产品的造型设计不仅是造型方面的设计创新，还要做到美学和实用性的高度统一。将宝马 1 系和奔驰 A 级的空调出风口进行对比，从图 1-1-31 可以看到，宝马 1 系采用的是传统的空调出风口形式，出风口的开关需要通过出风口侧面的滚轮进行操作，风向需要通过出风口格栅的上下与左右的配合进行调节，造型设计方面也较为朴素、刻板；而奔驰通过结构设计的创新实现了出风口方向调节的一体化操作，同时旋转出风口即可实现开关，省去了专门的开关键，以涡轮为设计概念的出风口造型更加鲜明有个性、富有强烈的设计质感，达到了美学与实用性的高度统一，如图 1-1-32 所示。

图 1-1-31　宝马 1 系的空调出风口

图 1-1-32　奔驰 A 级的空调出风口

3．产品外在与内在的统一

在产品设计中不仅要注重产品的外在，还要兼顾内在，产品内在零部件的装配形态也是造型设计构成的重要因素，包括产品内部元器件的安装排布（见图 1-1-33）、走线管理等，这些设计或许造型设计的比例不大但功能性很强，已成为产品优化设计的重点之一。这样的设计一方面改善了产品的设计质量，另一方面也提升了产品装配与维护的效率。消费者对产品品质日益重视，过于凌乱的产品内在零部件将直接影响产品整体观感，进而影响消费者对产品形象和品牌的认知。严谨、精细、高品质的感觉是当消费者翻开宝马汽车引擎罩（见图 1-1-34）时一刹那体验出来的，可能消费者只是在展厅里选车时才掀开引擎罩看一看，但发动机舱里组件的安装必须能够传达动力强劲、安全可靠的特点，这些曾经被认为与产品造型无关的内在细节，现在却发挥了重要的作用，保证了整体设计的完美，因此在产品造型设计中也要充分考虑产品内在结构和组件的秩序感。

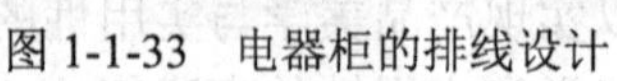

图 1-1-33　电器柜的排线设计

图 1-1-34　宝马汽车引擎罩的设计

1998 年，苹果公司率先推出了全新的苹果 iMac 计算机，如图 1-1-35 所示，在设计上突破了过去一贯采用的较为方正的、机器感厚重的造型，通过形态的有机设计结合专门研制的透明的外壳材料，成功地创造出了具有代表性的“透明风格”，让使用者能够看见显示器内部高品质的、精心组装的元器件，引发了感性设计潮流的兴起。

图 1-1-35　苹果公司于 1998 年推出的 iMac 计算机

1.2　产品结构解读

1.2.1　产品结构与材料关系的理解

产品结构是产品各部分要素的联系，是功能与形式的承担者，产品的结构设计受到材料、工艺、技术、环境、使用等相关因素的影响，在进行产品结构设计前，必须根据产品特性充分考虑产品材料和工艺的要求，重点包括以下 3 点。（1）产品应用领域。不同行业对应的客户不同、消费需求不同、行业要求不同，加上成本的考虑，使得产品生产使用的材料局限性较大，比如消费电子产品如果用塑料材质作为机壳通常选用 PC、ABS 或 PC+ABS，以获得较好的强度、耐磨性及表面处理效果，如果用金属材料作为外壳通常选用不锈钢、铝合金等材料。（2）材料与加工的成本。不同材料的价格有差异，加工工艺成本也不尽相同。比如目前中低端手机通常采用 PC+ABS 作为机壳材料，主要因为模具和材料成本低，而高端手机一般采用金属材料、玻璃材料甚至陶瓷材料，带来良好的视觉效果和手感的同时加工成本必然高企。（3）产品功能要求。产品很多零部件的功能实现都有材料性能上的要求，有些产品的零部件要求耐磨，比如滚轮常常用尼龙（PA）材料制作，而密封圈常常用橡胶材料制作。

1.2.2　与产品造型相关的结构基本形式

一般而言产品结构可分为外部结构、核心结构和空间结构三大类。外部结构，它是指通过材料和形式来体现产品的整体结构，产品的外部结构通常会与使用者发生直接的关系，它是产品功能的外部体现，是形式的承担者；核心结构，它是指由某项技术原理系统形成的具有核心功能的产品结构；空间结构，它是指产品与周围环境相互联系、相互作用的关系。对于产品而言，功能不仅在于产品的外部结构、核心结构，还在于其空间结构本身，它们都属于产品的结构形式。①

① 罗家莉. 产品结构设计的重要性及影响因素探析［J］. 包装工程，2009，30（6）：127.

具体到与产品造型相关的产品结构形式包括壳体、箱体结构，连接与固定结构，加强结构；运动机构包括旋转、直线运动机构，曲线运动机构，往复运动、间歇运动机构；具有特殊用途的特殊结构等。在工业设计的范畴中，结构设计主要偏“静态”设计，比如壳体、箱体结构，连接与固定结构，加强结构等。“动态”设计也有涉及但相对较少，比如旋转机构、直线运动机构等。

1. 壳体、箱体结构

壳体、箱体结构在产品中主要起对内部元器件防护、保护的作用，是内部元器件安装、依附的对象，也是产品造型的主要表达对象。壳体与箱体并没有什么本质区别，我们通常可以这么理解：一般壳体的壁偏薄，而箱体更加强调封闭特性。生活中大部分塑料产品和钣金产品都是壳体结构，比如各类电器的机壳，如图 1-2-1、图 1-2-2 所示。箱体结构通常用于一些专业的产品，比如减速箱、变速箱，如图 1-2-3、图 1-2-4 所示。壳体结构一般可以反映产品外观的主要特征，通常是重要的造型设计对象，比如各类机柜、电器产品设计时基本都将外观与壳体结构一并考虑。箱体通常用于专业用途或其他产品内部，比如驾乘人员只能直观感受汽车的外观和内饰，基本看不见汽车变速箱，这类箱体的设计主要考虑空间的尺度、功能要求等，外观不作重点考虑。

图 1-2-1　空调机柜

图 1-2-2　吸尘器

图 1-2-3　减速箱

图 1-2-4　变速箱

2. 连接与固定结构

连接与固定结构在工业产品中处处可见，产品的各个零部件通过连接与固定结构整合在一起，形成完整的产品功能，如图 1-2-5 所示。在产品结构设计中，连接与固定结构最常见的有螺纹连接、销连接、键连接、卡扣连接、铆接、粘接这6种形式。

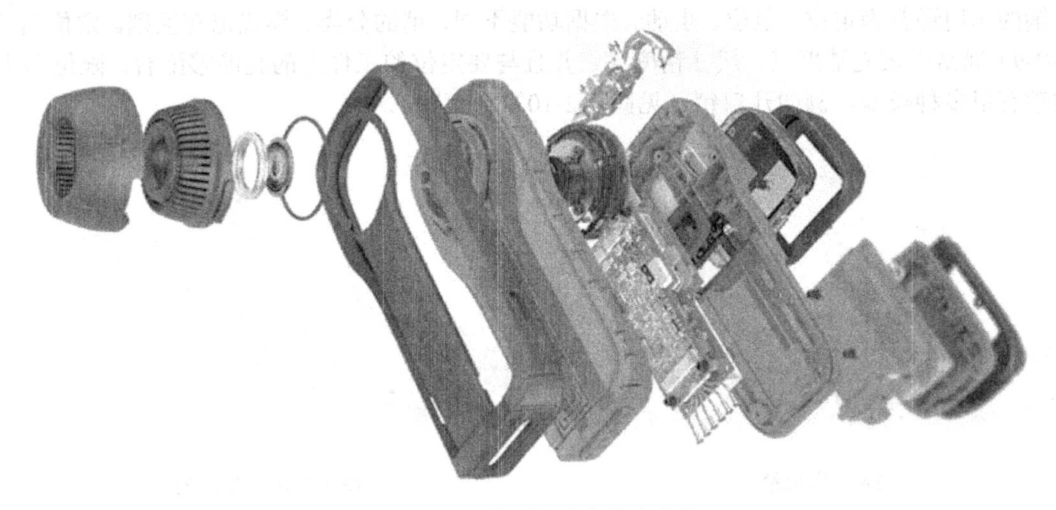

图1-2-5　典型的产品装配结构

（1）螺纹连接

螺纹连接是一种应用广泛的可拆卸的固定连接结构，螺纹连接具有拆装便捷、连接可靠、成本低廉等优点，大部分产品的机体都是由各个零件、组件通过螺纹连接组合在一起的，如图1-2-6所示为戴森吸尘器的过滤集尘盒爆炸图。螺纹连接主要用于壳体连接、电路板固定、零件固定等，如图1-2-7所示，主要表现形式为各类螺钉、螺母。简单来说，螺钉通常有一般螺钉和自攻螺钉两种，一般螺钉需要与螺母或具有内螺纹的孔配合，旋入孔中；自攻螺钉是通过外力将螺钉旋转钻入对象或对象上的孔（无内螺纹）中，对象一般为非金属材质，如木材、塑料等。螺纹连接在产品中还常常用于加长结构，如各类管状零件的连接（见图1-2-8）。

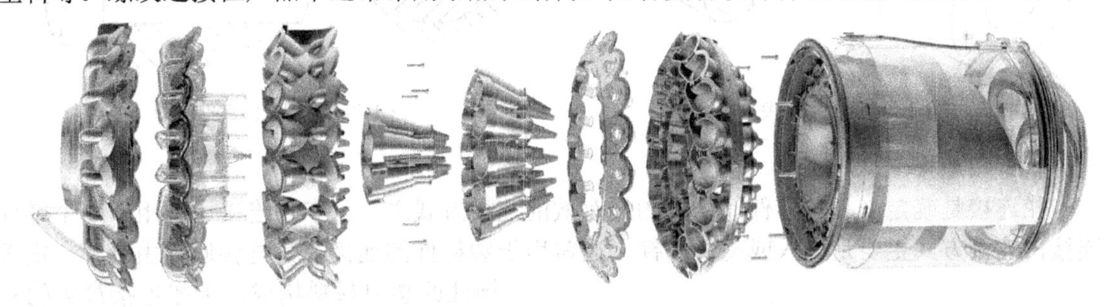

图1-2-6　戴森吸尘器的过滤集尘盒爆炸图

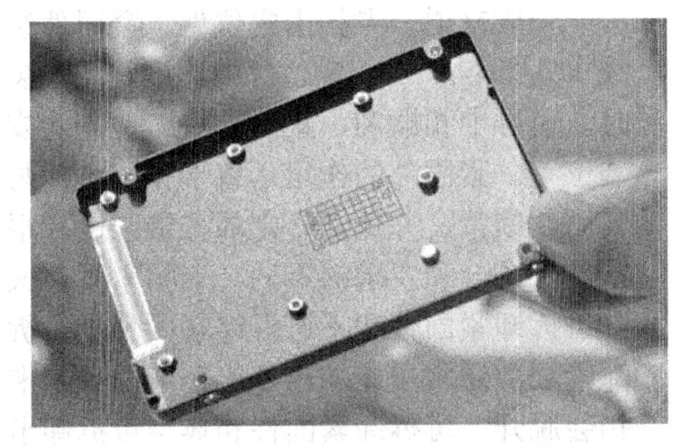

图1-2-7　机壳上的螺纹连接结构

图1-2-8　管状零件的螺纹连接

（2）销连接

销的作用通常为定位、限位、止动。根据功能不同，销的分类、样式也有区别。定位销（见图 1-2-9）通常外表光洁度高，尺寸精度高，并且与要定位的工件上的孔能够配合；限位和止动用的销有很多种类型，例如开口销（见图 1-2-10）、止动销。

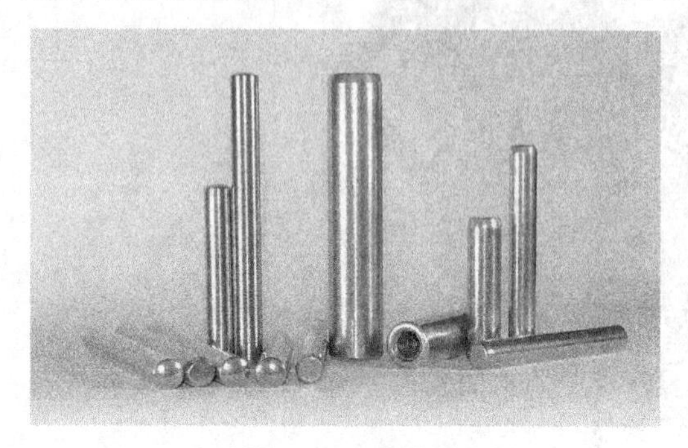

图 1-2-9　定位销

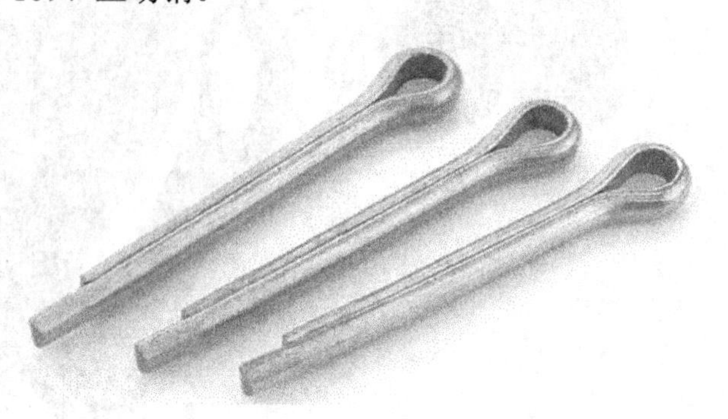

图 1-2-10　开口销

（3）键连接

键连接通过键实现轴和轴上零件间的周向固定以传递旋转运动和扭矩，是力传递的工具，如图 1-2-11、图 1-2-12 所示。有些类型的键还可以实现轴向固定并传递轴向力，甚至可以实现轴向动连接。

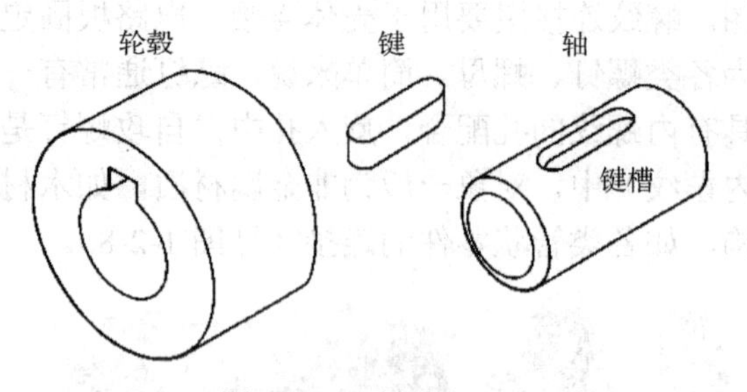

图 1-2-11　键连接

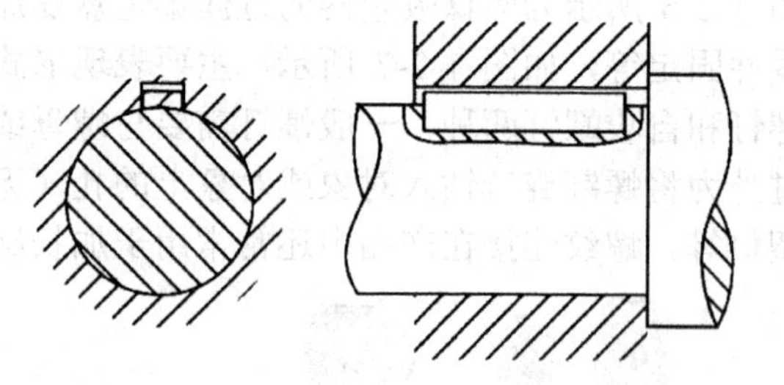

图 1-2-12　键连接剖视图

（4）卡扣连接

卡扣连接是确定产品各零件间结合的最有效的连接方式之一。卡扣连接主要用于两个零件的连接，连接方式主要是嵌入或整体闭锁，通常用于塑料件的连接，其材料通常由具有一定柔韧性的塑料材料构成。卡扣连接最大的特点是安装拆卸方便，可以做到免工具拆卸。

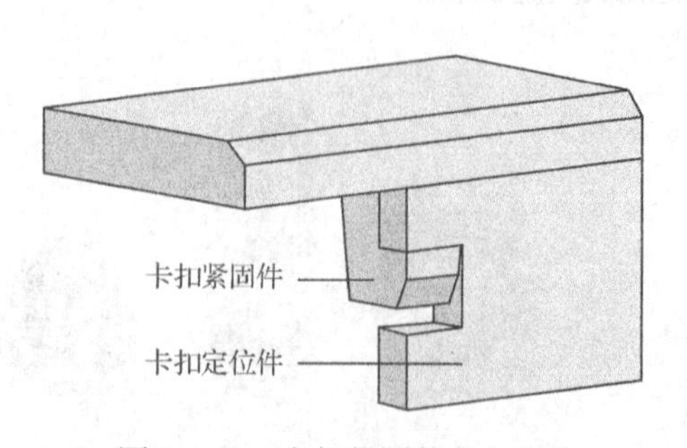

图 1-2-13　卡扣紧固件和定位件

一般来说，卡扣由定位件、紧固件组成（见图 1-2-13）。定位件的作用是在安装时，引导卡扣顺利、正确、快速地到达安装位置。紧固件的作用是将卡扣定位件与紧固件锁紧，并保证一定的连接强度。根据使用场合和要求的不同，卡扣紧固件又分可拆卸紧固件和不可拆卸紧固件。可拆卸紧固件通常在施加一定的分离力后，卡扣会脱开。可拆卸紧固件和典型可拆卸卡扣结构如图 1-2-14、图 1-2-15 所示，常用于连接两个需要经常拆开的零件，如遥控器与电池盖。不可拆卸紧固件指需要将定位件和紧固件进行强行错位才可以将两个零件分开，多用于使用过程中不拆开零件的连接固定，比如一些低成本的或一次性使用的产品的壳体结构就会采用没有施力分离结构的卡扣，一旦两个壳体卡接就不可拆卸或很难拆卸。

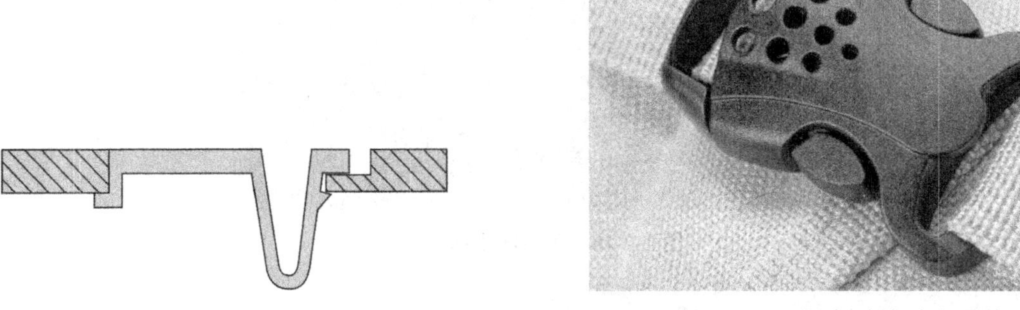

图 1-2-14　可拆卸紧固件　　图 1-2-15　典型可拆卸卡扣结构

卡扣的连接方式比较常见，一般在一些产品局部的打开、闭合时使用，如电池盖、接口盖的边缘就有这样的结构，如图 1-2-16、图 1-2-17 所示。另外，如果卡扣定位件是比较软的材料，也可以通过过盈配合利用材料的形变达到卡接的目的，通常这样的设计用在一些卡接要求不高的地方，比如各类防尘、防水塞的结构设计，如图 1-2-18 所示。

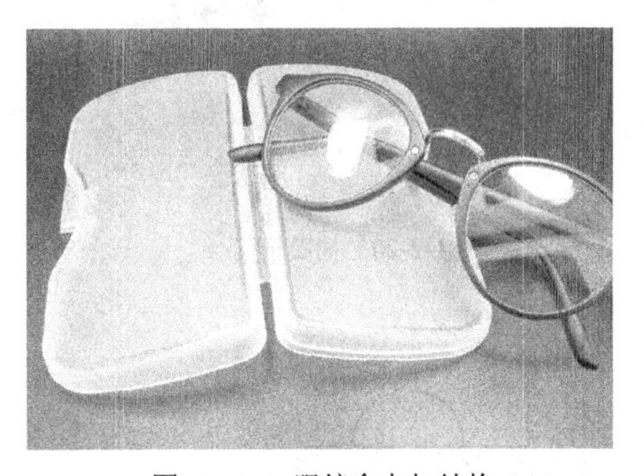

图 1-2-16　眼镜盒卡扣结构

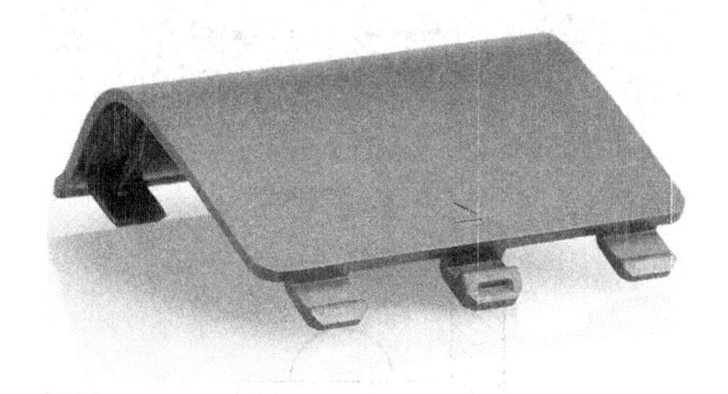

图 1-2-17　电池盖的卡扣定位件

（5）铆接

铆接是在被连接件上打适当的孔，穿上铆钉，将铆钉（见图 1-1-19、图 1-2-20）通过打击、挤压、抽拉等外力压紧端面，从而将被连接件固定在一起的连接方法，如图 1-2-21 所示。铆接工艺简单、成本低、抗震、耐冲击、可靠性高，可用于金属、非金属件连接。在产品设计中被铆接的零件一般为平形薄板件，除了能够提升连接的效率，也能够避免焊接带来的变形，比如台式计算机机箱、各类配电盒都采用了铆接的工艺。

（6）粘接

粘接是借助胶粘剂（见图 1-2-22）在固体表面上所产生的粘合力，将同种或不同种材料牢固地连接在一起的方法。塑料和塑料间可以粘接，塑料和金属间可以粘接，金属与金属间也可以粘接。通常粘接用于其他连接方法不容易实现或用胶作业效果更佳的情况，如 CPU 散热器的安装（见图 1-2-23）、电路板局部封胶等，但粘接操作除非流水线作业，否则生产效率比较低。

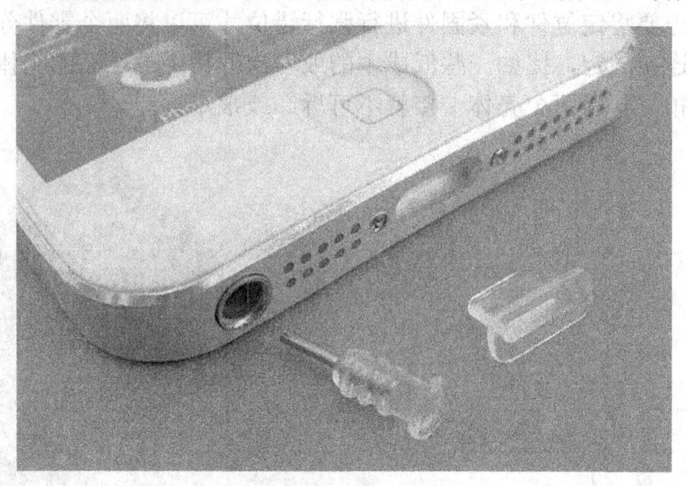

图 1-2-18　手机防尘塞

图 1-2-19　普通铆钉

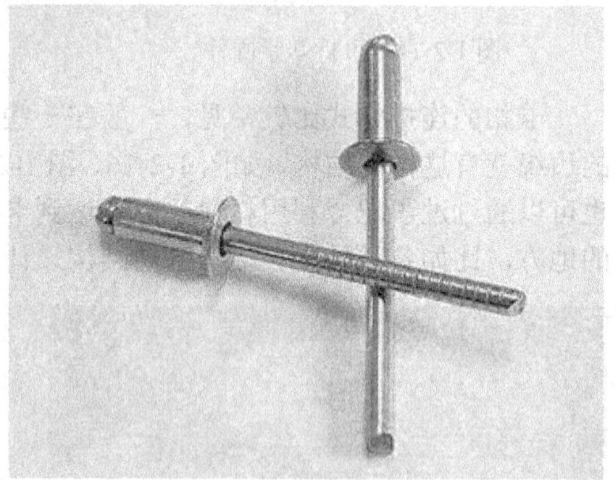

图 1-2-20　抽芯铆钉

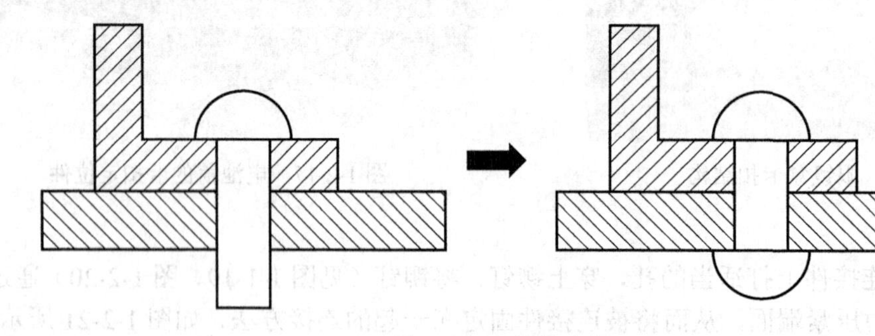

图 1-2-21　铆接流程

3. 加强结构

理论上来说，加强结构是一个类别没有明确的研究主体，把加强结构列出来，主要目的是体现它的重要性。产品的各类结构都要能够确保足够的强度和耐冲击性能或确保结构零部件稳定不变形，不管是塑胶产品还是钣金产品，想要保持一定的强度最简单、直接的方式就是将壳体厚度加厚，但这样会导致产品材料的大幅增加以及产品质量的增大，只有通过设计合理的加强结构才可以达到既能提高产品结构强度又不用过多增加材料用量的目的。

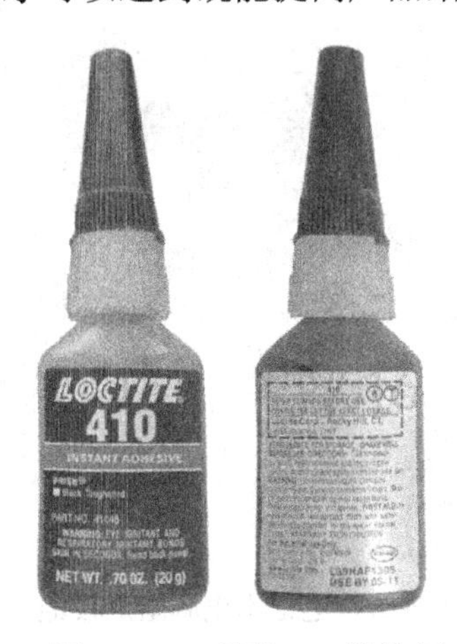

图 1-2-22 乐泰 410 胶粘剂

图 1-2-23 CPU 散热器的安装

在产品中，加强结构的实现方法主要是合理地进行主体框架设计和加强筋的设计。在结构设计过程中，可能出现产品结构体悬出面过大或跨度过大而结构件本身的连接面能承受的负荷有限的状况，在这种情况下可以采用框架结构承受主要负荷或者在两结合体的公共垂直面上增加一块加强板，俗称加强筋，以增加结合面的强度，有时在产品壳体上设计的凹、凸槽也可以算是加强筋的一种，如图 1-2-24、图 1-2-25 所示。产品涉及的大部分结构，不论金属、塑料还是木材，都可以用上述方法进行加强设计，比如金属机柜产品，如果体量比较大，就应该考虑使用框架结构，先形成高强度的支撑结构，再在其他各面安装金属薄板围合；如果体量不大，可以直接用金属薄板围合而成，利用金属的特性，通过折弯和加强筋形成的强度支撑整个柜体。

图 1-2-24 塑料加强结构

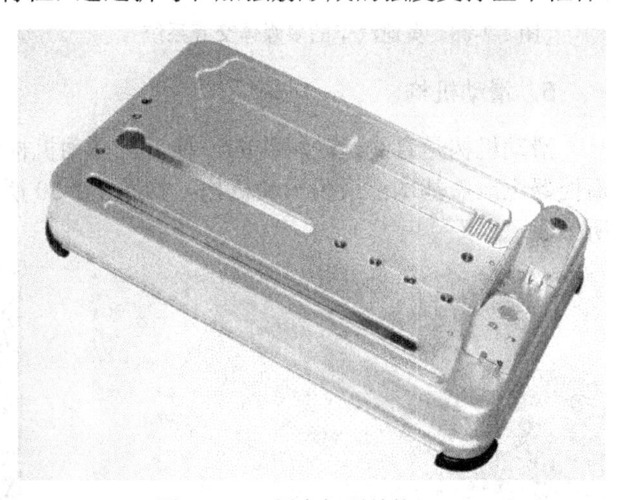

图 1-2-25 钣金加强结构

4. 旋转机构

产品中的旋转机构比较常见，通常旋转机构的位置在需要调整角度的两个部件之间，通过轴将两个部件连接起来，同时可以产生相对旋转运动，比如笔记本电脑的显示屏幕和键盘之间的旋转就是依靠阻尼铰链实现的，如图 1-2-26、图 1-2-27 所示，一些产品上的盖板结构也用到了旋转机构。还有需要旋转调节的旋钮，里面也设计有旋转机构，比如调节音量大小的旋钮、功能调节选择的旋钮。奥迪汽车的多媒体交互系统（见图 1-2-28）、宝马的 iDrive 调节旋钮（见

图 1-2-29）就使用了旋转机构。

图 1-2-26　联想笔记本电脑

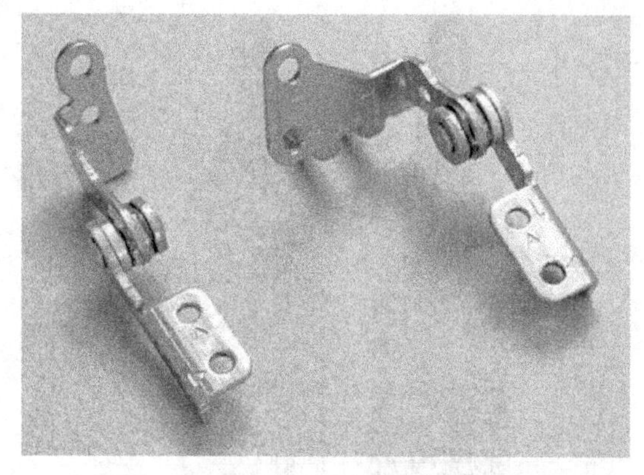

图 1-2-27　笔记本电脑阻尼铰链

图 1-2-28　奥迪汽车的多媒体交互系统

图 1-2-29　宝马 iDrive 调节旋钮

5．滑动机构

滑动机构是直线运动机构的一种，从滑动机构中可以很容易理解其操作的方式，例如各类遥控器电池盖基本都采用滑动机构，如图 1-2-30 所示，部分开关也采用滑动机构，如图 1-2-31 所示。

图 1-2-30　遥控器电池盖滑动机构

图 1-2-31　开关滑动机构

1.2.3　产品结构设计的基本原则

在进行产品结构设计前，也要充分考虑产品结构的合理性，遵循产品结构设计的基本原则。

（1）合理选择材料

产品材料的选择首先要满足功能的要求，比如电子产品要选用强度高、表面易处理、易成型材料；其次，要根据产品的定位和档次来选择。

（2）合理选择结构设计方案，尽量采用成熟结构

很多产品的结构经过长时间发展与优化，已经形成了很多经典结构和专用结构，在进行产品结构设计时要尽可能使用，这样不仅可以大大提升设计效率，还可以提升结构设计的可靠性。一般来说，产品结构在满足功能的前提下越简单越好。

（3）优化设计，控制成本

产品结构设计的优劣直接影响后续工艺的复杂程度、加工难度、生产效率、良品率等问题，这些问题最终将体现在产品生产的成本中。

1.3　产品展现的主要形式

产品形式设计单从造型与结构的角度判断，可以分为造型主导型产品、结构主导型产品、造型与结构一体型产品三种类型。这三种类型的产品形式与各自产品的功能特点、工艺要求、发展历史紧密相关，它们表现出来的产品形式是经过充分“进化”的结果。

1.3.1　造型主导型产品

造型主导型产品占据了产品设计的大多数，人们接触的大部分产品都是经过“包装”的，产品的主要结构基本上被产品外壳遮挡起来，从外观上比较难以分辨，比如生活中接触的大部分家用电器产品、自助设备、交通工具、加工设备、公共设施等。造型主导型产品有如下特点。

（1）在产品工作时需要对使用者进行安全防护

在设计与人直接接触的产品时，安全是第一位的，比如生活中很多设备需要用电才可以使用，如果没有外壳的防护，让变压器、电源、电路板这类带电装置直接与使用者接触，其危险性可想而知，如图1-3-1、图1-3-2所示。再比如厨房用品中常见的搅拌机、粉碎机，需要通过电机带动刀具飞速旋转将食材搅拌或粉碎，这类机械装置在工作时本身就具有危险性，如果没有保护性的壳体结构，对操作者来说无疑有巨大的威胁，如图1-3-3、图1-3-4所示。

（2）需要对产品内部结构或存储物予以充分保护

就像一只鸡蛋，如果没有相对比较坚硬的外壳保护，里面的蛋黄、蛋清很容易被破坏，大部分产品其实是“色厉内荏”的，没有外壳的保护，内部的元器件同样会遭到自然或人为的损坏，比如生活中各类常见的遥控器、移动硬盘、优盘、手机、充电宝、转接器等，如图1-3-5～图1-3-8所示。

（3）产品造型具有比较强烈的人机工程要求

这类产品的人机设计要求很高，与人的交互频繁，例如鼠标（见图1-3-9）、笔、手机、饮料杯（见图1-3-10）、座椅等，这类产品的主要特点是造型必须与使用者的生理条件与使用习惯基本匹配。

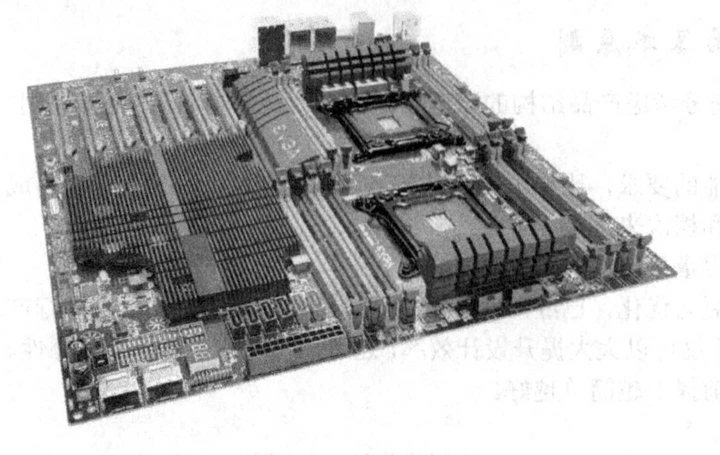

图 1-3-1　电脑主板

图 1-3-2　惠普台式电脑主机

图 1-3-3　搅拌机

图 1-3-4　搅拌机的电机

图 1-3-5　iPhone X 手机

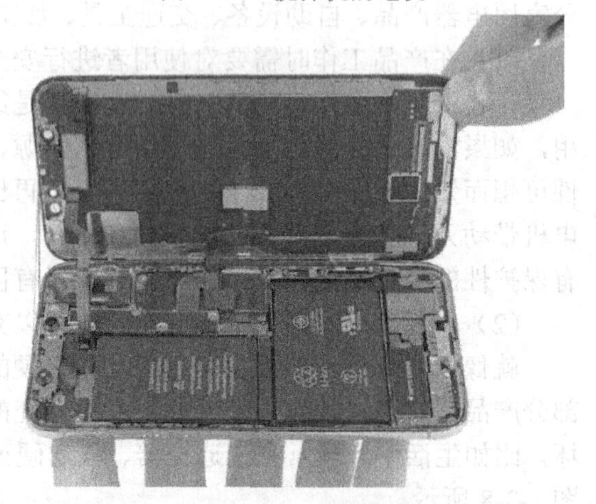

图 1-3-6　iPhone X 手机内部

（4）具有外观美学和品牌建设上的需求

今天的产品设计仅仅满足功能实现的需求是远远不够的，用户在选择产品的时候除了考虑功能需求，审美需求往往一并考虑，甚至在功能差异不大的情况下，符合用户审美要求的产品是被优先考虑的。同时，产品往往能够展现企业的技术能力、设计水准，能够反映出企业做产品的态度和社会责任意识，企业的品牌价值也是通过一代代的产品累积下来的。最典型的例子就是苹果公司，自公司成立伊始，除了在技术领域不断超越自我，在美学设计方面也不断追求，才造就了今天高品质的产品形象。iPhone 系列手机产品虽然在售价方面堪称高昂，但依旧能得到市场的追捧，牢牢占据着高端手机第一名的位置。苹果 Mac Pro 在同级别产品性能方面未必最强，但造型设计一定是最具艺术性的，如图 1-3-11、图 1-3-12 所示。捷豹汽车作为一个英国老牌厂商，旗下车型的外观设计不仅优雅美观，而且个性鲜明，很容易从众多品牌中脱颖而出，如刚刚上市的纯电动车型 I-PACE，不仅保留了捷豹一贯的经典设计要素，而且将科技感也发挥到了极致，与特斯拉相比丝毫不逊色，反而有种沉淀的厚重感，如图 1-3-13 所示。

图 1-3-7　小米充电宝

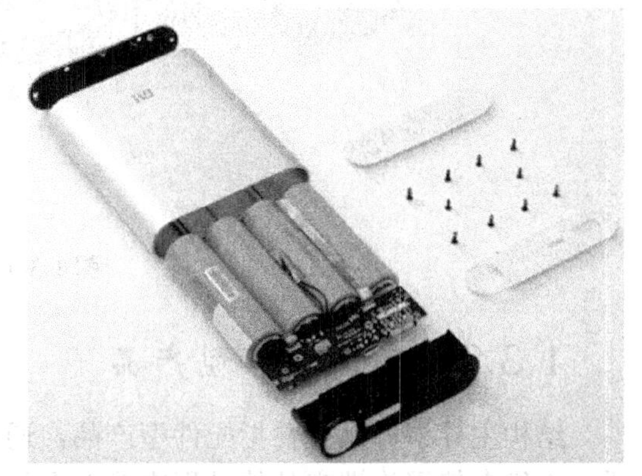

图 1-3-8　小米充电宝内部

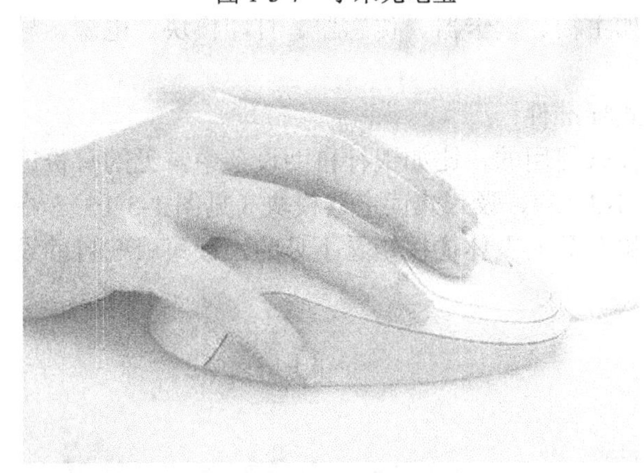

图 1-3-9　鼠标

图 1-3-10　饮料杯

图 1-3-11　Mac Pro

图 1-3-12　Mac Pro 内部

图 1-3-13　捷豹 I-PACE

1.3.2　结构主导型产品

结构主导型产品主要指配件型产品，通常安装在终端产品内以产品零配件或模块的形式出现，人们在使用终端产品的过程中难以看到，因此这类产品造型美学上的设计往往不太突出，通常强调功能性、合理性和结构的可靠性，比如主板、读卡器、传感器、打印模块、电源、导轨等。结构主导型产品有如下特点。

（1）产品功能性、专业性强，通常为模块式标准件

这类产品主要是作为其他终端产品的零部件来使用的，比如银行自助设备中常见的身份证阅读器模块（见图 1-3-14）、打印机模块（见图 1-3-15）、吸入式读卡器模块（见图 1-3-16）、指纹仪模块等，用户在操作自助设备时，这些模块产品的主体往往是看不见的，被集成在自助设备中，展现出来的通常是产品的操作界面。

图 1-3-14　身份证阅读器模块

图 1-3-15　打印机模块

（2）产品结构功能突出，功能部分不容易或不适宜通过外壳进行遮挡

这类产品通常为专用机械设备，比如各类加工设备（见图 1-3-17）、工程机械（见图 1-3-18）、园林机械（见图 1-3-19）、农用机械（见图 1-3-20）等。

图 1-3-16　吸入式读卡器模块

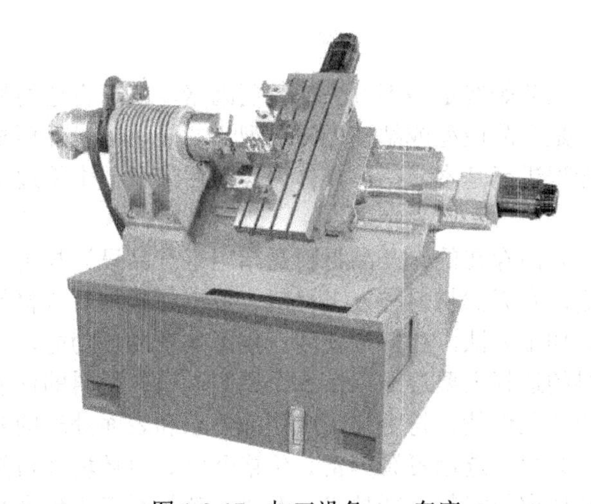

图 1-3-17　加工设备——车床

图 1-3-18　工程机械——铲车

图 1-3-19　园林机械——电锯

图 1-3-20　农用机械——久保田收割机

1.3.3　造型与结构一体型产品

造型与结构一体型产品在生活中也比较常见，通常出现在结构不太复杂的工具型产品上，造型和结构融为一体，比如碗、勺子、筷子、茶壶（见图 1-3-21）、瓶子，再比如扳手（见图 1-3-22）、起子等比较简单的常用工具。

图 1-3-21 茶壶　　图 1-3-22 扳手

1.4 产品设计常用材料特性与应用

在产品造型与结构的设计中，材料与加工工艺始终是绕不过去的重要因素，缺乏合适的材料与加工工艺的支撑通常会导致两个结果，一是产品造型或结构无法成型，二是达到设计要求的成本过高。因此在本节对产品材料和加工知识进行基本介绍，具体内容在后续章节中将逐步展现。

产品的造型与功能是依附于产品材料和形态而存在的，产品材料是指用于产品设计与生产的所有物质。产品设计所涉及的材料十分广泛，有天然材料与人工材料、单一材料与复合材料之分，不同的材料有不同的性能、使用范围、加工方法，材料的使用直接影响产品的功能、形态、耐久性、强度、安全等。在产品制造材料的选择上要遵循以下 5 个原则：（1）材料的性能应满足产品功能的需要；（2）材料应有良好的工艺性能，符合加工成型的要求和表面处理的要求，与现有的加工设备与工艺技术相适应；（3）尽量选用资源丰富、价格便宜、对环境和自然资源无破坏的材料；（4）紧随时代潮流，不断研究新材料、新技术，及时将新材料运用到产品设计中。产品设计常用的材料包括塑料、金属、陶瓷、玻璃、木材等。

1.4.1 塑料

塑料是一种以天然树脂或者合成树脂为主要成分，从石油中提取，适当加入添加剂，在一定温度、压力下塑制成型的高分子有机材料。数据显示，1950 年全球塑料产量是 200 万吨，而到了 2015 年则增加至 4.4 亿吨，这一产量超过了除水泥、钢铁外的任何一种人造材料。

塑料又可以分为热塑性塑料和热固性塑料两大类。热塑性塑料的特点是加热时熔化而在冷却时变硬，这一特点使得热塑性塑料可以回收再利用，如图 1-4-1 所示；热固性塑料受热不熔化，趋向于降解，回收周期比较长。大多数的塑料具有透明性，着色后具有光泽和色彩鲜艳的特点，如图 1-4-2 所示。塑料强度较高，抗冲击性好，耐腐蚀，电绝缘性好，适宜各类成型加工。同时塑料导热性差、热稳定性差，易收缩变形，在长期使用的情况下化学结构由于环境因素容易受到破坏，导致机械性能下降，最终容易老化。相对于其他材料，塑料重量较轻，通过多种成型方式可以获得较为复杂的形态，在各个产品领域都有广泛的应用且使用比重越来越大。塑料的成型方式主要是模具成型，具体内容见第 4 章。

图 1-4-1 热塑性塑料颗粒

图 1-4-2 塑料热水壶

1.4.2 金属

金属具有金属光泽，是热和电的良好导体，具有优良的力学性和可加工性，同时金属的光泽源于材质对光的反射和折射，具有与生俱来的工业感与科技感，显示出一种强烈的现代科技的美感，是产品设计的主要材料之一。金属材料加工工艺选择丰富，成型强度好，不易变形，耐久度好，不管是作为产品的外观件还是结构件都非常合适，是最早进行大规模应用的产品材料之一。金属材料经常用于制作产品壳体（见图 1-4-3、图 1-4-4）或零件，也可以作为装饰材料使用，如图 1-4-5 所示为指纹密码锁的金属边框。常用作产品造型的金属材料有钢铁，包括冷轧板、热轧板、铸铁、铸钢、不锈钢板、各类型材等；铝及铝合金，比如铝镁合金；其他合金。通过喷塑、烤漆、电镀、氧化等表面处理方法可以让金属表面产生不同的质感。

图 1-4-3 银行自助设备

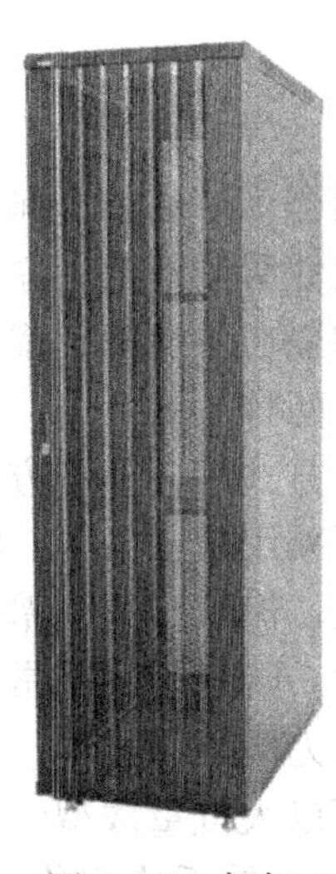

图 1-4-4 机柜

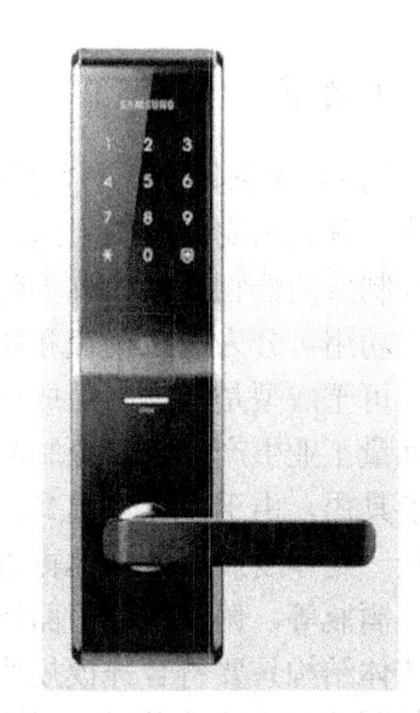

图 1-4-5 指纹密码锁的金属边框

在工业设计领域常用的金属加工工艺以铸造加工（见图 1-4-6）、压力加工、钣金加工（见图 1-4-7）、铣削加工（见图 1-4-8）为主，其他加工方法辅助，具体工艺见第 5 章内容。

图 1-4-6　铸造加工的零件腔体

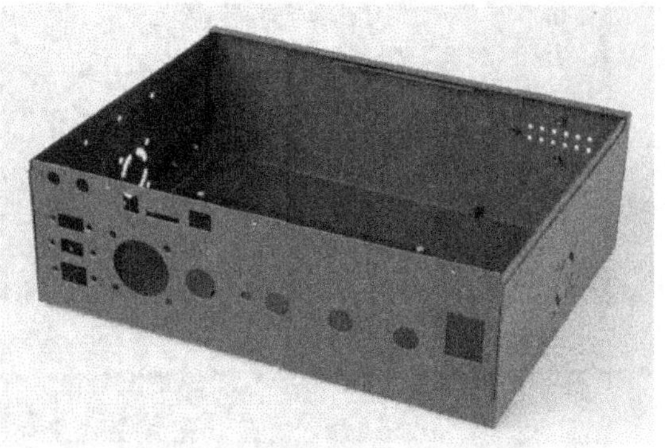

图 1-4-7　钣金加工的配电盒

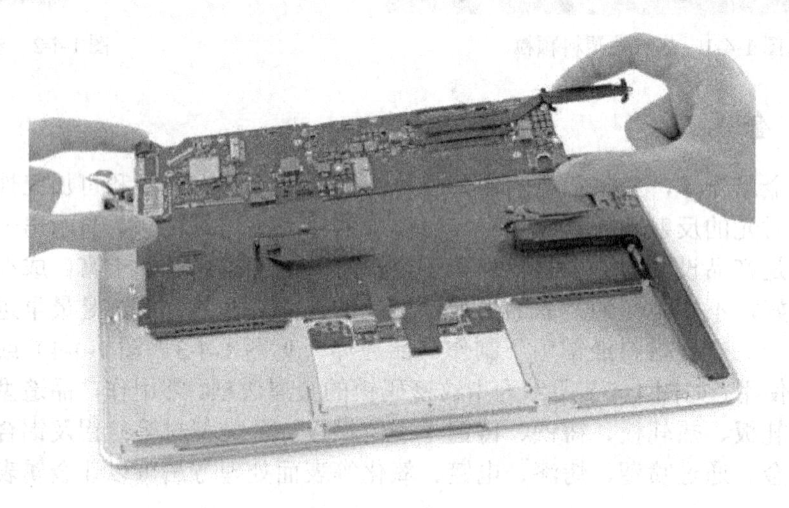

图 1-4-8　铣削加工的 Macbook 壳体

1.4.3　陶瓷

用陶土烧制的器皿称为陶器，用瓷土烧制的器皿称为瓷器，陶瓷则是陶器、炻器和瓷器的总称。凡是用陶土和瓷土这两种不同性质的黏土为原料，经过配料、成型、干燥、焙烧等工艺流程制成的器物都可以称为陶瓷。陶瓷在各个时代都有非常典型的技术与艺术特征。陶瓷按照性能功用可分为普通陶瓷和特种陶瓷两种。

可塑成型是陶瓷制品成型的传统方式，其基本方法有拉坯、印坯、旋坯、滚压、挤压等。大批量工业生产中的陶瓷制品，主要采用模具技术，将制备好的坯料泥浆注入多孔性模具如石膏模具内，由于多孔性模具的吸水性，泥浆贴近模壁的一层被模具吸水而形成均匀的泥层，当达到一定厚度后生成坯体再进行烧制。陶瓷制品通常表现为空心回转体的薄壁结构，如碗、花瓶、酒瓶等，俯视图的平面特征显示为同心圆结构；全剖视图的平面特征显示为对称结构。非回转体结构只要符合开模规律也是可以大批量成型的，但必须是空心薄壁结构，因为实心陶瓷烧制困难，不容易烧透，不仅过重而且缺乏实用价值（特殊用途的陶瓷制品除外，如结构陶瓷、电子陶瓷等）。生活中常见的陶瓷制品有餐具、茶具（见图 1-4-9）、工艺品、卫浴用品（见图 1-4-10）、瓷砖等。

图 1-4-9 陶瓷茶具

图 1-4-10 卫浴用品

1.4.4 玻璃

玻璃是由二氧化硅和其他化学物质熔融在一起形成的硅酸盐类非金属材料，又硬又脆，通常为透明状态，具有良好的抗风化、抗化学介质腐蚀（氢氟酸除外）的特性。世界最早的玻璃制造者为古埃及人，玻璃已有四千多年的历史。

玻璃一般用于制作容器或工艺品，与陶瓷类似，不过制作玻璃不存在烧制的问题，因此实心的玻璃工艺品也十分常见。现代玻璃制品中大量采用模具成型，对玻璃制品造型工艺上的限制比较少。需要注意的是，由于玻璃自身易碎、易裂的物理特性，在设计的时候要考虑到这点，造型上应予以优化。生活中常见的玻璃制品有瓶罐（见图 1-4-11）、台面、显示器屏幕、各类玻璃罩壳（见图 1-4-12）等。

图 1-4-11 香奈儿 5 号香水瓶

图 1-4-12 魅族 16 系列曲面玻璃机身

1.4.5 木材

木材是由裸子植物和被子植物的树木产生的天然材料，是人们生活中不可缺少的再生绿色资源。木材因取得和加工容易，自古以来就是一种主要的建筑、家居产品、工艺品的制作材料，与人有一种天然的亲近感。在设计中，可以充分利用木材的色调和纹理的自然美感，创作出富有生活气息和艺术性的产品，如图 1-4-13、图 1-4-14 所示为木质肥皂盒和木质玩具。木材既可以单独使用，又可以和其他材料搭配使用，创造出别样的视觉效果，比如 B&O 公司 2017 年推出的 BeoLab 50 音箱（见图 1-4-15、图 1-4-16），木格栅加铝制框体的设计，浑然天成，整体看上去相当有质感。

图 1-4-13　木质肥皂盒

图 1-4-14　木质玩具

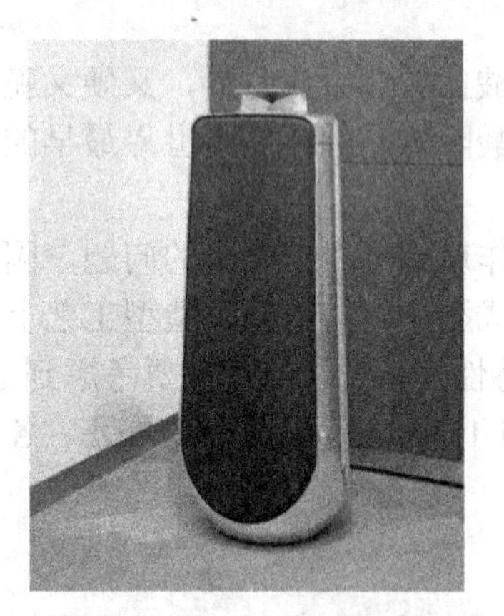

图 1-4-15　BeoLab 50 音箱

图 1-4-16　BeoLab 50 音箱设计细节

1.5　产品工业设计的主要对象

理论上来说，工业设计涵盖的范围十分广泛，从各类实际的产品到以人为核心、产品为基础的服务模式，都是工业设计研究的范畴。在实际产品工业设计实践中，主要是对产品本身进行设计，其中包含产品的功能设计、造型设计、结构机构设计、人机设计、色彩设计等方面。归纳起来，产品工业设计的对象主要包括生活办公用品类产品、商业服务类产品、工业和机械设备类产品、交通运输工具类产品、专业型仪器设备类产品、文体娱乐类产品，不同类别的产品在造型、结构、工艺方面具有一定的差异性。

1.5.1　生活办公用品类产品

生活办公用品类产品可以细分为两个类别：一是居家办公用品；二是居家办公电器产品。居家办公用品与人们的日常生活、工作息息相关，为人们的生活、工作提供了极大的便利，其主要特点是：产品市场庞大而成熟，竞争激烈，产品造型设计主要围绕功能展开，基本结构比较简单，技术门槛比较低，大多属于经典产品。居家办公用品在人们的日常生活中使用频次高，具有品质化、艺术化的发展趋势，如图 1-5-1、图 1-5-2 所示为 ZARAHOME 的容器类产品和坐便器。居家办公电器的运用大大提升了人们工作的效率，改善了人们生活、工作条件，其主要特点是产品革新速度较快，产品核心元器件比较复杂，外观品质要求高，具有科技化、智能化的发展趋势，如图 1-5-3、图 1-5-4 所示为西门子洗碗机和小米空气净化器。

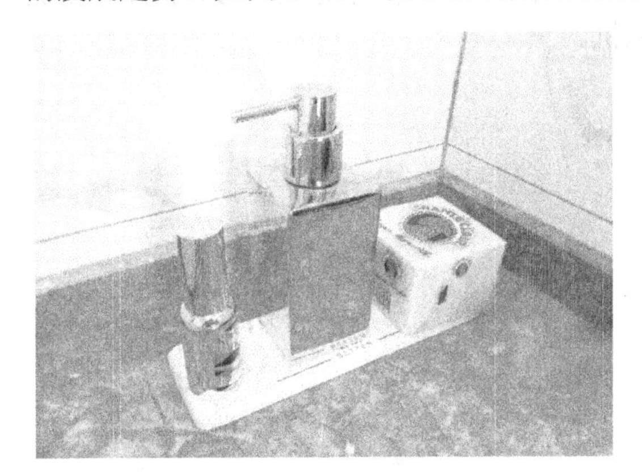

图 1-5-1　ZARAHOME 的容器类产品

图 1-5-2　坐便器

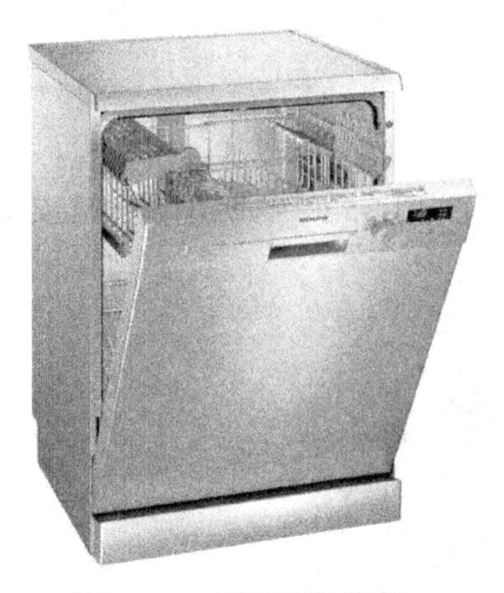

图 1-5-3　西门子洗碗机

图 1-5-4　小米空气净化器

1.5.2　商业服务类产品

商业服务类产品主要指人们在商业或服务领域使用的专用产品，比如各类自助设备、金融机具等。这类产品的运营单位通常是大型企业、政府机构，服务的对象包括专业型与非专业型用户，因此这类产品在可靠性设计、人机交互设计、外观设计方面的要求比较高：可靠性体现在设备运转稳定、安全防护性能好；人机交互性体现在操作界面友好、使用简便、用户学习成本低；外观设计方面体现在与产品应用环境的友好并符合用户的主流审美。商业服务类产品具有专业细分化、智能化、自助化的发展趋势，如图 1-5-5～图 1-5-7 所示为自助贩售机、建设银行智慧柜员机、汽车智能充电桩。

1.5.3　工业和机械设备类产品

工业和机械设备类产品主要指生产加工型和作业型专用设备，如各类机床、农用机械、工程机械等，这类产品在安全可靠性、运行效率方面要求比较高，可以帮助人们减少劳动负荷、提升工作效率。由于工业和机械设备类产品的专业性较强，所以在工业设计方面要尽可能凸显产品的特点，展现出专业的产品形象。工业和机械设备类产品的主要制造材料为金属，因此受加工工艺和成本的限制，在造型设计方面主体通常以平面或大弧面为主，局部造型处理较为简洁或采用塑料件生成较为复杂的造型形态，如图 1-5-8～图 1-5-11 所示分别为特种机床、物流车、卡特拖拉机、阿特拉斯（戴纳派克）沥青摊铺机。

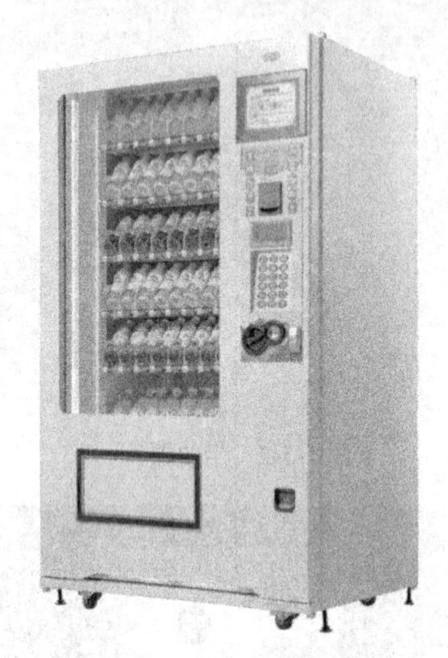

图 1-5-5 自助贩售机

图 1-5-6 建设银行智慧柜员机

图 1-5-7 汽车智能充电桩

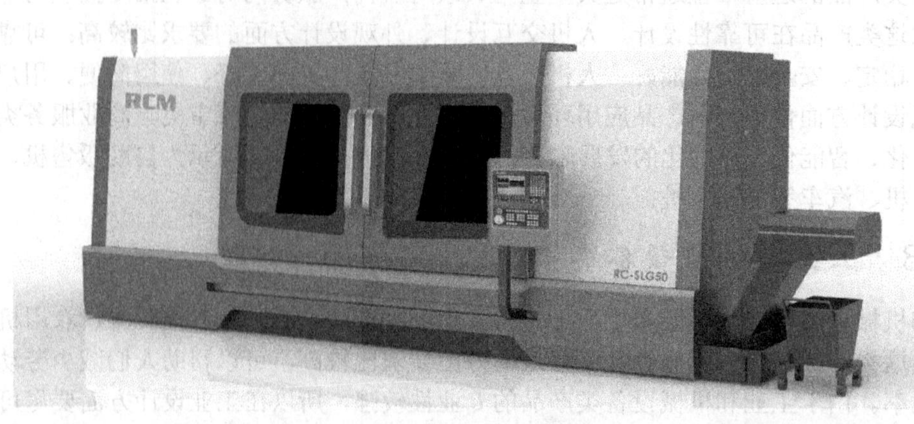

图 1-5-8 特种机床

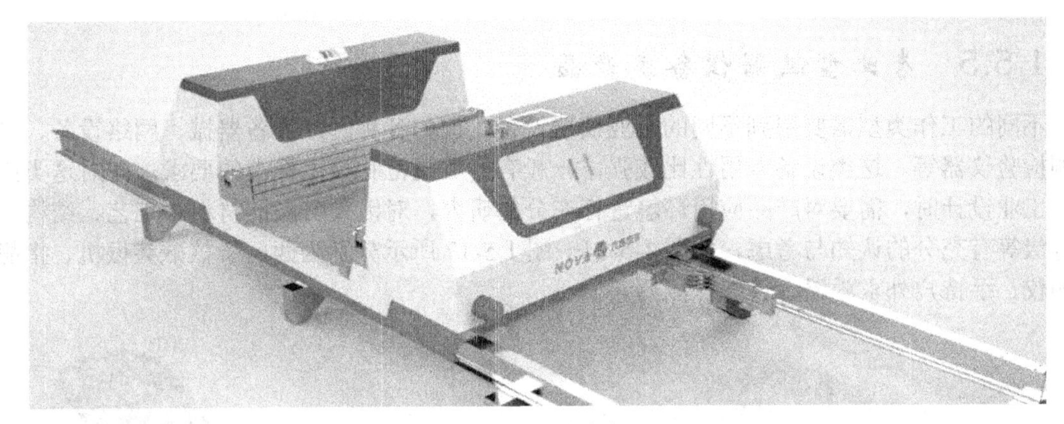

图 1-5-9　物流车

图 1-5-10　卡特拖拉机

图 1-5-11　阿特拉斯（戴纳派克）沥青摊铺机

1.5.4　交通运输工具类产品

交通运输工具类产品主要指帮助人们出行的代步工具，包括自行车、电动自行车、摩托车、汽车、船舶、列车、飞机等。不同交通工具的结构原理差异较大，设计的侧重点各有不同，但总体而言，交通工具的基本原理已经十分成熟，短期内很难突破，因此只能在人机交互设计、造型设计与结构优化设计方面做文章。除自行车、摩托车外，其余的交通工具都包含外观造型与内饰设计两个方面，因此工业设计方面有很大的发挥空间。随着环保标准日益严格，交通工具技术的发展趋势主要以节能、环保为主，同时智能交通的理念已经普及，发展智能交通工具已经成为各大企业的共识。随着个性化时代的到来，交通工具细分市场日益拓展，能够彰显用户性格的外观设计，可以个性化定制的内饰越来越成为工业设计的重点方向，如图 1-5-12、图 1-5-13 所示为奥迪设计室出品的三体游艇设计、高速列车概念设计。

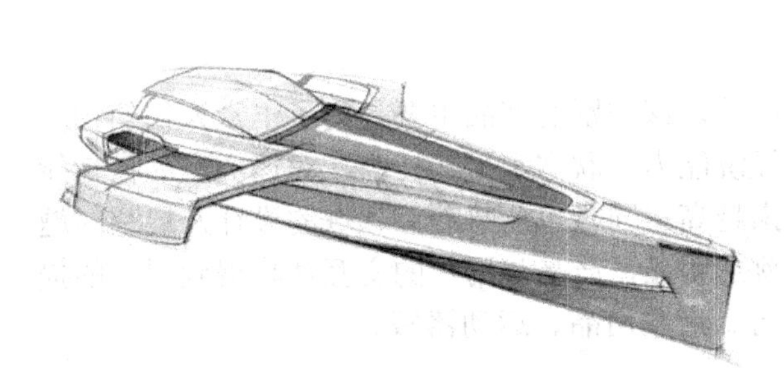

图 1-5-12　奥迪设计室出品的三体游艇设计

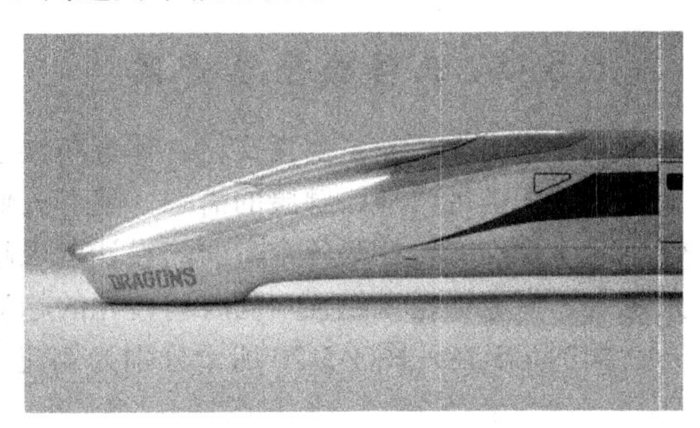

图 1-5-13　高速列车概念设计

1.5.5 专业型仪器设备类产品

不同的工作类型需要用到不同的专业仪器设备，比如各种医疗设备器械、网络设备、专用检测检验仪器等。这类设备专用性比较强，一般有行业规范和技术标准的要求。在对这类产品进行工业设计时，需要对产品应用环境进行充分的研究，对涉及产品的材料、工艺、结构、防护等级等有充分的认知与考虑，如图 1-5-14～图 1-5-17 所示分别为西门子核磁共振机、指静脉检测仪、手持户外求救器、管线探测器。

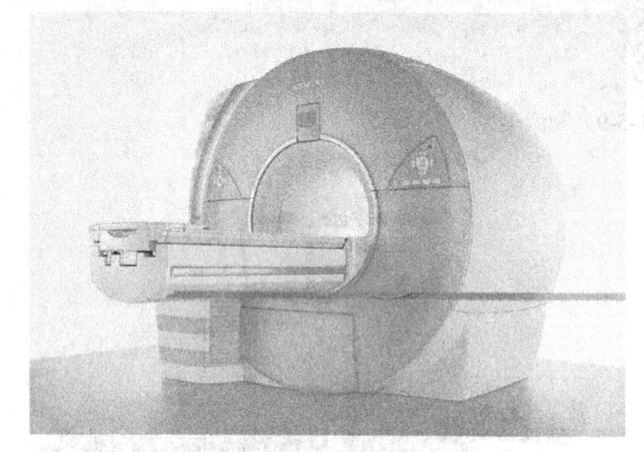

图 1-5-14 西门子核磁共振机

图 1-5-15 指静脉检测仪

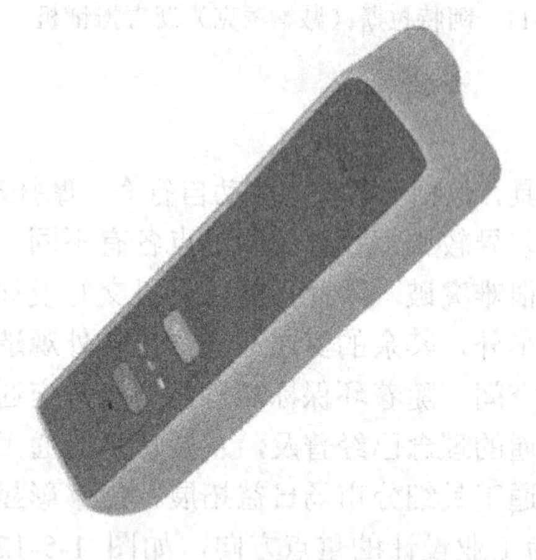

图 1-5-16 手持户外求救器

图 1-5-17 管线探测器

1.5.6 文体娱乐类产品

文体娱乐类产品主要指文化、体育和娱乐产品，该类别的产品主要是为了丰富人们的物质文化生活和满足精神、健康的需求。随着人们经济能力、欣赏水平的提高，对该类产品在功能性、艺术性、文化性等各个方面的设计要求越来越高。同时也意味着该领域的设计发展空间越来越大、专业性越来越强，同时科技化的趋势愈加明显，产品与用户的交互性将得到很大的提升，如图 1-5-18～图 1-5-20 所示分别为倒流香台、潜水用品、运动器械。

图 1-5-18　倒流香台

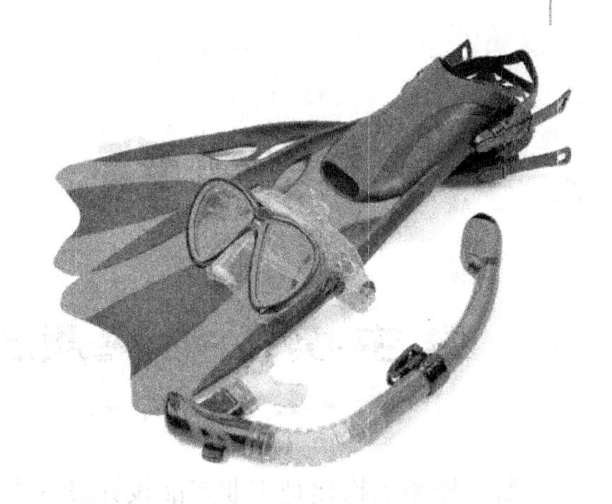

图 1-5-19　潜水用品

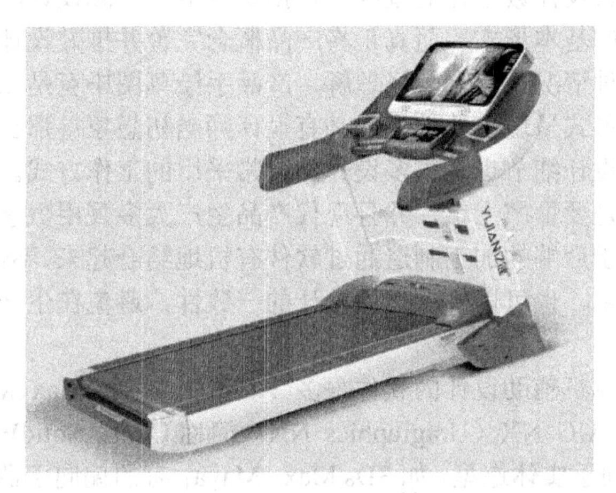

图 1-5-20　运动器械

当然，上述产品的类别划分并不是绝对的，同一产品属于不同产品类别的情况也很常见，需要注意的是，产品的设计定位与其所在类别很有关系，在设计时需要凸显所属类别的特性。比如自行车既可以归入交通工具也可以归入文体用品，属于不同类别的时候外观结构差异很大，如图 1-5-21、图 1-5-22 所示。再比如同样是计算机产品，工作站主要用于办公场合，算作办公用品，而普通计算机作为游戏用途时可以算作娱乐用品。

图 1-5-21　休闲自行车

图 1-5-22　公路赛自行车

第2章

数字模型构建思维与工程软件的基本操作

数字模型的构建是工业产品设计过程中非常重要的环节。很多人认为数字建模只是设计草图绘制完成后通过软件将设计数字化的过程。根据笔者多年实际设计的经验和体会，设计草图只能生成产品设计概念的基本形式，而真正将产品概念完善并推敲设计细节的过程多半是在建模的过程中完成的。这种情况其实比较好理解，产品手绘草图毕竟是二维图形的呈现，有些产品造型通过建模以三维形式呈现出的效果未必有设计师当初想象得那么理想，一边构建产品数模一边推敲产品造型和设计细节也是很多设计师通常采用的工作方式。同时，由于大多数工业产品设计的最终目标都是要量产上市，并且现代产品生产大多采用数字化制造的方式，如果能将位于前端的设计和位于后端的加工制造通过软件有机地结合起来，不仅能够大大提升项目（包括设计和生产）整体效率，也可以确保产品设计的一致性，避免在生产环节由于工艺问题引发设计变更。

在产品设计领域计算机辅助设计的软件很多，AutoCAD、3Ds Max、Maya、Alias Studio Tools、Rhino、CATIA、Pro-E、UG NX（Unigraphics NX，简称 UG）、SolidWorks 等都是常用的设计软件。这些软件有的偏向于实体造型，如 3Ds Max、Maya；有的偏向于曲面建模，如 Alias Studio Tools、Rhino；有的偏向于工程实现，如 CATIA、Creo、UG NX、SolidWorks。应该说在产品设计的不同阶段，合理选择并使用这些软件都可以解决相应的问题。但是作为产品设计师，必须从中选择最有效的、最节约时间的工具，快速地达到设计目标并为后续的设计实现奠定良好的基础。选择不同的软件也就等于选择了不同的设计实现的路径，不同软件在建模效率、建模精度、修改难易程度方面的差异还是比较明显的。比如对产品造型建模而言，美国的 Autodesk 公司出品的 Alias Studio Tools 和美国 Robert McNeel 公司出品的 Rhino 是目前比较受欢迎的专业的曲面造型建模软件。Alias Studio Tools 主要用于精度要求较高的造型设计领域如飞机、汽车等产品的设计中，而 Rhino 主要用于一般产品的造型建模。由于 Rhino 操作界面简洁、工具易于掌握，且在操作方面比较自由，合乎设计思维的发展，因此受到不少工业设计初学者的喜爱，甚至在参加工作以后中也经常使用。

在产品设计建模软件的选择上，建议直接选择工程级建模软件如 CATIA、Pro-E、UG NX、SolidWorks 作为学习和使用的对象，理由如下：

（1）对设计师而言，建模软件的学习和使用具有很强的习惯性，一旦选择，后期更改的难度很大，比较初级的产品建模软件如 3Ds Max、Rhino，在建模效率、建模精度以及修改效率方面与工程级软件相比劣势明显。（Alias Studio Tools 是例外，在逆向建模领域独树一帜，有专职的 Alias 工程师，尤其在汽车企业中。）

（2）在企业中，产品设计师往往不仅负责产品造型设计的工作，通常还负责产品的结构、机构设计，造型设计方案在确定以前必然要经过多次修改，由初级建模软件如 Rhino 建立的模型由于没有特征和参数，难以快速修改，而且在后续的产品结构设计时由于缺乏必要的专门工具，导致结构设计实现困难。

（3）目前主流的工程建模软件功能已经十分完善，除了实体建模，曲面建模功能也十分强大，数模检测、分析的工具种类繁多，加上装配、仿真功能，初级建模软件根本无法与之相比。

本书以 UG NX 10.0 为介绍对象，主要因为其交互界面设计优良，操作逻辑较为简单，曲面构建功能强大，分析、拓展能力出色。对工业设计初学者来说，该软件学习起来比较容易，完全能够满足产品造型与结构设计的需要，与实际的设计、生产工作可以无缝对接。

2.1　UG NX 10.0 基本介绍

UG NX（Unigraphics NX）是 Siemens PLM Software 公司出品的一个产品工程解决方案，它为用户的产品设计及加工过程提供了数字化的造型和验证手段。Unigraphics NX 针对用户的虚拟产品设计和工艺设计的需求，提供了经过实践验证的解决方案。UG NX 是一个交互式 CAD/CAM（计算机辅助设计与计算机辅助制造）系统，可以轻松实现各种复杂实体及造型的建构。它在诞生之初主要基于工作站，随着 PC 硬件的发展和个人用户的迅速增长，在 PC 上的应用取得了迅猛增长，已经成为模具行业三维设计的主流应用软件。

2.2　UG NX 的基本操作界面

UG NX 安装完成后（见图 2-2-1），双击 UG NX 10.0 图标，即可启动 UG NX 10.0 中文版，启动界面如图 2-2-2 所示。

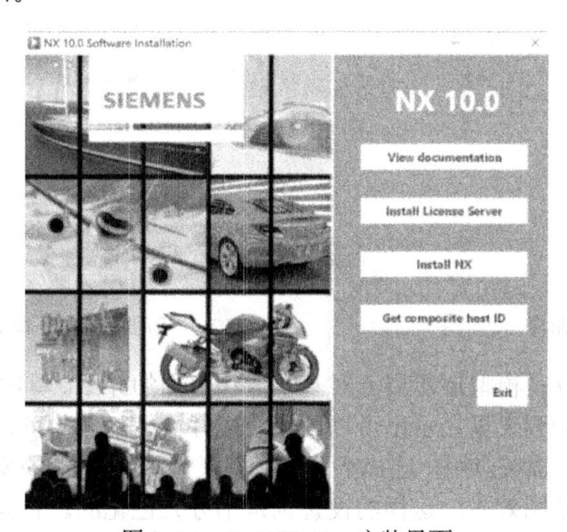

图 2-2-1　UG NX 10.0 安装界面

相对于之前的版本，UG NX 10.0 采用了新的用户界面环境，如果想要使用 10.0 以前版本采用的经典工具条，则需要选择【菜单】→【首选项】→【用户界面】命令，在【用户界面环境】选项中，选择【经典工具条】，单击【确定】即可，如图 2-2-3、图 2-2-4 所示。本书采用新的用户环境进行介绍。

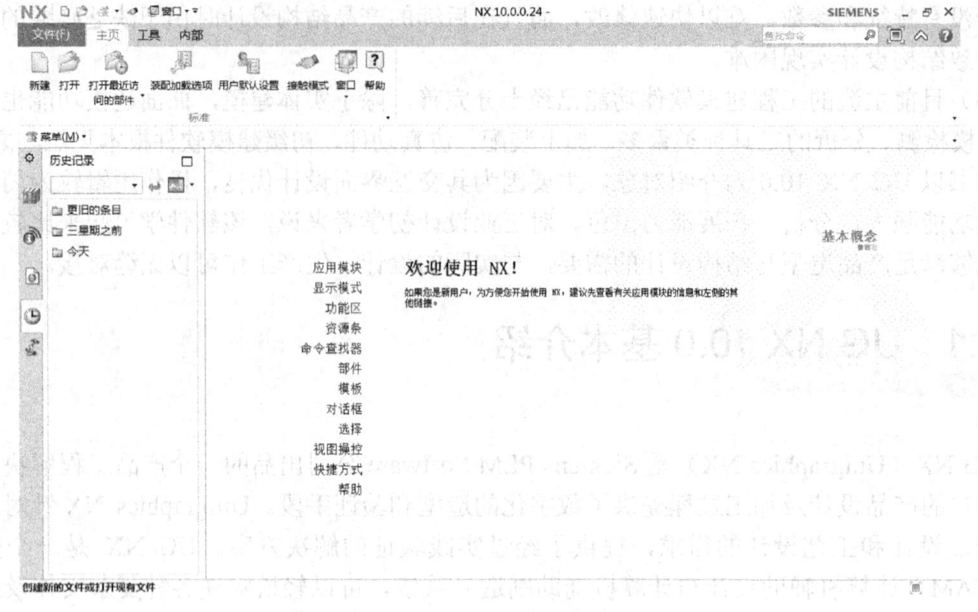

图 2-2-2　UG NX 10.0 中文版启动界面

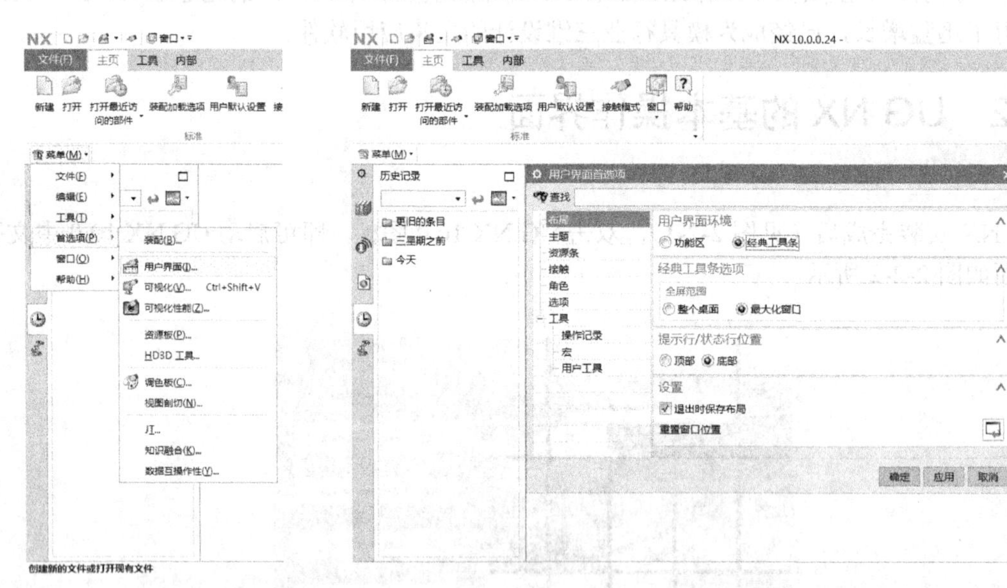

图 2-2-3　用户界面设置命令　　　　　　　图 2-2-4　【用户界面环境】设置

下面将通过创建文件及模型逐步展开对基本操作界面的介绍。单击新建图标会弹出【新建】选项窗口，在模型选项的列表里显示出可以创建的文件类型，由此可以看出 UG NX 的功能是十分强大的，可以跨专业领域应用，选择不同的文件类型，UG NX 的操作界面也会进行优化和改变，提升操作人员的绘图效率，这样的设置也是十分人性化的。首先在【模型】选项的列表里选择名称为【模型】的文件类型（这是工业设计最常用的选项），在下方的【新文件名】一栏中可以使用默认的文件名 model1.prt，也可以自行命名，中英文皆可，如图 2-2-5 所示。在【文件夹】一栏中，系统提供了默认的文件存储路径，也可以单击右边的文件夹图标选择存储路径，与大部分软件的文件存储没有差别，完成后单击【确定】即可。

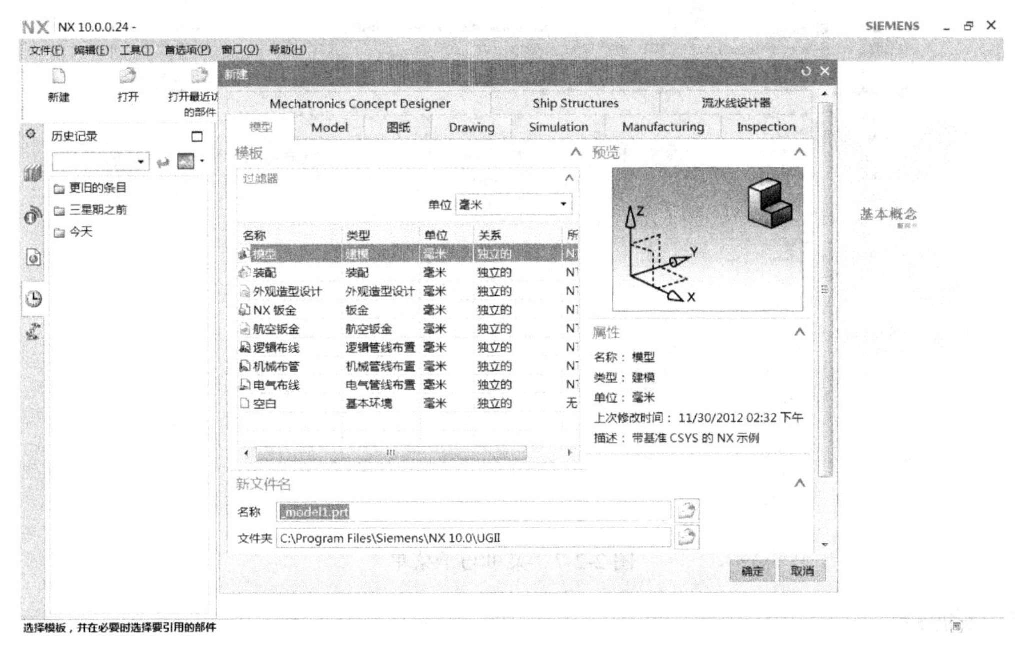

图 2-2-5　新建模型文件

文件创建完成以后，进入数模创建界面，下面围绕绘图区（见图 2-2-6）展开介绍。

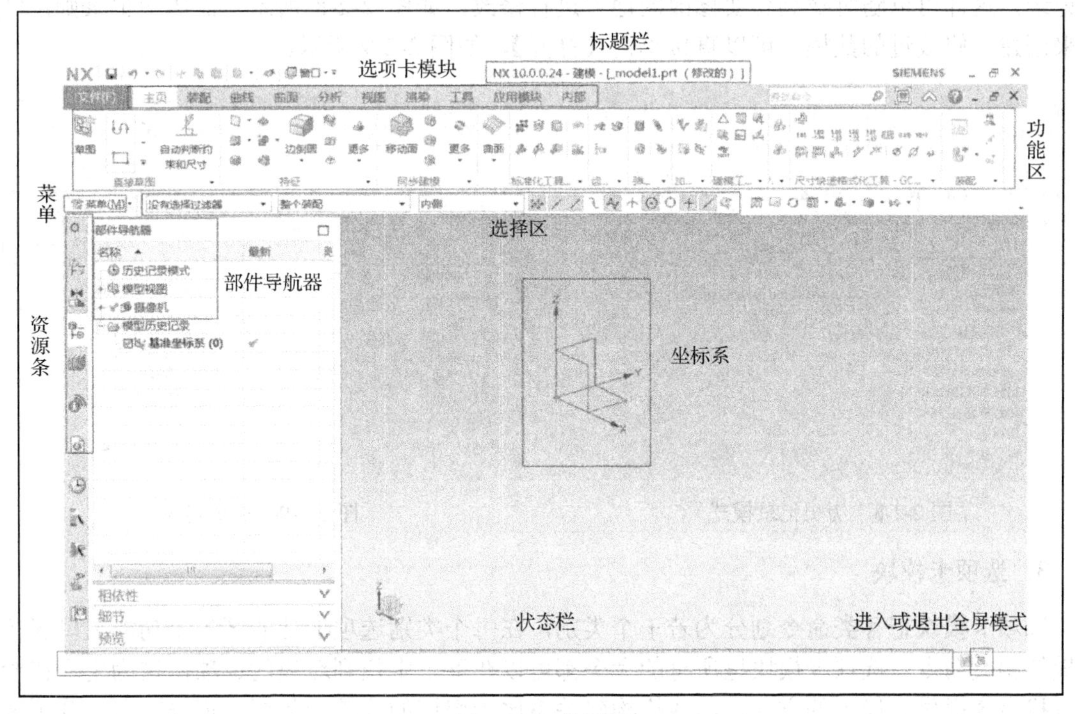

图 2-2-6　绘图区

1．菜单

软件的主要功能、系统命令都集中在菜单中，单击菜单图标会弹出菜单列表，列表中的每一个功能选项都有子菜单，子菜单中包含了所有与该功能有关的命令选项，如图 2-2-7 所示。

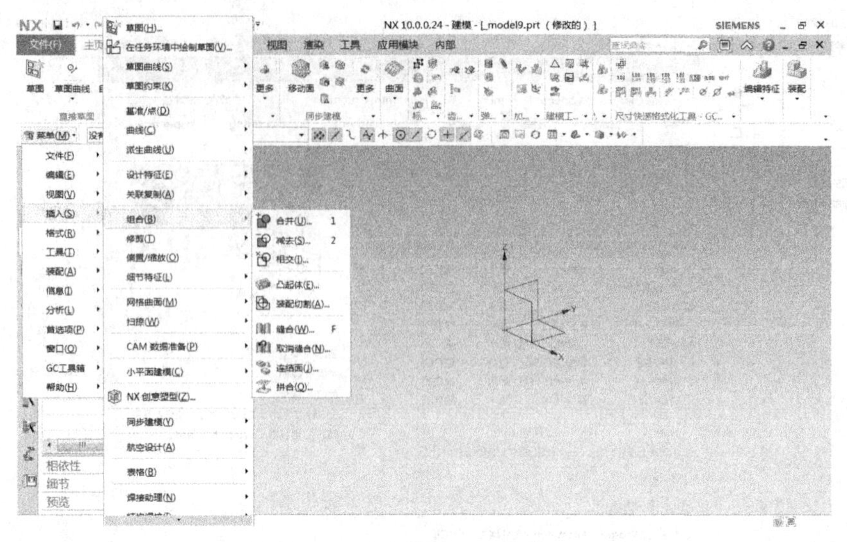

图 2-2-7　菜单与子菜单

2. 资源条

资源条包含了装配导航器、约束导航器、部件导航器、Web 导航器、历史记录、加工导航等，最常用的就是部件导航器。部件导航器里的【历史记录模式】，将建模过程的每一步都进行了记录，这样可以随时找到想要修改的地方进行修改，如图 2-2-8 所示，而历史记录则反映出近来创建、修改过的数模，可以直接单击【打开】，如图 2-2-9 所示。

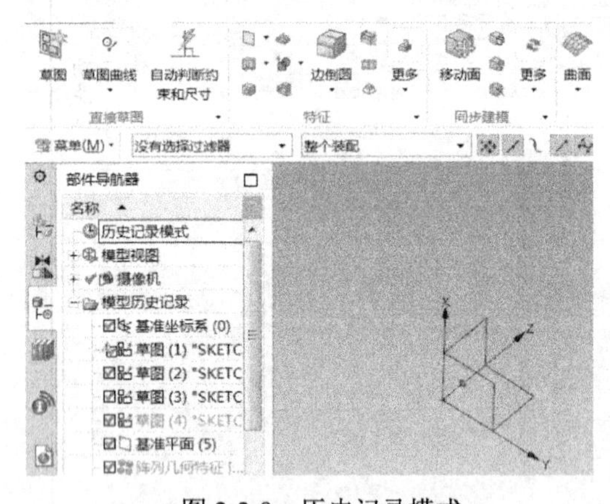

图 2-2-8　历史记录模式

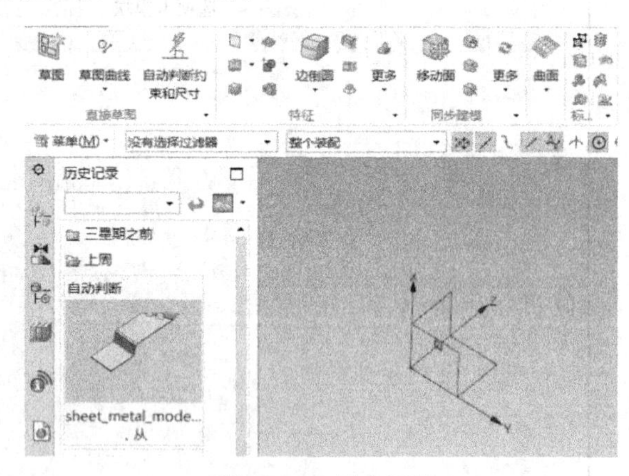

图 2-2-9　历史记录

3. 选项卡模块

选项卡模块把各类命令划分为若干个类别，在每个类别选项卡功能区各个功能组里涵盖了大量的相关命令。选项卡模块里所有的命令都可以在菜单中找到对应的选项，这为用户在绘图时查找命令提供了极大的方便，与数模构建关系比较密切的选项卡包括主页选项卡、分析选项卡、应用模块选项卡、曲面选项卡、装配选项卡、曲线选项卡、视图选项卡。而工具选项卡包含了实用工具、视频录影等；渲染选项卡提供了数模效果渲染的工具；内部选项卡主要提供了 UG NX 内部开发和调试的工具（如果选项卡有缺失可以右击选项卡总栏目空白处，在列表中调出）。主要选项卡的相关功能的介绍：

（1）【应用模块】选项卡

【应用模块】选项卡（见图 2-2-10）包含了 UG NX 提供的所有根据用途划分的应用模块，进入不同的模块，显示出的选项卡数量以及对应功能区的命令数量会发生增减，命令图标排布的位置也有一定的变化，这样设计的目的是提升用户设计工作的效率。比如当选择【外观造型设计】命令后进入外观造型设计环境，【主页】选项卡内的图标种类和数量比建模环境中精简了很多，留下的都是与外观造型设计相关的命令，如图 2-2-11 所示。再比如，在【应用模块】选项卡中把【设计】功能组→【装配】命令取消选择，这样，【装配】选项卡就不出现了，如图 2-2-12 所示。

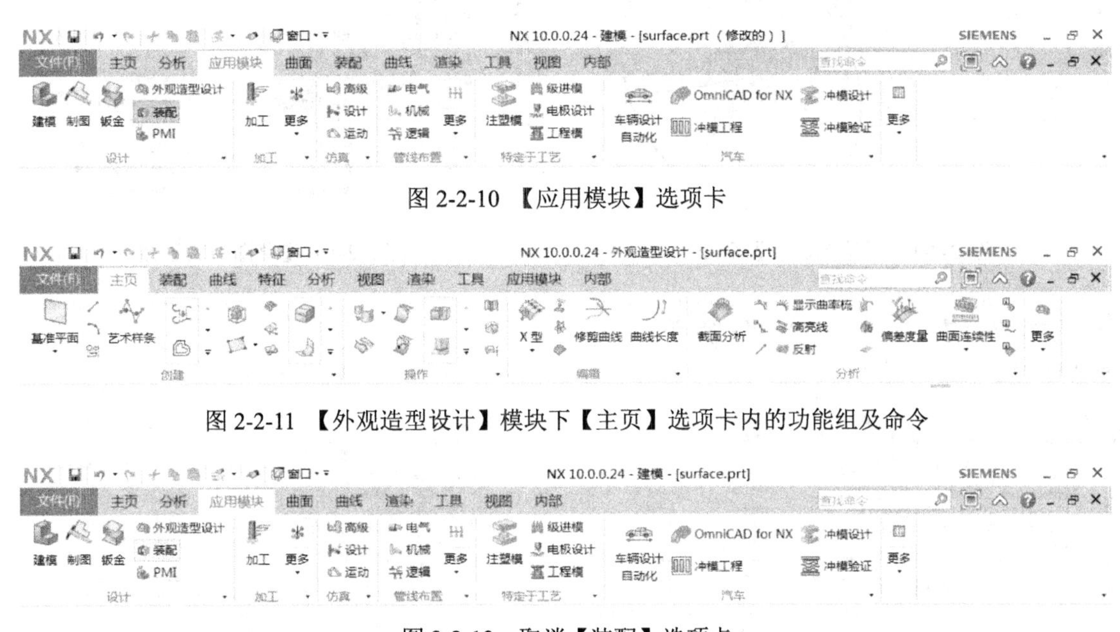

图 2-2-10　【应用模块】选项卡

图 2-2-11　【外观造型设计】模块下【主页】选项卡内的功能组及命令

图 2-2-12　取消【装配】选项卡

（2）【主页】选项卡

【主页】选项卡提供了建立参数化模型的大部分工具，相当于把建模过程中要用到的主要工具和命令都集合在这里并且按照功能进行了分类。在建模环境下，【主页】选项卡功能区包括直接草图、特征、同步建模、曲面、编辑特征以及装配等功能组，如图 2-2-13 所示。

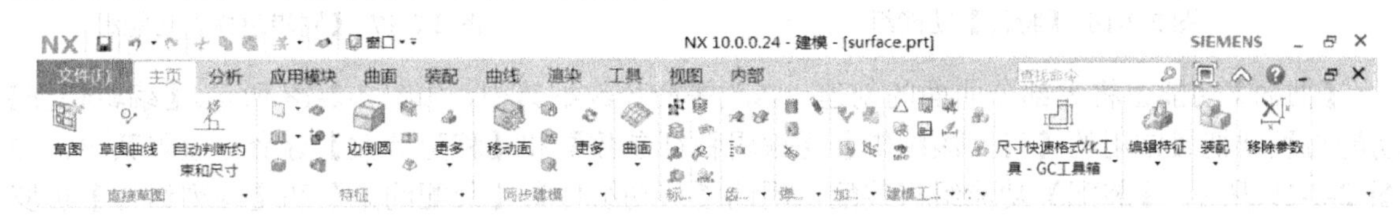

图 2-2-13　【主页】选项卡

【直接草图】功能组内的命令允许在不进入草图环境的情况下绘制曲线，也就是可以通过在空间中选择基准面来直接绘制曲线图形，并且可以通过各种曲线修改命令对曲线进行编辑操作，如图 2-2-14、图 2-2-15 所示。

【特征】功能组里集合了最常用的数模创建、修改命令，一般的特征创建在这个功能组里都可以找到，而且对不同类型的特征命令也都进行了分类，查找十分方便，如图 2-2-16 所示。【同步建模】功能组里主要集合了对数模上的各种面进行删除、修改和编辑的命令，即使模型没有参数也可以修改，灵活性相当强，如图 2-2-17 所示。

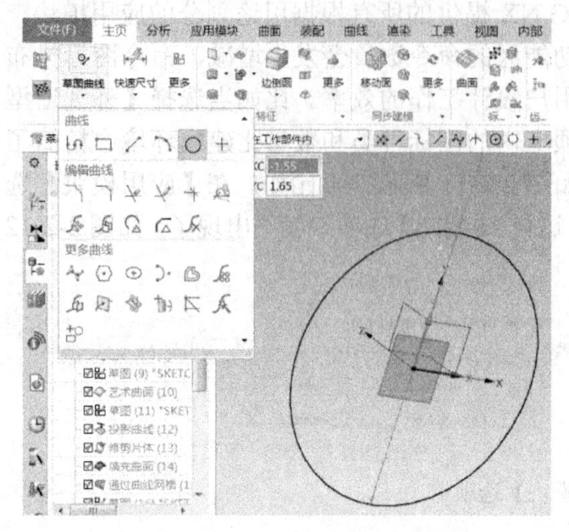

图 2-2-14 【草图曲线】命令

图 2-2-15 【草图工具】命令

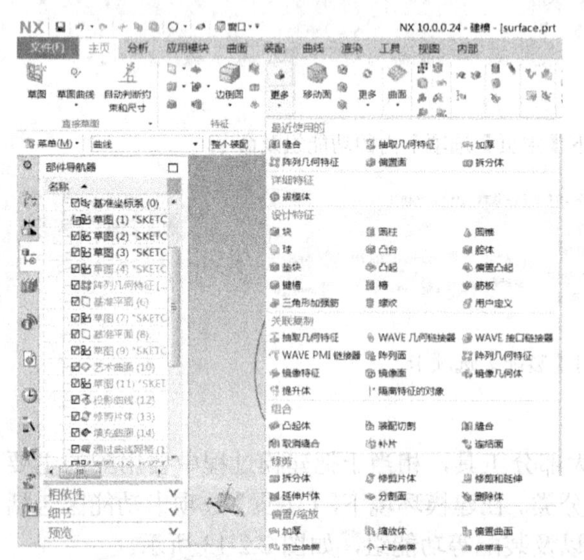

图 2-2-16 【特征】功能组

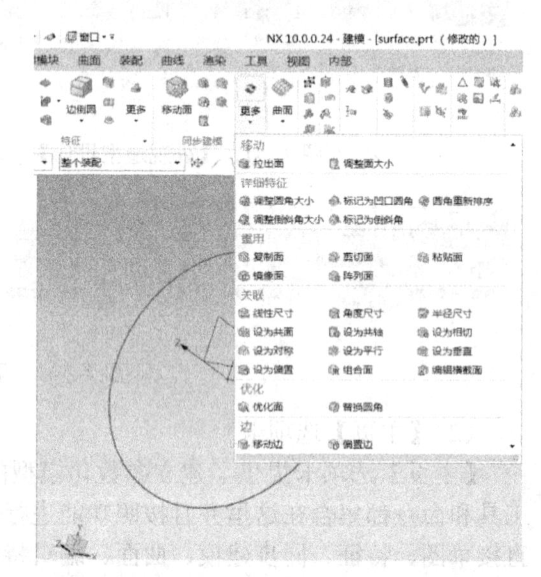

图 2-2-17 【同步建模】功能组

【曲面】功能组将大部分曲面的创建、修改等命令收纳其中，如图 2-2-18 所示。【编辑特征】功能组里则把最常用的【可回滚编辑】、【编辑特征参数】和【移除参数】等命令放置其中，如图 2-2-19 所示。【装配】功能组将装配常用的【移动组件】、【装配约束】和【阵列组件】也罗列了进去。由此可见【主页】选项卡主要是将建模常用的命令分类集合了进去，相当于建模命令的精华版。

（3）【分析】选项卡

【分析】选项卡（见图 2-2-20）主要是对已经生成的曲线、曲面、体以及零部件的装配情况进行分析，最常用的工具包含尺寸测量和面形状分析工具。【测量】功能组里集合了距离、角度、半径测量的工具；【面形状】功能组里的【反射】命令是检视曲面连续性的常用工具。

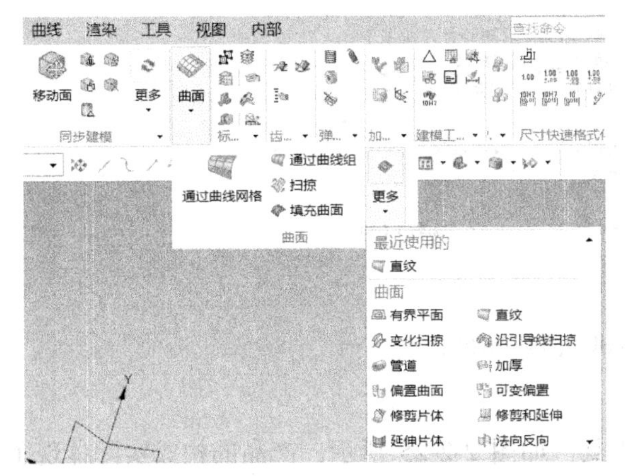

图 2-2-18 【曲面】功能组　　图 2-2-19 【编辑特征】功能组

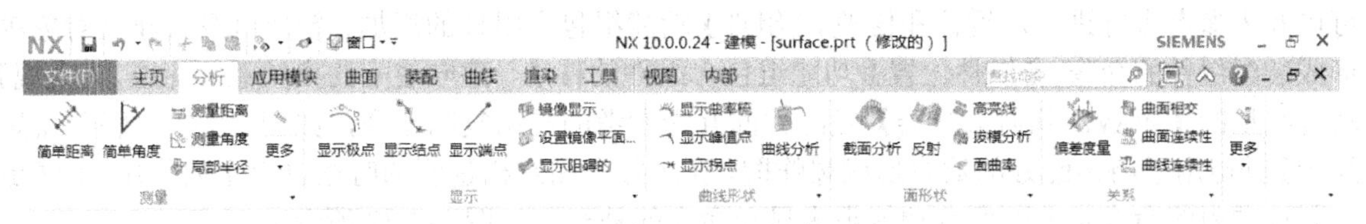

图 2-2-20 【分析】选项卡

（4）【曲面】选项卡

【曲面】选项卡提供了曲面建模与修改的工具，与【主页】选项卡里【曲面】功能组内的命令相比，【曲面】选项卡内的命令是丰富而全面的，将曲面单列一个选项卡本身就充分说明了曲面建模的重要性，如图 2-2-21 所示。选项卡里三大功能组中的【曲面】功能组主要体现的是各类曲面创建的命令，如图 2-2-22 所示。【曲面工序】功能组主要体现的是曲面的间接创建、修剪、延伸、组合等修改命令，如图 2-2-23 所示。【编辑曲面】功能组主要是对曲面本身进行编辑，如图 2-2-24 所示。

图 2-2-21 【曲面】选项卡

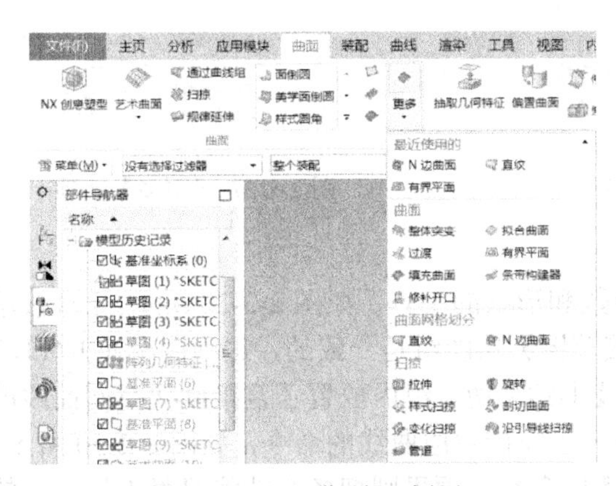

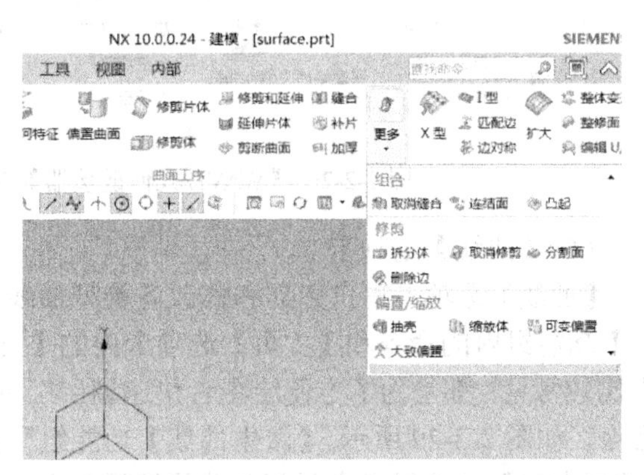

图 2-2-22 【曲面】功能组　　图 2-2-23 【曲面工序】功能组

图 2-2-24 【编辑曲面】功能组

（5）【装配】选项卡

【装配】选项卡提供了用于零部件组装的工具，如图 2-2-25 所示。产品的构成实际体现了产品各个零部件的装配关系，UG NX 支持两个不同文件的数模通过装配工具组合在一起，并且可以互为参考进行进一步设计和修改。【组件】功能组包含组件的添加、新建以及新建父对象等形成装配组件的命令。【组件位置】功能组包含组件的移动、建立装配约束关系等命令。【常规】功能组里的【WAVE 几何链接器】是组件间互为参考的常用复制命令，如图 2-2-26 所示。【爆炸图】功能用于将装配好的数模形成爆炸图，在进行产品结构说明的时候具有重要作用，而【更多】选项内的命令是前面所有功能组未显示命令的补充，如图 2-2-27 所示。

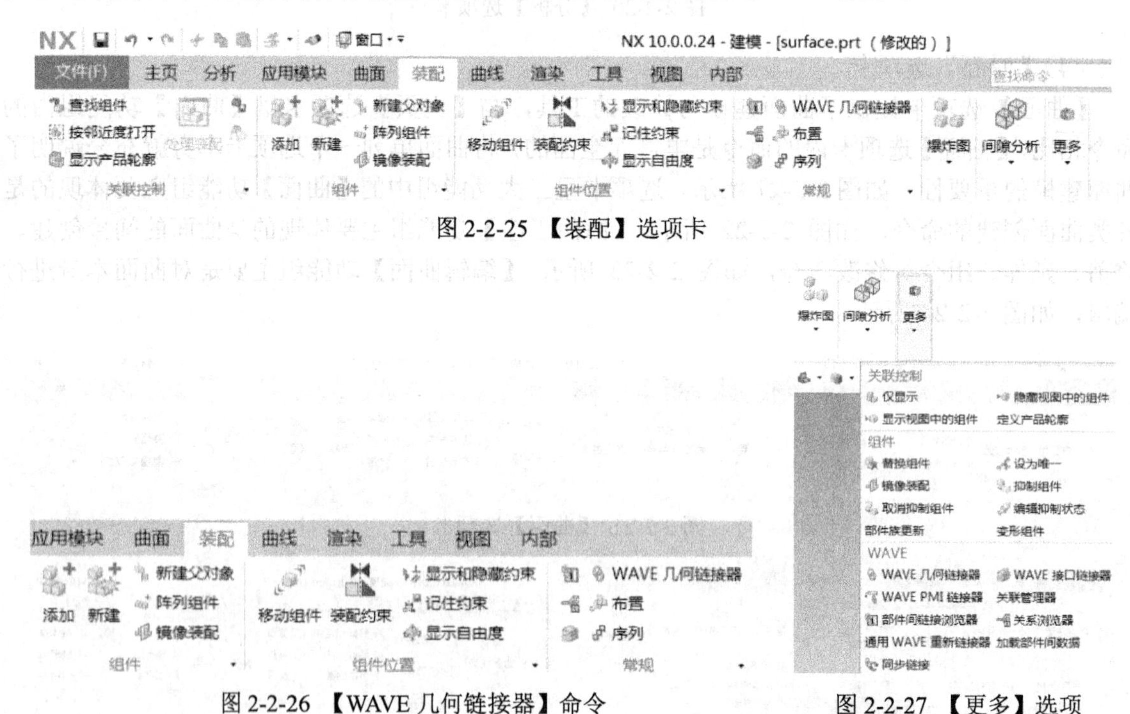

图 2-2-25 【装配】选项卡

图 2-2-26 【WAVE 几何链接器】命令

图 2-2-27 【更多】选项

（6）【曲线】选项卡

【曲线】选项卡提供建立和修改各类型曲线参数和形状的工具，如图 2-2-28 所示。【直接草图】功能组内的命令和【主页】选项卡内的【直接草图】功能组是一致的，这种情况在 UG NX 中比较常见，都是为了方便绘图者快速调用工具。【曲线】功能组内放置了直接创建空间曲线的命令，如图 2-2-29 所示。【派生曲线】功能组则集合了间接生成曲线的命令，如图 2-2-30 所示。【编辑曲线】功能组集合了部分曲线编辑的命令，【更多】选项里则把各个功能组里未显示出的命令全部显示出来了，如图 2-2-31 所示。

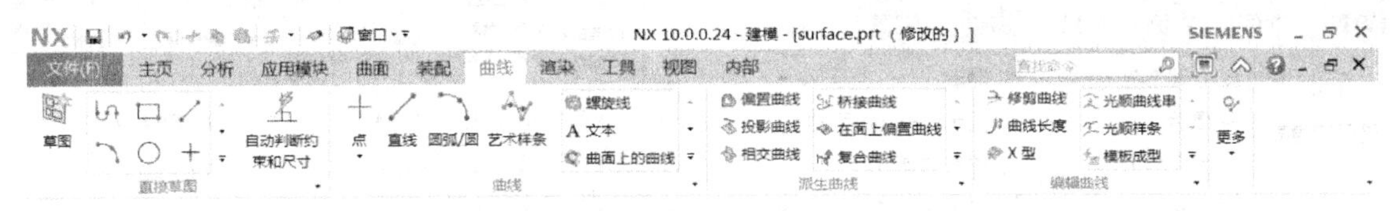

图 2-2-28 【曲线】选项卡

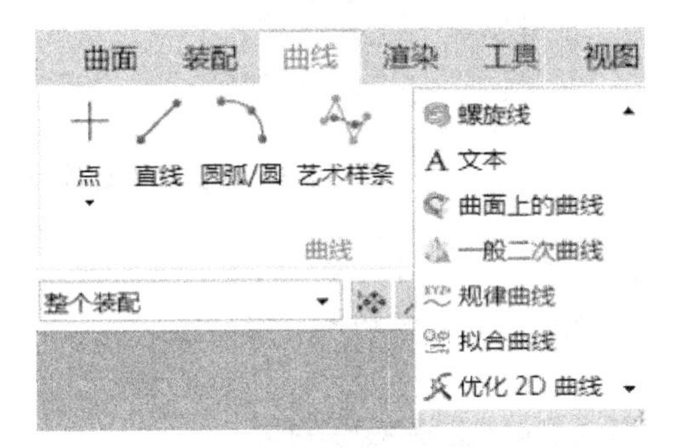

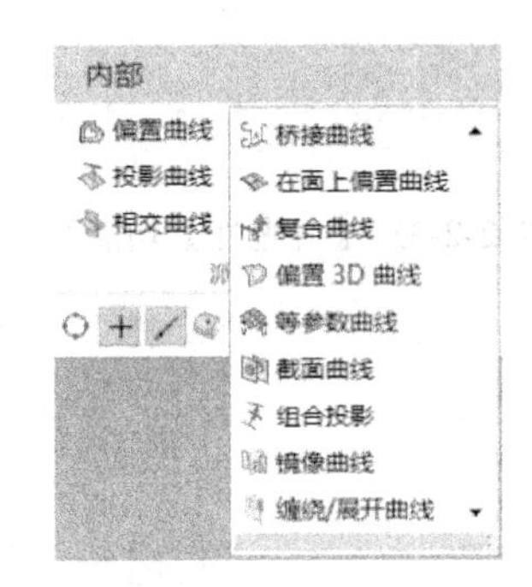

图 2-2-29 【曲线】功能组　　　图 2-2-30 【派生曲线】功能组

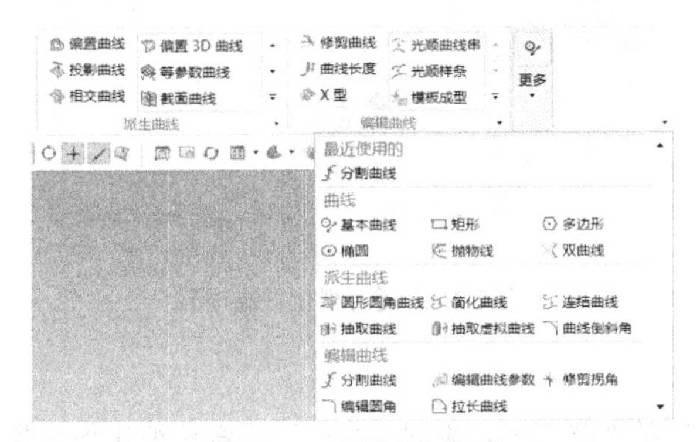

图 2-2-31 【更多】选项

（7）【视图】选项卡

【视图】选项卡提供了所有关于界面、数模显示问题的命令，由于【视图】选项卡在建模的过程中使用十分频繁，因此对每个功能组的常用命令的介绍会细致一些。【方位】功能组主要包括视图方向选择、视图放缩、视图旋转以及透视、平行投影视图切换命令，如图 2-2-32 所示。【可见性】功能组包含对各类对象的隐藏和显示命令以及图层和截面的设置、编辑等命令。【更多】选项显示了未显示的命令，如图 2-2-33、图 2-2-34 所示。【样式】功能组里集合了数模显示模式的命令，包括可以显示材质肌理的艺术外观命令和面分析命令，如图 2-2-32 所示。【可视化】功能组里的【可视化首选项】命令可以设置操作界面和数模的基本视觉特征，如图 2-2-35 所示。【编辑对象显示】则可以对选中的对象进行显示样式的修改，如颜色、透明度等。

图 2-2-32 【方位】功能组、【样式】功能组

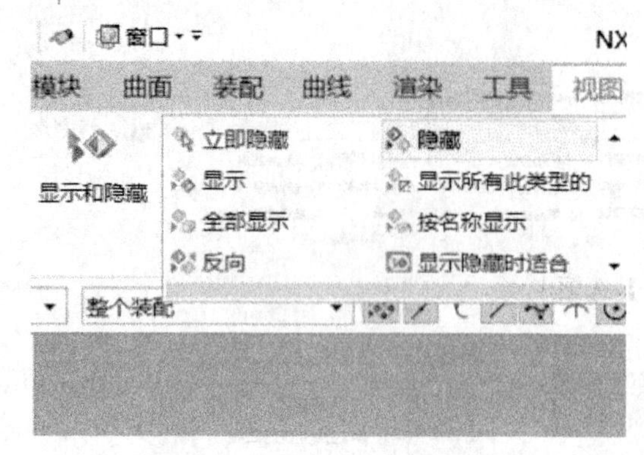

图 2-2-33 【可见性】功能组

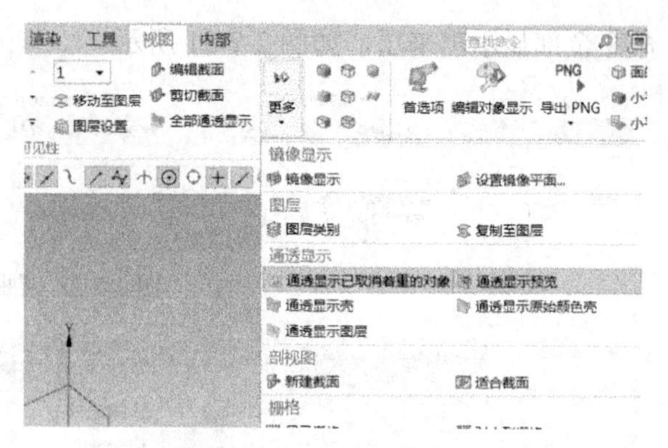

图 2-2-34 【更多】选项

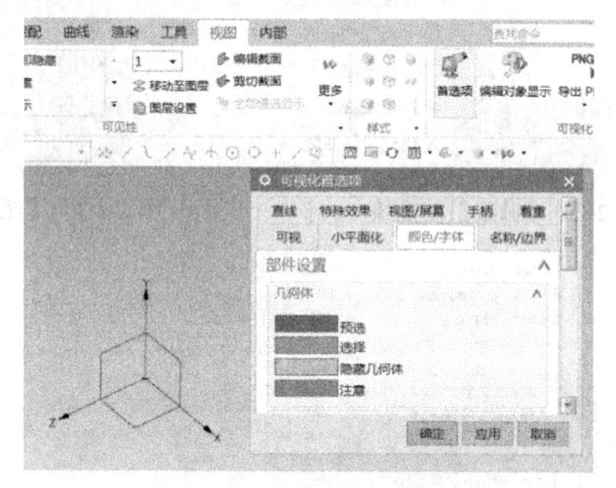

图 2-2-35 【可视化首选项】

4. 选择区

选择区内提供了丰富的选择工具，确保用户准确而快速地找到需要的对象。【选择过滤器】可以将选择范围缩小到指定类型的对象，【点捕捉】命令可以确保在任何情况下捕捉到所需类型的点，如图 2-2-36 所示。

图 2-2-36 【选择过滤器】和【点捕捉】命令

5. 工作区

工作区是绘图的区域，用于创建、修改和观察数字模型，包含菜单以及各类功能选项卡等。

6. 坐标系

UG NX 的坐标系分为绝对坐标系（ACS）、机械坐标系（MCS）和工作坐标系（WCS）三种。

7. 状态栏

状态栏具有操作提示的功能，提醒用户下一步的操作是什么。

2.3　UG NX 建模重要的基本概念

2.3.1　坐标系

在 2.2 介绍的内容里提到 UG NX 包含了 3 种坐标系，其中绝对坐标系（ACS）是系统默认的坐标系，其原点的位置是固定的，当用户新建文件时就有；机械坐标系（MCS）也称为机床坐标系，原本由机床厂商依照世界坐标系的规则而建立，通常用于机床加工、模具设计等预设导向型操作中；工作坐标系（WCS）是 UG NX 提供给用户的坐标系，也称为基准坐标系，用户在初始建模时可以直接使用，也可以任意移动它的位置并设置属于自己的坐标系，如图 2-3-1、图 2-3-2 所示。

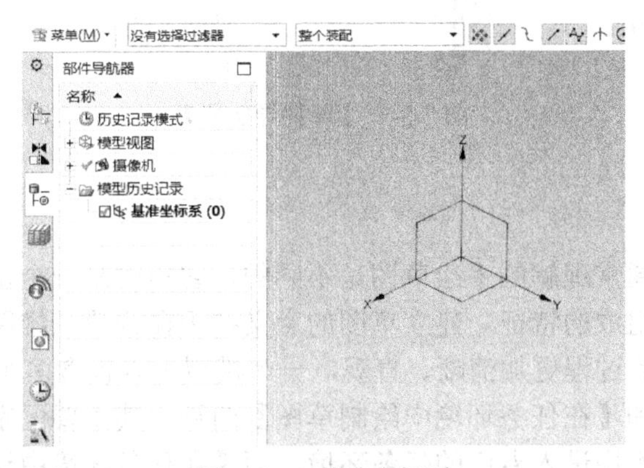

图 2-3-1　基准坐标系

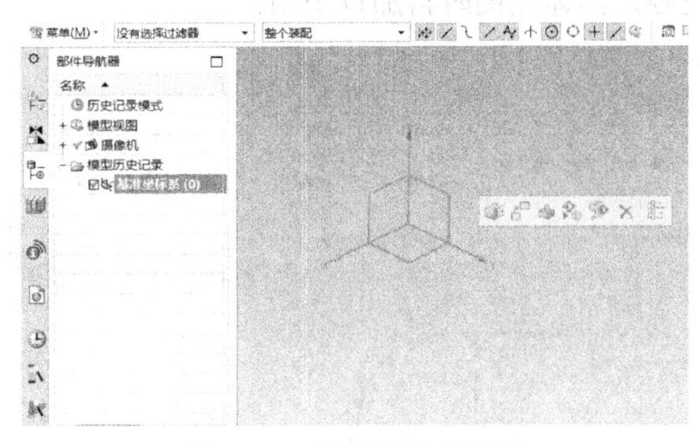

图 2-3-2　调整基准坐标系

2.3.2　特征

工程软件在建模方面的共同特点都是基于特征的建模，这里讲的特征不是一个具体的形态，而是建模的某个阶段产生的一个特定的结果或操作步骤，比如一个草图、一个参考面、一个拉伸的操作等。产品建模的过程往往是将上百个特征逐渐累加的过程，由于相邻特征会产生相关性，特征链上的某一特征参数发生改变后，其后的特征往往会产生“随动”，这样就大大提升了产品数模的修改效率，如图 2-3-3 所示左侧【部件导航器】中，每一项都是一个特征，任何一项发生修改，都会改变其后与之相关的其他特征的结果。

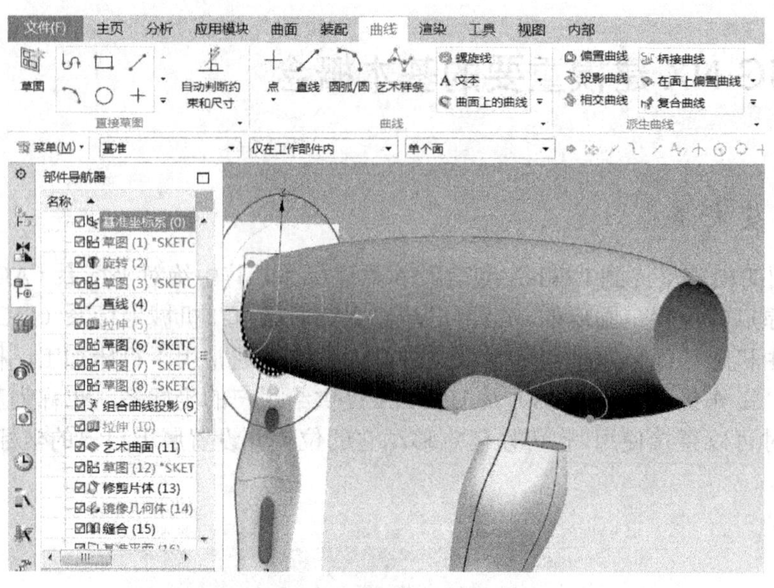

图 2-3-3 【部件导航器】

2.3.3 草图

这里的草图与我们通常理解的手绘草图是不同的，它指的是一个由基准平面、草图曲线、草图约束以及平面坐标组成的特征。建立草图的意义在于在构建三维图形前通过草图生成二维图形，这样可以使建模的过程更加清晰、直观，一个模型可以包含多个草图，如图 2-3-4 所示。草图分为【直接草图】和【在任务环境中绘制草图】两种，其主要区别在于【直接草图】用于绘制比较简单的曲线而不用进入专门的任务环境，而【在任务环境中绘制草图】更适用于绘制较复杂的曲线，专属性更强，具体绘图时再加以说明。

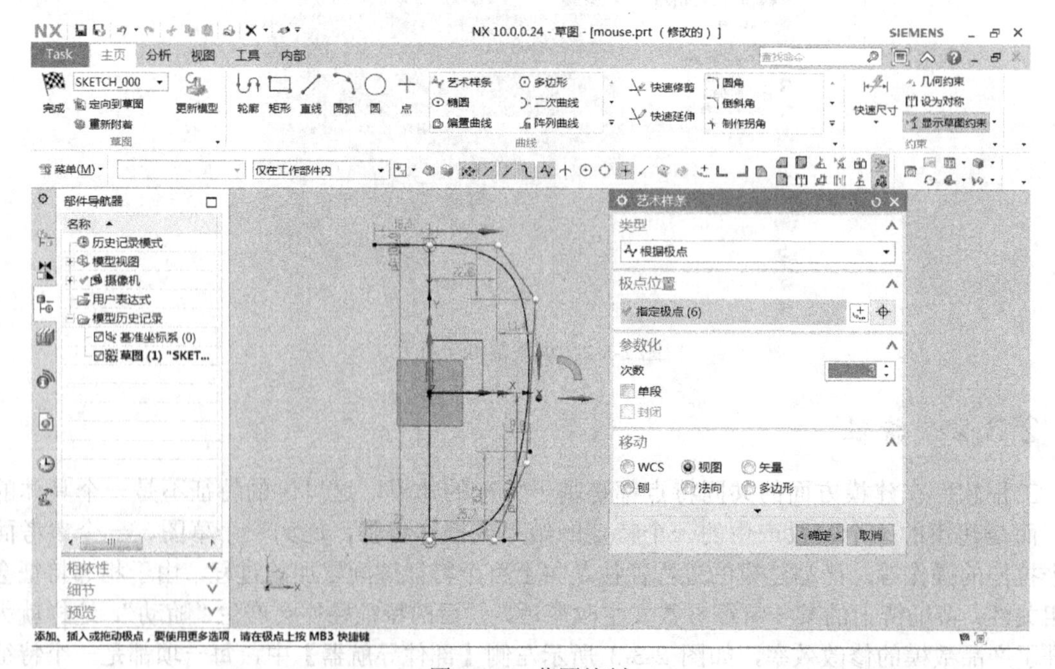

图 2-3-4 草图绘制

2.3.4　约束

约束就是对自由度的限制，比如要求某线与某线平行或形成一个固定的夹角，某圆弧与某直线相切等。约束的实现可以利用尺寸的限制实现，也可以利用约束工具快速达到目的，因此约束主要依靠约束工具实现。约束工具在绘图时默认自动约束，如图 2-3-5 所示。如果没有使用默认的约束条件，可以将两个对象一起选择，在弹出的工具条内会列出两个对象可以形成约束的条件，供绘图者选择，如图 2-3-6 所示。通过约束条件可以大大减少对图形位置和尺寸的标注工作，对绘图效率的提升也是显而易见的。

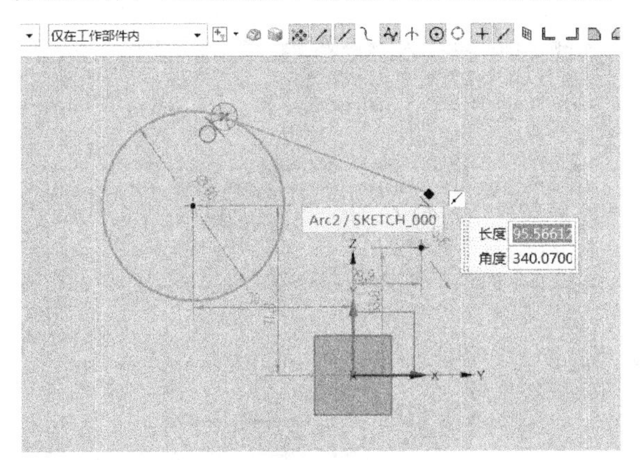

图 2-3-5　自动约束

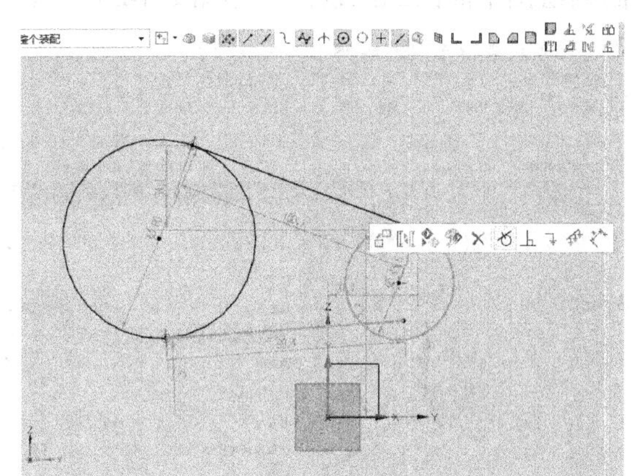

图 2-3-6　选择约束条件

2.3.5　对象

在使用 UG NX 进行产品建模的过程中主要涉及的对象有坐标系、基准、实体、曲线、点、特征、草图、边、面。其中坐标系、基准、点、边通常作为参考对象，草图、曲线、点、特征、边通常作为构造对象，建模的目标对象通常为面和实体。草图构建的目的是通过参考对象生成曲线，曲线的构建是为了生成曲面，构建曲面通常为了得到由曲面围合的产品形状，然后生成产品实体进行细节的建模操作，达到能够根据数模进行生产加工的目的。面和实体有时可以实现转化，完全围合的面可以通过缝合生成实体，将实体表面的面复制抽取，可以得到曲面；通过将面赋予某些特征命令可以生成新的实体，比如【加厚】命令。

2.4　产品数字模型的构建思维与基本操作

产品数字模型是利用计算机三维建模软件，将由产品的设计方案图、设计草图结合技术性说明及其他技术图样所表达的形体，构造成可用于设计和后续处理工作所需的三维数字模型。产品数字模型的构建是一项技巧性很强的工作，需要在众多技术路径中选取最优项，没有扎实的软件功底、灵活的空间想象、分析能力以及丰富的设计经验是很难做到的。产品造型的复杂程度有难有易，面对复杂的产品形态，不能抱有一步到位的心态，要坚持采用化整为零的策略，分块、分步逐步实现形态目标。具体实现的方法也十分朴素，坚持点、线、面、体逐步推进的基本原则，灵活采用各种实现技巧，达到最终目标。在使用工程软件构造形态的过程中，技术路径不是唯一的，使用不同步骤和工具达到的效果很可能是一致的，所以在工程软件里部分不同命令的功能相似或相近的情况是存在的，可以择优使用。

2.4.1 草图的绘制

创建一个新的模型文件，进入绘图界面以后，选择左上方【主页】选项卡→【直接草图】→【草图】命令，弹出草图创建对话框。草图的类型有两个选项，一是在平面上，二是基于路径。先选择【在平面上】，在【草图平面】选项中，【平面方法】选择默认的自动判断，在坐标系图标上选择 X 轴和 Y 轴方向间的方框（选中后呈红色），如图 2-4-1 所示。【反向】选项根据实际状况决定是否使用，然后单击【确定】，绘图视图将由三维视图转为以 X 轴、Y 轴所在基准面为绘图平面的二维视图，如图 2-4-2 所示。

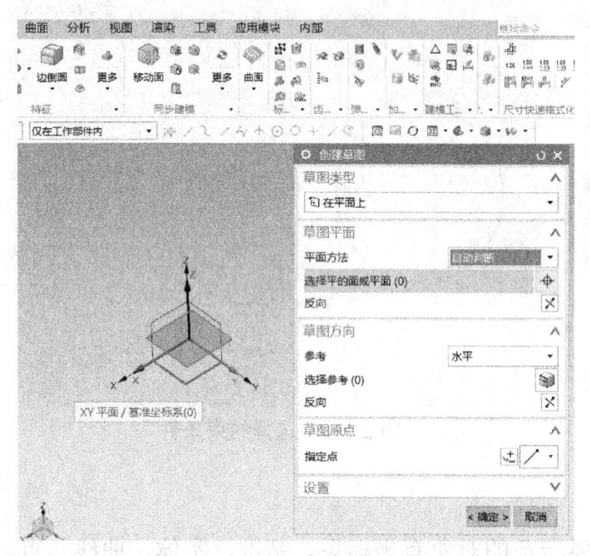

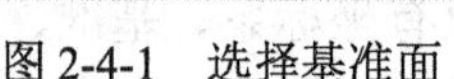
图 2-4-1 选择基准面

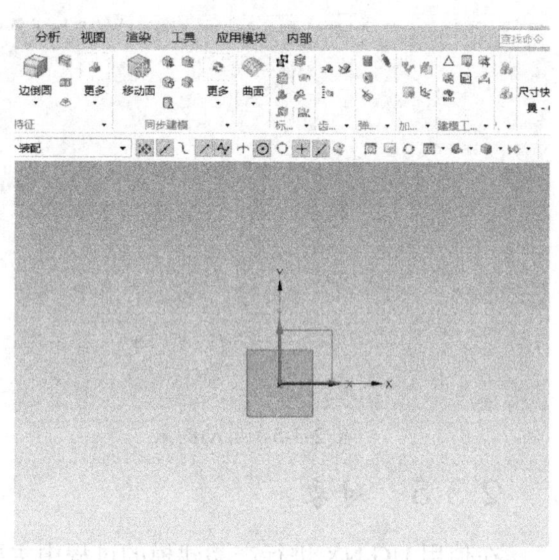

图 2-4-2 二维视图

此时，可通过按 Shift 键和鼠标中键，在平面上移动视图，也可以通过中键滚轮来放缩视图。我们首先绘制一个尺寸为 100mm×100mm 的正方形，可以选择【主页】选项卡→【直接草图】功能组→【矩形】命令来绘制，如图 2-4-3 所示。在弹出的对话栏里有三种创建矩形的方法，分别是对角创建、3 点创建及由中心创建；输入尺寸的模式有两种，分别是坐标模式和参数模式：坐标模式是先确定矩形 4 个角的坐标位置，然后调节边长尺寸；参数模式是先确定矩形的长宽尺寸，最后确定放置位置。

首先用对角创建及坐标模式创建一个符合尺寸的正方形。在坐标系的左上方单击一下，然后将鼠标从左上方向右下方移动，一个橙色的矩形框就出现了，如图 2-4-4 所示。在适当的位置再次单击一下，得到一个带有临时尺寸标注的矩形框（请注意此时的尺寸标注是浅蓝色的），如图 2-4-5 所示。如果选择并拖曳矩形框的任意一条边，我们会发现是可以移动的，矩形框的尺寸也会有相应的变化，因为这些尺寸是系统自动加上去的（见图 2-4-6），是临时性的参考尺寸，也称“弱”尺寸。

随后修改相邻两条边的尺寸，在“弱”尺寸显示的数值上双击，就会弹出线性尺寸对话框，将对应的尺寸修改成 100mm 就可以了，然后将对话框关闭，如图 2-4-7、图 2-4-8 所示。

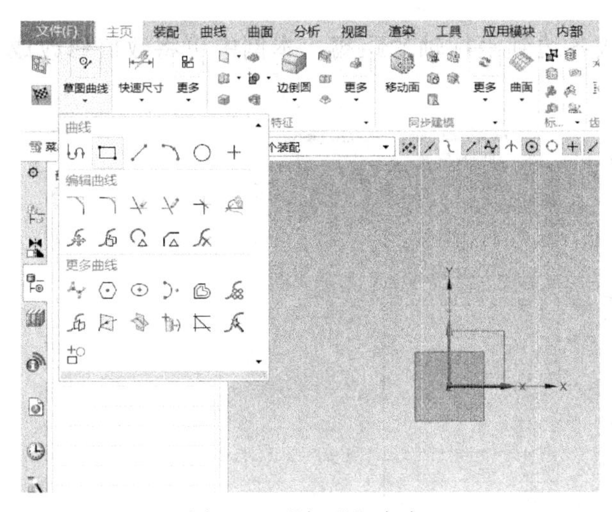

图 2-4-3 【矩形】命令

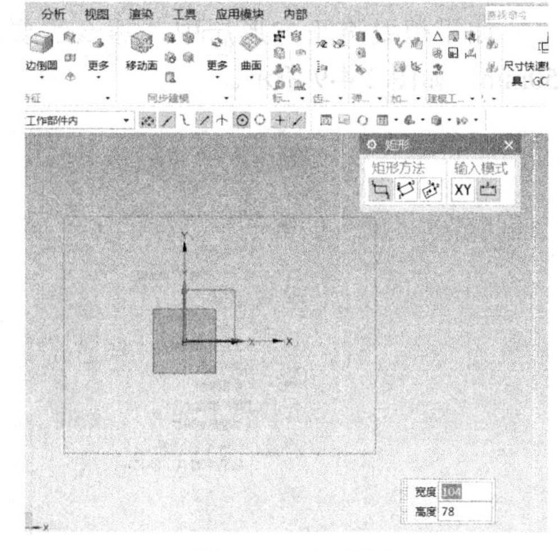

图 2-4-4　矩形框

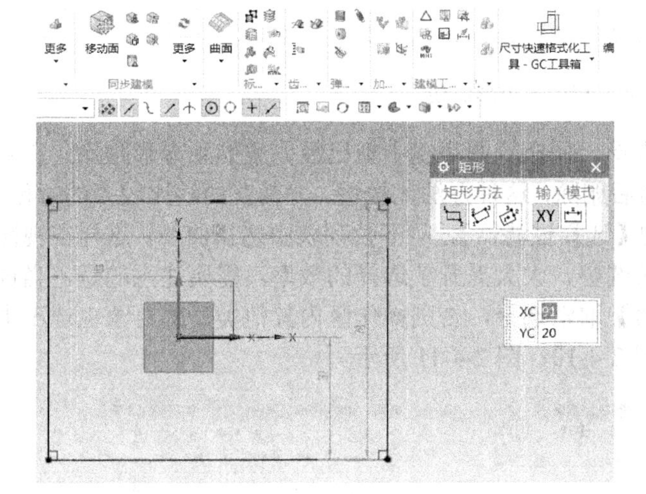

图 2-4-5　系统自动添加的尺寸

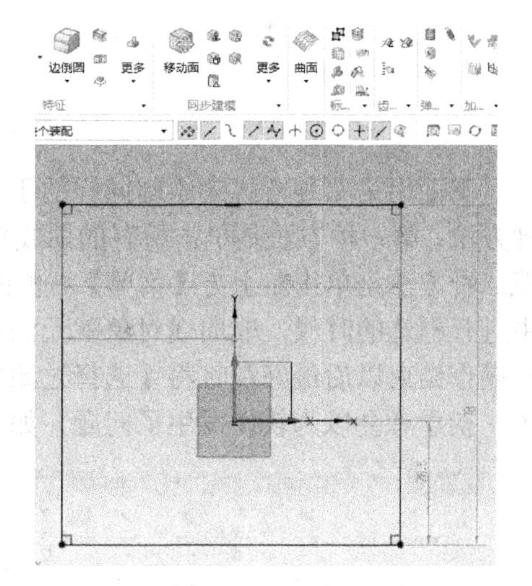

图 2-4-6　“弱”尺寸

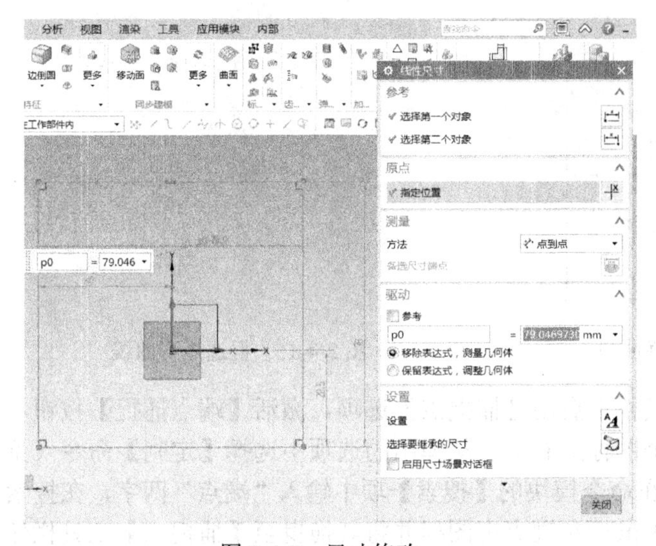

图 2-4-7　尺寸修改

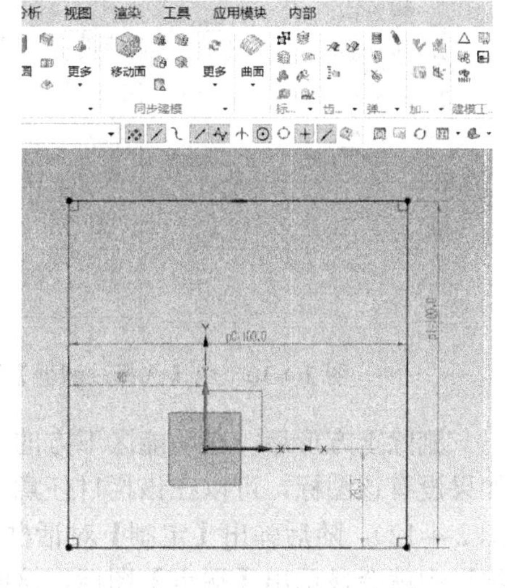

图 2-4-8　尺寸确定

如果想要将正方形居中，那么需要修改各边到坐标轴的距离，本例中可将数值修改成50mm，如图 2-4-9 所示。

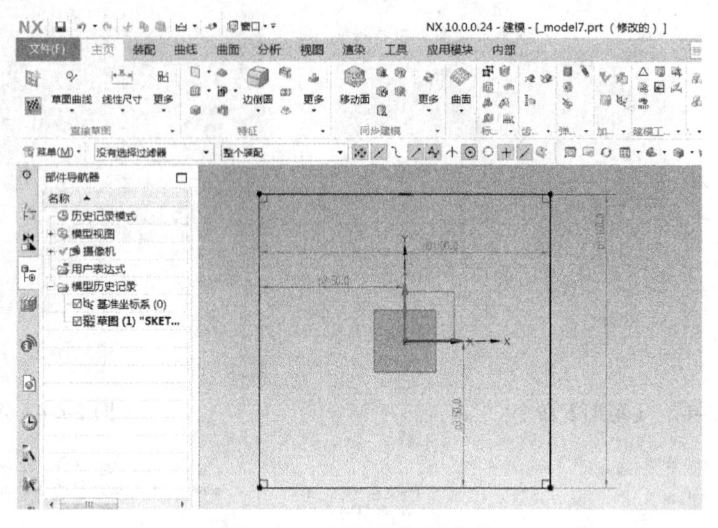

图 2-4-9 居中的矩形曲线

下面用第二种方式来绘制同样的正方形。先在草图环境中把已经完成的正方形删除，有两种方法，第一种方法是单击所有的曲线然后删除，这种办法比较慢，尤其在曲线比较多的时候；第二种方法是单击左上方【菜单】右侧的【选择过滤器】，从下拉列表中选择曲线，这样在视图中进行框选的时候，非曲线对象就无法被选中，大大提升了选择的效率。需要注意的是，当选择操作结束以后最好及时将【选择过滤器】取消选择，否则操作区内其他类型的对象也选不中了，初学者会以为软件发生了问题，如图 2-4-10、图 2-4-11 所示。

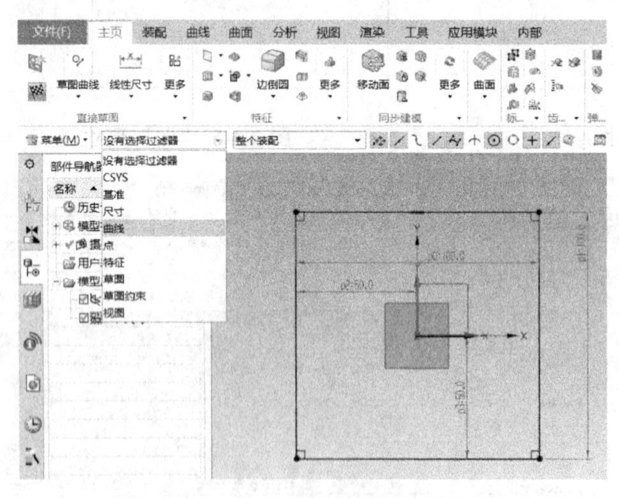

图 2-4-10 用【选择过滤器】选择曲线

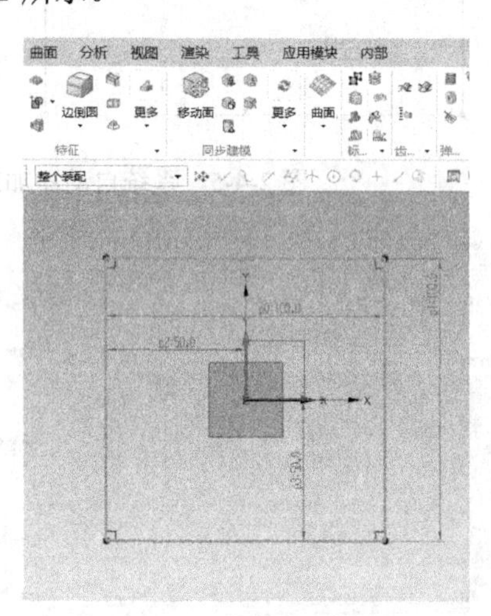

图 2-4-11 框选矩形曲线

删除正方形后，在功能区下方的工具栏上启用【捕捉点】选项，激活【端点捕捉】按钮，如果没有该图标，可以在该栏目任意一个图标上右击，从弹出的选项中选择【定制】命令（见图 2-4-12），随后弹出【定制】对话框。在命令模块的【搜索】项中输入“端点”两字，在搜索结果中就会显示出【端点】图标，这时用鼠标左键点击图标并将其拖曳至【捕捉点】工具栏任意两个图标之间并释放鼠标左键，如图 2-4-13 所示，完成定制后将【端点】和【现有点】图标激活。如果不想要界面中的某一个功能图标，直接在图标上右击，在弹出的选项中选择从××中移除即可。

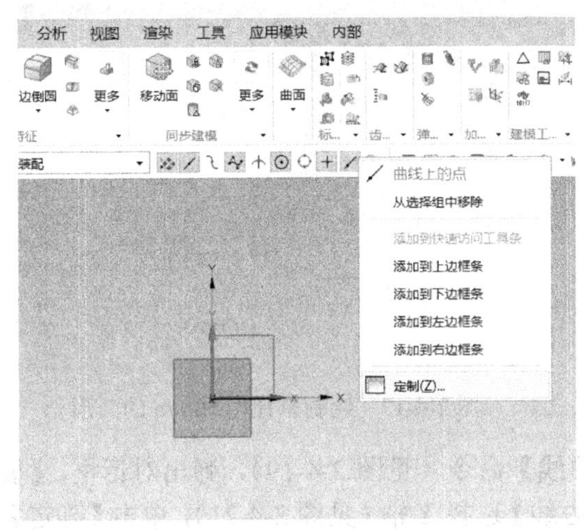

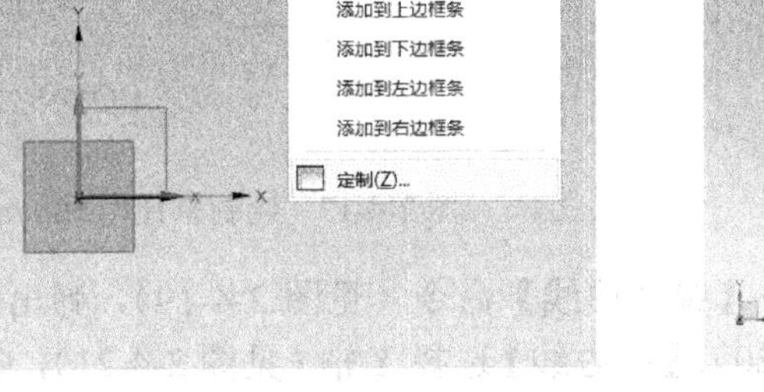

图 2-4-12 【定制】命令

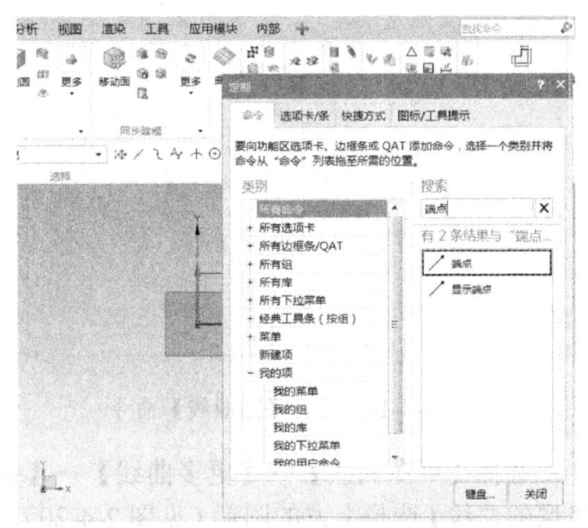

图 2-4-13　查找【端点】命令

选择【创建矩形】命令，【矩形方法】选择【从中心】，【输入模式】选择【参数模式】，在弹出的尺寸对话框内将【宽度】设为 100mm，【高度】设为 100mm，【角度】设为 0，将鼠标移至坐标系原点附近自动捕捉到原点后单击，边长为 100mm 的正方形就生成了，如图 2-4-14、图 2-4-15 所示。

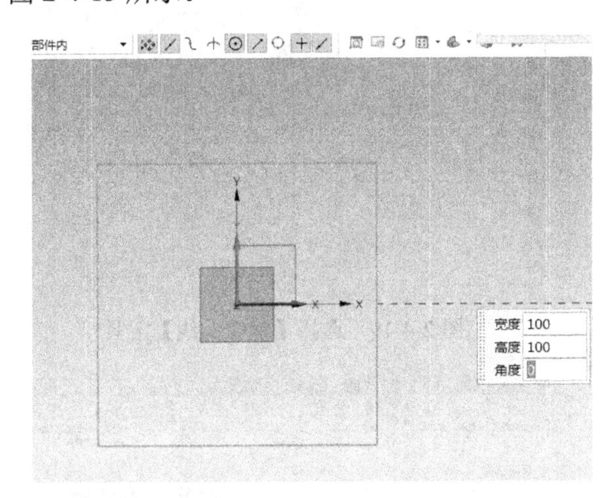

图 2-4-14　从中心创建矩形

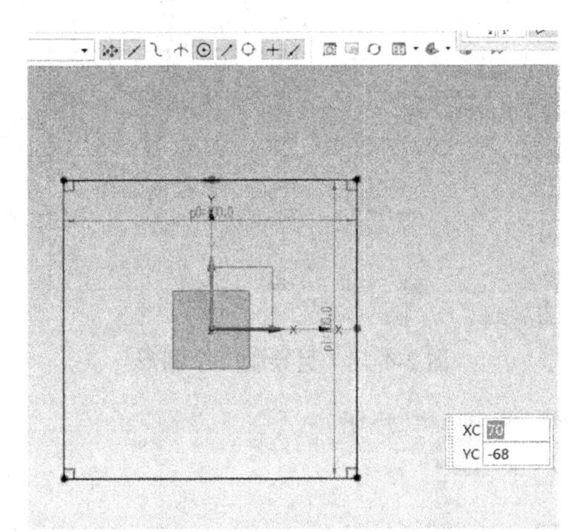

图 2-4-15　正方形创建完成

在正方形的基础上继续绘制，在创建、修改图形的同时熟悉曲线的编辑工具。在【捕捉点】工具栏里激活【中点】图标，选择【主页】选项卡→【直接草图】功能组→【草图曲线】→【曲线】选项中的圆命令（见图 2-4-16），弹出圆的生成模式的选择框，【圆方法】选择【圆心】和【直径定圆】，【输入模式】选择【参数模式】，将鼠标移至正方形上端的直线中点附近，光标将自动捕捉至直线的中点，单击成一个圆形，从弹出的数值输入栏里输入直径 50mm，单击【关闭】，生成一个直径为 50mm 的圆形，如图 2-4-17 所示。以右边曲线的中点为圆心再绘制一个同样的圆形，如图 2-4-18 所示。

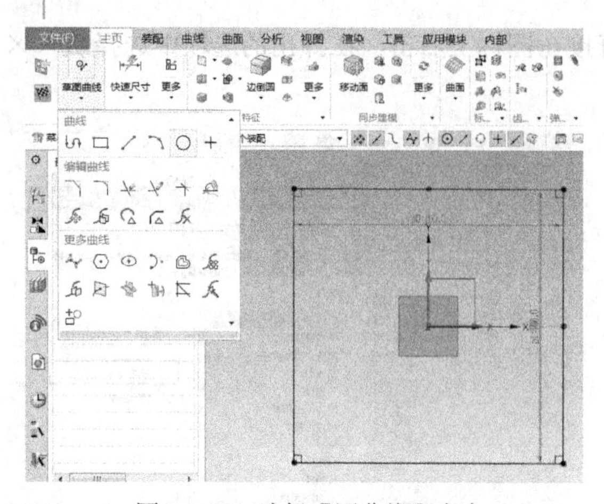

图 2-4-16　选择【圆曲线】命令

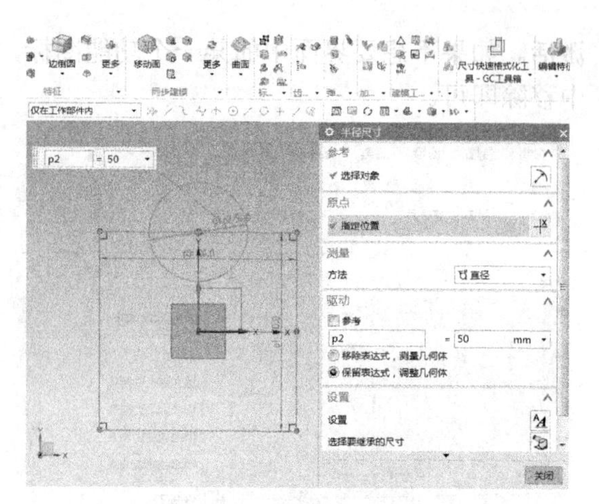

图 2-4-17　绘制直径为 50mm 的圆形

选择【草图曲线】→【更多曲线】→【镜像曲线】命令（见图 2-4-19），弹出对话框，【要镜像的曲线】选择上方的圆形（见图 2-4-20），【中心线】选择 *X* 轴（见图 2-4-21），单击【确定】，镜像生成一个以 *X* 轴为对称中心的圆形，同理可生成左侧的圆形，如图 2-4-22 所示。

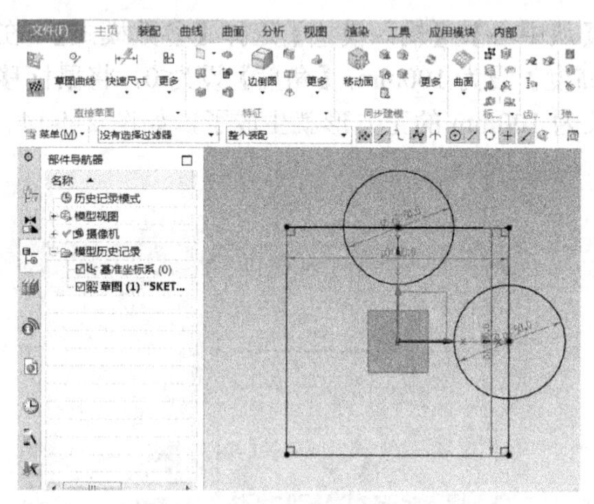

图 2-4-18　另绘制一个圆形

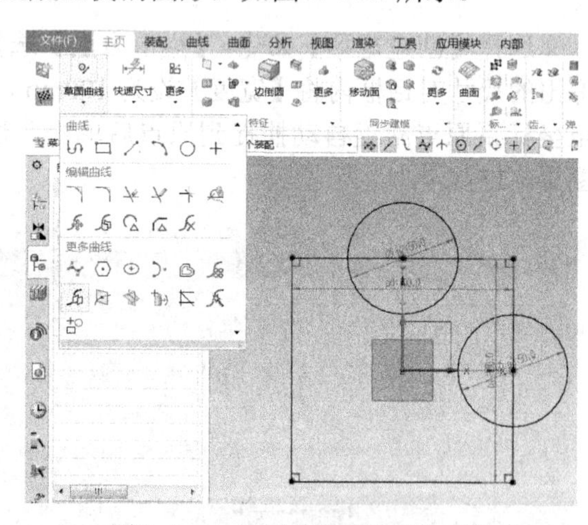

图 2-4-19　选择【镜像曲线】工具

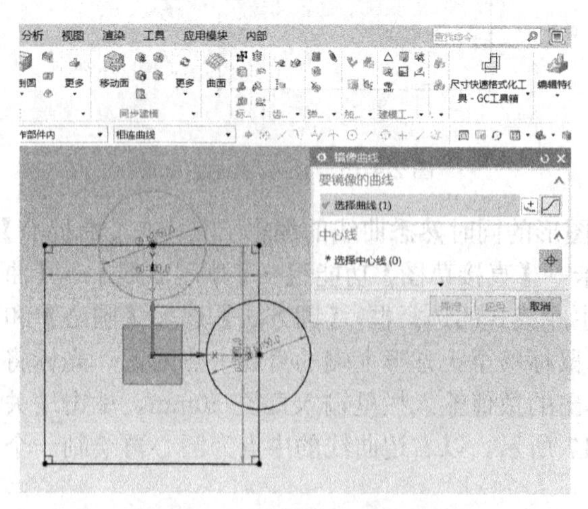

图 2-4-20　选择上方圆形曲线

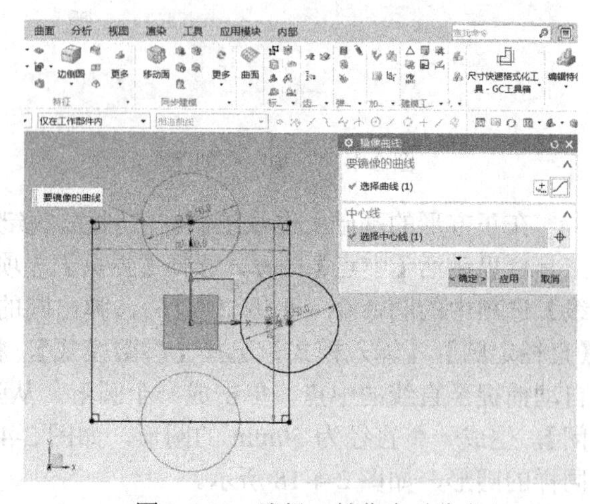

图 2-4-21　选择 *X* 轴作为对称中心

选择【草图曲线】→【编辑曲线】→【快速修剪】命令，选择图形中想要去掉的曲线，将光标移至曲线上，曲线变红代表此段曲线可以修剪掉，如图 2-4-23 所示。修剪完成后，单击左上方完成草图的图标，结果如图 2-4-24 所示。按住鼠标中键出现旋转图标后旋转观察生成的图形，此空间中就生成了一个由线构成的图形，如图 2-4-25 所示。

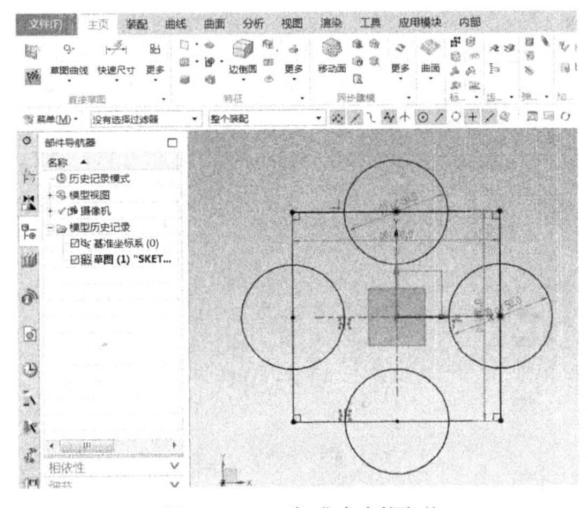

图 2-4-22　生成左侧圆形

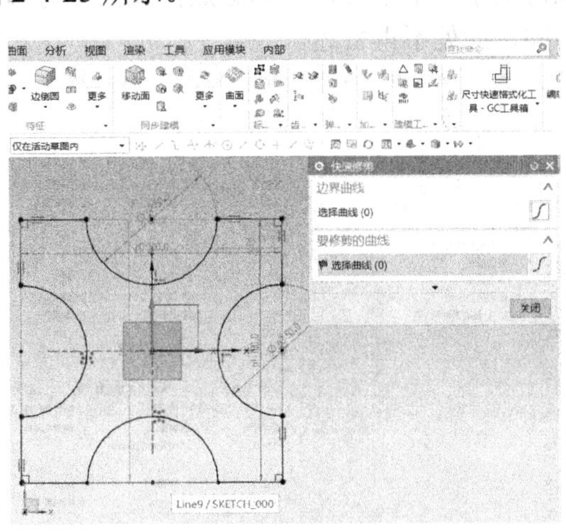

图 2-4-23　快速修剪曲线

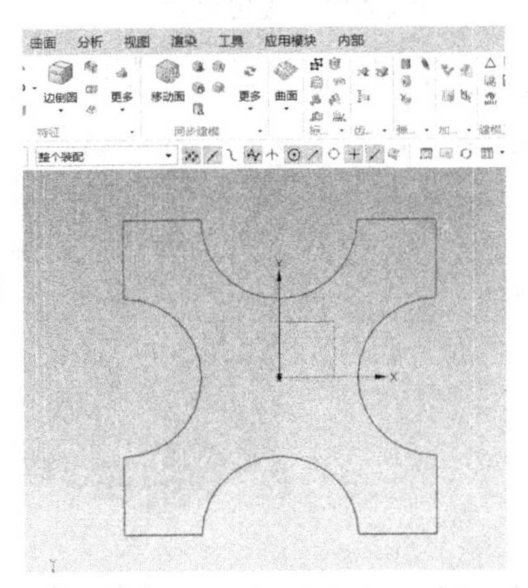

图 2-4-24　草图生成

图 2-4-25　空间曲线构建完成

2.4.2　基本几何体的构建

2.4.2.1　采用特征创建法直接创建几何实体

利用 UG NX 自带的创建工具创建的几何实体包括立方体、长方体、圆柱体、圆锥体、球体等。

（1）立方体

新创建一个文件，选择【主页】选项卡→【特征】功能组→【更多】选项，在【设计特征】栏目中选择【块】命令（见图 2-4-26），弹出对话框，【类型】采用默认的【原点和边长】方式，将长、宽、高尺寸都设置为 100mm（见图 2-4-27），单击【确定】，得到一个边长为 100mm 的立方体，立方体的一角位于坐标原点，如图 2-4-28 所示。

如果要将立方体的中心落在坐标原点，如图 2-4-29 所示，那么在指定立方体起始角的时候就要注意设置其空间位置，在创建立方体实体的时候选择【块】对话框内【指定点】右侧的【点】

对话框图标，在输出坐标一栏中，将起始点在坐标每个轴向上位置的数值都改为-50mm，如图 2-4-30 所示。然后单击【确定】，回到【块】对话框。此时请观察一下立方体起始角的空间位置，在【块】对话框内输入尺寸的数值，边长均为100mm，单击【确定】，如图 2-4-31 所示，就得到了一个中心在坐标原点位置的立方体。长方体的创建方法与立方体类似，只是边长尺寸不同，此处不再赘述。

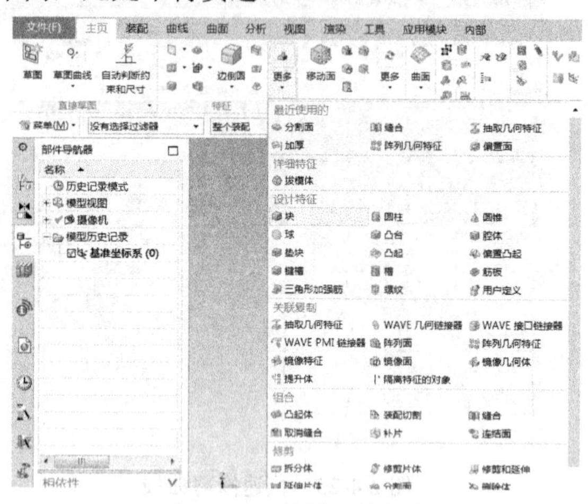

图 2-4-26　选择【块】命令

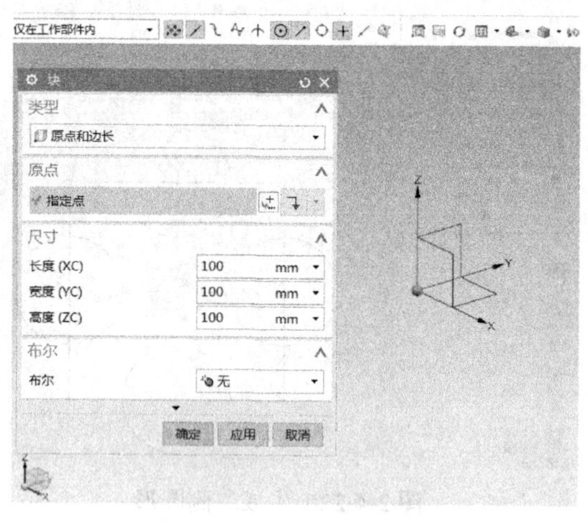

图 2-4-27　设置尺寸

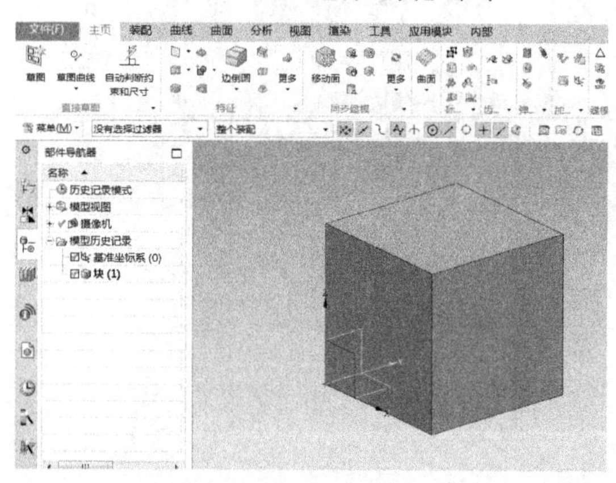

图 2-4-28　立方体生成

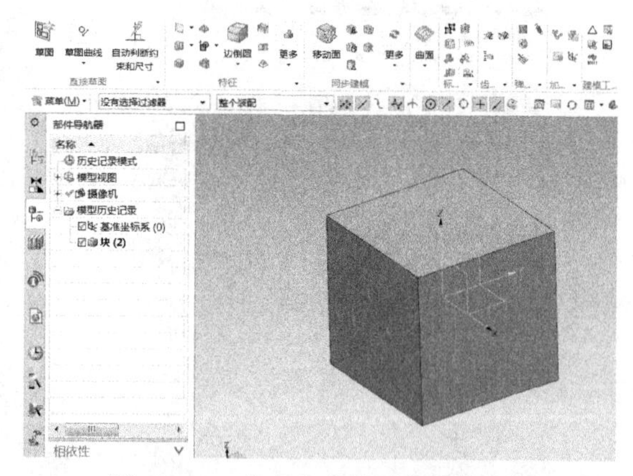

图 2-4-29　中心在坐标原点的立方体

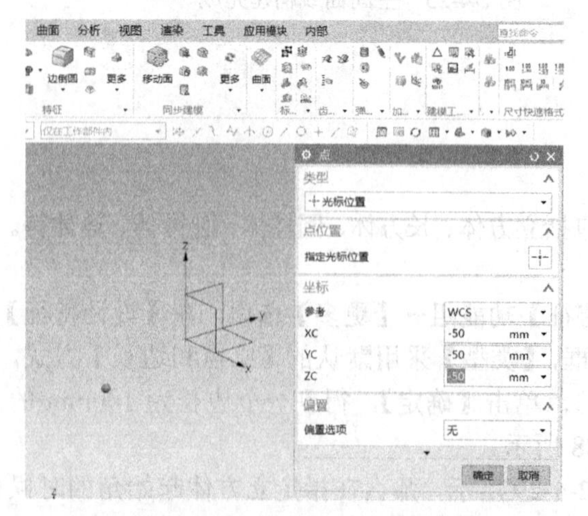

图 2-4-30　设置立方体起始点坐标值

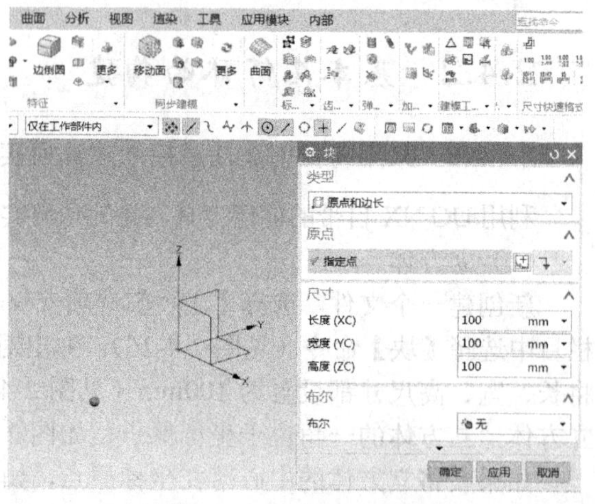

图 2-4-31　设置立方体尺寸

（2）圆柱体

新创建一个新文件，选择【主页】选项卡→【特征】功能组→【更多】选项，在【设计特征】栏目中选择【圆柱】命令，弹出创建对话框，如图 2-4-32 所示，【类型】采用默认方式，【轴】选项里【指定矢量】代表圆柱体的生成方向，反向按钮代表将方向反转，【指定点】则代表圆柱体生成的起始点，如果要修改起始点的位置，可以单击【点】对话框进行修改，方法与上文一致。修改尺寸参数就得到一个直径为 100mm，高为 100mm 的圆柱体，如图 2-4-33 所示。

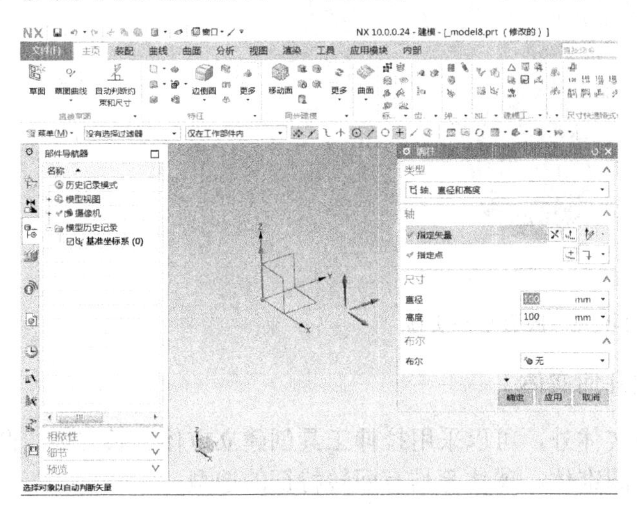

图 2-4-32　圆柱体创建对话框

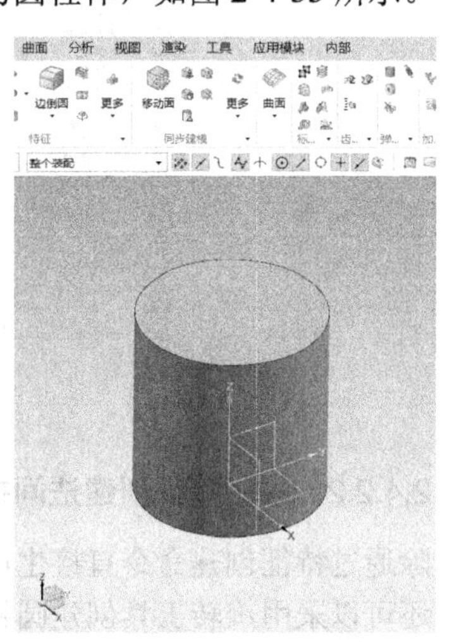

图 2-4-33　圆柱体生成

（3）圆锥体

在圆柱体的基础上创建一个圆锥体，选择【主页】选项卡→【特征】功能组→【更多】选项，在【设计特征】栏目中选择【圆锥】命令，弹出创建对话框，如图 2-4-34 所示，【类型】采用默认方式，【指定矢量】选择 Z 轴正向方向，【指定点】选择圆柱上方圆形的圆心，方法是将【点捕捉】中【圆弧中心】选项激活，将光标移至圆柱体上方圆形的边上，圆边线转换成黄色，光标将自动捕捉至圆心。将圆锥底部直径设为 100mm，顶部设为 0mm，高度设为 50mm，单击【确定】，这样在圆柱体的顶部就生成了一个独立的圆锥体，如图 2-4-35 所示。如果此时想要修改圆锥体的尺寸参数，在圆锥体上右击，在弹出的选择列表里选择【编辑参数】就可以进行修改。如果想回到选定特征之前的模型状态来编辑，则单击【可回滚编辑】选项。这里就体现出了工程软件在模型修改效率方面的优势，在某个特征环节上的修改可以影响后续的特征，减少了大量的重复操作。

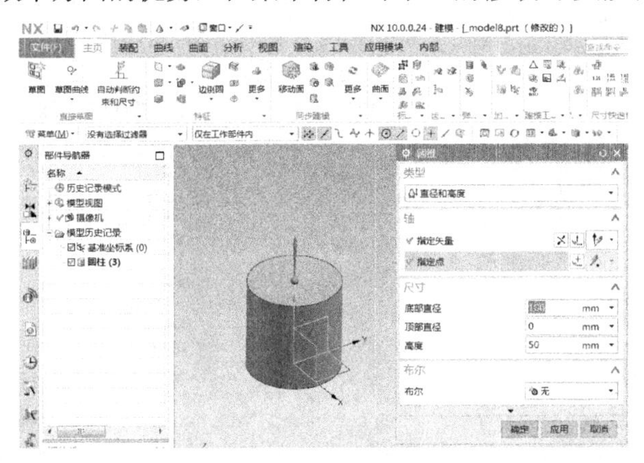

图 2-4-34　圆锥体创建对话框

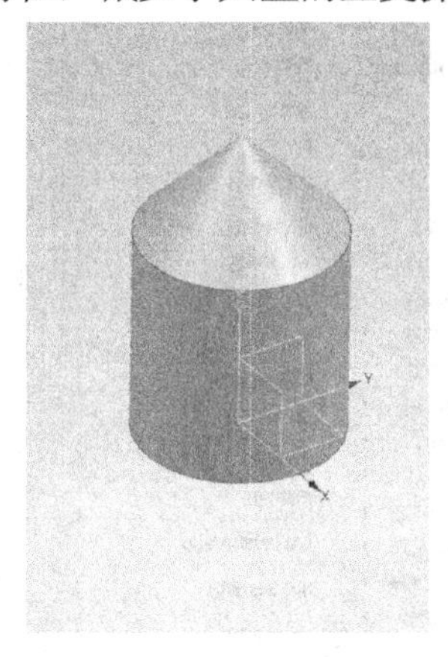

图 2-4-35　圆锥体生成

（4）球体

球体生成比较简单，与圆柱、圆锥类似，请仿照图 2-4-36 做一个胶囊形态的实体。

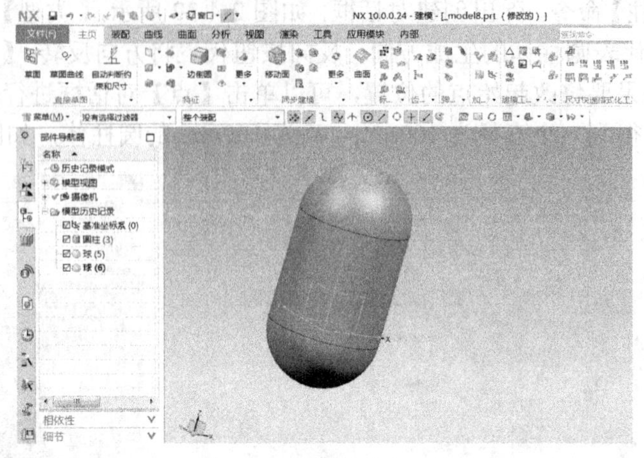

图 2-4-36 胶囊形态实体

2.4.2.2 采用特征创建法间接创建几何实体

除通过特征创建命令直接生成几何实体外，可以采用拉伸工具创建立方体、长方体、圆柱体，还可以采用旋转工具创建圆柱体、圆锥体、球体等具有回转特征的造型。

（1）立方体

首先使用【在任务环境中绘制草图】命令，如图 2-4-37 所示。【直接草图】与【在任务环境中绘制草图】命令的主要区别在于【直接草图】相当于建模流程中的一个工具，而【在任务环境中绘制草图】相当于把草图作为一个建模的对象，其操作界面经过了优化，把与草图无关的功能除去，是一个专门绘制草图的界面。选择【菜单】→【插入】→【在任务环境中绘制草图】命令，创建草图对话框中的【草图类型】选择【在平面上】，【草图平面】选择 X 轴、Y 轴所在基准面，单击【确定】，如图 2-4-38 所示。然后绘制一个边长为 100mm、中心在坐标原点的正方形，如图 2-4-39 所示。如果在绘制过程中不小心旋转了视图（见图 2-4-40），可以单击左上方的【定向到草图】图标，恢复到平面状态，单击左上方的【完成】，这样就得到了一个正方形空间曲线，如图 2-4-41 所示。

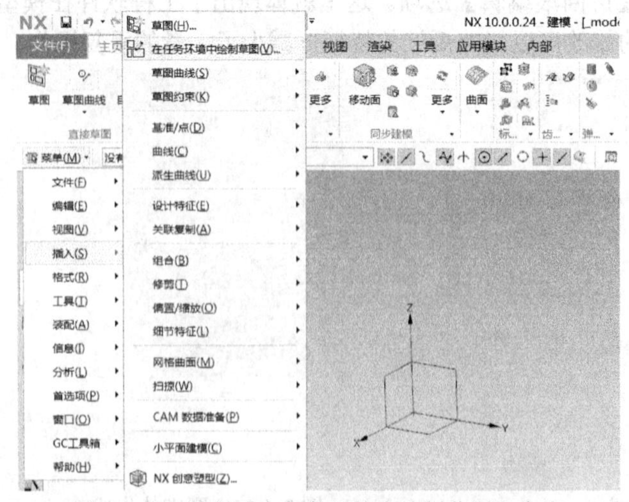

图 2-4-37 选择【在任务环境中绘制草图】命令

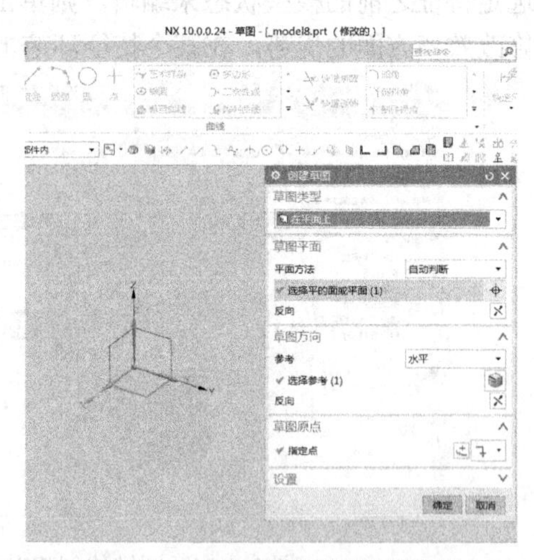

图 2-4-38 选择草图绘制基准面

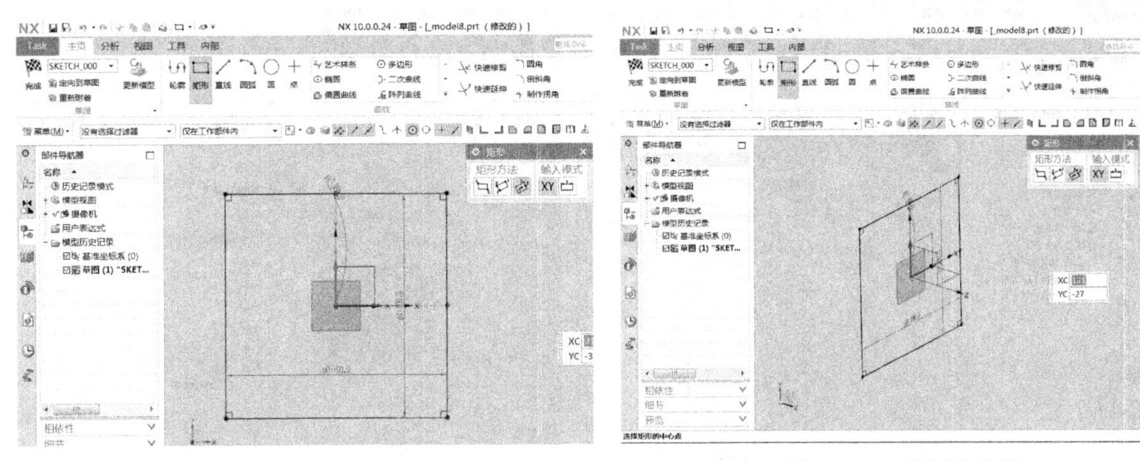

图 2-4-39　绘制正方形　　　　图 2-4-40　视图被旋转

选择【主页】选项卡→【特征】功能组→【拉伸】命令，【拉伸】对话框里的【截面】选择正方形，【限制】栏目中【开始】距离设为-50mm，结束距离设为 50mm，单击【确定】。这样就生成了一个中心在坐标原点，边长为 100mm 的立方体，如图 2-4-42 所示。

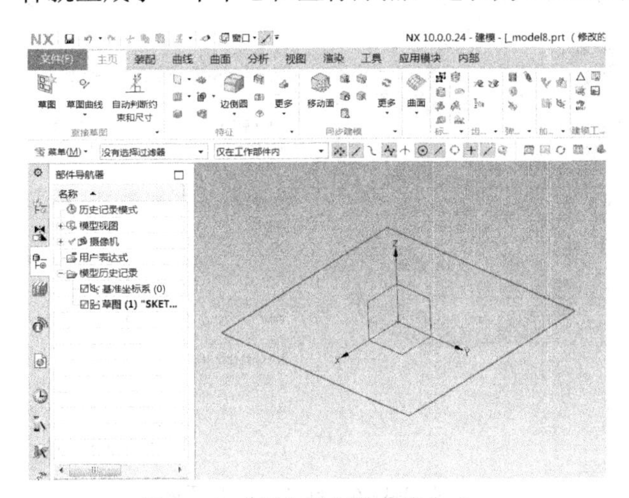

图 2-4-41　正方形空间曲线生成

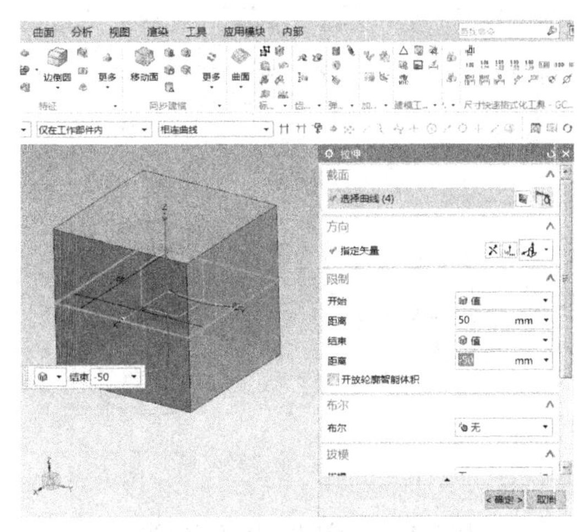

图 2-4-42　拉伸正方形曲线得到立方体

（2）圆柱体

新建一个文件，以 X 轴、Z 轴所在基准面为基础创建一个边长为 50mm×100mm 的长方形，如图 2-4-43 所示。选择【主页】选项卡→【特征】功能组→【旋转】命令（在【拉伸】工具的下拉列表里），弹出【旋转】对话框，【截面】选择长方形，【轴】指定长方形与 Z 轴重合的那一边，开始角度设为 0°，结束角度设为 360°，单击【确定】，通过截面的旋转就生成了一个圆柱体，如图 2-4-44 所示。

（3）圆环体

新建一个文件，创建一个直径为 30mm、圆心在 Y 轴上、离原点 50mm 的圆形，如图 2-4-45 所示。选择【主页】选项卡→【特征】功能组→【旋转】命令，在弹出的对话框里，【截面】选择圆形，【轴】指定 Z 轴，单击【确定】，就通过截面的旋转生成了一个圆环体，如图 2-4-46 所示。

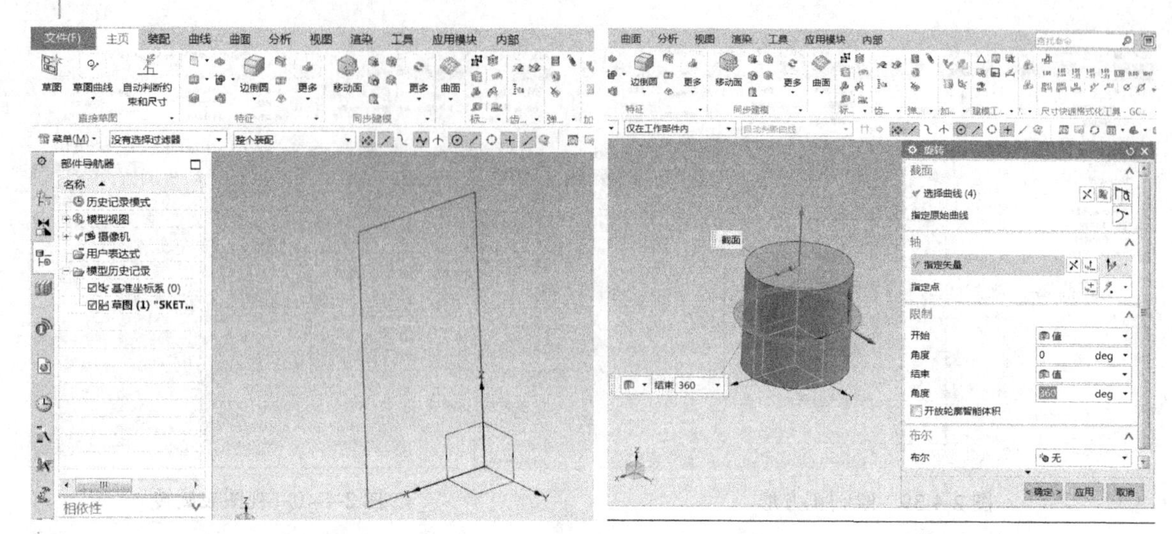

图 2-4-43　绘制矩形空间曲线　　　　图 2-4-44　旋转生成圆柱体

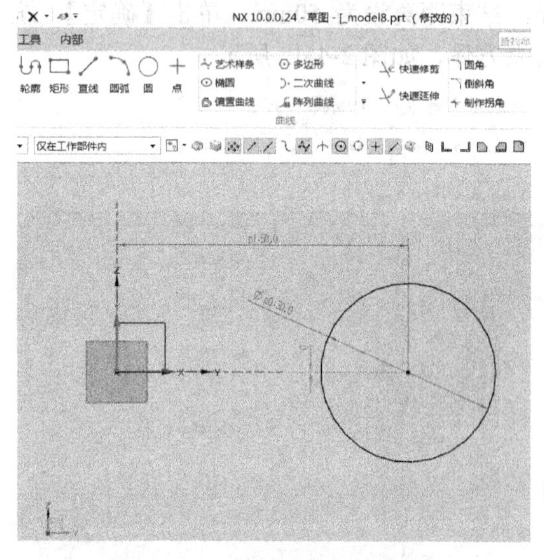

图 2-4-45　绘制圆形空间曲线

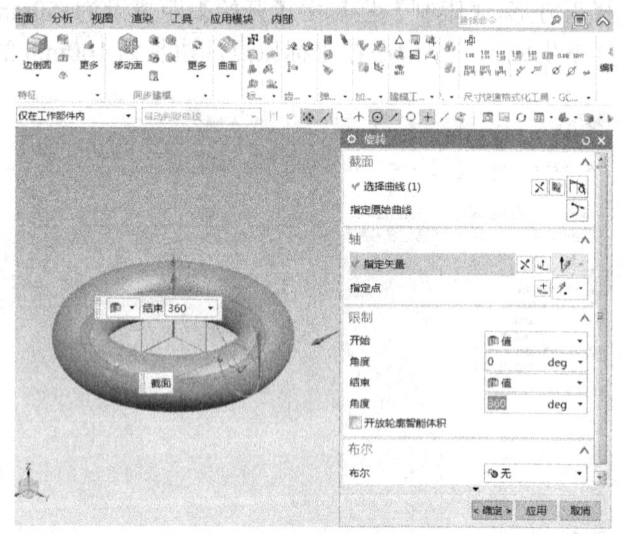

图 2-4-46　旋转生成圆环体

（4）玻璃杯

新建一个文件，选择【菜单】→【插入】→【在任务环境中绘制草图】命令，在 X 轴、Z 轴所在基准面上用直线工具绘制一个大致的玻璃杯的半截面，如图 2-4-47 所示，然后将底部竖直短线段与 Z 轴同时选中后右击，在弹出的列表里选择【共线】，如图 2-4-48、图 2-4-49 所示。将侧边两条线选中后右击，在弹出的列表里选择【平行】，如图 2-4-50 所示。选中最上端的线段，右击，在弹出的列表里选择【水平】，最底下的水平线与 Y 轴共线，再使用【快速尺寸】、【角度尺寸】等工具，将各个尺寸标注至与图 2-4-51 所示一致。

选择【圆角】工具，将杯底和杯口边缘圆角化，如图 2-4-52、图 2-4-53 所示。单击完成，退出任务草图模式，选择【主页】选项卡→【特征】功能组→【旋转】命令，弹出旋转对话框，【截面】选择新建的封闭图形，【轴】选择 Z 轴，单击【确定】完成杯子的绘制（见图 2-4-54）。

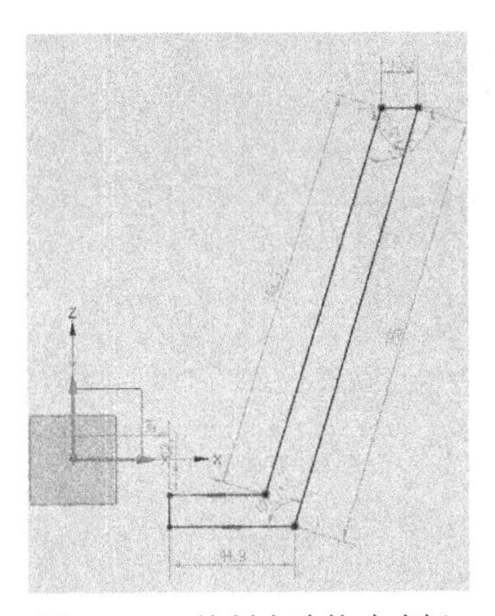

图 2-4-47　绘制大致的玻璃杯的半截面形态

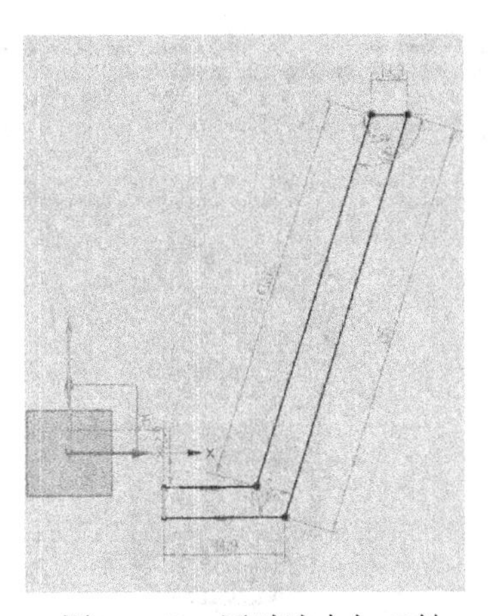

图 2-4-48　同时选中与 Z 轴竖直短线段

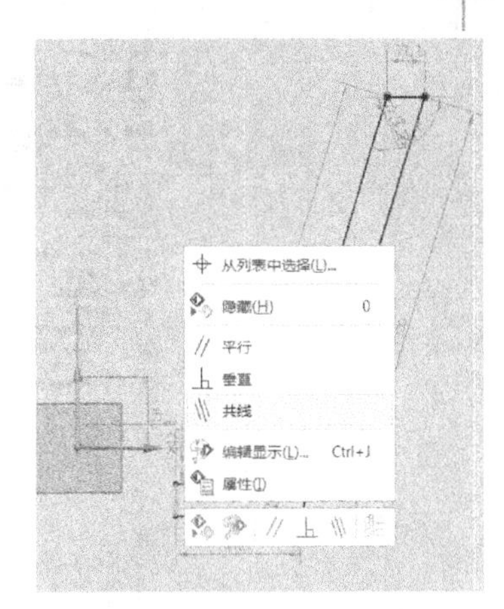

图 2-4-49　选择【共线】

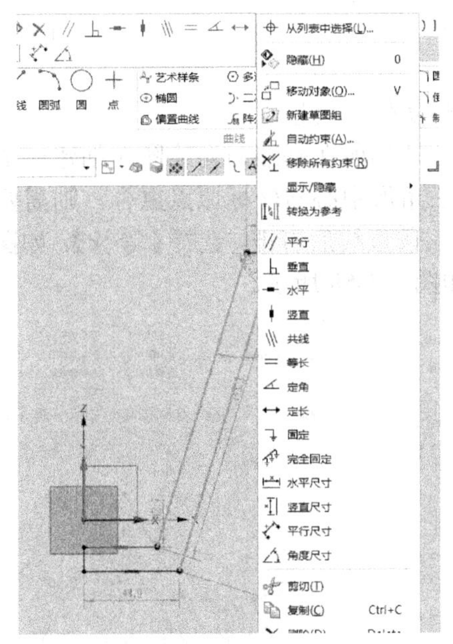

图 2-4-50　侧向曲线选择【平行】

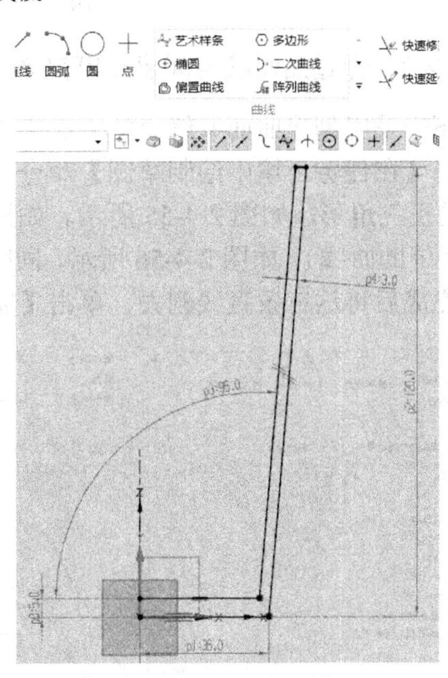

图 2-4-51　将尺寸标准修改到位

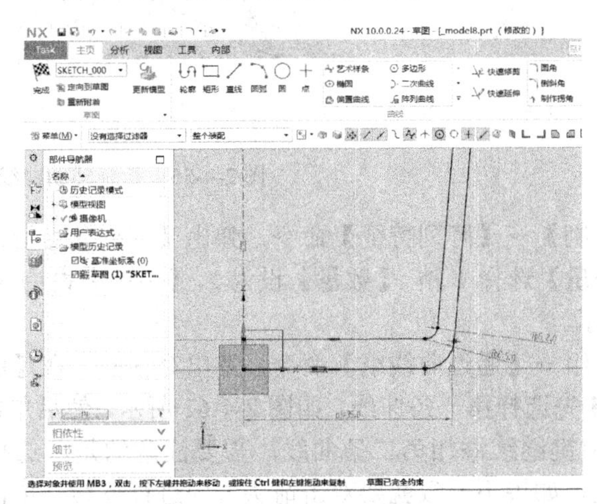

图 2-4-52　杯底部的圆角化

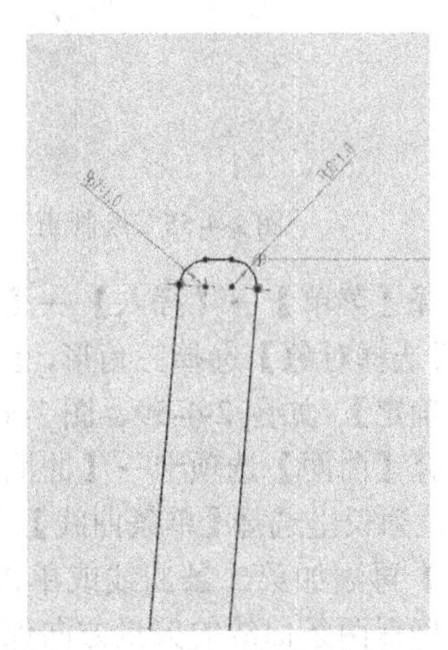

图 2-4-53　杯口边缘的圆角化

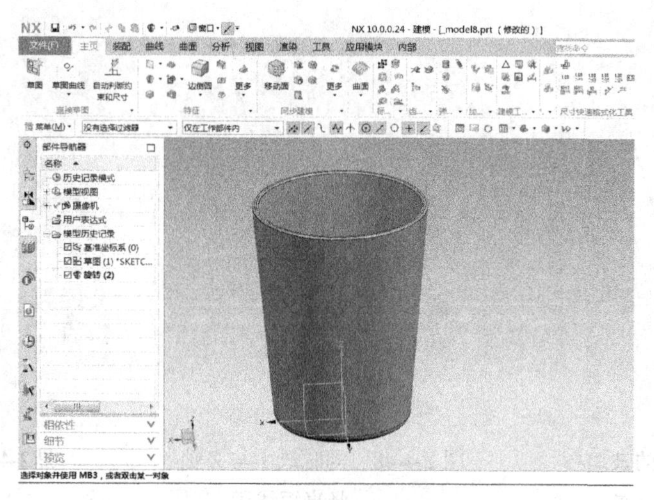

图 2-4-54　玻璃杯绘制完成

2.4.2.3　通过曲面缝合创建几何实体

接下来采用创建曲面并缝合的方法生成一个几何实体三棱柱。

选择【在任务环境中绘制草图】命令，以 X 轴、Z 轴所在基准面为绘图面创建一个边长为60mm 的正三角形，如图 2-4-55 所示。如果要将正三角形中心与坐标原点重合，则需要绘制三条直线（辅助曲线），如图 2-4-56 所示，同时选中这三条直线后右击，选择【等长】，如图 2-4-57 所示。完成后将这三条直线删去，单击【完成】，如图 2-4-58 所示。

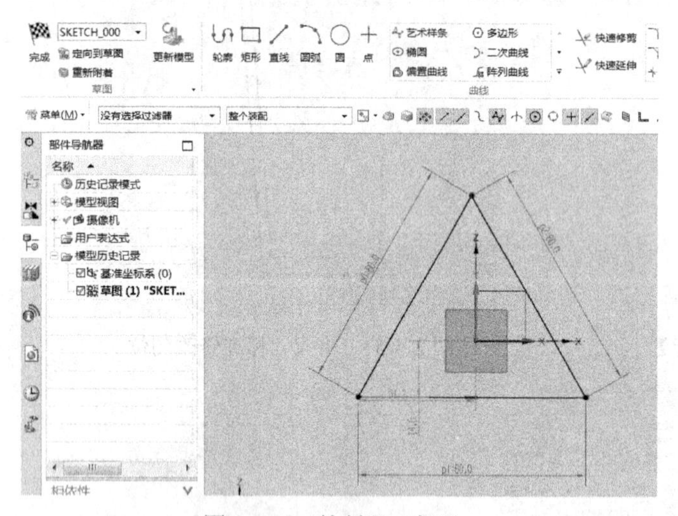

图 2-4-55　绘制正三角形

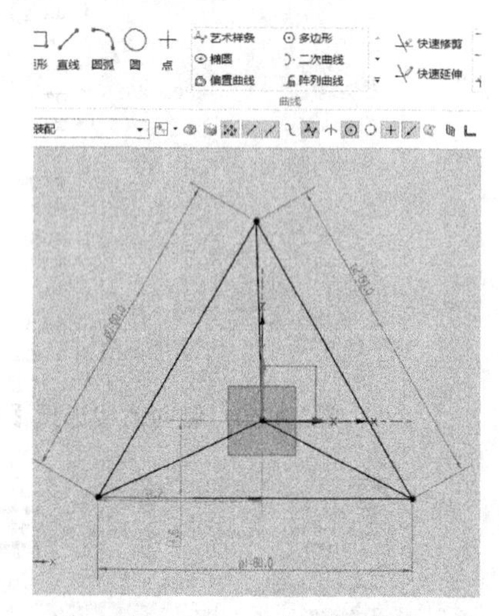

图 2-4-56　绘制辅助曲线

选择【菜单】→【插入】→【关联复制】→【阵列特征】命令，弹出【阵列几何特征】对话框，【选择对象】选择三角形，【指定矢量】选择 Y 轴，【数量】设为 2，【节距】设为 60mm，单击【确定】，如图 2-4-59、图 2-4-60 所示。

选择【曲面】选项卡→【曲面】功能组→【通过曲线组】命令，弹出对话框。在【曲线规则】下拉列表里选择【单条曲线】，【截面】先选择第一条曲线，如图 2-4-61 所示，然后单击【添加新集】再添加第二条曲线或单击鼠标中键继续添加第二条曲线，需要注意的是，选择曲线以后要确保两条曲线的矢量方向保持一致，如果不一致就要双击箭头方向进行反转，单击【确定】生成曲面，如图 2-4-62 所示。采用同样的方法构建另两个曲面，如图 2-4-63 所示。

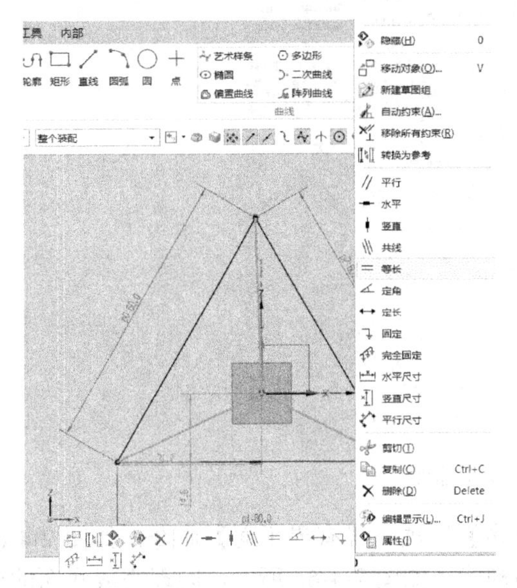

图 2-4-57　将辅助曲线等长

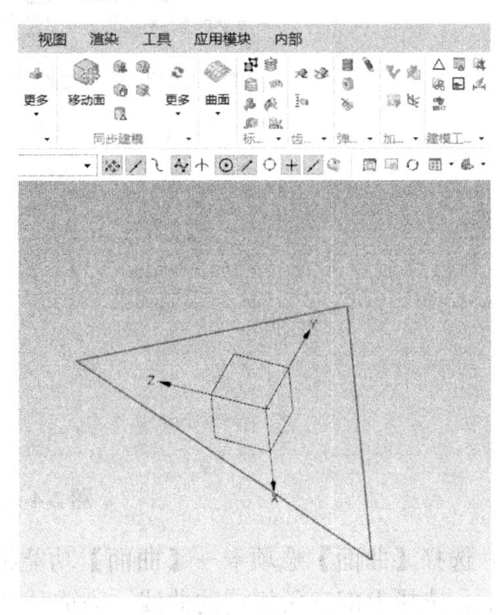

图 2-4-58　生成的正三角形中心在坐标原点

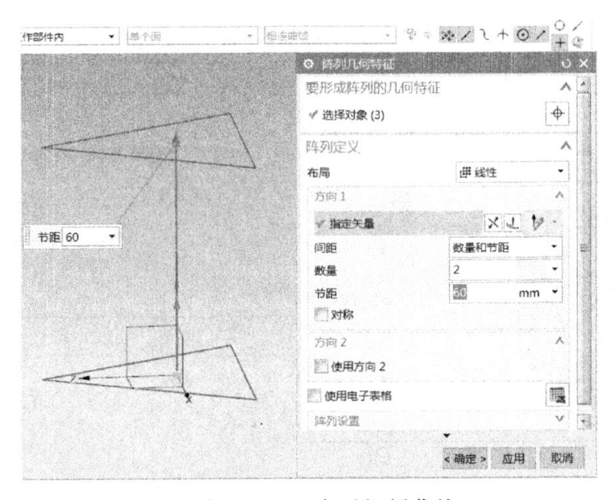

图 2-4-59　阵列复制曲线

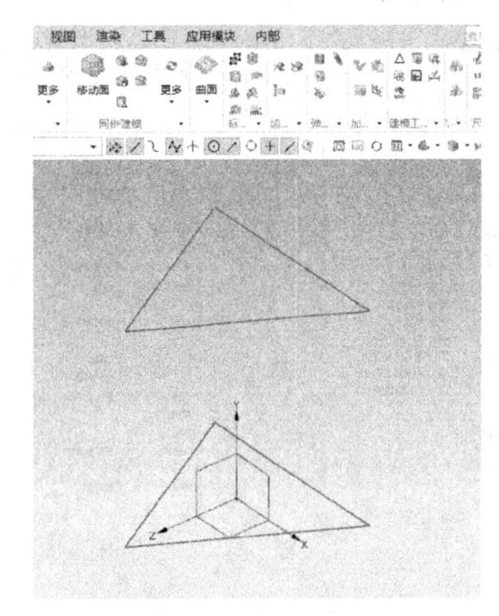

图 2-4-60　阵列复制曲线完成

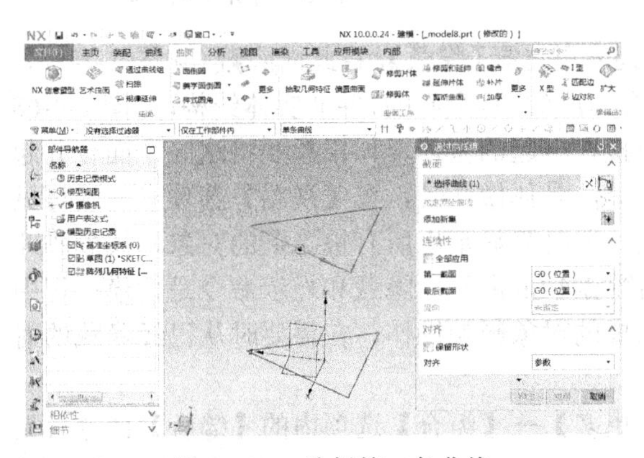

图 2-4-61　选择第一条曲线

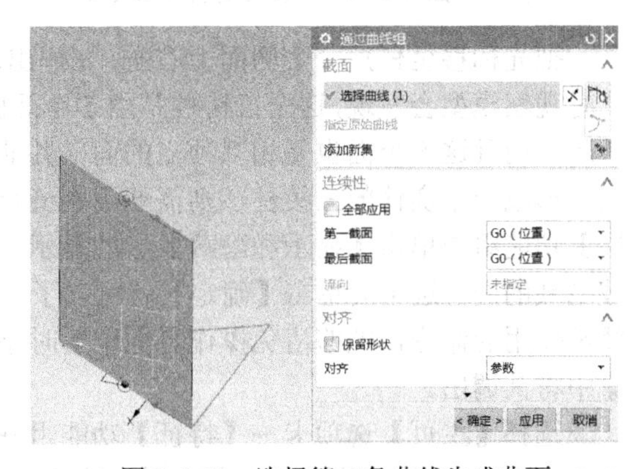

图 2-4-62　选择第二条曲线生成曲面

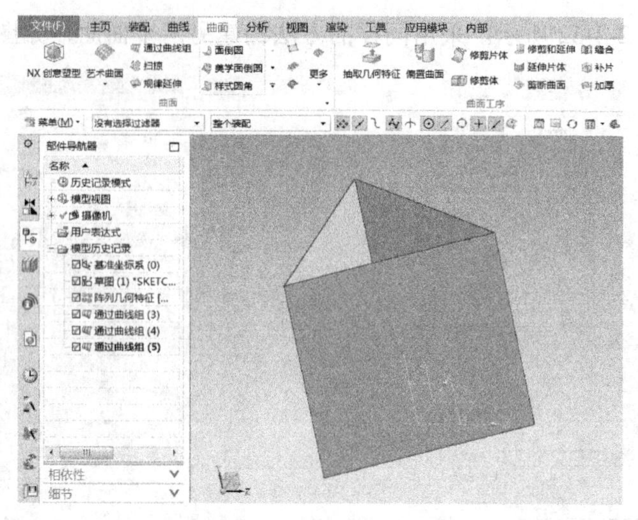

图 2-4-63 生成另两个曲面

选择【曲面】选项卡→【曲面】功能组→【更多】选项→【有界平面】命令，如图 2-4-64 所示。选择上部三条相连的曲线，完成顶部平面的构建，如图 2-4-65 所示，同理完成底面的构建，如图 2-4-66 所示。

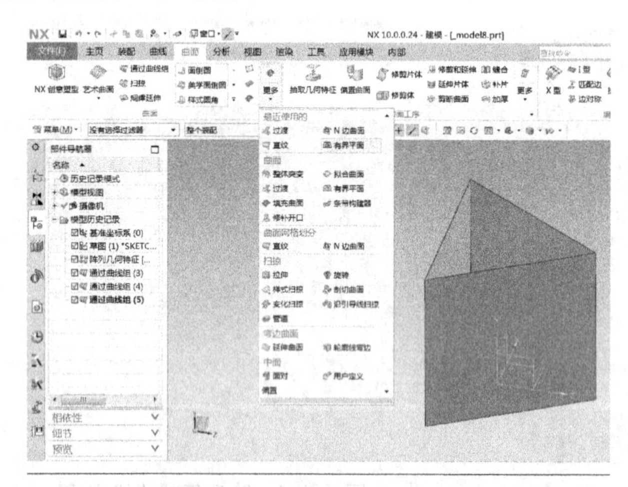

图 2-4-64 选择【有界平面】命令

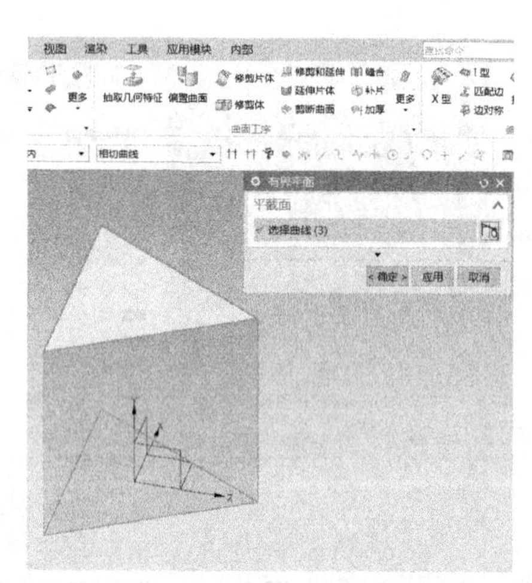

图 2-4-65 有界平面生成

把光标移至任意一个侧面上右击，在弹出的列表里选择【隐藏】，将此面隐藏（见图 2-4-67）。此时观察模型会发现，这个三棱柱是由 5 个面围合而成的，是空心的，并非实体结构，如图 2-4-68 所示，而且这 5 个面也是相互独立的面，并非连接在一起的整体。如果想要将这 5 个面合并起来，形成一个实体的三棱柱，则需要用到缝合工具。具体做法是，在【视图】选项卡→【可见性】功能组中单击【显示和隐藏】中的显示工具，此时将显示出所有被隐藏的对象，找到刚才被隐藏的面，选中后单击【确定】就可以了，如图 2-4-69 所示。隐藏和显示命令是建模过程中经常使用的命令，能够避免操作界面中暂时不需要的对象影响操作，在需要时从已经隐藏的对象中将其调出。

选择【主页】选项卡→【特征】功能组→【更多】→【组合】选项内的【缝合】命令（见图 2-4-70），弹出对话框，【目标片体】选择任意一个面，【工具】选择剩余 4 个面，单击【确定】后，缝合完成，如图 2-4-71 所示。将【选择过滤器】设置为只能选择实体，然后框选三棱柱，发现三棱柱是可以被选中的（见图 2-4-72），也就是说，经过缝合以后三棱柱变成了一个实体模型。如果经过缝合，围合体没有变成实体状态，这就说明围合体有破面或是有缺面的地方。

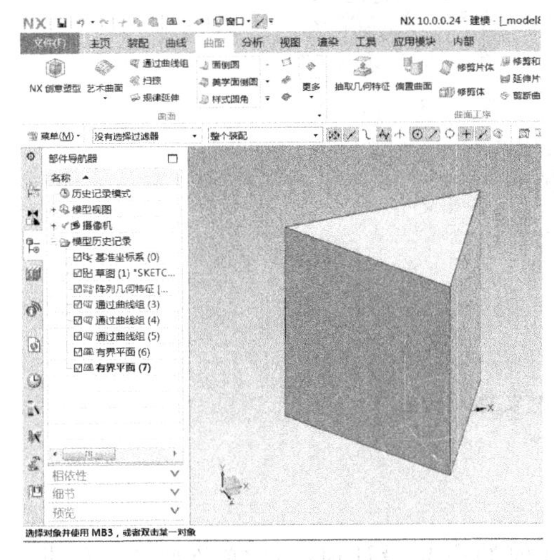

图 2-4-66　底面有界平面生成

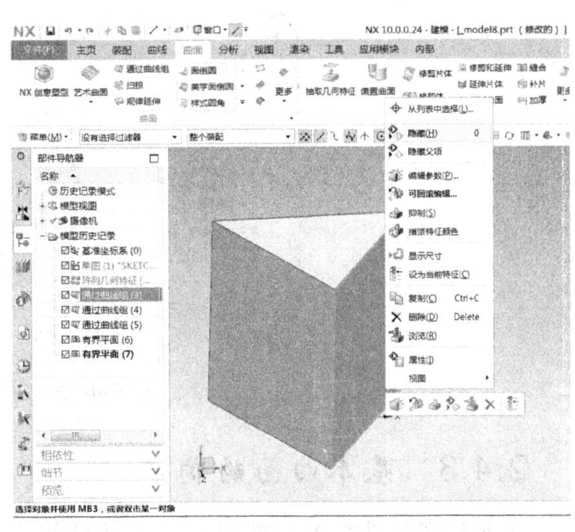

图 2-4-67　隐藏选择面

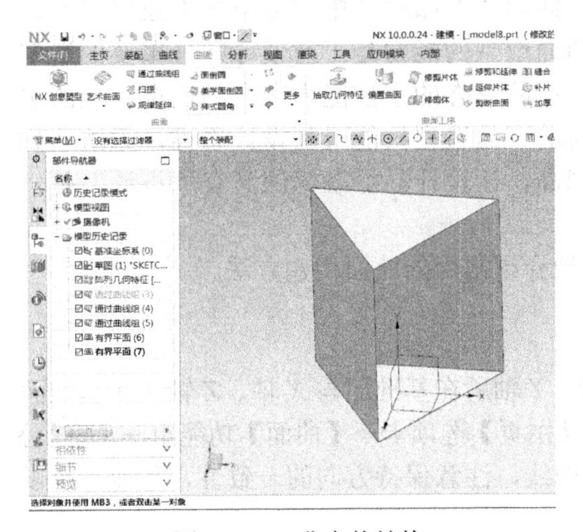

图 2-4-68　非实体结构

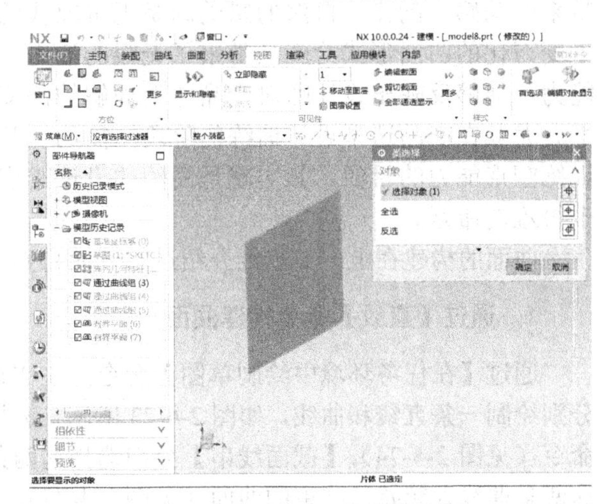

图 2-4-69　显示隐藏对象

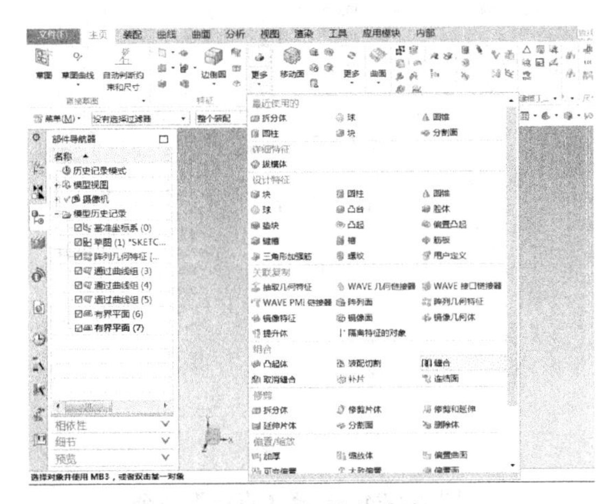

图 2-4-70　缝合命令

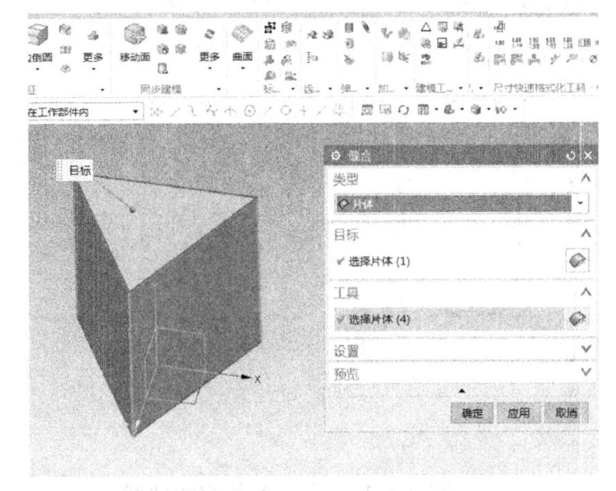

图 2-4-71　缝合所有曲面

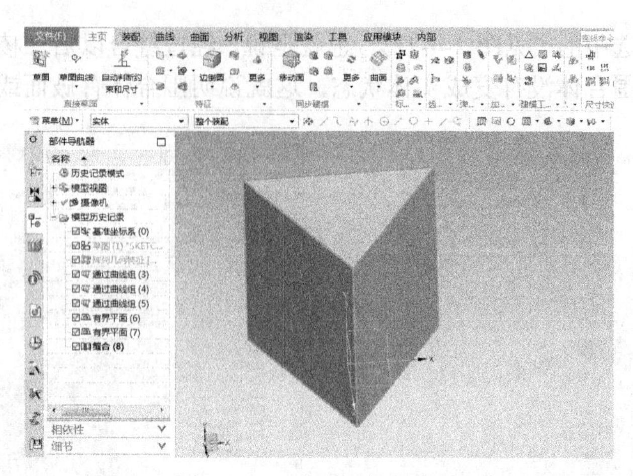

图 2-4-72　生成三棱柱实体

2.4.3　基本曲面的构建

曲面是产品造型的重要形式，虽然目前简约、几何的产品设计风格比较受欢迎，但曲面带来的动感、韵律、自然的感受却是无可取代的。曲面在产品设计中的运用是大概率事件，千变万化的曲面形式给产品带来了无限的活力。曲面造型的能力是工业设计师最重要的造型能力，能够反映出设计师对产品造型理解的深度、产品形态的掌控能力和产品造型表达的水平。尤其在产品造型设计训练的阶段，简约、几何的产品造型只能限制设计思维，无法达到训练塑形能力的目的。其实越是简约的设计难度越高，让设计显得既简约又有“设计”是一个很难的命题。

曲面的构建在上一节已经介绍过，下面将系统地介绍常用的曲面构建方法。

1. 通过【直纹】命令构建曲面

通过【在任务环境中绘制草图】命令，在 X 轴、Y 轴所在基准面与 X 轴、Z 轴所在基准面分别绘制一条直线和曲线，如图 2-4-73 所示，选择【主页】选项卡→【曲面】功能组→【直纹】命令（见图 2-4-74），【截面线串】分别选择这两条曲线，注意保持方向的一致性，形成一个以这两条曲线为起始与结束的曲面（见图 2-4-75）。

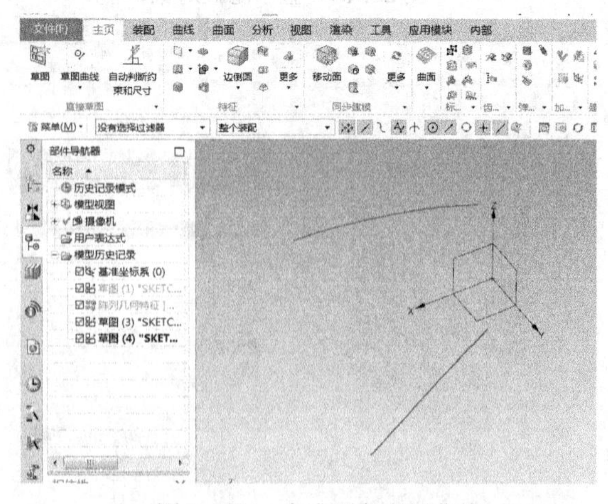

图 2-4-73　生成两条空间曲线

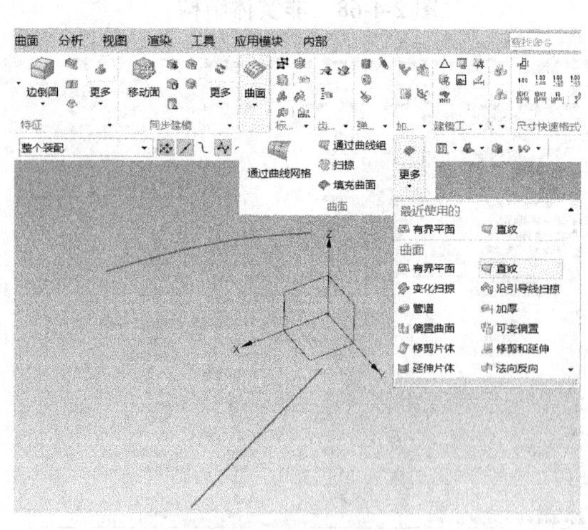

图 2-4-74　选择【直纹】命令

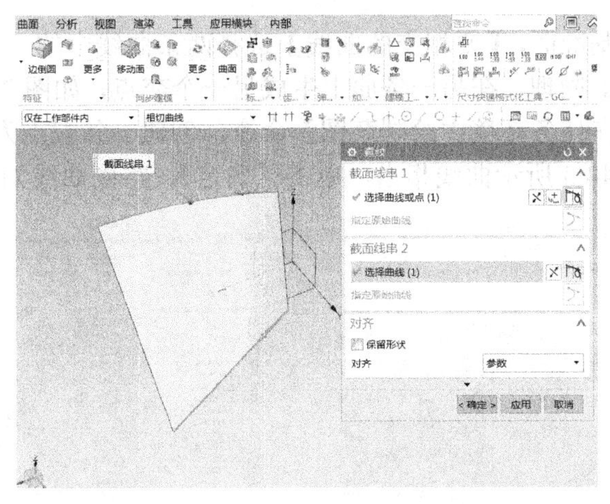

图 2-4-75　生成曲面

2.【通过曲线组】命令构建曲面

在 *X* 轴、*Y* 轴所在基准面上通过【在任务环境中绘制草图】命令再画一条曲线，这样通过三条相对平行的空间曲线来构成一个空间曲面，如图 2-4-76 所示。选择【主页】选项卡→【曲面】功能组→【通过曲线组】命令，依次选择这三条曲线，先选择第一条曲线，再单击【添加新集】选择第二条曲线，同样再选择第三条曲线，也可以选择一条曲线按一下鼠标中键确认，接着选下一条曲线，依次类推，注意方向的一致性，结果如图 2-4-77 所示。

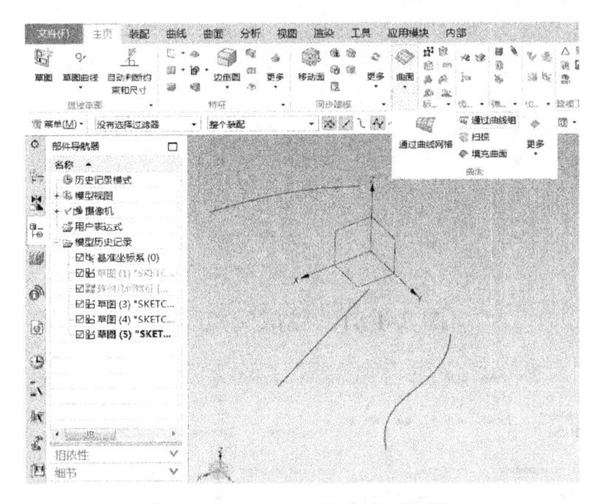

图 2-4-76　三条空间曲线

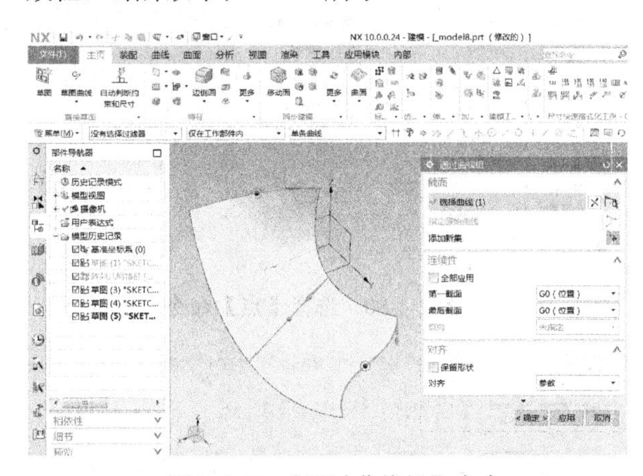

图 2-4-77　【通过曲线组】命令

3.【通过曲线网格】命令构建曲面

选择【通过曲线网格】命令，可通过一个方向的截面网格和另一个方向的引导线创建体，其中直纹形状配合穿过曲线网格。曲线网格命令是最常用的曲面构造命令，请按图 2-4-78 所示，在三个基准面上通过任务环境中的草图分别创建一条弧形曲线，三条曲线首尾相连。选择【菜单】→【插入】→【基准/点】→【基准平面】命令，该命令可以根据要求生成一个新的基准平面，在该基准平面上可以进行曲线的绘制，基准平面的生成方法很多，本节我们使用自动判断，【要定义平面的对象】先选择 *X* 轴、*Y* 轴所在基准面，自动判断一般默认的是偏置方式，相当于生成一个平行基准面，位置大致如图 2-4-79 所示。选择【菜单】→【插入】→【基准/点】，选择【点】命令，如图 2-4-80 所示，在弹出的对话框中，【点类型】选择【交点】，【曲线、曲面或平面】选择新生成的基准面，【要相交的曲线】选择两条曲线中的一条，单击【确定】，生成交点，如图 2-4-81 所示。同理，在另一条曲上生成另一个交点，如图 2-4-82 所示。以新生成的基准面为基础，通过【在任务环境中绘制草图】命令，创建一条端点为刚刚生成的两个交点的曲线，形状大致与图 2-4-83 所示曲线相当，单击【确定】，得到曲线如图 2-4-84 所示。

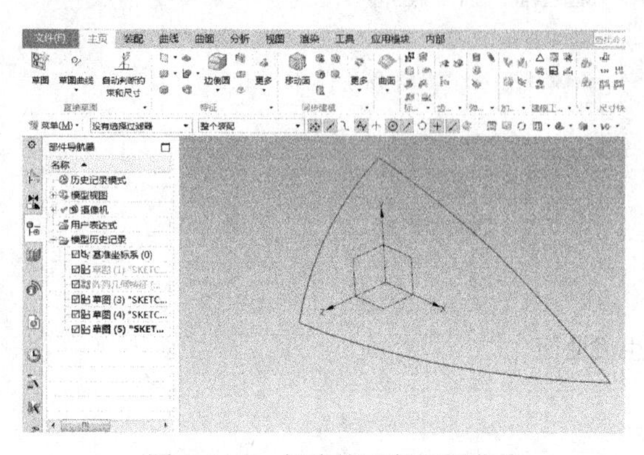

图 2-4-78　创建的三条空间曲线

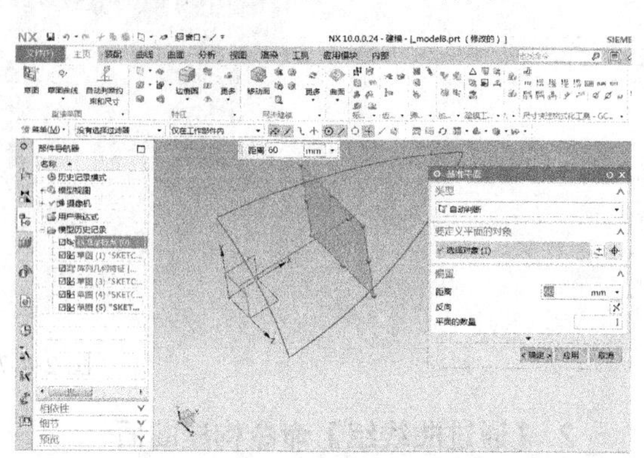

图 2-4-79　平行基准面

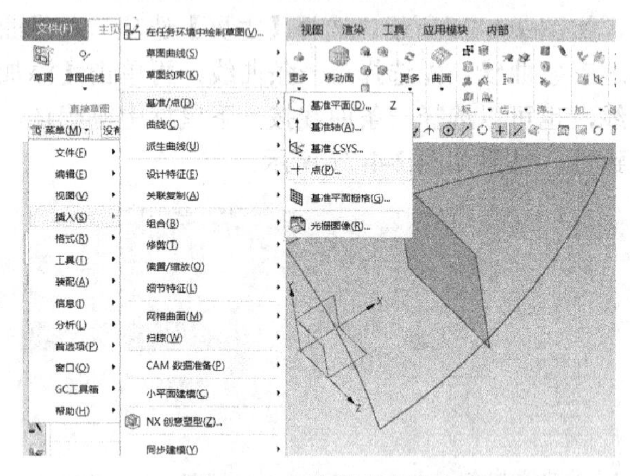

图 2-4-80　选择【点】命令

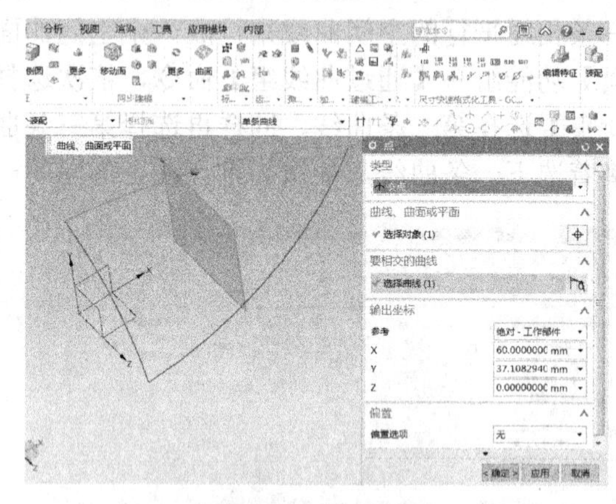

图 2-4-81　生成交点

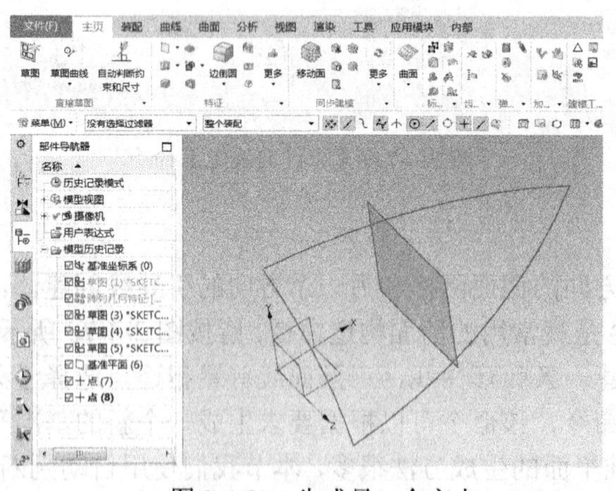

图 2-4-82　生成另一个交点

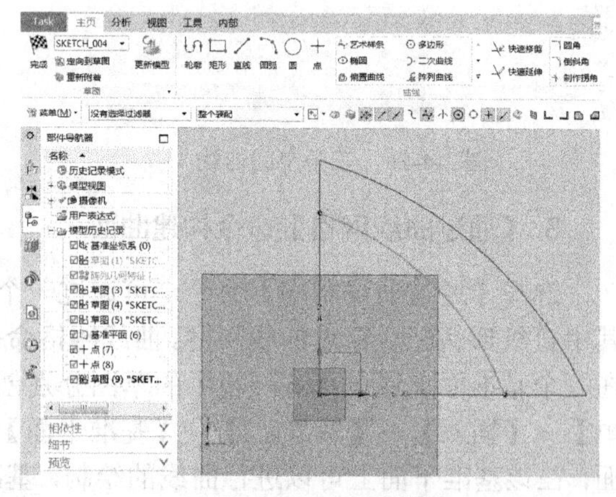

图 2-4-83　创建曲线

选择【主页】选项卡→【曲面】功能组→【通过曲线网格】命令，弹出对话框（见图 2-4-85），【主曲线】选择 Y 轴、Z 轴所在基准面上的曲线，单击鼠标中键后再选择新生成基准面上的曲线，

【交叉曲线】选择剩下两条曲线里的任意一条，单击鼠标中键确认后再选择另一条，注意曲线方向的一致性，【连续性】都选择【G0（位置）】（G0 代表相连，G1 代表相切，G2 代表曲率连续，光顺程度最高），结果如图 2-4-86、图 2-4-87 所示。接下来将中间那条曲线隐藏，选择【菜单】→【插入】→【基准/点】，选择【点】命令，在弹出的对话框中，点的【类型】选择【自动判断的点】，单击两条曲线的交点，也是各自曲线的端点，如图 2-4-88 所示。

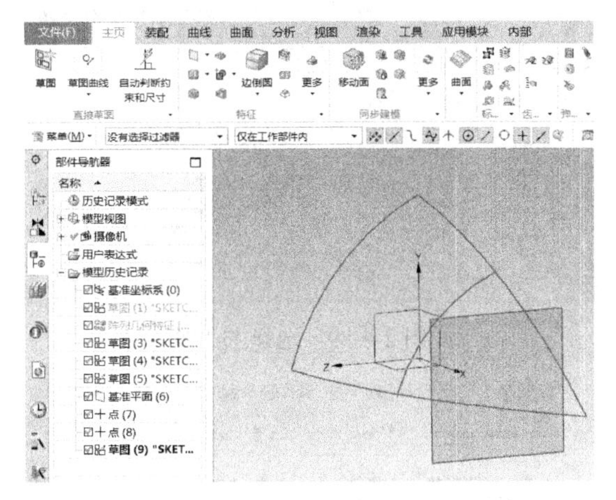

图 2-4-84　生成曲线

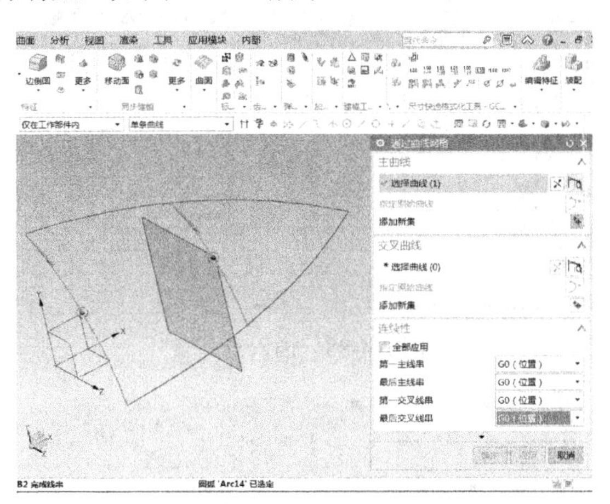

图 2-4-85　【通过曲线网格】命令对话框

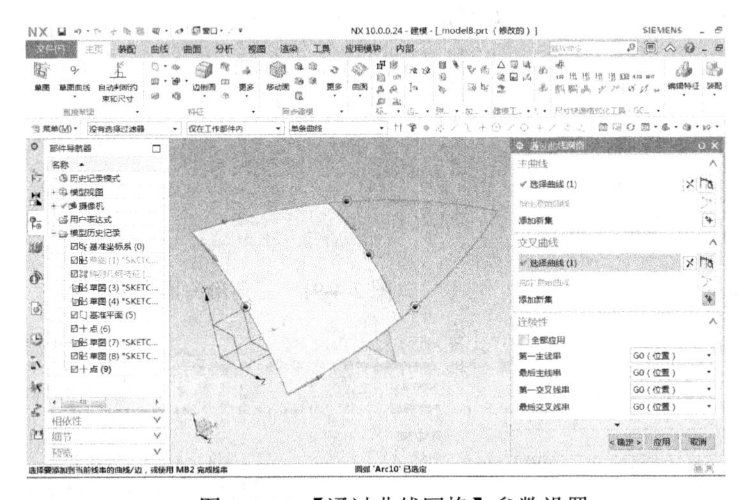

图 2-4-86　【通过曲线网格】参数设置

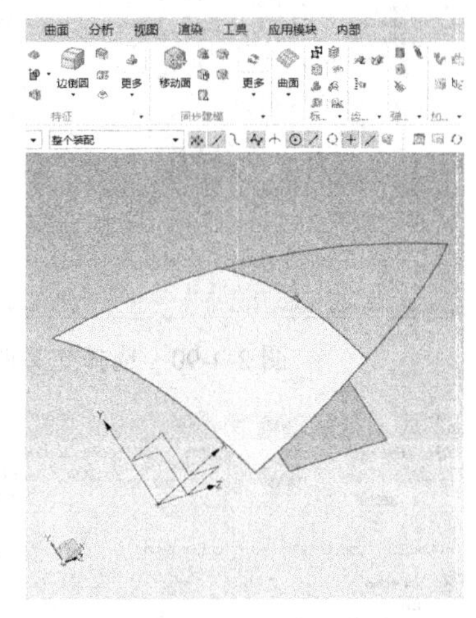

图 2-4-87　曲面生成

选择【曲面】选项卡→【曲面】功能组→【曲线网格】命令，在弹出的对话框中，选择新生成的曲面的边缘线作为主曲线，按鼠标中键确认选择，再点选上一步生成的点，如图 2-4-89 所示。【交叉曲线】依次选择点和曲面边缘线间的两条曲线，【连续性】除【第一主线串】选择与之前生成的四边形曲面相切以外，其余都选择【G0（位置）】，单击【确定】，生成一个与四边形曲面 G1 连续又符合交叉曲线的三角形曲面，如图 2-4-90、图 2-4-91 所示。

4．通过艺术曲面构建曲面

对工业设计而言，艺术曲面是十分常用的曲面构造方法，它基本可以将前面几种曲面的创建方法进行等效替换，下面通过案例说明。选择【在任务环境中绘制草图】，以 *X* 轴、*Y* 轴所在基准面为绘图面，创建如图 2-4-92 所示曲线。选择【菜单】→【关联复制】→【阵列几何特征】

命令，如图 2-4-93 所示，平移复制一条曲线，方向为 Z 轴的正向方向，距离为 150mm，如图 2-4-94 所示。

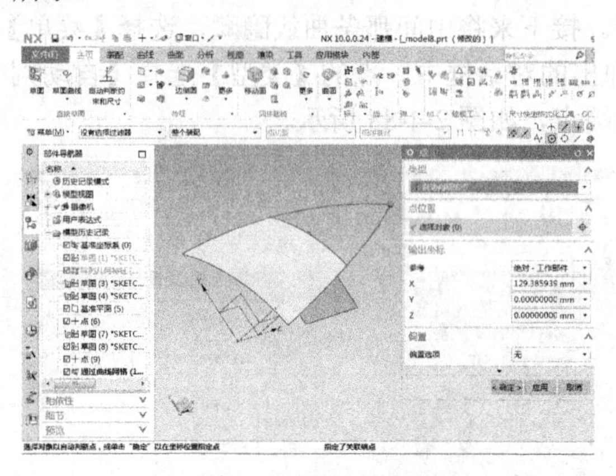

图 2-4-88　插入点

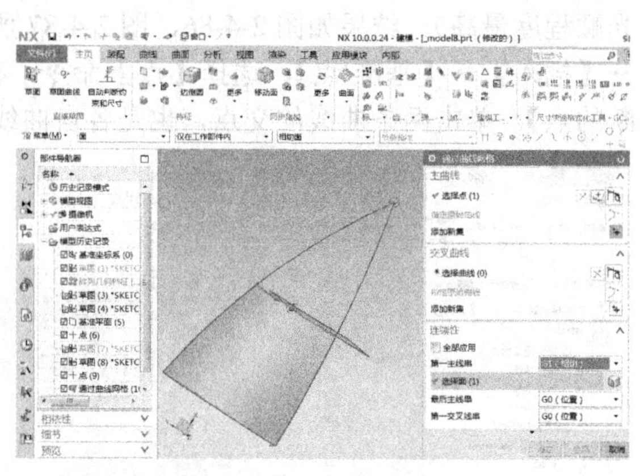

图 2-4-89　选择主曲线

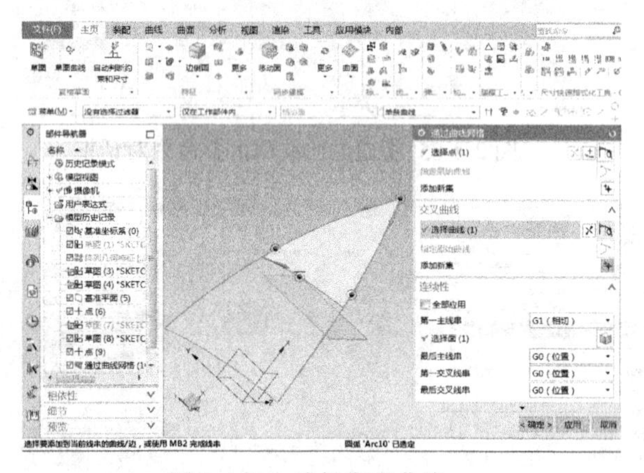

图 2-4-90　选择交叉曲线

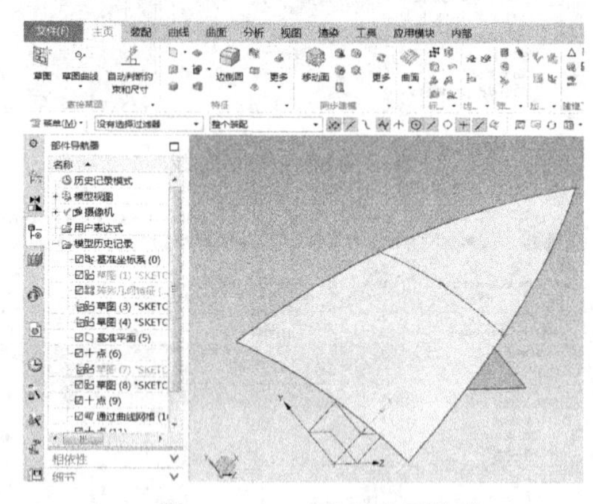

图 2-4-91　三角形曲面生成

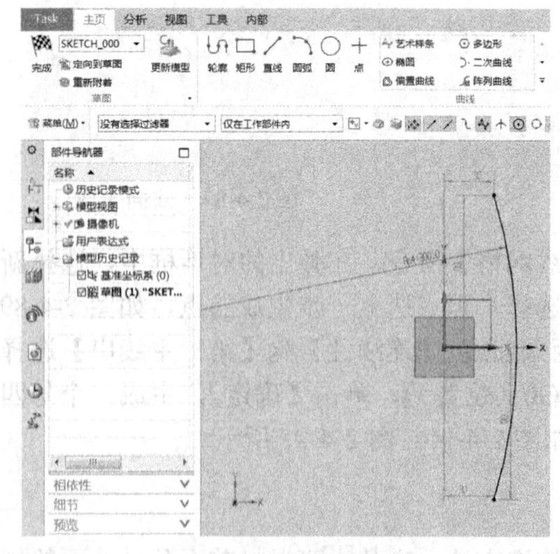

图 2-4-92　创建弧形曲线

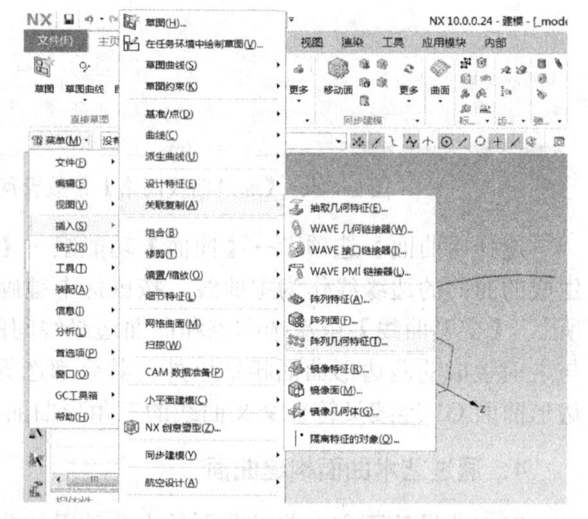

图 2-4-93　选择【阵列几何特征】命令

选择【菜单】→【插入】→【基准/点】→【基准平面】命令，如图 2-4-95 所示，【类型】选择【自动判断】，【要定义平面的对象】先选择 X 轴、Z 轴所在基准面，再单击第一次生成的曲线的端点，这样生成的参考面将同时满足通过曲线端点和平行于 X 轴、Z 轴所在基准面两个条件，如图 2-4-96 所示。

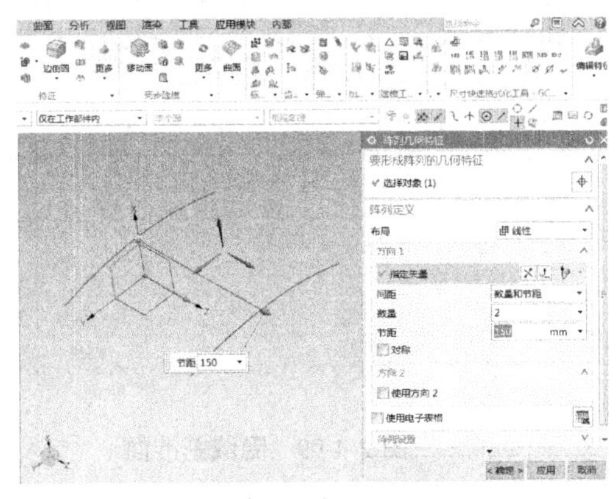

图 2-4-94　将曲线平移复制

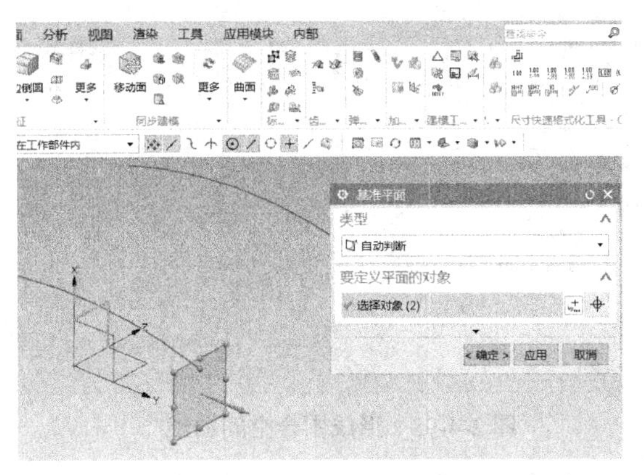

图 2-4-95　选择 X 轴、Z 轴所在基准面与曲线端点

选择【在任务环境中绘制草图】命令，以新生成的基准面为基础，绘制一个以两个平行曲线的两端为端点的圆弧线，半径为 120mm，弧线凸起方向为 X 轴的正方向，如图 2-4-97 所示。同理，在两条曲线的另一端，生成另一个与 X 轴、Z 轴所在基准面平行的基准面，在该面上同样绘制一个两端与曲线两端相连的圆弧线，半径为 120mm，弧线凸起方向为 X 轴的负方向。这样在空间中就得到了一个首尾相连、由曲线围合而成的形态，如图 2-4-98 所示。

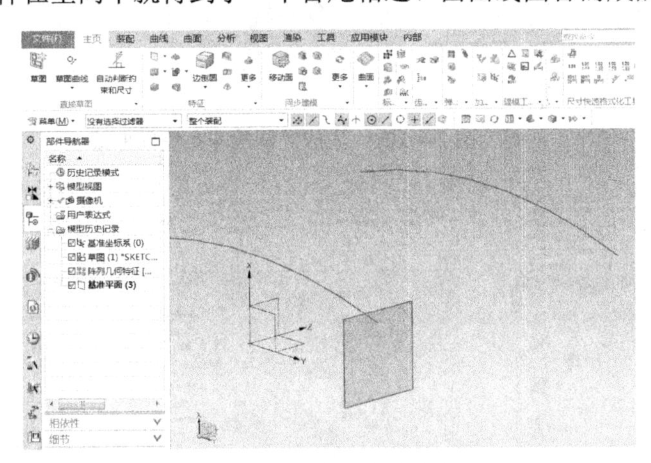

图 2-4-96　生成新基准曲面

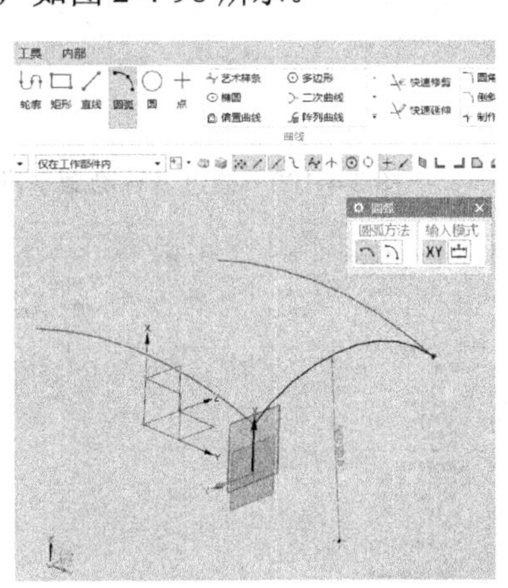

图 2-4-97　绘制弧形曲线

接下来将 4 个基准面都隐藏，如图 2-4-99 所示，也可以在左侧部件导航器中，通过名称将它们选中并右击选择【隐藏】，如图 2-4-100 所示。隐藏基准面以后，只剩构建的 4 条空间曲线，如图 2-4-101 所示。

选择【曲面】选项卡→【曲面】功能组→【艺术曲面】命令，如图 2-4-102 所示，【截面（主要）曲线】先选择第一次生成的曲线，单击【添加新集】再选择相对的第二条曲线，结果如图 2-4-103 所示，如果出现曲面扭曲的情况，这是因为曲线方向不一致造成的，将其中一条曲线的方向反转一下即可，可以在箭头上双击反转，也可以点选方向反转图标，方向反转后生成的曲面就正常了，如图 2-4-104 所示。

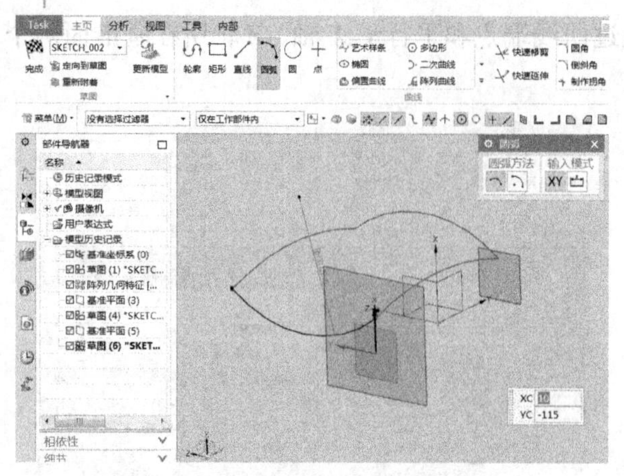

图 2-4-98 形成围合空间曲线

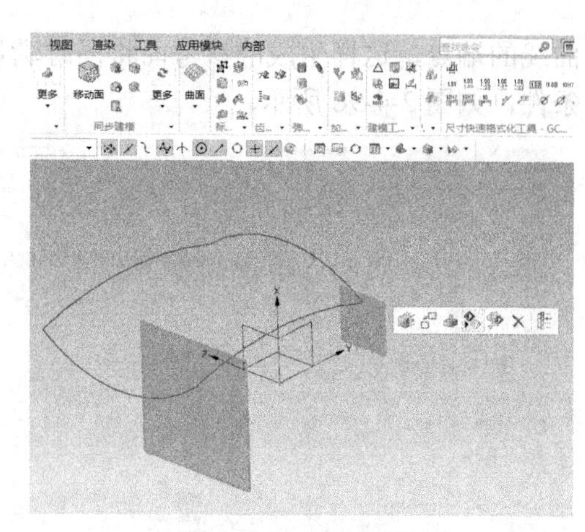

图 2-4-99 隐藏基准面

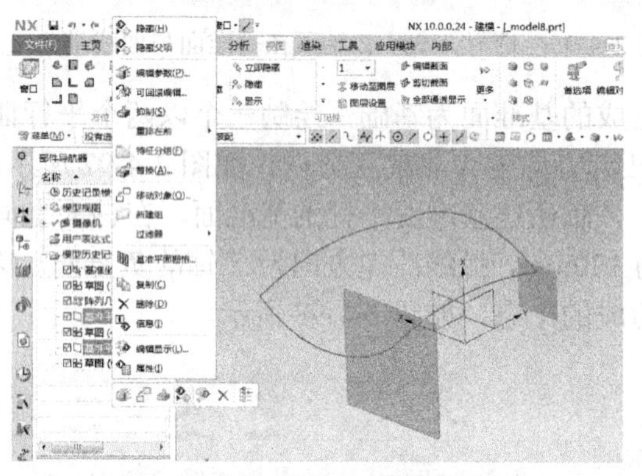

图 2-4-100 通过名称隐藏基准面

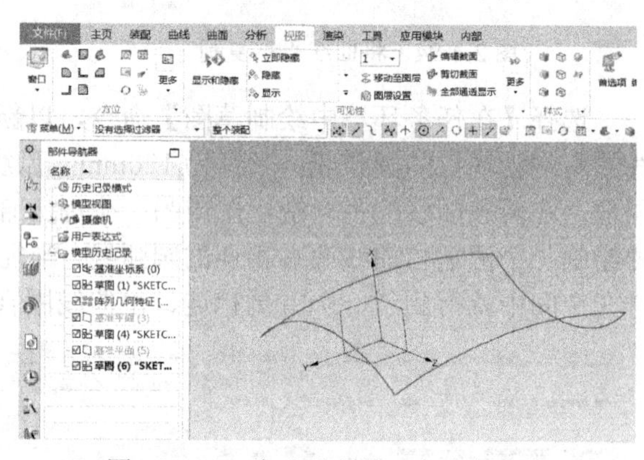

图 2-4-101 完成绘制的 4 条空间曲线

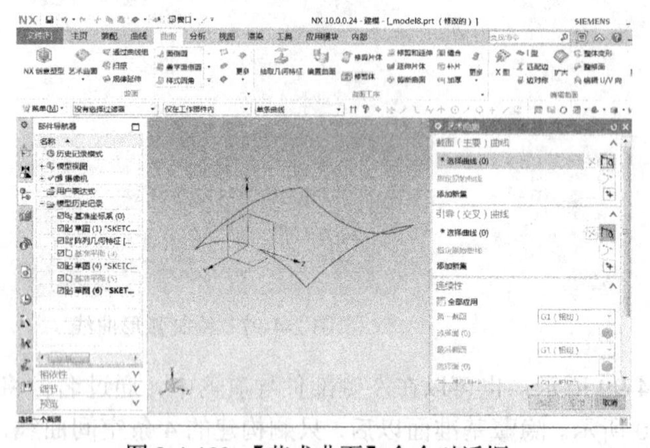

图 2-4-102 【艺术曲面】命令对话框

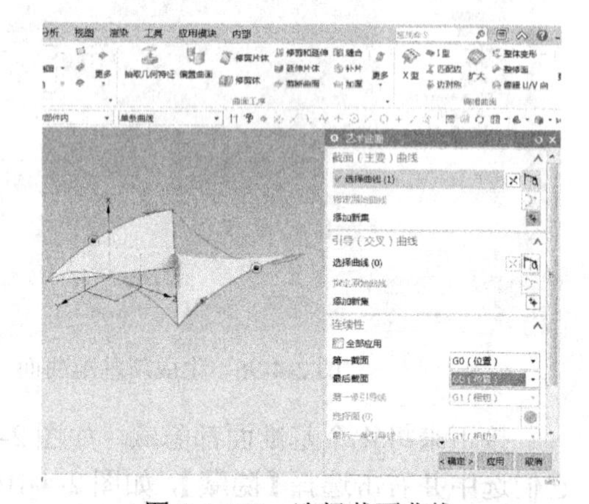

图 2-4-103 选择截面曲线

【引导（交叉）曲线】依次选择剩下的两条曲线，如图 2-4-105、图 2-4-106 所示，注意曲线方向的一致性，单击【确定】得到空间曲面，如图 2-4-107 所示。

5. 修补曲面的构建

绝大多数的曲面造型由于变化多样、细节丰富，能够一次达到设计要求的情况很少，因此曲面的编辑、修补工作是产品外形建模的主要工作，下面以上述案例形成的空间曲面为基础，进行曲面工具的深入介绍。

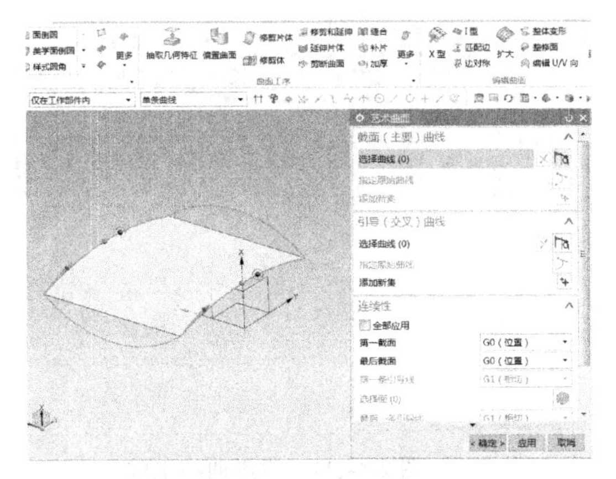

图 2-4-104　反转曲线方向

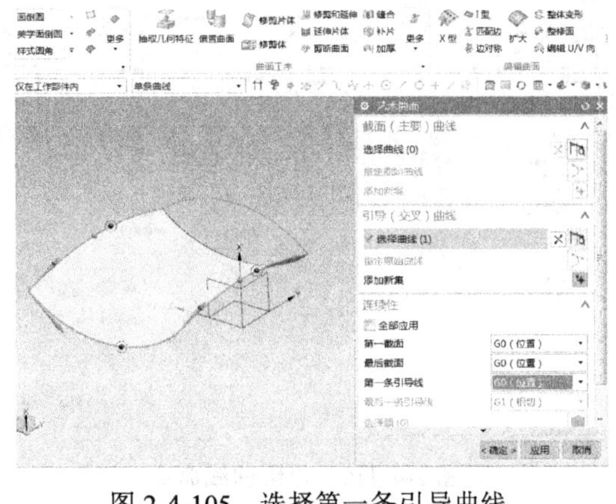

图 2-4-105　选择第一条引导曲线

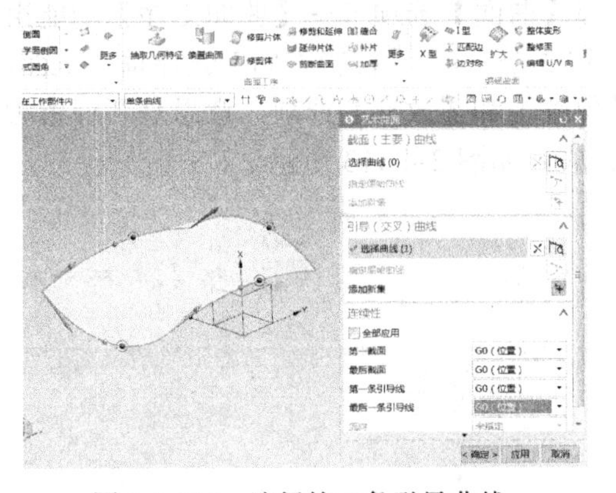

图 2-4-106　选择第二条引导曲线

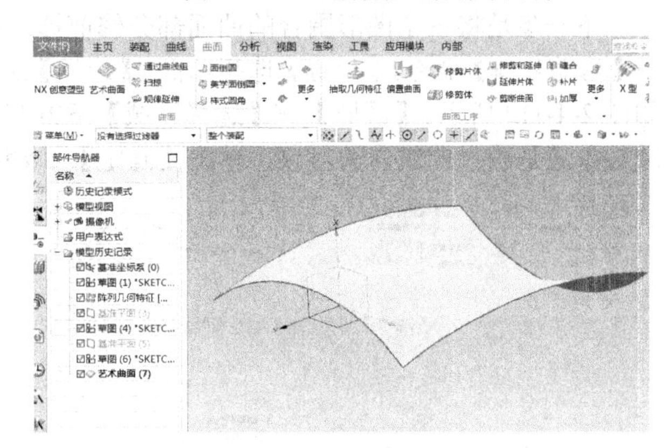

图 2-4-107　空间曲面生成

选择【在任务环境中绘制草图】命令，以 Y 轴、Z 轴所在基准面为基础，如图 2-4-108 所示，在曲面投影范围内绘制矩形、圆形、三角形 3 个图形，单击【确定】，完成草图绘制，如图 2-4-109 所示。

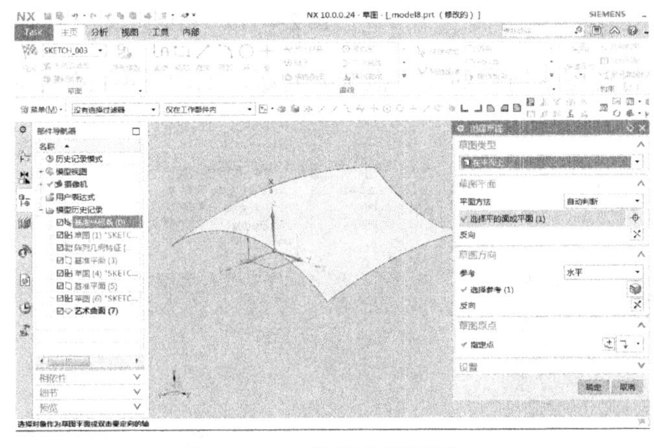

图 2-4-108　选择绘图平面

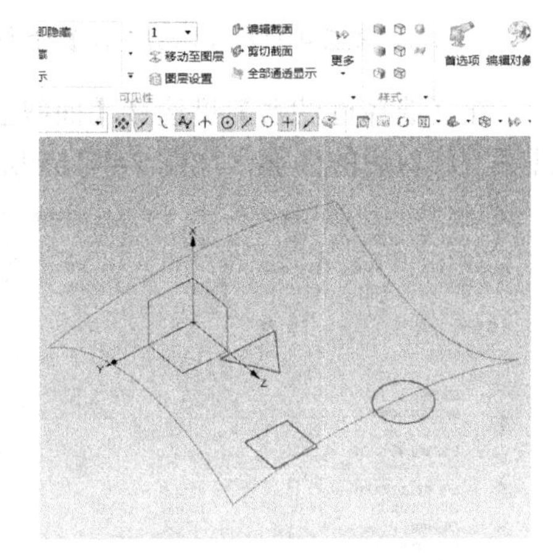

图 2-4-109　生成曲线

选择【曲线】选项卡→【派生曲线】功能组→【投影曲线】命令，【要投影的曲线或点】选择刚刚新建的 3 个图形对象，【要投影的对象】选择曲面，【投影方向】选择 X 轴方向，这样在曲面上就形成了 3 个图形的投影曲线，如图 2-4-110、图 2-4-111 所示。

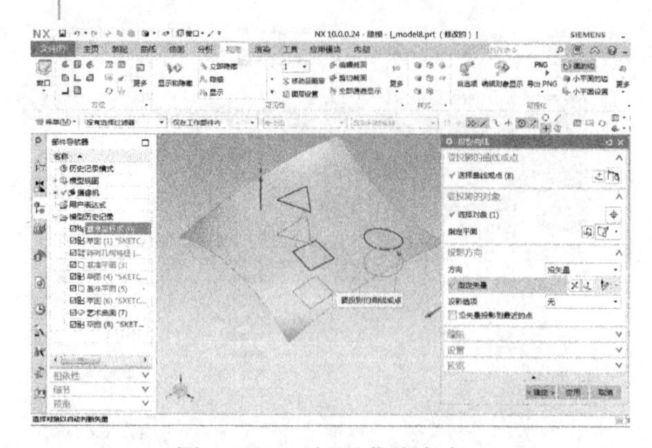

图 2-4-110　投影曲线命令

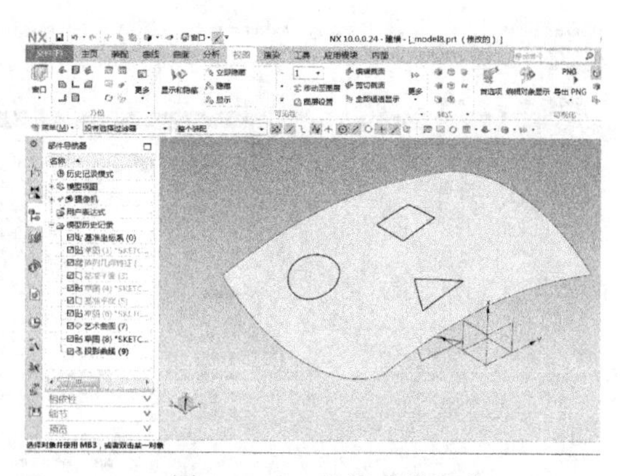

图 2-4-111　投影曲线生成

下一步是将三个图形围合的曲面部分修剪掉。选择【曲面】选项卡→【曲面工序】功能组→【修剪片体】命令，【目标】选择曲面，【边界】选择这 3 个图形，【投影方向】选择垂直于面，如图 2-4-112 所示。【区域】→【选择区域】下方有【保留】和【放弃】选项，意思是要保留被减对象还是围合曲线内的对象，单击【确定】，修剪完成，如图 2-4-113 所示。

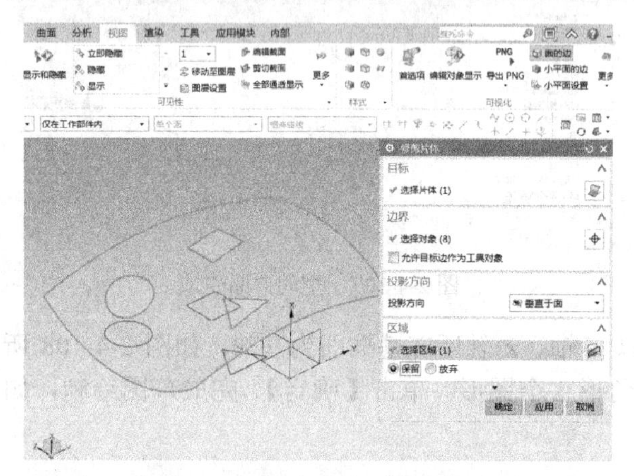

图 2-4-112　【修剪片体】命令

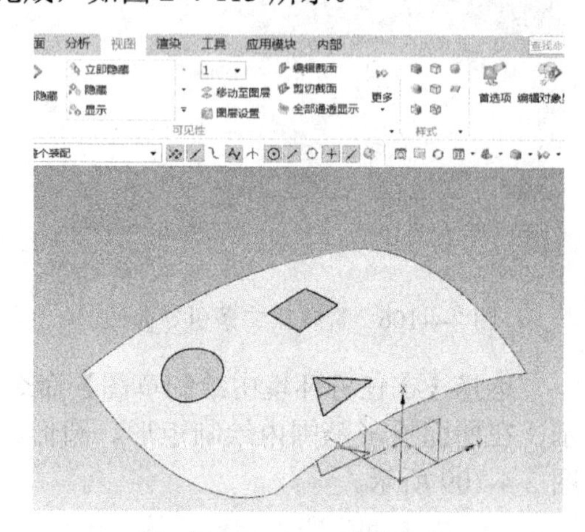

图 2-4-113　修剪完成

在【选择过滤器】里选择【曲线】，将视图中所有的曲线框选并隐藏，如图 2-4-114 所示，只保留修剪后的曲面，如图 2-4-115 所示。

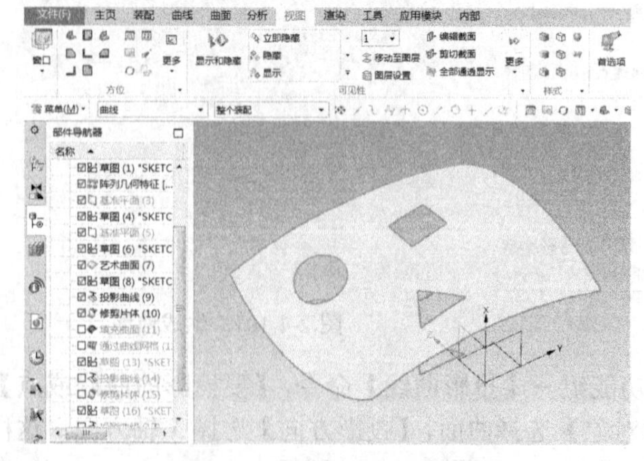

图 2-4-114　过滤选择【曲线】

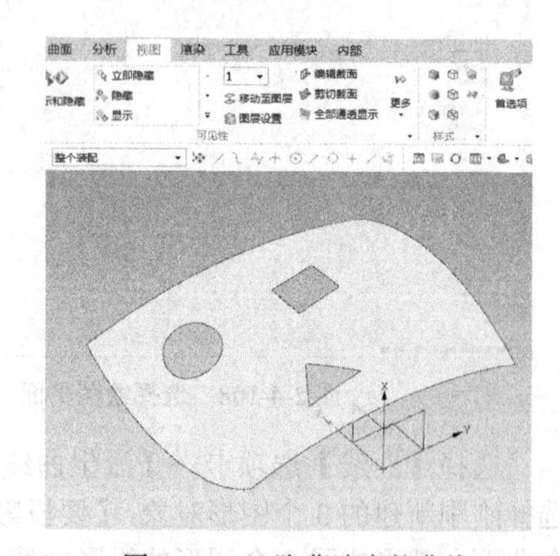

图 2-4-115　隐藏选中的曲线

选择【曲面】选项卡→【曲面】功能组→【填充曲面】命令（见图 2-4-116），【边界】选择圆形的边线，【形状控制】里的【控制点偏置】选择 10mm，【默认边连续性】选择【G1（相切）】，让填充的面与边缘保持相切，如图 2-4-117 所示。如果不要凸起效果，可右击该曲面，在列表中选择【可回滚编辑】命令（见图 2-4-118），将【控制点偏置值】距离改为 0mm，如图 2-4-119 所示。

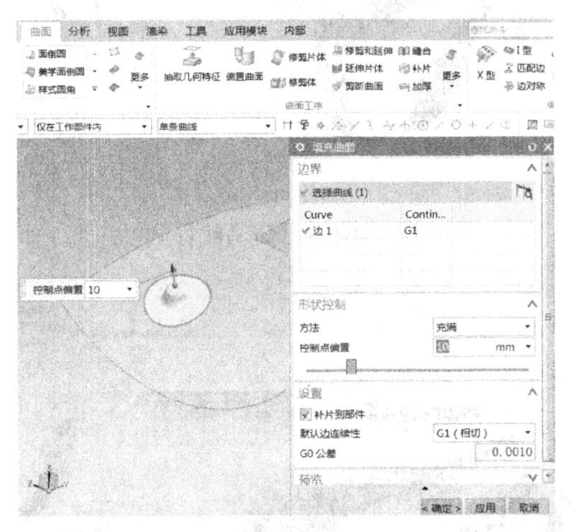

图 2-4-116 【填充曲面】命令

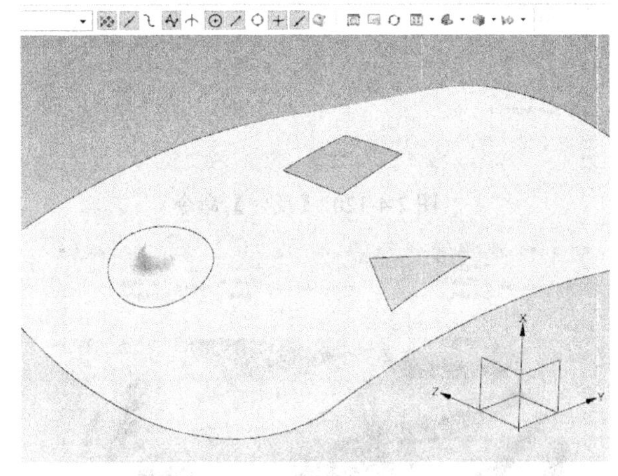

图 2-4-117　带凸起的曲面填充完成

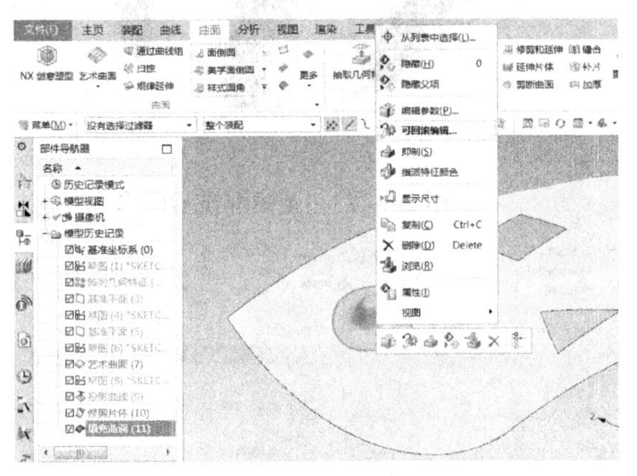

图 2-4-118 【可回滚编辑】命令

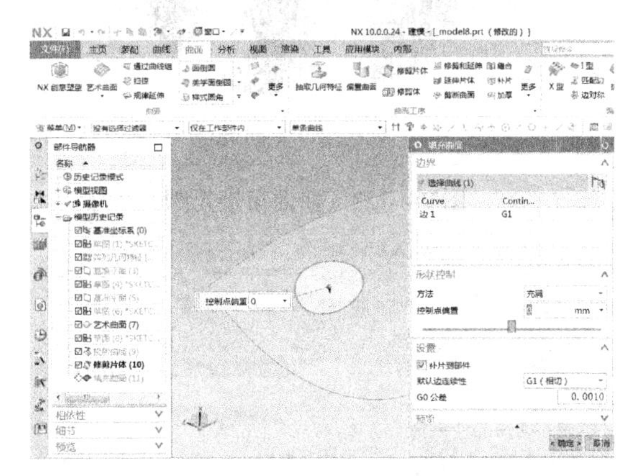

图 2-4-119 【控制点偏置】距离改为 0mm

想要检验填充面与主面的连续性，可选择【分析】选项卡→【面形状】功能组→【反射】命令，如图 2-4-120 所示，选择黑白线图像模式，选择两个曲面，单击【应用】，曲面表面立即显示为斑马线样式，如图 2-4-121 所示。在两个曲面的衔接处没有出现明显的锯齿状，如图 2-4-122 所示，说明两个曲面具有比较好的连续性。进一步选择【视图】选项卡→【样式】功能组→【着色模式】→【面分析】命令，曲面显示为无线框的模式后，完全找不到圆形曲面的位置，如图 2-4-123 所示，说明两个曲面的连续性极佳。

使用【填充曲面】命令完全可以将曲面上剩余的孔填补，不过还可以选择【通过曲线网格】命令完成修补（见图 2-4-124）。【主曲线】依次选择正方形缺口两条相对的边线，选择一次单击一次鼠标中键确定选择，然后【交叉曲线】依次选择剩下的两条边线（中间需单击鼠标中键确认选择），得到封闭曲面，如图 2-4-125 所示。

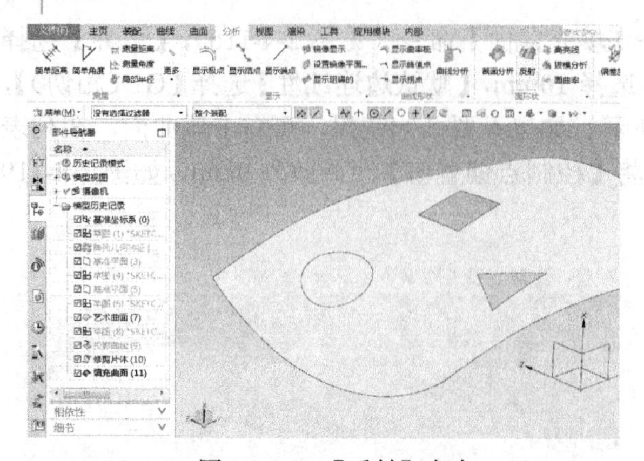

图 2-4-120 【反射】命令

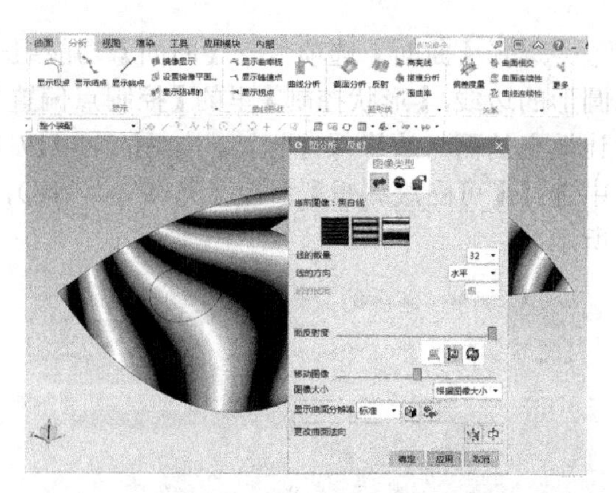

图 2-4-121 斑马线样式

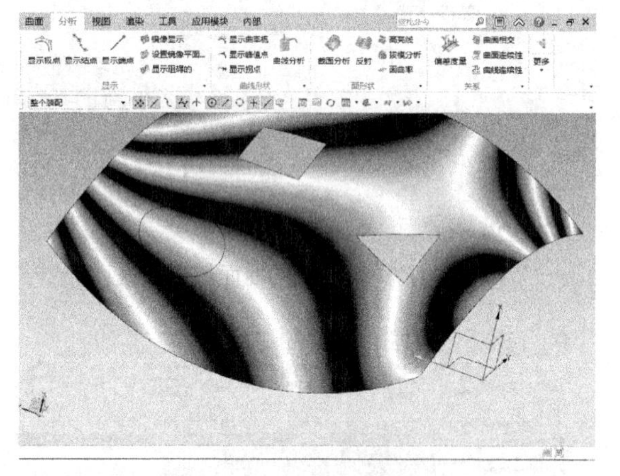

图 2-4-122 曲面衔接光顺

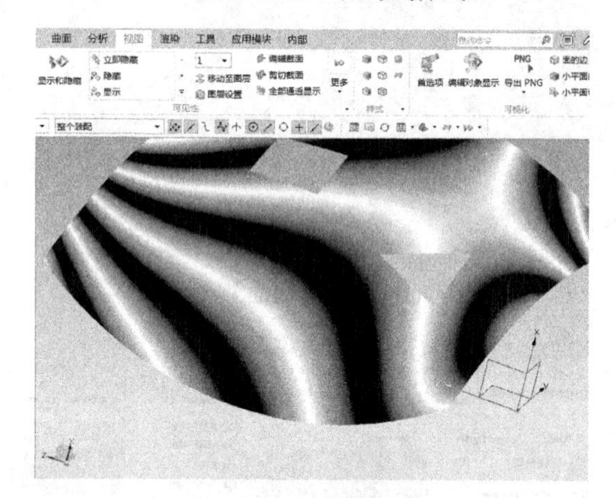

图 2-4-123 无线框显示模式

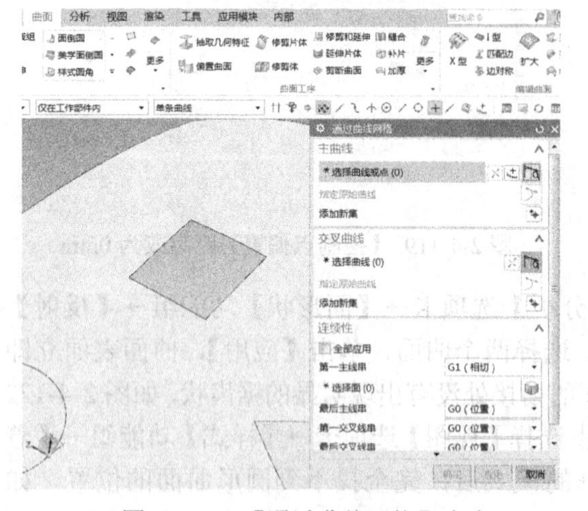

图 2-4-124 【通过曲线网格】命令

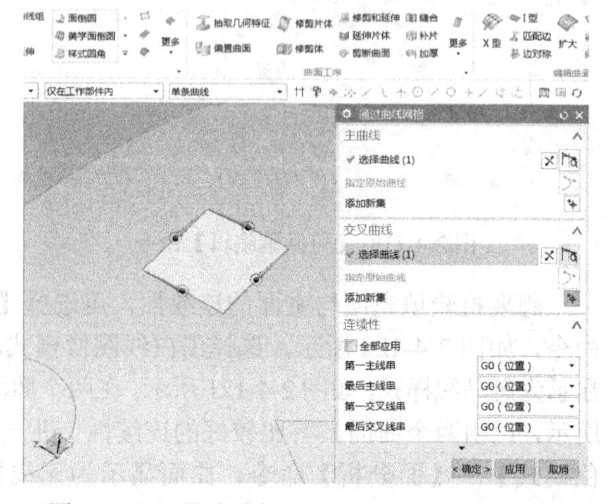

图 2-4-125 依次选择【主曲线】和【交叉曲线】

在【连续性】选项中将所有线的连续性由 G0 改为 G1,【选择面】均为主曲面，如图 2-4-126 所示。选择【反射】命令查看修补后的曲面，光顺度很好，如图 2-4-127 所示。采用【艺术曲面】命令也可以达到同样的效果，此处不再赘述。

接下来采用创造曲面构建条件的方法来修补三角形，如图 2-4-128 所示。通过上面几个案例可以发现，想要顺利地构建与周边连续性较好的曲面，最好构建 4 条相连的曲线，如果不具备这样的条件就要想办法创造这样的条件。首先需要找一个与曲面上的三角形接近平行的基准面，在该面上创建投影曲线，我们以 *Y* 轴、*Z* 轴所在基准面为基础，创建投影草图，图形如图 2-4-129 所示，完成后直接将草图沿 *X* 轴方向投影在曲面上，结果如图 2-4-130 所示，使用【修剪片体】命令，将投影曲线围合的曲面减去，如图 2-4-131 所示。

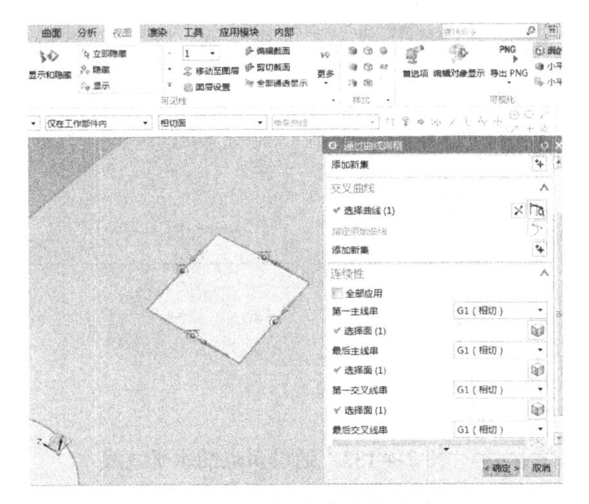

图 2-4-126　将各边连续性改为 G1

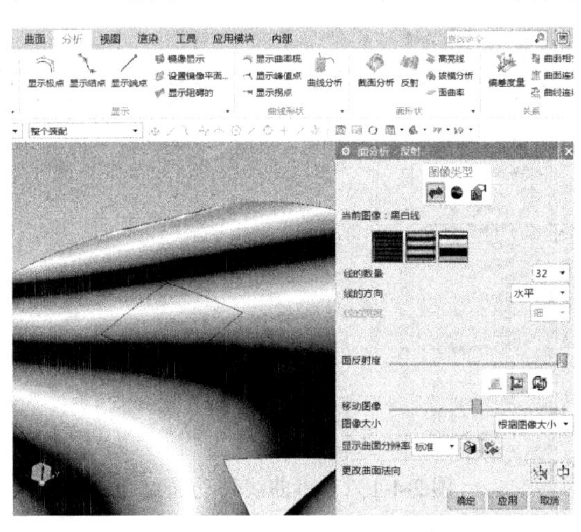

图 2-4-127　通过斑马线查看曲面光顺度

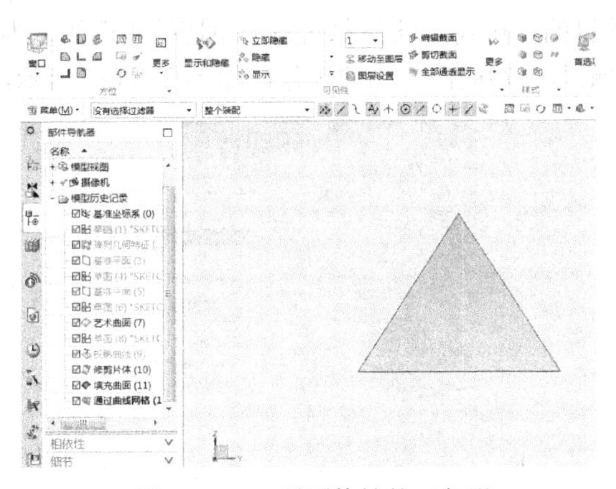

图 2-4-128　需要修补的三角形

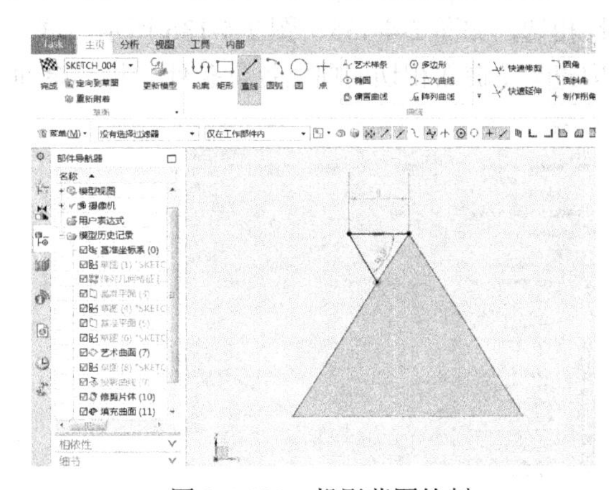

图 2-4-129　投影草图绘制

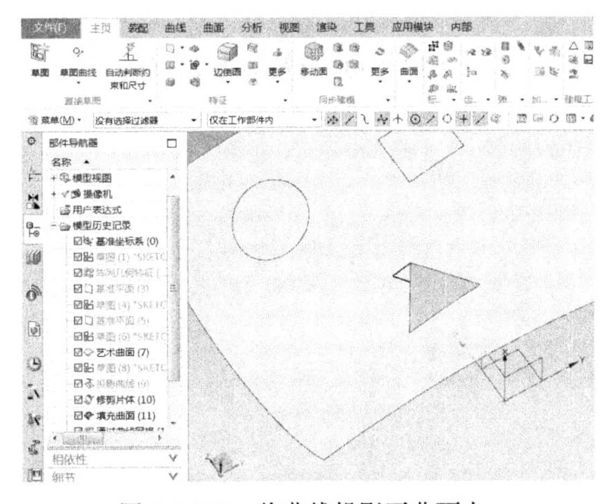

图 2-4-130　将曲线投影至曲面上

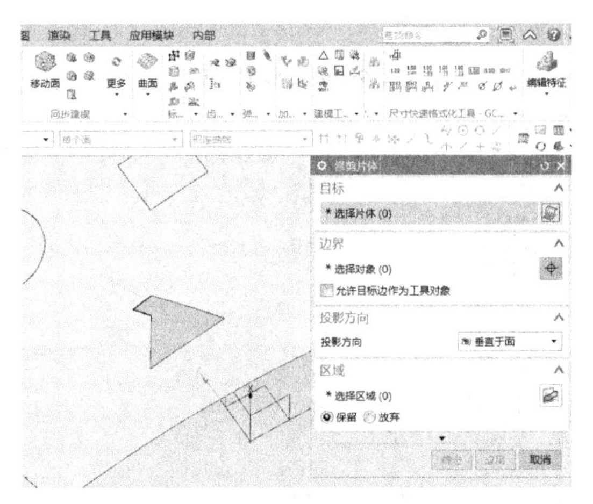

图 2-4-131　【修剪片体】命令

再次采用投影的方法，在曲面上造两条曲线，而这两条曲线是由一条直线投影创建的，直线在曲面上的投影需要通过如图 2-4-132 所示的角点，在创建投影直线时，将该点和直线选中，右击在弹出的列表中选择【点在曲线上】，如图 2-4-133 所示。投影完成后，在曲面上留下的投影如图 2-4-134 所示。

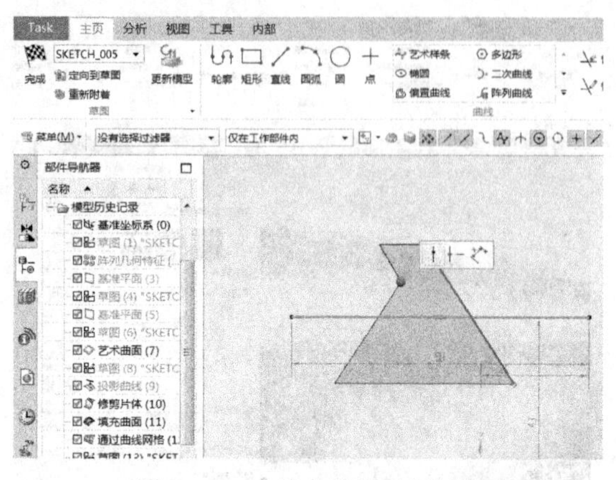

图 2-4-132　将曲线移动通过角点

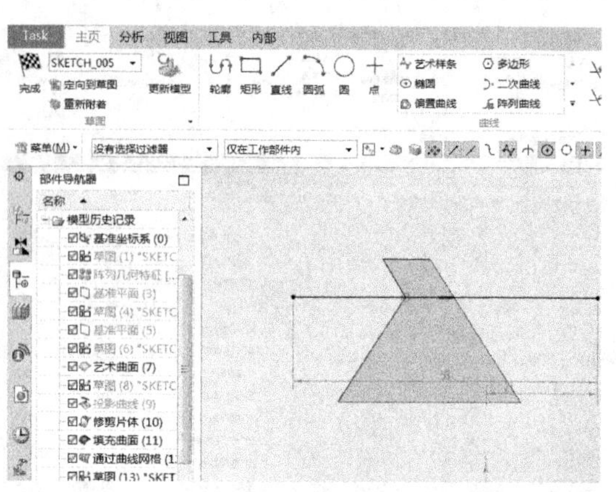

图 2-4-133　通过角点的水平直线

选择【曲线】选项卡→【派生曲线】功能组→【桥接曲线】命令，将两段投影连接起来并保持相切，如图 2-4-135、图 2-4-136 所示。这一步的目的是构建一条与曲面完全相切的构造线，为构建与主曲面相切的曲面提供条件。将其余曲线隐藏后开始曲面的构建工作，如图 2-4-137 所示。

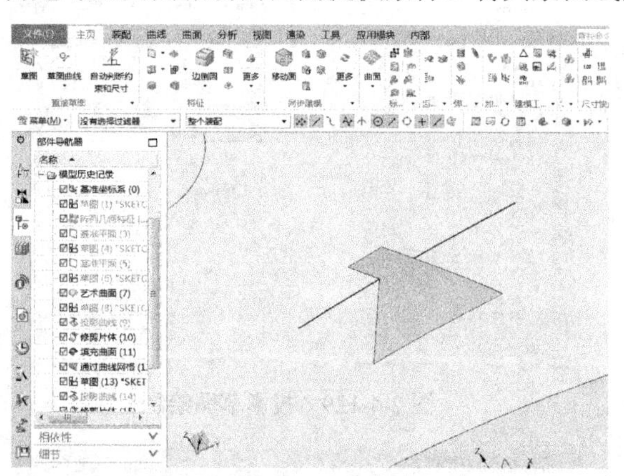

图 2-4-134　形成投影

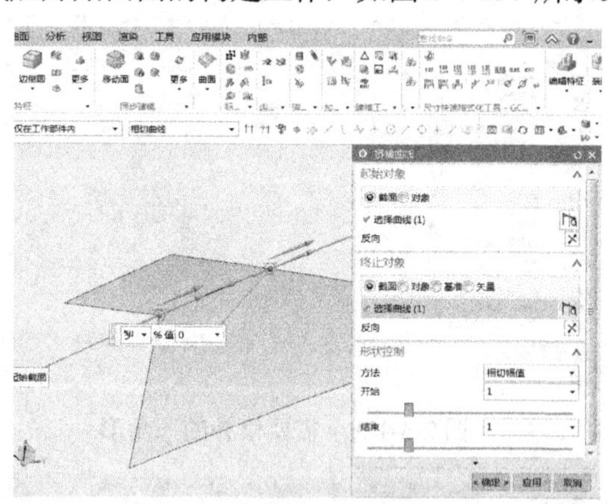

图 2-4-135　【桥接曲线】命令

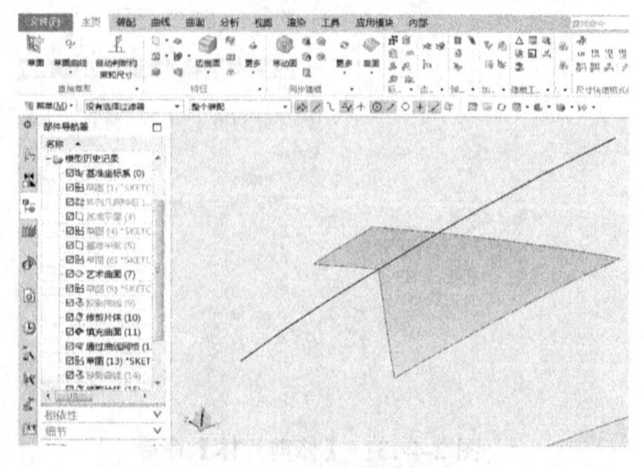

图 2-4-136　形成桥接曲线

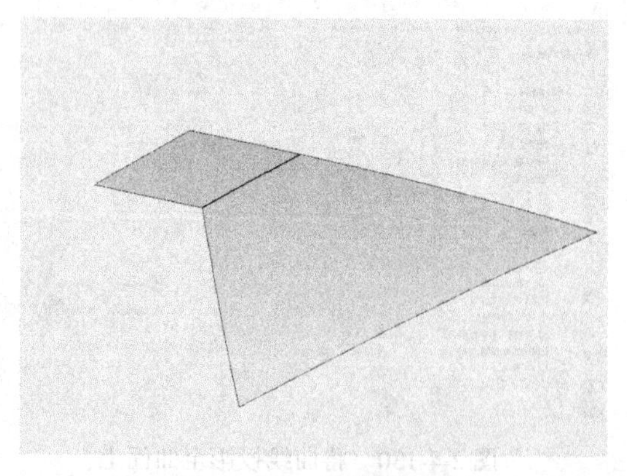

图 2-4-137　隐藏投影曲线

选择【曲面】选项卡→【曲面】功能组→【艺术曲面】命令，截面线依次选择桥接的曲线和与之相对的较长的曲面边界线，引导线依次选择如图 2-4-138 所示曲面边界线，【连续性】除桥接曲线选择【G0（位置）】外，其余选择【G1（相切）】，与曲面相切，单击【确定】完成曲面。

将桥接曲线隐藏，如图 2-4-139 所示，继续采用【艺术曲面】命令，依次选择与桥接曲线重合的曲面边界线以及与之相对的较短的曲面边界线作为截面线，其余两条边界线为引导线，【连续性】均选择【G1（相切）】，如图 2-4-140 所示，单击【确定】完成后，检查曲面的连续性，结果如图 2-4-141 所示。

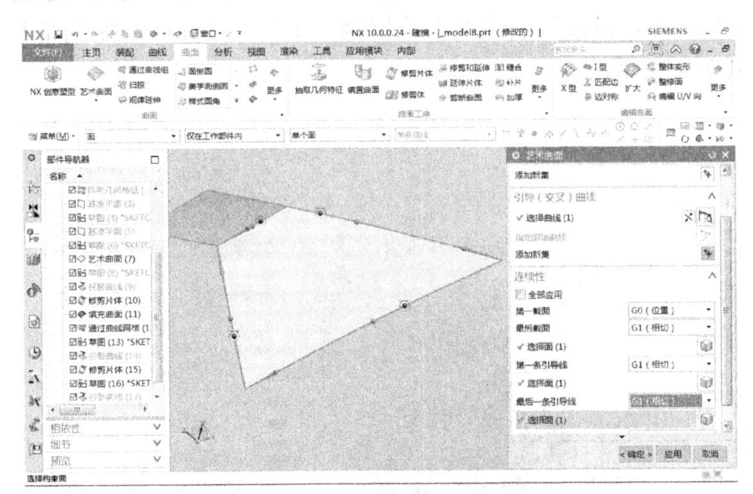

图 2-4-138　创建【艺术曲面】

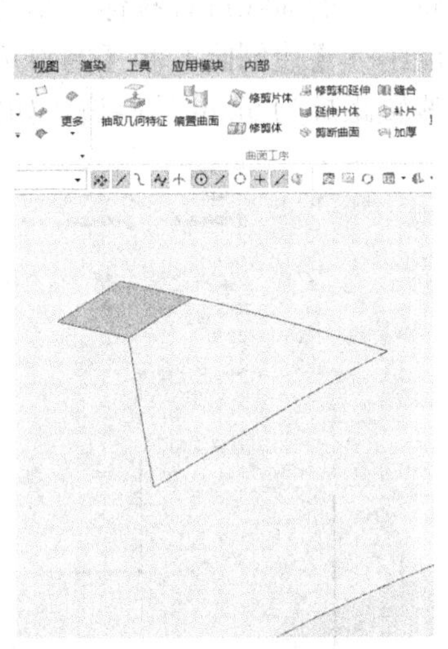

图 2-4-139　隐藏桥接曲线

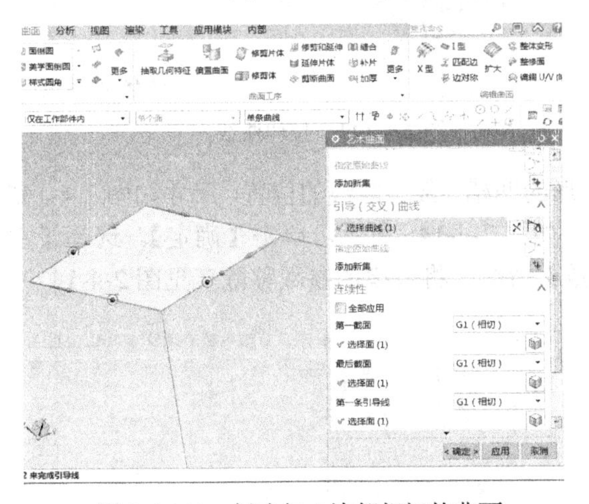

图 2-4-140　创建与 4 边都相切的曲面

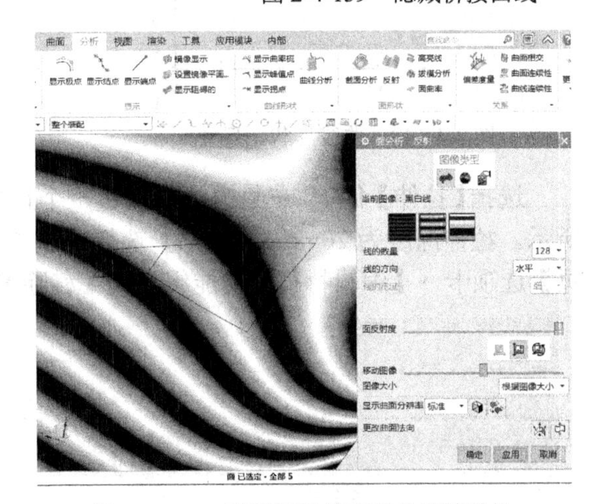

图 2-4-141　采用斑马线查看曲面连续性

2.4.4　数模的修改

在数模构建的过程中或经验证后返回修改时常常会遇到模型局部需要修改和调整的情况，比如圆角的尺寸不合适、拉伸的长度有偏差、拔模角度需要调整等。此前讲过，由于工程软件建模的过程是基于特征的，因此对数模局部的修改针对该特征修改即可。不过随着模型特征的累积、复杂性的增加，特征间的关系愈加复杂，可以说是触一发而动全身，因此模型越复杂，特征在模型记录里的位置越靠前，特征修改失败或破坏数模的可能性越大，有可能造成难以预计的后果，比如软件崩溃后造成数模文件损坏，再次打开数模文件失败。针对这种情况，在建模时应该及时将数模上一些可以确定的特征移除参数，降低数模的复杂性，被移除参数的数模还是可以进行修改的，具体在后面叙述。还有一种情况是，建模的工程软件与修改数模的工程软件不同，需要转换成中间格式才能够打开，比如 stp、step、igs 等后缀名的格式，这时打开的数模是没有任何特征参数的，如果这样的话，就需要在数模上直接进行修改，不论是片体还是实体，UG NX【主页】选项卡里的【同步建模】功能组就提供了大量的修改命令。

选择【菜单】→【插入】→【在任务环境中绘制草图】，曲线形状、尺寸如图 2-4-142 所示，将生成的曲线进行拉伸，厚度为 50mm，如图 2-4-143 所示。选择【主页】选项卡→【特征】功能组→【边倒圆】和【倒斜角】命令，在数模顶部的边线上分别倒一个半径为 5mm 的圆角和偏置距离为 5mm 的斜边，如图 2-4-144 所示。

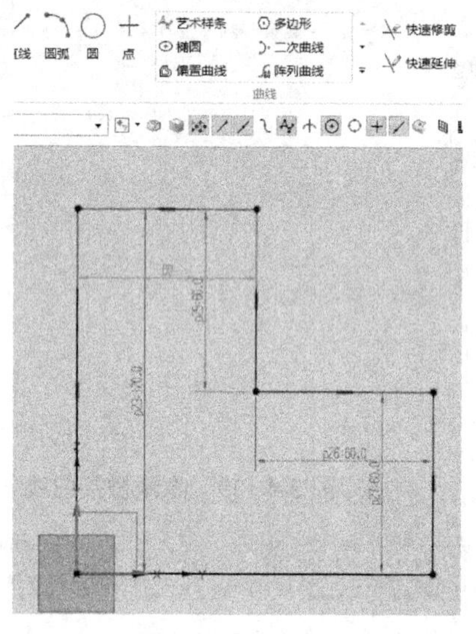

图 2-4-142 曲线形状、尺寸

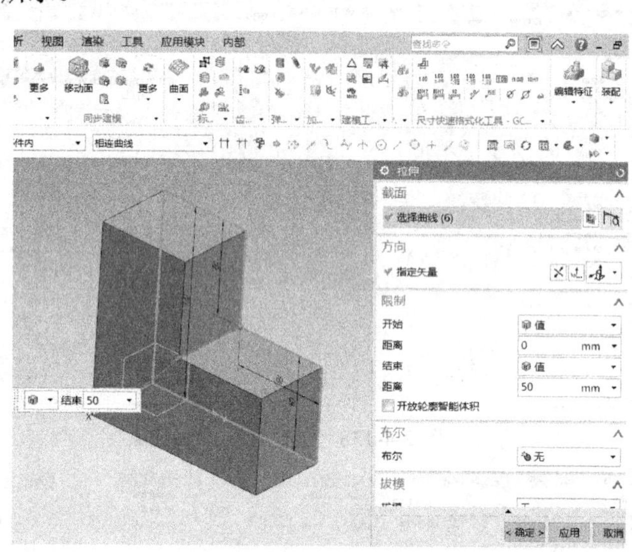

图 2-4-143 拉伸曲线

选择【拉伸】命令，在数模的侧面做一个正方形的凹槽，截面曲线的位置、尺寸如图 2-4-145 所示。拉伸深度为 20mm，【布尔】选择【求差】，如图 2-4-146 所示，单击【确定】。选择【主页】选项卡→【编辑特征】功能组里的【移除参数】命令，将数模的参数移除（见图 2-4-147）。

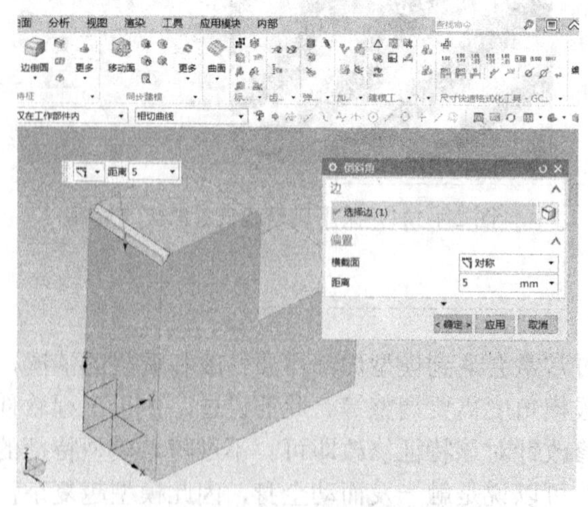

图 2-4-144 倒圆角和斜边

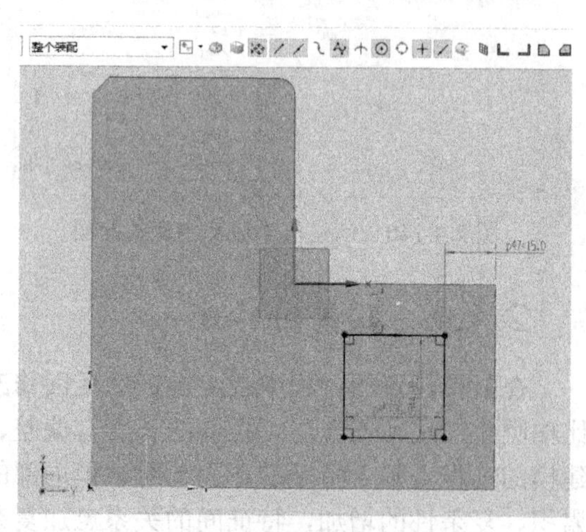

图 2-4-145 截面曲线的位置、尺寸

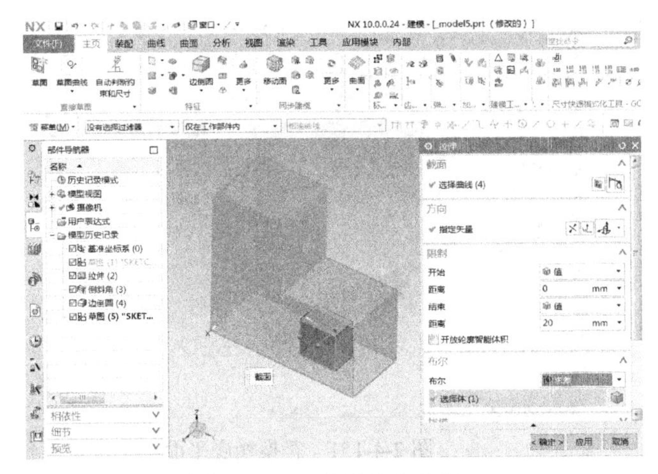
图 2-4-146　拉伸体并求差

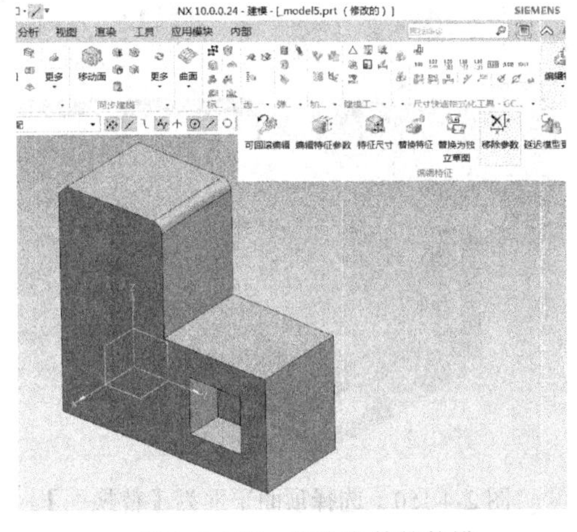
图 2-4-147　移除参数的数模

查看左侧部件导航器里的模型历史记录，里面已经没有关于数模特征的记录了，只有实体本身。如果现在想回到初始实体状态，通过特征修改的方式已经不可能了，只能通过【主页】选项卡→【同步建模】功能组里的工具进行修改。选择【删除面】命令，【类型】选择【面】，【面】选择圆角面和斜角面，单击【确定】，数模的圆角、斜角形态特征被删除，如图 2-4-148 所示。

请注意，删除数模的圆角、斜角形态特征的操作可以用【同步建模】功能组里的【替换面】命令实现等效替换，【要替换的面】选择圆角面和斜角面（见图 2-4-149），【替换面】选择数模顶面平面（见图 2-4-150），单击【确定】后数模的圆角、斜角形态特征被顶部平面替换，也达到了目的。为了消除方形的凹槽，同样使用【替换面】命令，将槽底的平面替换为数模的侧面，如图 2-4-151 所示，至此数模已恢复到初次拉伸时的样子，在此基础上可以重新添加新的特征。此外，【同步建模】功能组里的【拉出面】、【偏置区域】等命令也是修改数模形态的常用命令，操作十分简单，此处不再赘述。

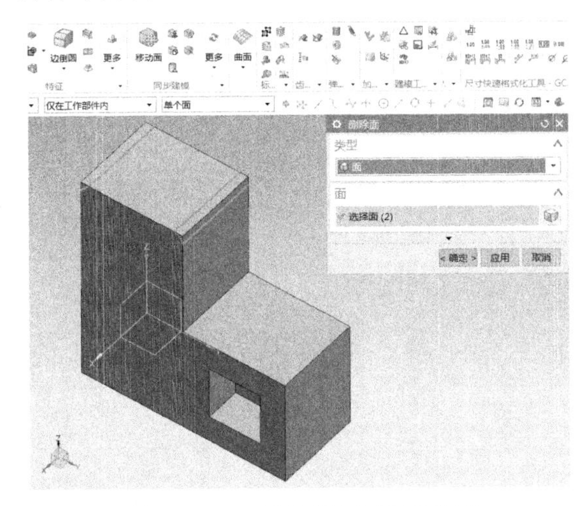
图 2-4-148　删除圆角面和斜角面

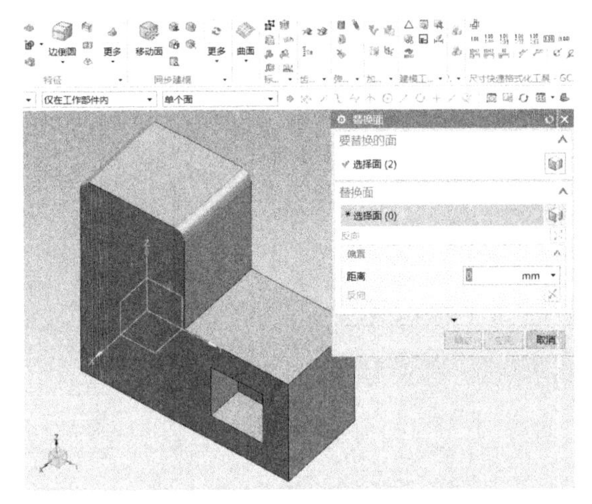
图 2-4-149　选择要替换的圆角面、斜角面

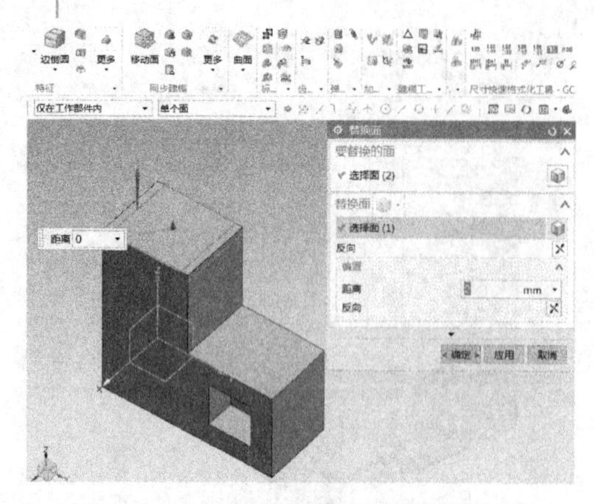

图 2-4-150　选择顶面平面为【替换面】

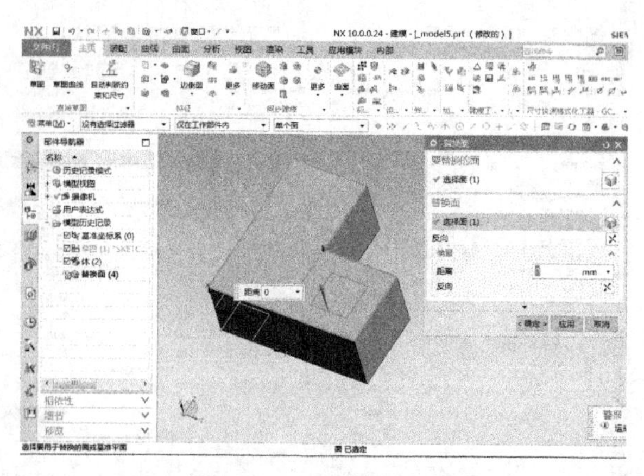

图 2-4-151　替换槽底平面

第3章

经典产品造型设计解析与数模重构

产品造型多半与其使用功能密切相关，作为功能信息传达的主要介质，能够使产品内在的性能、结构、品质、内涵等隐性因素转化为显性因素，并通过人们的视觉系统产生一种客观而具体的形象并触发情感意向。设计师的设计思想最终将以产品造型的形式呈现，即通过草图、效果图、结构模型及产品实物的形式将设计创意视觉化。产品的造型创意主要来源于自然形态和抽象形态，自然形态是自然界固有的形态，抽象形态是人类对自然形态中美的形式进行归纳、提炼出来的形态。在现代造型观念中，产品造型的塑造有了更为主动和积极的意义，它不但能够充分展示产品的外在形式，而且能够引导人们充分领会产品的设计意图进而更加轻松地驾驭产品。产品丰富的造型特征赋予了产品更多的外在魅力，也提升了产品操作的便利性。通过对产品造型的设计能够使产品的形态具有指示性、辨识性、操作性等属性，不仅能够反映产品功能属性方面的信息，还能满足人们的精神需求。

产品造型设计是一个由表及里、由外而内逐步雕琢的过程，产品主要形态的构建完成后，细节造型特征更需要仔细研究和推敲，如果没有这些细节特征起承转合的作用，产品造型的整体感和连续性也就无法得到保证。产品造型创新设计的重要性也是显而易见的。其一，随着精神和物质文明的持续发展，个性化消费需求将更为普遍，现今市场上已经很难看到某种产品一家独大的局面，就连多年占据高端手机利润榜首的 iPhone，在三星和华为的围剿下也显得后继乏力，消费者的选择比以往任何时候都要多。显然现在的消费者都希望获得高品质的产品或服务，并且产品能否体现他们的个性和态度已成为他们选购产品的一个重要标准，而产品造型就是最直接、最便捷的表达方式。对很多企业而言，重要的产品造型特征会作为产品独特的基因代代相传，这些特征越强烈、使用历史越悠久，就越有利于在消费者心目中形成符号特征，消费者通过产品外形特征就可以准确判断出产品品牌，如宝马公司旗下的系列车型（见图 3-0-1），造型特征十分明显。其二，根据时代的审美意识与价值理念，结合产品的内在属性，设计一些符号化的设计要素作为产品的特征要素，赋予产品鲜明的个性化特征。例如极致简约的设计风格已然成为苹果电脑公司的独特设计语言，其科技、时尚的形象不仅赢得市场的广泛认可，更传递出苹果公司求新求变、不断创新的设计理念。其三，不断丰富产品造型的内涵，将产品造型与其所在企业文化相结合形成的某种具有延续性的造型符号，如保时捷汽车的前大灯（见图 3-0-2）从早期型号一直到最新的电动车型基本都保持了“蛙眼”状的造型特征，其优势在于这种独特造型的文化意义具有排他性，使其他公司无法直接仿制。

生活中的产品大多以三维形式存在，除了部分以二维特征为主的产品，如书签、各种卡片、垫板类产品等（再薄的产品也是有一定厚度的）。生活中大多数产品的空间形态是由其功能定义转化而来的，其中又包含了各种限制条件，如材料、工艺、尺寸、成本等，经过多年的改良逐步演化成今天呈现出的样子，比如现代汽车的形态设计与一百多年前相比并没有本质变化，只是伴随着科学技术的进步，生产工艺的提升，在外形、内饰的设计以及科技配置等方面有了长足的发展。本章将从生活中常见的经典产品入手，解析其造型与结构的关系，并进行产品造型数模的重构。

图 3-0-1　宝马系列车型

图 3-0-2　保时捷汽车的前大灯

3.1　鼠标造型正向建模

3.1.1　鼠标的历史与造型设计分析

20 世纪 60 年代初，Douglas Engelbart（见图 3-1-1）在参加一个会议时，画出了一种在底部使用两个互相垂直的轮子来跟踪动作的装置草图，这就是鼠标的雏形。到了 1964 年，Douglas Engelbart 再次对这种装置的构思进行了完善，并且动手制作出了第一款成品（见图 3-1-2）。这个新型装置是一个小木头盒子，里面有两个滚轮，但只有一个按钮。它的工作原理是由滚轮带动轴旋转，并使变阻器改变阻值，阻值的变化就产生了位移信号，经电脑处理后屏幕上指示位置的光标就可以移动了。由于该装置像老鼠一样拖着一条长长的连线，于是就有了“鼠标”的称呼。

图 3-1-1　Douglas Engelbart

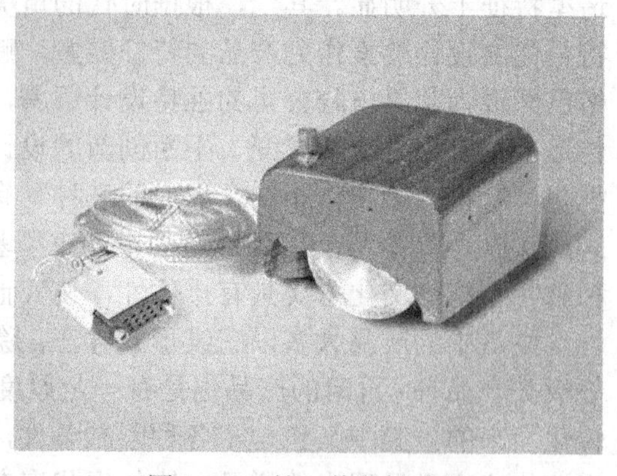

图 3-1-2　第一款鼠标成品

作为一个完全由功能需求发展而来的产品，五十多年来，鼠标一直在进步和发展。在技术方面，早期的机械鼠标基本上已经被光电鼠标所取代，有线鼠标也逐渐被无线鼠标所取代。在造型设计方面，鼠标的使用方式虽然没有根本改变，但始终在改进和提升，设计愈加成熟与经典。作为一款用户长期直接接触并操作的产品，鼠标的人机设计尤为重要，首先在尺寸方面需要兼顾男女、成年人与青少年群体，大小适中；其次鼠标造型要符合人们抓握时的手形，很多鼠标采用对称设计以兼顾左右手的操作，但考虑到大多数人是右手操作，因此也有不少鼠标是专门为右手操作而设计的；再次，作为一种大批量生产的电子产品，大部分鼠标是塑料材质的，因此在造型与结构设计方面要考虑模具成型的因素，要符合模具加工的规律，通常为上下结构。近年来，鼠标由于定位和用途的不同又细分为办公鼠标、游戏鼠标等，专业程度越来越高。

在造型设计方面，鼠标的设计风格也十分多样化，设计发挥的空间很大，既可以简约，如同苹果公司的 Magic Mouse（见图 3-1-3），也可以复杂，如雷柏 VT950（见图 3-1-4）；既可以沉稳商务，如同微软最新推出的精准鼠标（见图 3-1-5），也可以如罗技 M325（见图 3-1-6）般小巧灵动。鼠标有造型有细节，有功能有结构，对工业设计初学者来说是一个非常不错的设计训练对象。

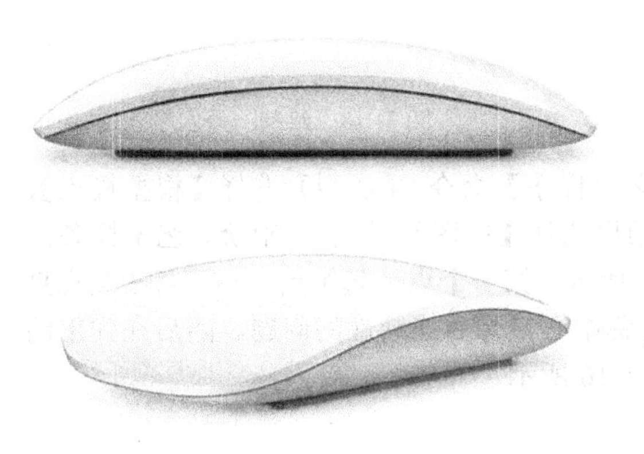

图 3-1-3　苹果公司的 Magic Mouse 鼠标

图 3-1-4　雷柏 VT950 鼠标

图 3-1-5　微软精准鼠标

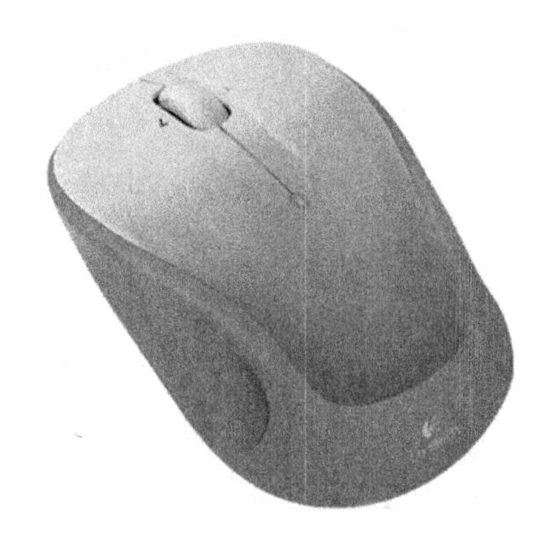

图 3-1-6　罗技 M325 鼠标

3.1.2　鼠标基础形态的构建

下面通过一款经典的鼠标造型建模，介绍产品实体造型建模的过程和相关工具的使用。新建一个文件，选择【菜单】→【插入】→【在任务环境中绘制草图】命令，进入草图绘制模式，并在 X 轴、Y 轴所在基准面上绘制图形。首先绘制一条竖直直线，长度为 100mm，与 Y 轴共线，如图 3-1-7 所示，接着在竖直直线的两端向左侧各绘制一条水平线，长度适中，如图 3-1-8 所示。

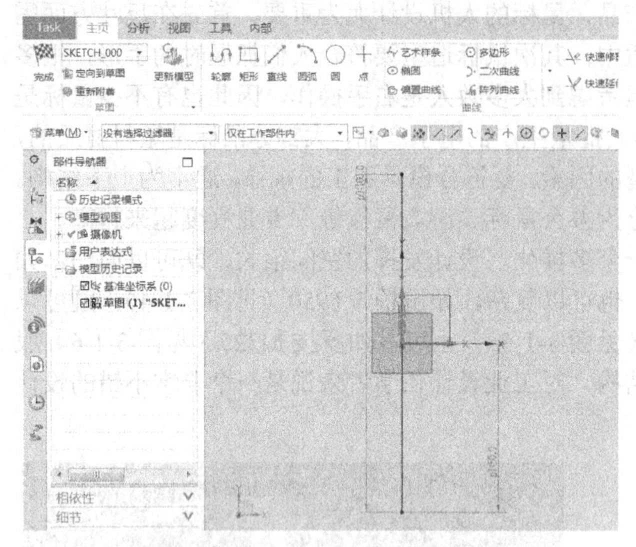

图 3-1-7 绘制一条竖直直线

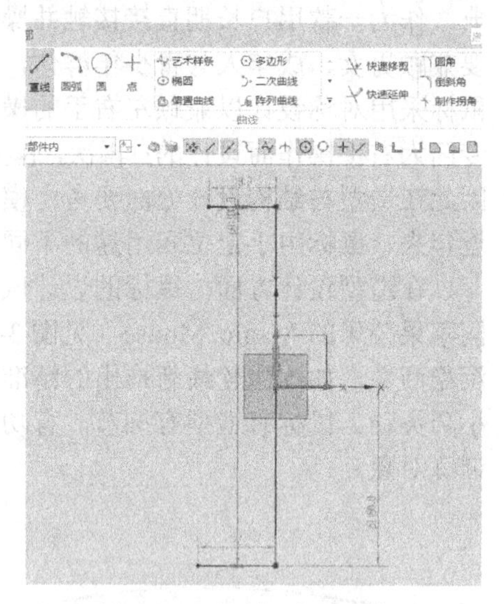

图 3-1-8 绘制一条水平线

选择【主页】选项卡→【曲线】功能栏→【艺术样条】命令，【类型】选择【根据极点】，在【参数化】里【次数】选择 3 次，【移动】选项里选择【视图】，然后开始绘制艺术样条。第一个点要落在上方水平线的右端点，如图 3-1-9 所示，第一个点（起始点）不可落在竖直直线的上端点，因为涉及将来艺术样条以 Y 轴为对称中心镜像后连续性的问题。随后在弹出的【G1】、【G2】选项框中选择起始点【G1】，如图 3-1-10 所示。

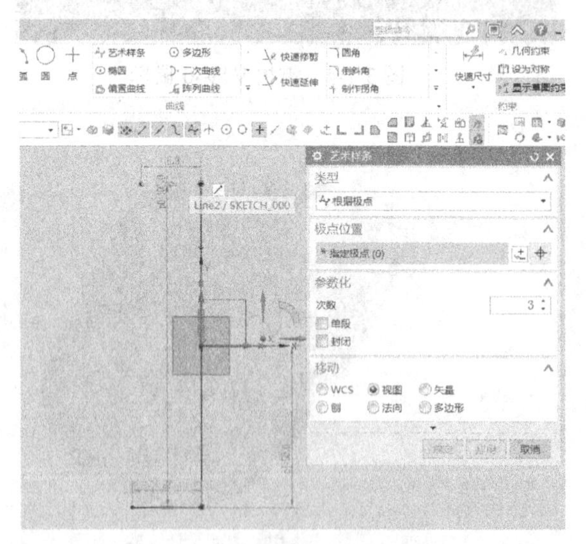

图 3-1-9 绘制艺术样条曲线

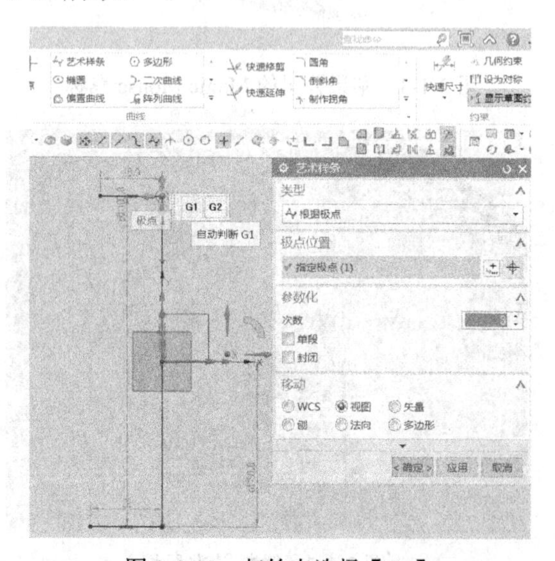

图 3-1-10 起始点选择【G1】

按照鼠标俯视的轮廓，大致绘出曲线形态，控制点数量控制在 5 个或 6 个，最后一个点（终点）需放在下水平线的端点上，同样终点也要选择【G1】，如图 3-1-11、图 3-1-12 所示。

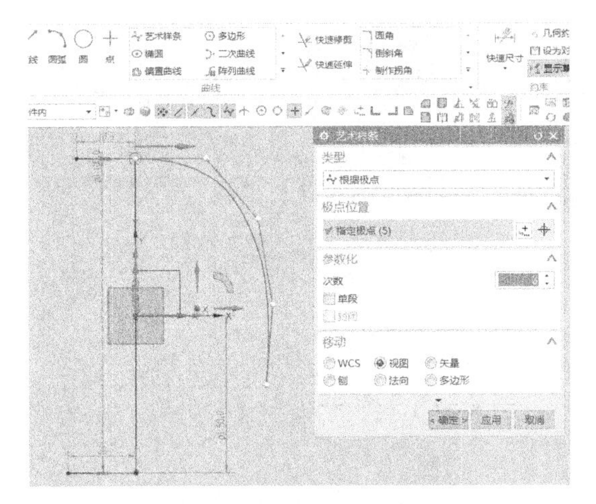

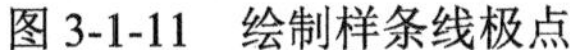
图 3-1-11　绘制样条线极点

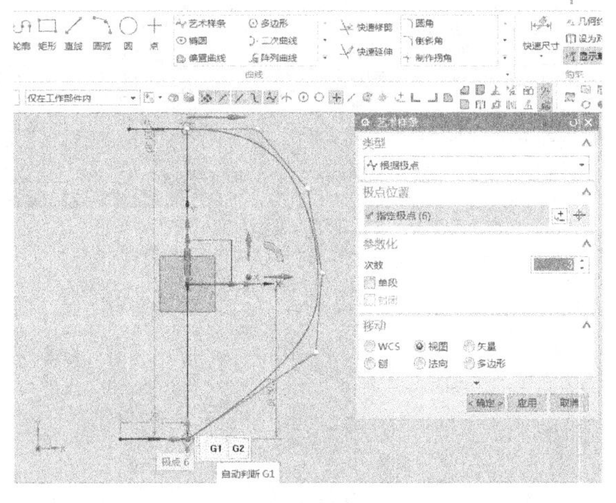

图 3-1-12　终点选择【G1】

调节除端点外其他极点的位置，将艺术样条的形状调节至图 3-1-13 的样子，然后将其他所有的辅助线删除，只留下艺术样条，如图 3-1-14 所示。随后选择【镜像曲线】命令，以 *Y* 轴为对称中心将艺术样条镜像（见图 3-1-15），单击【完成】退出任务草图，得到的图形如图 3-1-16 所示。

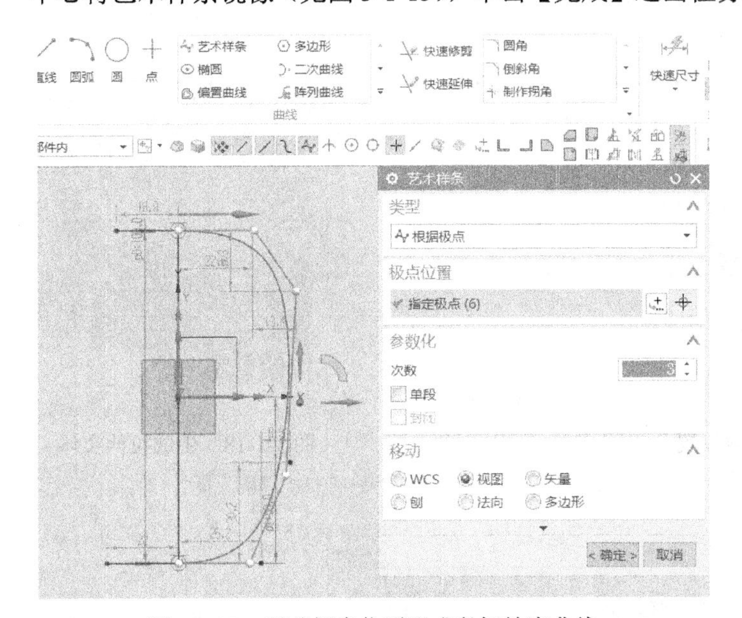

图 3-1-13　调节极点位置形成鼠标轮廓曲线

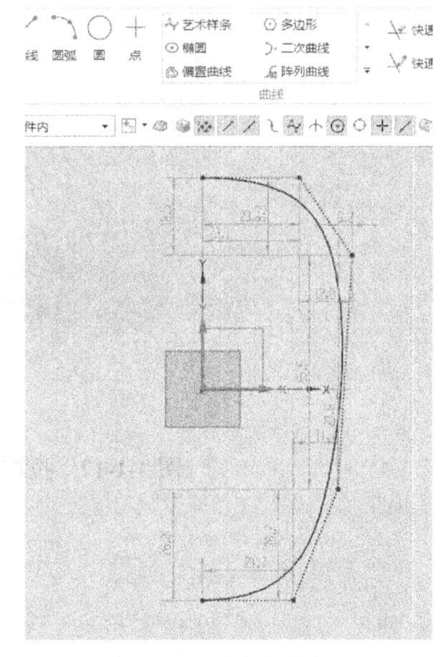

图 3-1-14　删除其他辅助线

选择【主页】选项卡→【特征】功能栏→【拉伸工具】命令，将生成的环形曲线拉伸，形成厚度为 50mm 的拉伸实体，如图 3-1-17、图 3-1-18 所示。

选择【在任务环境中绘制草图】命令，以 *Y* 轴、*Z* 轴所在基准面为绘图平面，选择【艺术样条】工具绘制如图 3-1-19 所示曲线，曲线的最高点离拉伸体的底面约 35mm，该曲线即鼠标顶部特征的构造曲线，如图 3-1-20 所示。

接下来创建 2 条新的构造曲线。新建一个与 *Y* 轴、*Z* 轴所在基准面平行的基准平面，选择【主页】选项卡→【特征】功能栏→【基准面】命令，【类型】选择【自动判断】，【要定义平面的对象】选择 *Y* 轴、*Z* 轴所在基准面，偏置距离设为 50mm，这样就生成了一个距离 *Y* 轴、*Z* 轴所在基准面 50mm 的新的基准面，如图 3-1-21 所示。

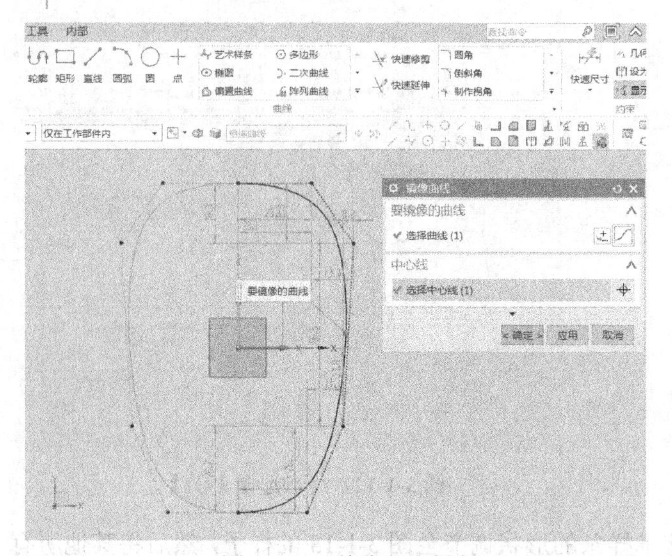

图 3-1-15　镜像艺术样条

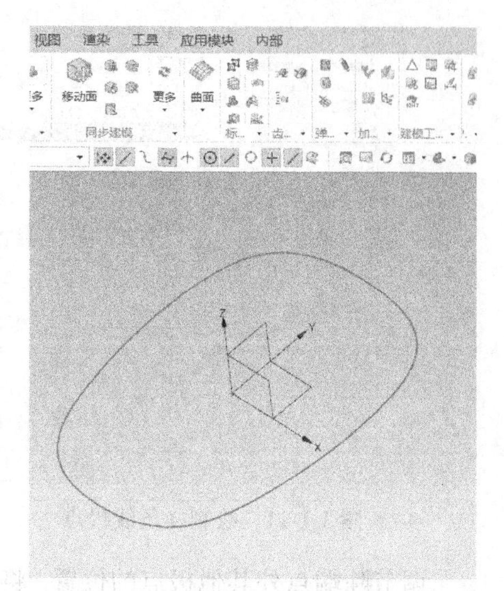

图 3-1-16　生成鼠标轮廓曲线

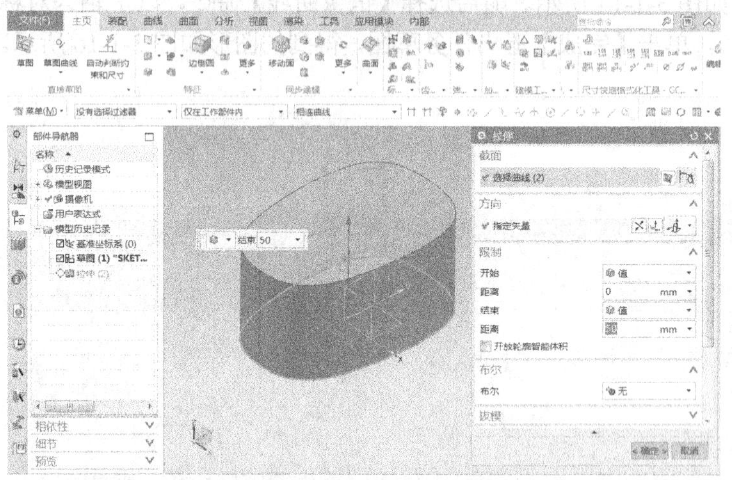

图 3-1-17　拉伸参数设置

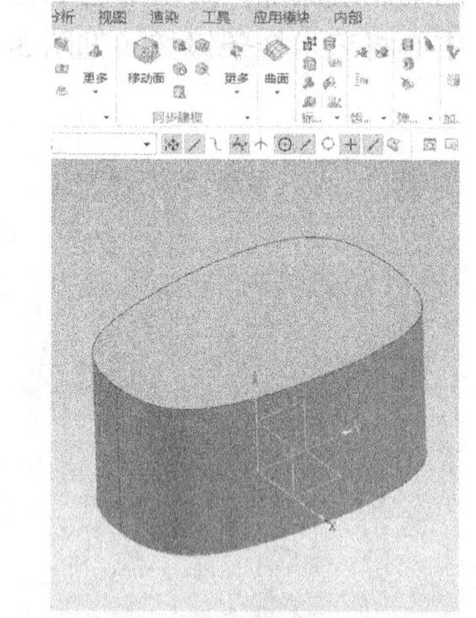

图 3-1-18　生成拉伸实体

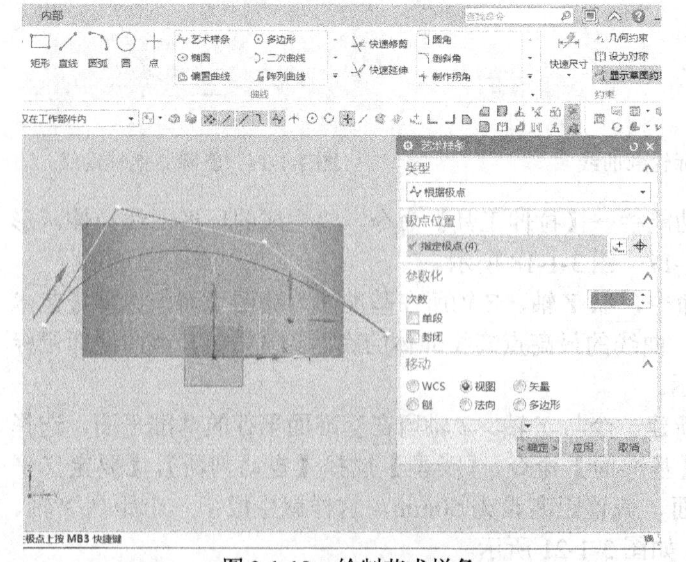

图 3-1-19　绘制艺术样条

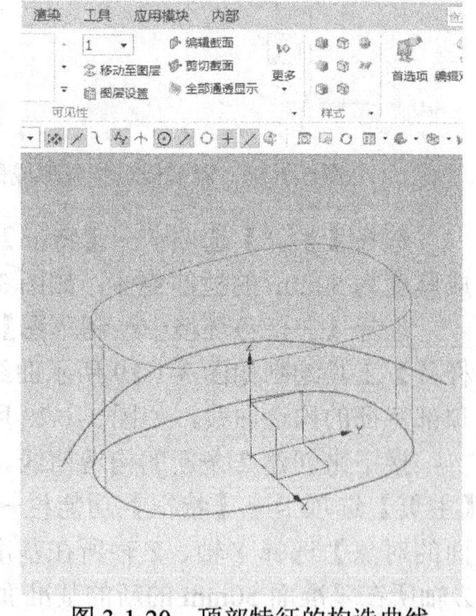

图 3-1-20　顶部特征的构造曲线

选择【在任务环境中绘制草图】命令，以新生成的基准面为草绘平面（见图 3-1-22），选择【主页】选项卡→【曲线】功能栏→【偏置曲线】命令，【要偏置的曲线】选择之前生成的鼠标顶部构造曲线（这条曲线并不属于目前的草图，但在草图中可以将它作为参考进行复制、偏置等操作），偏置距离为 15mm，偏置方向为朝向曲线内侧，单击【确定】获得一条偏置曲线，完成草图绘制，如图 3-1-23～图 3-1-25 所示。然后选择【菜单】→【插入】→【关联复制】→【镜像几何体】命令，选定刚刚通过偏置而来的曲线，镜像平面选择 Y 轴、Z 轴所在基准面，镜像出一条新的曲线，如图 3-1-26 所示。

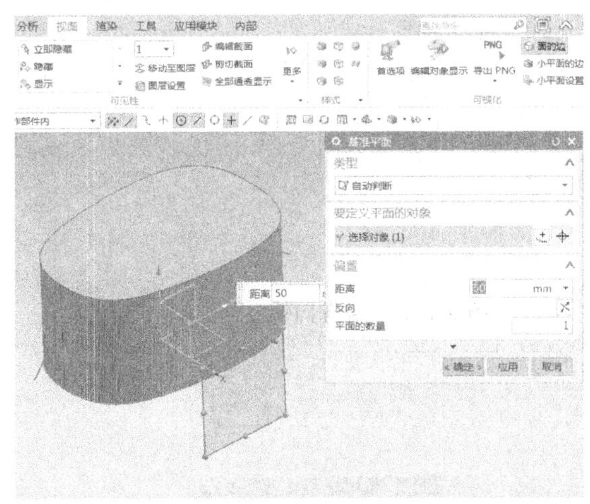

图 3-1-21　创建基准面

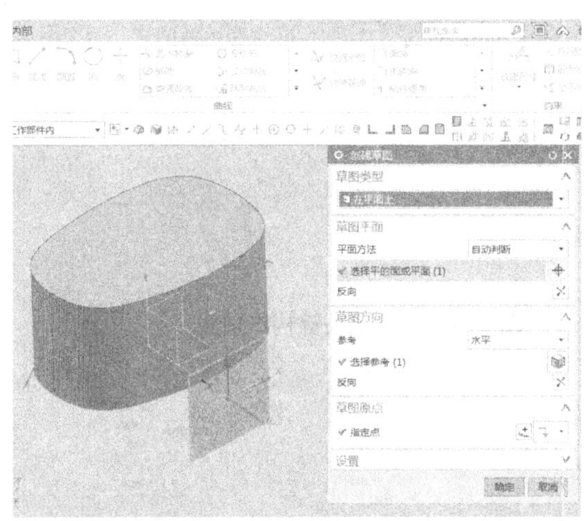

图 3-1-22　选择新基准面作为草绘平面

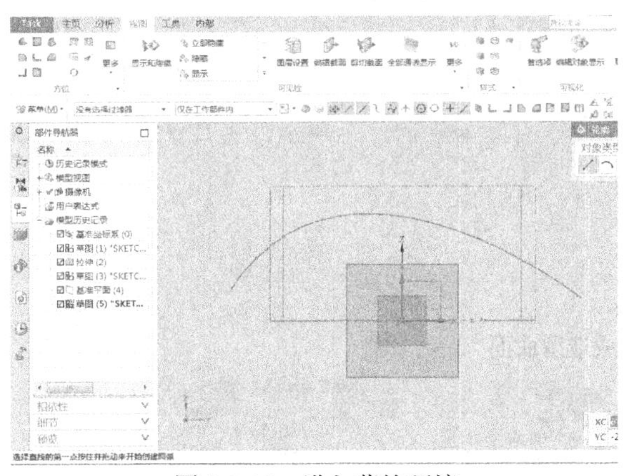

图 3-1-23　进入草绘环境

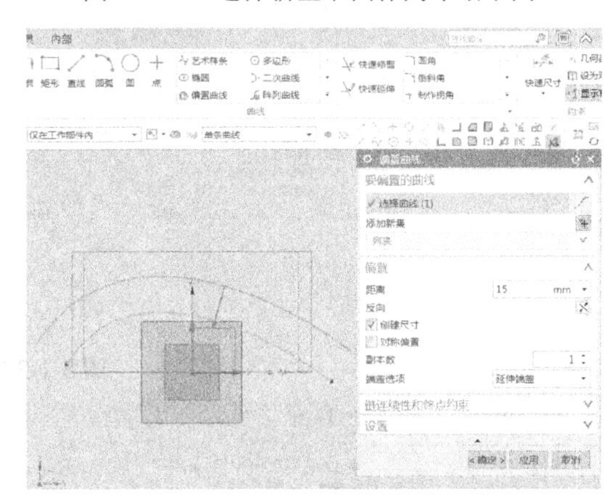

图 3-1-24　选择【偏置曲线】命令

选择【曲面】选项卡→【曲面】功能栏→【通过曲线组】命令，通过生成的 3 条曲线绘制一个曲面。弹出【通过曲线组】对话框，在【截面】选项内按顺序依次选中这 3 条曲线，中间一条只能作为第二选取对象，选中一条后单击【添加新集】再选择下一条，否则系统会将选择的多个对象当作一个对象处理，同时要注意所有曲线的方向要一致，单击【确认】后，生成造型曲面，如图 3-1-27 所示。

下面利用生成的曲面将拉伸实体的上半部分去除。选择【主页】选项卡→【特征】功能栏→【修剪体】命令，在对话框内【目标】选择拉伸实体，【工具】选择拉伸曲面，修剪方向朝上，将拉伸实体上半部分去除，如图 3-1-28 所示。修剪体完成后将曲面等其他对象隐藏只留实体，生成鼠标的雏形，如图 3-1-29 所示。

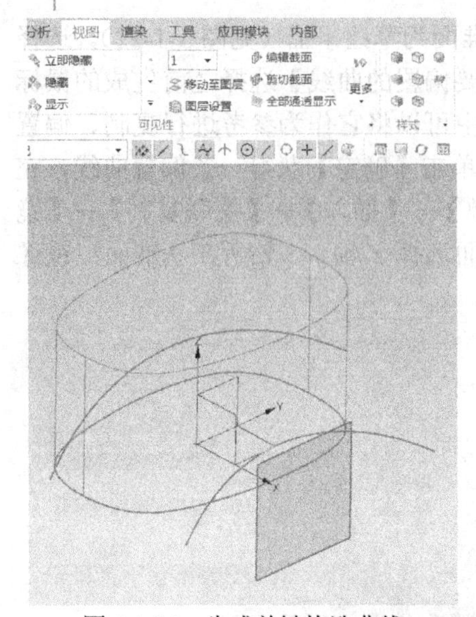

图 3-1-25　生成关键构造曲线

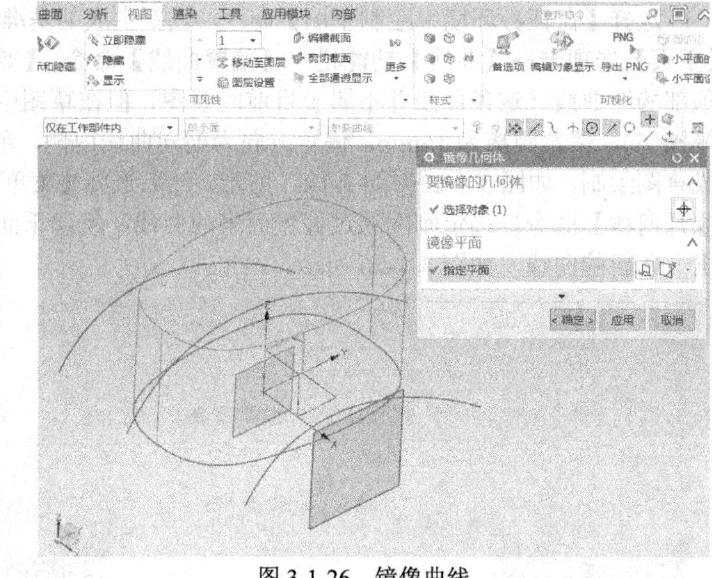

图 3-1-26　镜像曲线

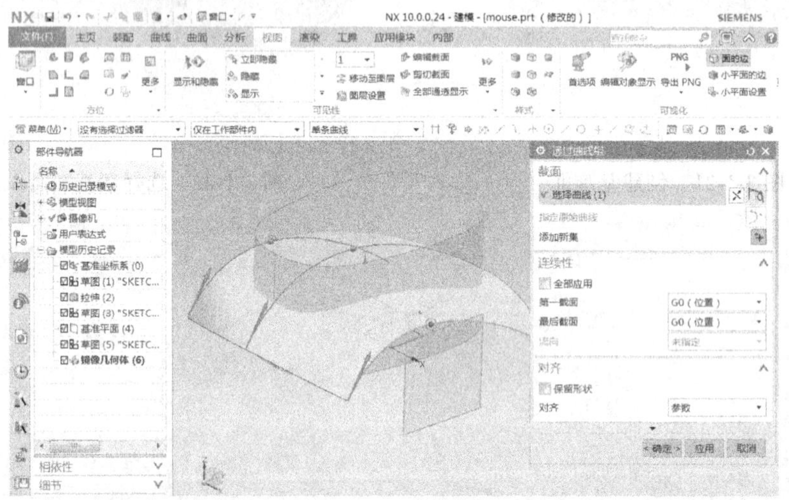

图 3-1-27　生成造型曲面

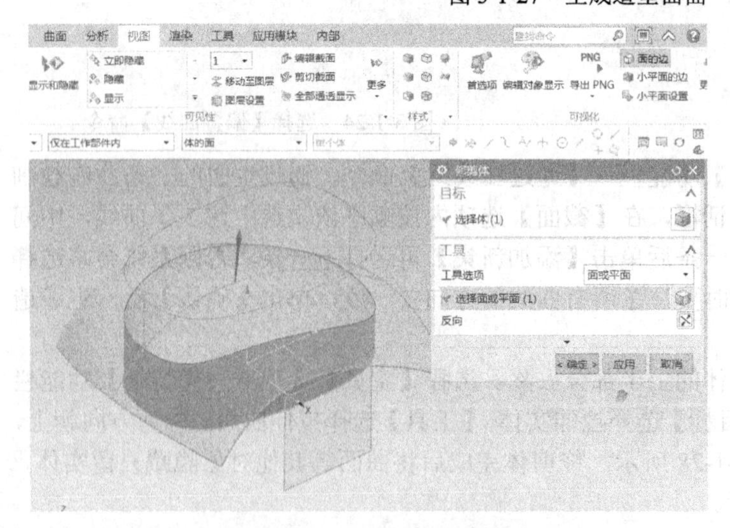

图 3-1-28　选择【修剪体】命令

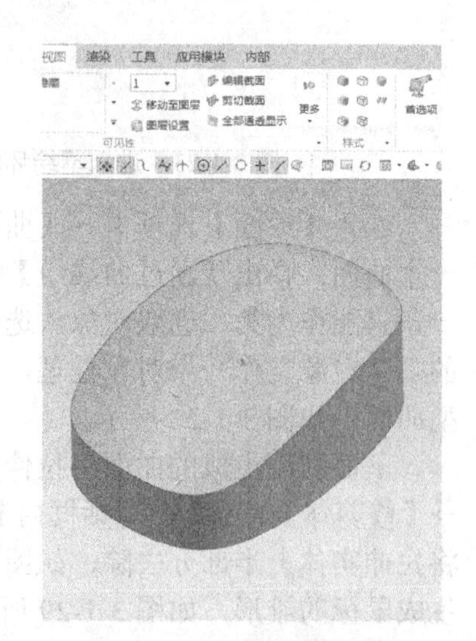

图 3-1-29　隐藏曲面

在【主页】选项卡的【特征功能】栏中选择【边倒圆】工具，对实体顶面边缘进行圆角化处理。需要注意的是，圆角的半径不是固定值，是有变化的，在鼠标前端圆角较小，后端圆角较大。在【边倒圆】对话框内【可变半径点】一栏里，【指定新的位置】选定鼠标前端上边缘的中点，半径值设为2mm（见图3-1-30），再点选后端中点，半径值设为10mm（见图3-1-31），生成鼠标基本造型，如图3-1-32所示。

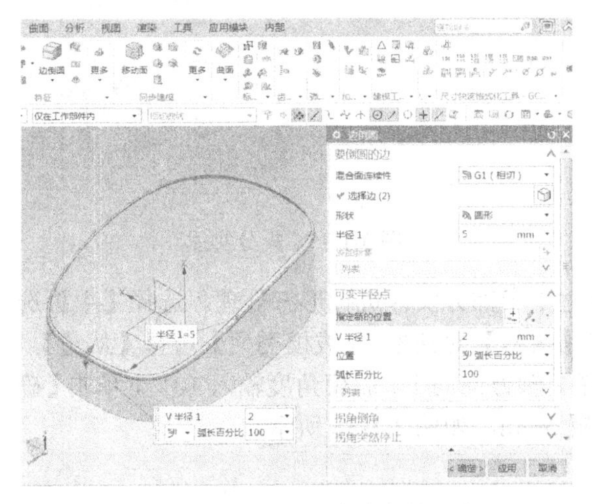

图3-1-30　前端上边缘中点半径值设为2mm

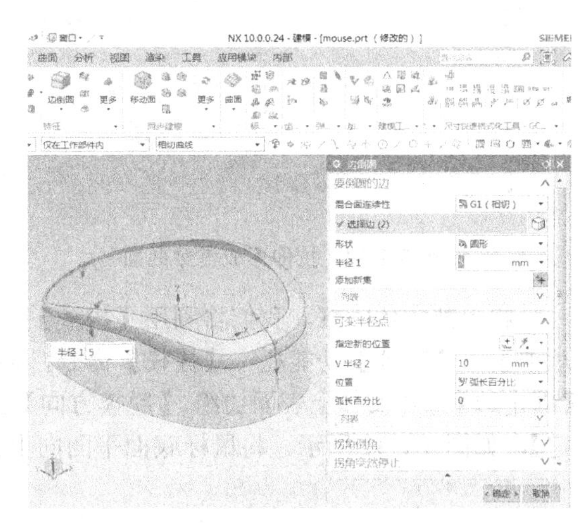

图3-1-31　后端上边缘中点半径值设为10mm

选择【菜单】→【插入】→【在任务环境中绘制草图】命令，选取*Y*轴、*Z*轴所在基准面作为绘图面，沿倒圆角后形成的构造曲线下方绘制一条曲率与之基本一致的艺术样条，注意曲线的两端要超出鼠标的两端，如图3-1-33所示。完成后利用拉伸工具生成一个拉伸曲面，将鼠标实体贯穿，如图3-1-34所示。

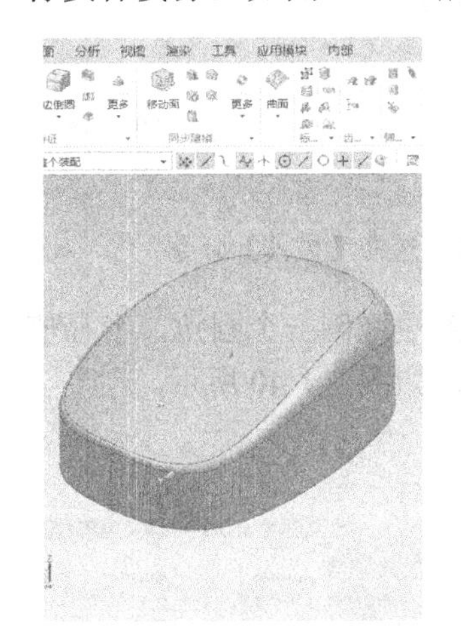

图3-1-32　生成鼠标基本造型

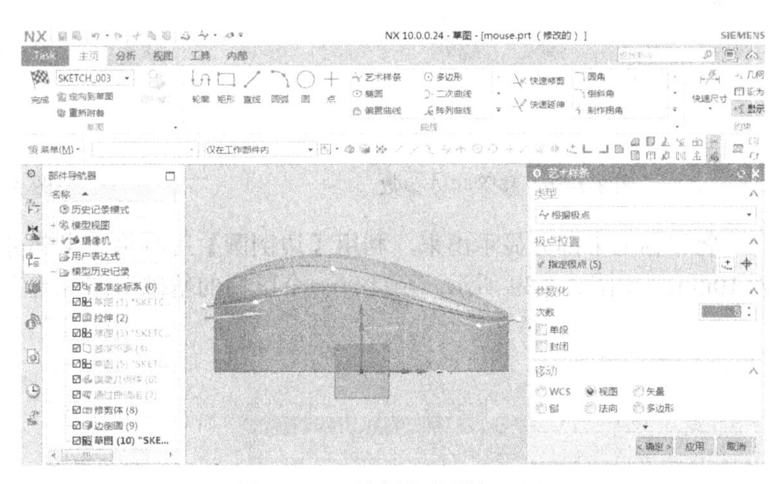

图3-1-33　绘制艺术样条

选择【主页】选项卡→【特征】功能栏→【修剪】→【拆分体】命令，将实体选中，【工具】选择之前生成的拉伸面，单击【确定】，这样实体就被拆分为上下两个了，如图3-1-35所示。此时可以选择【主页】选项卡→【编辑特征】功能栏→【移除参数】命令，将所有对象的参数移除，如图3-1-36所示。这样做的好处是：在造型基本确定，不会有大调整的情况下，去除特征操作间的关联，减少模型的复杂性，提升后续特征建模的成功率。

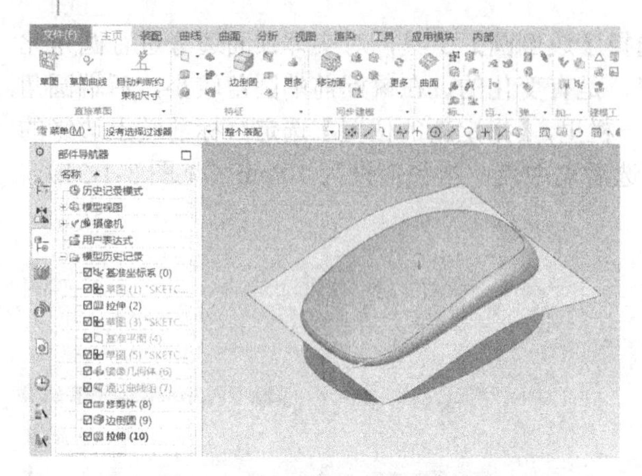

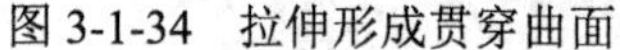

图 3-1-34　拉伸形成贯穿曲面

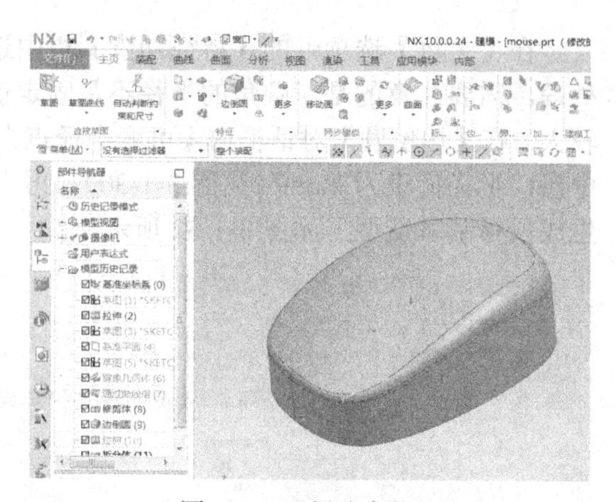

图 3-1-35　拆分实体

将上部实体隐藏，我们将利用【拔模】工具对下半部分实体进行形态处理。选择【主页选项卡】→【特征】功能栏→【拔模】命令，弹出【拔模】对话框，【拔模类型】选择【从边】，【固定边】选择实体上表面边缘，【脱模方向】选择 Z 轴方向向下，脱模角度输入 10°，单击【确定】，如图 3-1-37 所示。将鼠标底面平面向上偏置 5mm，如图 3-1-38 所示。

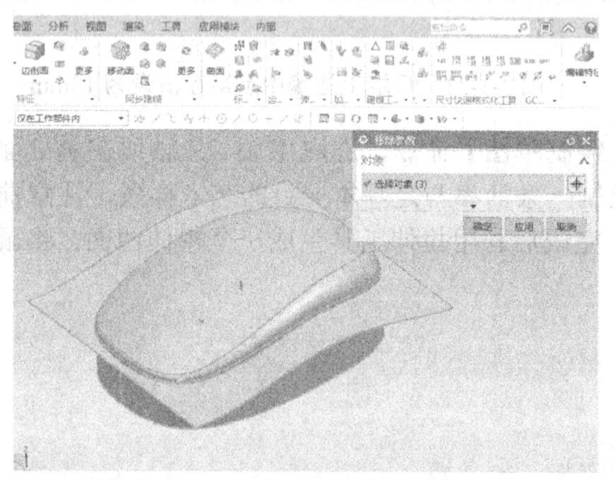

图 3-1-36　移除实体参数

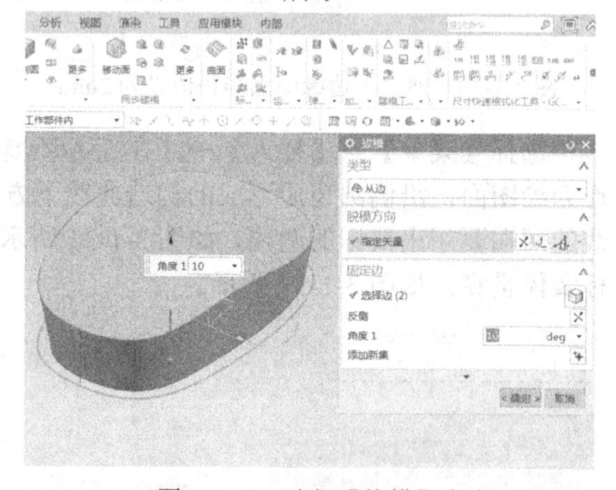

图 3-1-37　选择【拔模】命令

将鼠标上半部分显示出来，利用【边倒圆】工具将下半部分底部边缘倒一个圆角，半径值为 10mm，如图 3-1-39 所示。至此，一个鼠标的基础形态构建完成，如图 3-1-40 所示。

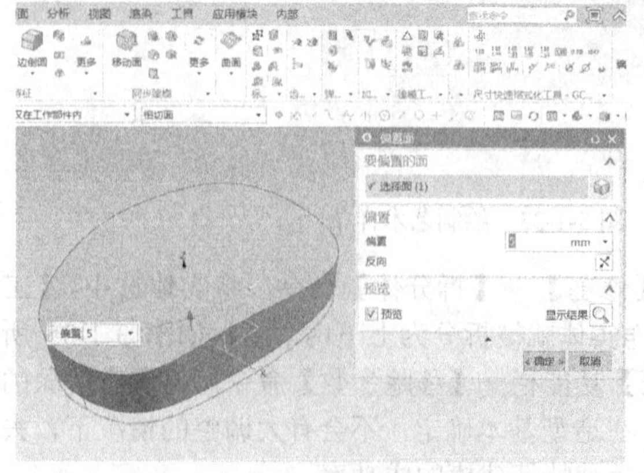

图 3-1-38　向上偏置鼠标底面

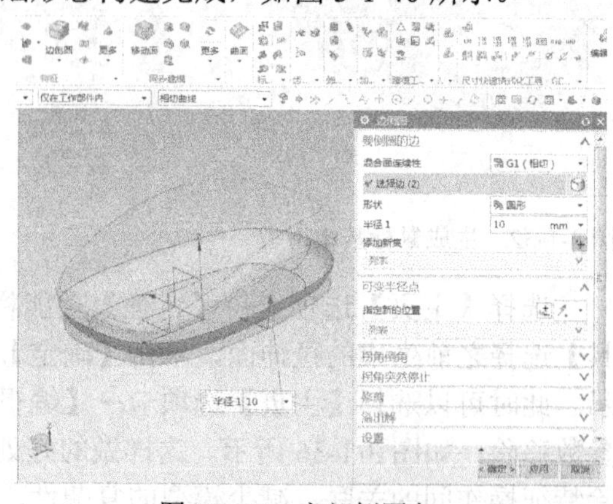

图 3-1-39　底部倒圆角

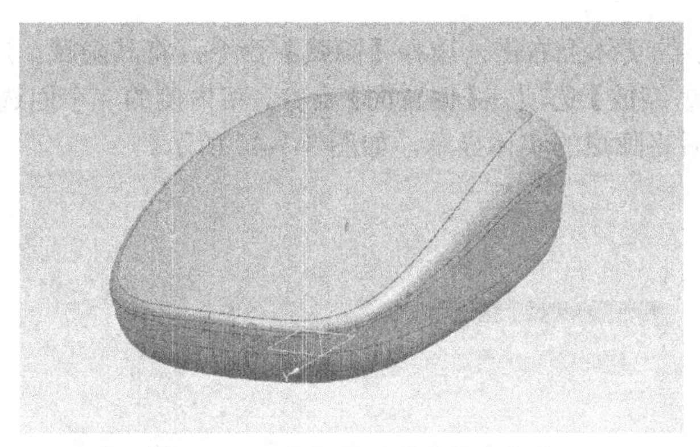

图 3-1-40　鼠标基础形态构建完成

3.1.3　鼠标基本形态的构建

以 X 轴、Y 轴所在基准面为绘图面，选择【在任务环境中绘制草图】命令，具体规格尺寸按图 3-1-41 调整到位。

完成草图后选择【拉伸】命令，使新生成的拉伸曲面将实体上半部分贯穿，如图 3-1-42 所示，选择【主页】选项卡→【特征】功能栏→【修剪】选项→【拆分体】命令，以刚刚拉伸出的曲面为工具，将实体上半部分拆分为两个部分（见图 3-1-43），然后使用【移除参数】命令将实体参数去除，结果如图 3-1-44 所示。

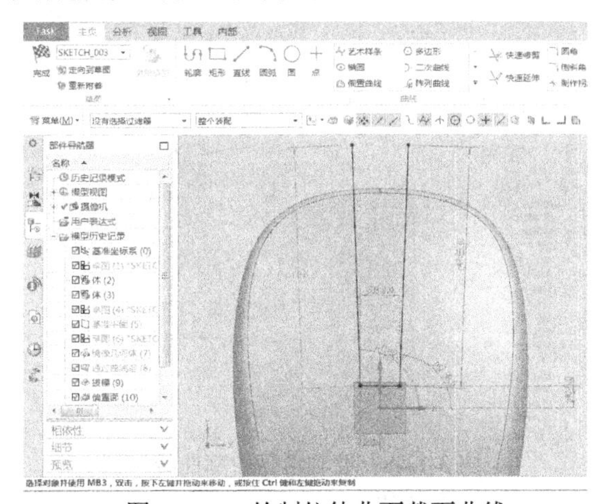

图 3-1-41　绘制拉伸曲面截面曲线

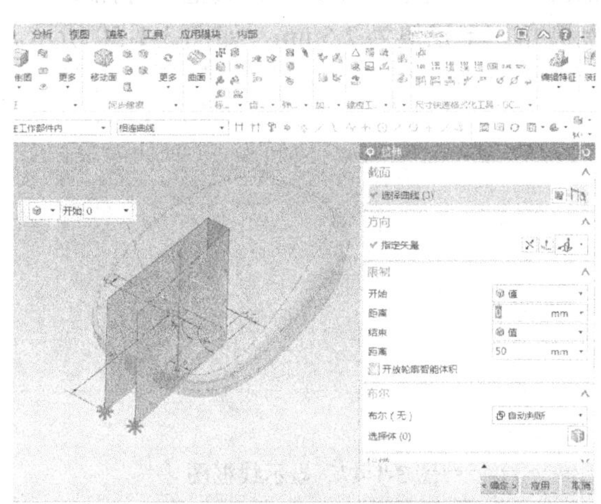

图 3-1-42　形成拉伸曲面

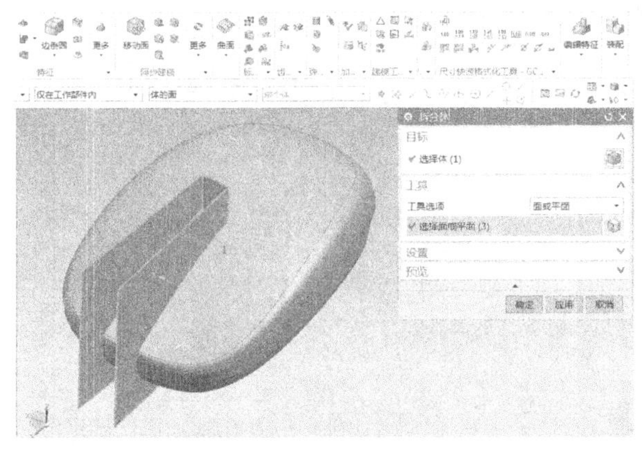

图 3-1-43　拆分实体上半部分

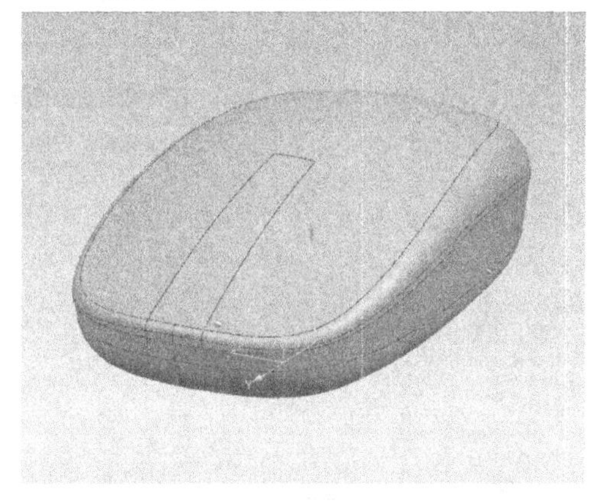

图 3-1-44　移除实体参数

在拆分出来的较小的实体上右击，选择【隐藏】命令，将其隐藏。选择【主页】选项卡→【特征】功能栏→【偏置/缩放】选项→【偏置面】命令，将内侧的3个面选中，向外偏置0.3mm，如图3-1-45所示，随后将隐藏的实体显示，如图3-1-46所示。

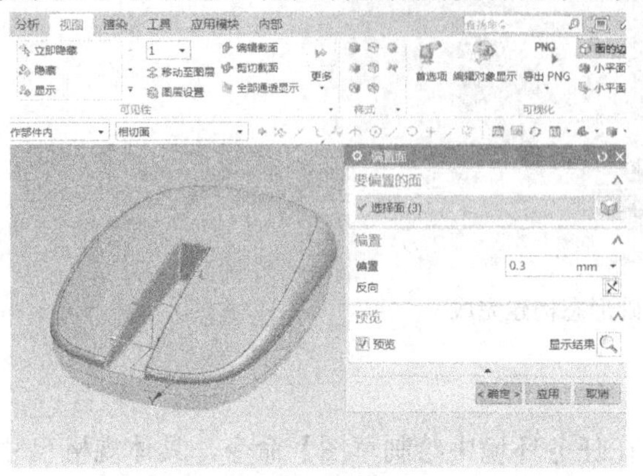

图3-1-45 偏置指定曲面

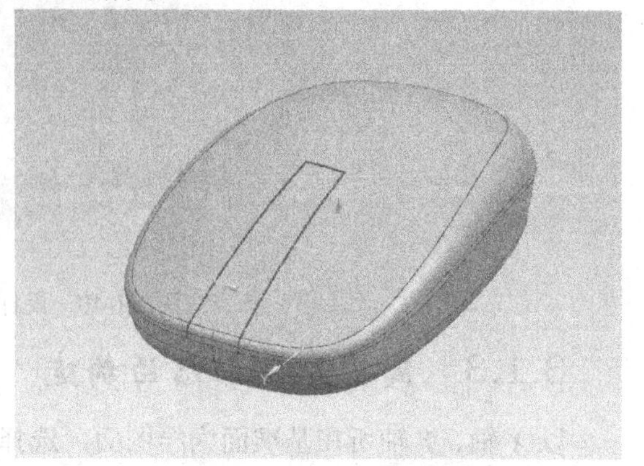

图3-1-46 显示隐藏的实体

将鼠标以线框图的形式显示（见图3-1-47），选择【在任务环境中绘制草图】命令，以*Y*轴、*Z*轴所在的基准面为绘图面，绘制一个直径为24mm的圆形，即滚轮轮廓曲线，具体位置如图3-1-48所示。草图完成后，通过【拉伸】命令将圆形拉伸，拉伸出滚轮厚度，厚度为6mm，如图3-1-49所示，完成后将其他实体隐藏，只保留刚刚完成的圆柱体，并将圆柱体（滚轮边）倒圆角，半径值为2.5mm，如图3-1-50所示。

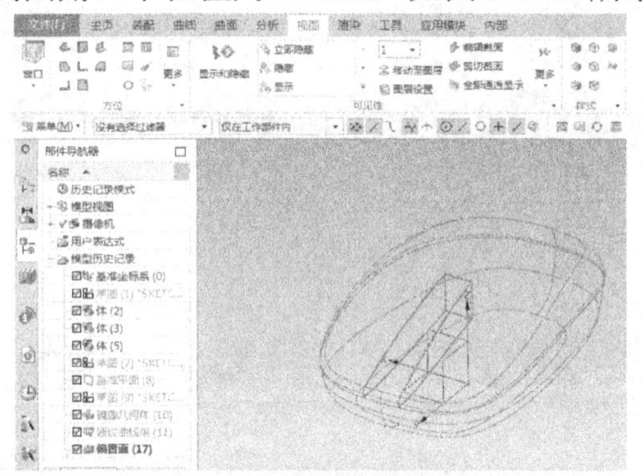

图3-1-47 显示线框图

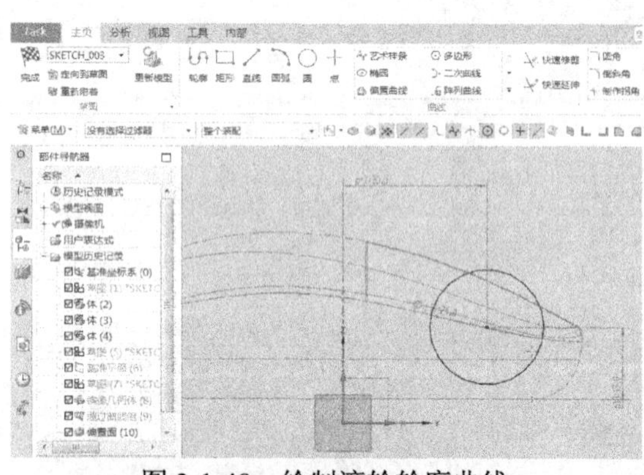

图3-1-48 绘制滚轮轮廓曲线

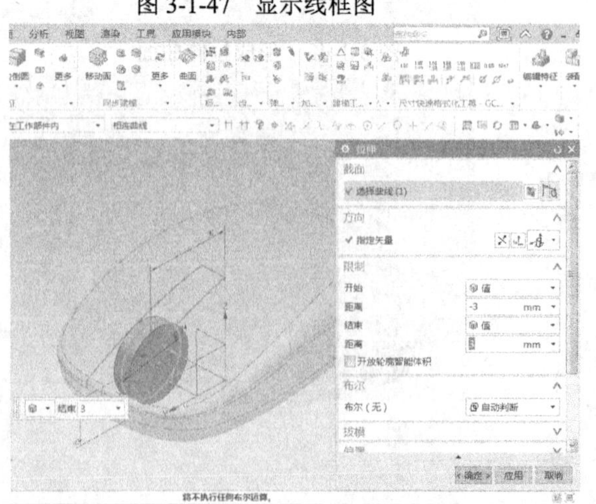

图3-1-49 拉伸出滚轮厚度

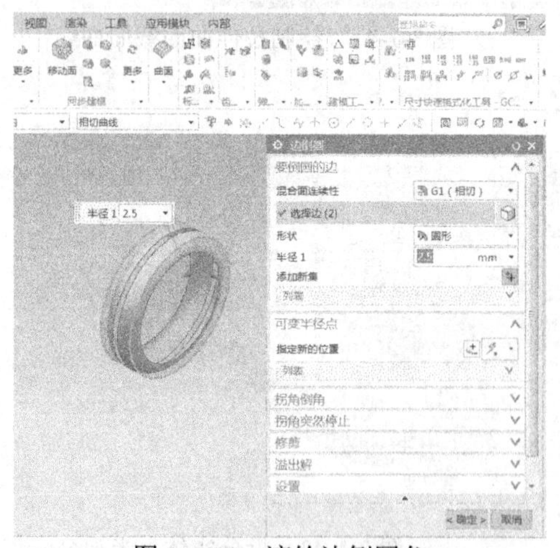

图3-1-50 滚轮边倒圆角

单击【拉伸】命令，选择滚轮任意一平面（见图 3-1-51），以它为基础在圆柱外轮廓的上方，以象限点为圆心（此处要将点捕捉里的象限点捕捉开启），绘制一个直径为 1.5mm 的圆形，如图 3-1-52 所示，完成后将圆形的拉伸数值改为 6mm，【布尔】选项选择【无】，形成圆柱体，如图 3-1-53 所示。

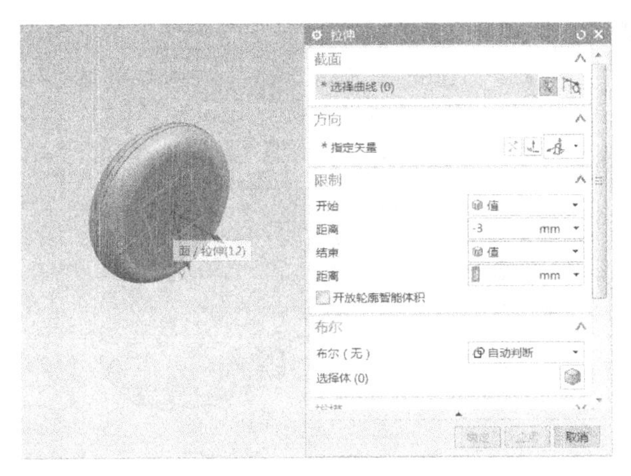

图 3-1-51　选择绘图平面

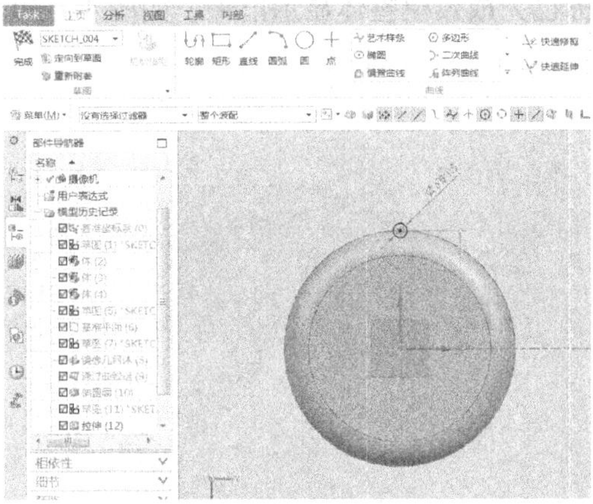

图 3-1-52　绘制圆形

选择【菜单】→【插入】→【关联复制】→【阵列几何特征】命令，阵列对象为刚刚生成的小圆柱体，阵列的布局为圆形，【指定矢量】选中大圆柱体的任意一个圆面，【指定点】选中圆面的圆心（需用到【捕捉】命令），数量输入 24，节距角为 15°，单击【确定】得到如图 3-1-54 的结果。

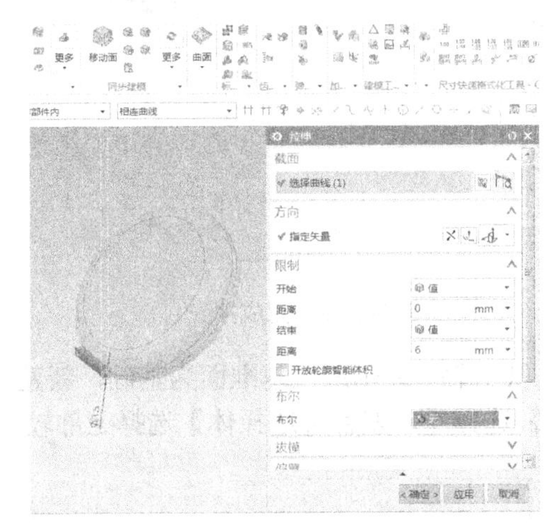

图 3-1-53　拉伸曲线形成圆柱体

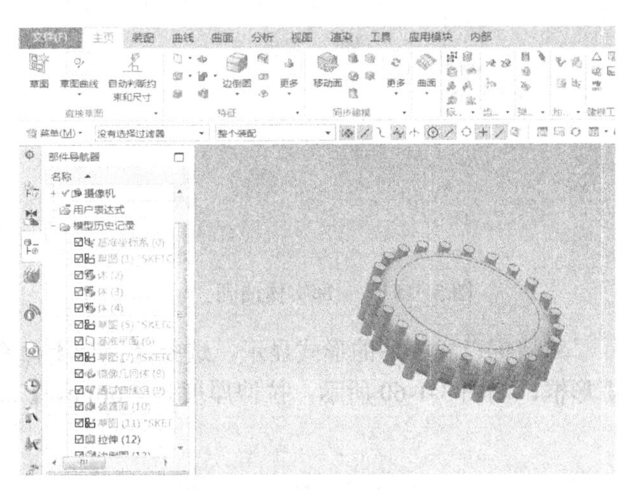

图 3-1-54　阵列圆柱体

选择【主页】选项卡→【特征】功能栏→【减去】命令（可能在合并命令的下拉列表里），【目标】选择大圆柱体，【工具】选择 24 个小圆柱体，形成滚轮上的条纹，如图 3-1-55 所示，再将条纹边缘赋予 0.5mm 半径的倒圆角，如图 3-1-56 所示，鼠标滚轮的绘制就完成了。

将鼠标实体的下半部分和滚轮隐藏，将上半部分的实体在视图中反转，将内侧露出。选择【主页】选项卡→【特征】功能栏→【抽壳】命令，选择较大实体的平面以及缺口处的 3 个内侧小平面，【厚度】输入 1.5mm，单击【确定】，将较小的实体也做同样的操作（见图 3-1-57），结果如图 3-1-58 所示。需要注意的是，【抽壳】命令的使用时机很重要，一般在产品造型的主体已经完成，细节模型尚未开始构建的时候使用。如果抽壳早了但后续还有需要抽壳的地方，由于在实体上薄壁已经部分形成，有可能造成抽壳命令无法使用。如果等到产品细节都丰富起来以后再抽壳，那么很可能因为细节造型或结构的厚度小于两倍壁厚而影响实体整体，导致抽壳失败。将隐藏的鼠标下部实体显示出来，在分型面上进行抽壳操作，厚度为 1.5mm，然后将鼠标已完成数模整体显示出来，如图 3-1-59 所示。

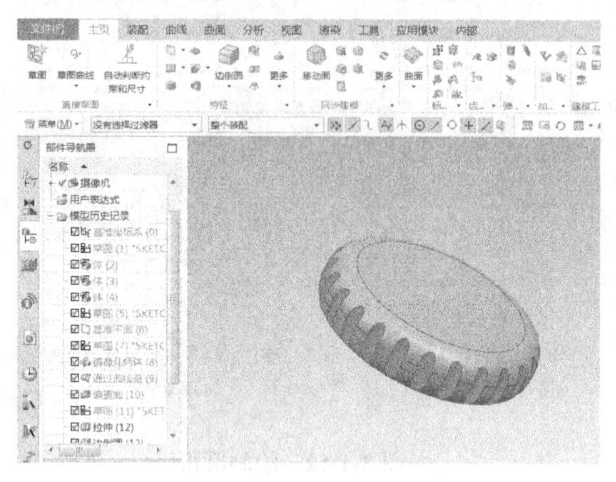

图 3-1-55　形成滚轮条纹

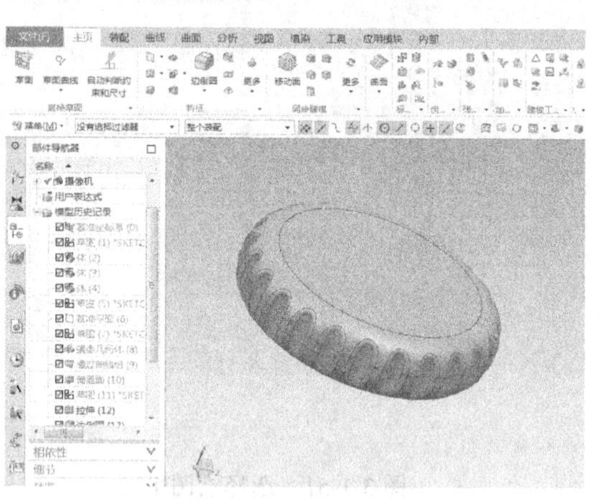

图 3-1-56　对条纹边缘进行倒圆角

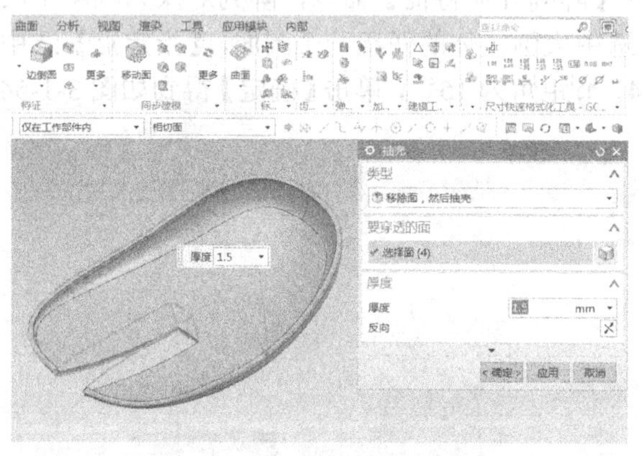

图 3-1-57　上部实体抽壳

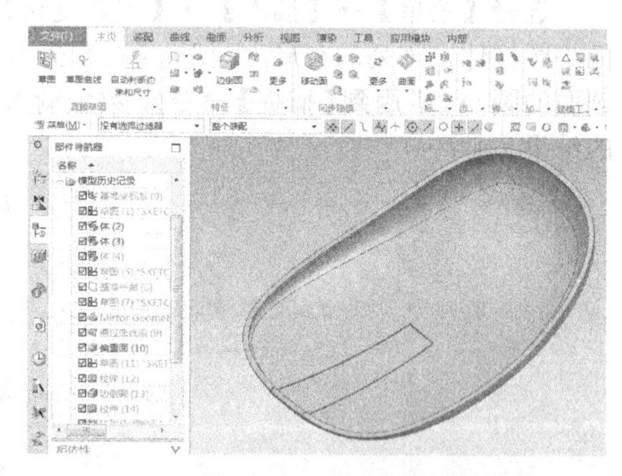

图 3-1-58　完成抽壳

将鼠标以线框图的形式显示，选择【拉伸】命令，以 Y 轴、Z 轴所在基准面为基础，新建矩形框，如图 3-1-60 所示，拉伸厚度为 6.6mm，【布尔】选择【求差】，【选择体】选择上部较

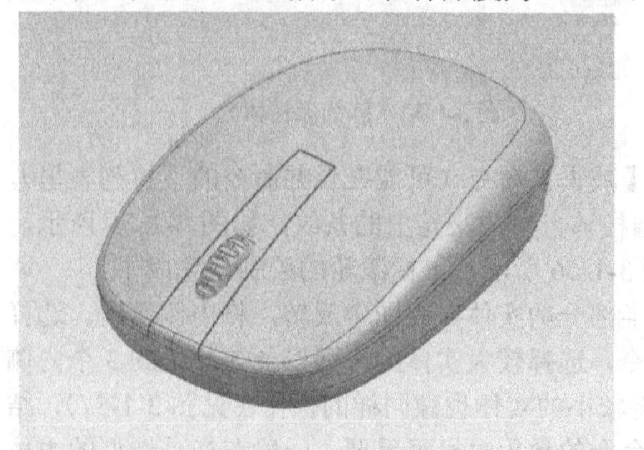

图 3-1-59　将下部实体显示出并在分型面上进行抽壳

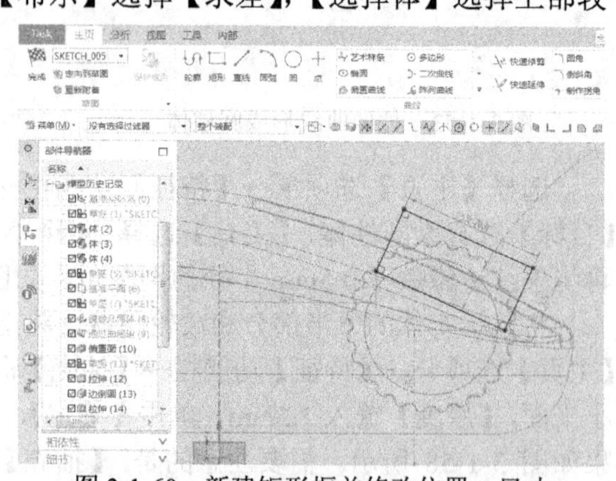

图 3-1-60　新建矩形框并修改位置、尺寸

小实体（见图 3-1-61），单击【确定】。对形成的方孔 4 个角进行倒圆角处理，半径设为 2.5mm，如图 3-1-62 所示，完成后在孔顶部倒一个圆角，输入值为 0.5mm，如图 3-1-63 所示。至此，一个简单而经典的鼠标基本形态就构建完成了，如图 3-1-64 所示。

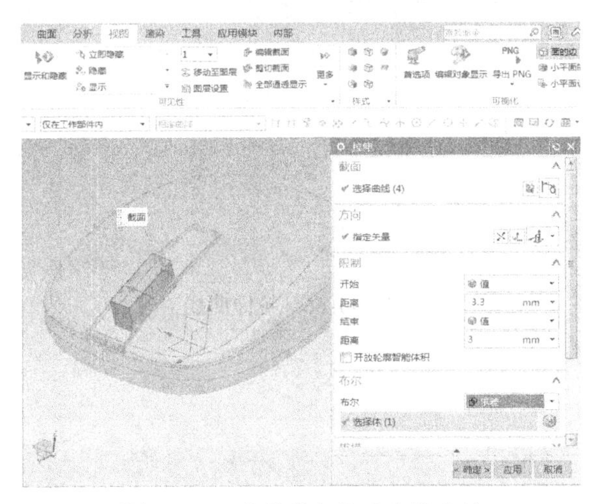

图 3-1-61　拉伸并与较小实体求差

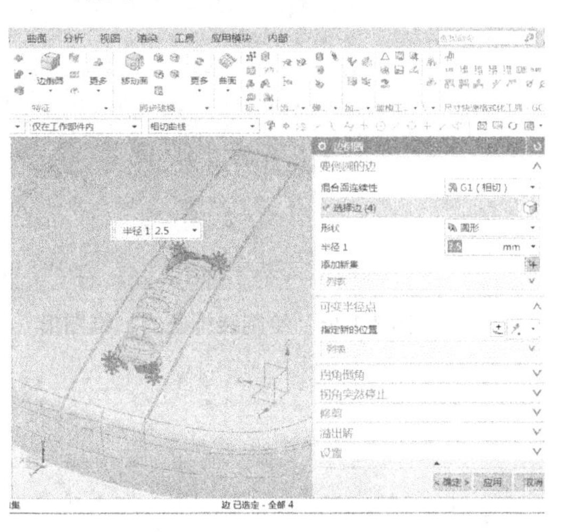

图 3-1-62　方孔 4 个角倒圆角

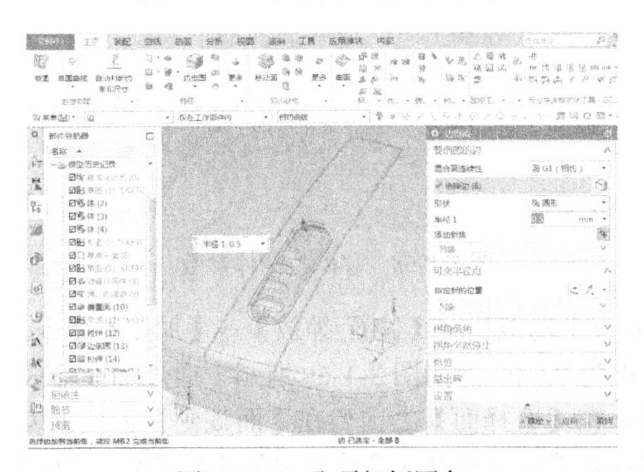

图 3-1-63　孔顶部倒圆角

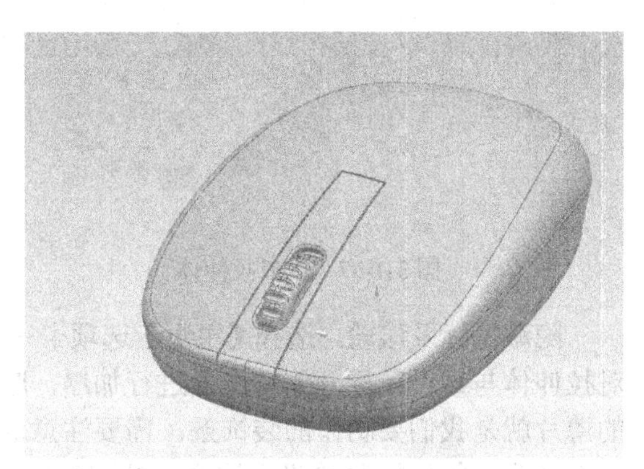

图 3-1-64　鼠标基本形态构建完成

3.1.4　鼠标造型细节的构建

下面进行产品部分细节的构建，首先构建鼠标下部两侧的装饰条。产品装饰条通常作为独立零件存在，一般以粘贴、卡接或螺丝连接的方式固定在产品主体上，这种方式相对于丝网印刷、遮喷油漆等表面处理的方式来说，无论在工艺难度方面还是在品控方面都具有很大的优势，尤其在产品数量比较多的情况下。

选择【显示隐藏对象】，将之前为绘制鼠标顶部曲面而生成的基准面调出，选择【拉伸】命令，以此基准面为基础，按图 3-1-65 的样式绘制装饰条的二维图形。

完成后，在【拉伸】对话框中，将拉伸方向指向鼠标，【限制】选项中开始距离设为 0mm，在【结束】选项下拉列表中选择【直至延伸部分】，【选择对象】为鼠标下壳体的侧面，单击【确定】，生成一个紧贴鼠标侧壁的拉伸体，如图 3-1-66、图 3-1-67 所示，选择【移除参数】命令将其参数移除，如图 3-1-68 所示。

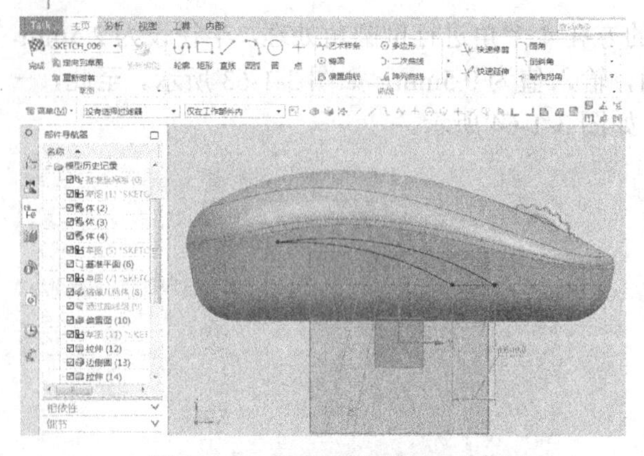

图 3-1-65　绘制装饰条的二维图形

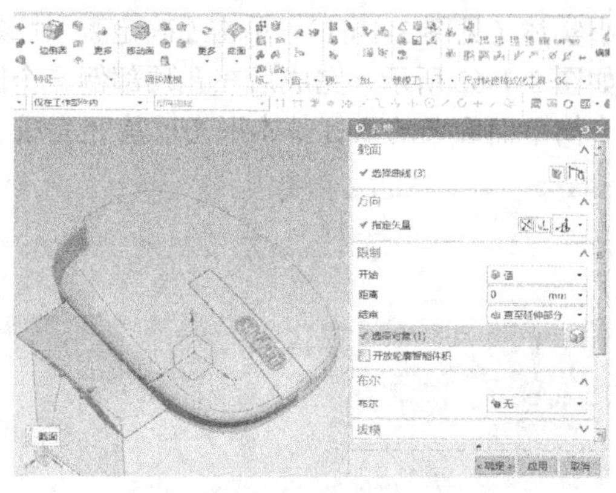

图 3-1-66　拉伸曲线

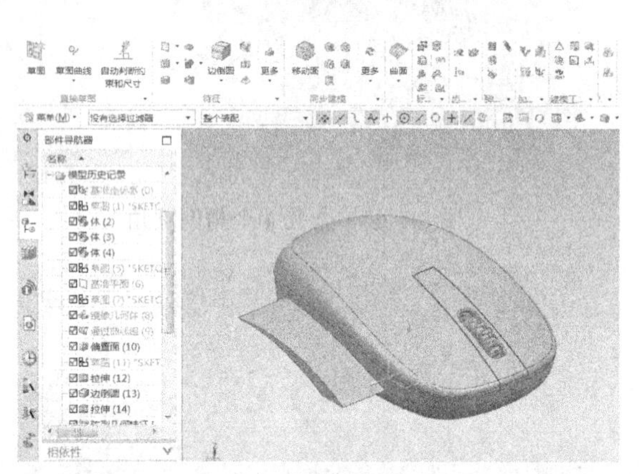

图 3-1-67　生成拉伸体

图 3-1-68　移除拉伸体参数

隐藏鼠标及滚轮，选择【主页】选项卡→【特征】功能栏→【偏置/缩放】→【加厚】命令，对拉伸体与靠近鼠标一侧的表面进行加厚，厚度设为 0.5mm，如图 3-1-69 所示，通过加厚形成的薄片就是我们要制作的装饰条。需要注意的是，在【选择面】之前要在【面规则】下拉列表中选择【单个面】，如果没有这个下拉列表框，请在功能区下拉菜单【选择组】里勾选【面规则】选项，将其调出，顺便将【曲线规则】、【体规则】一并勾选，如图 3-1-70 所示。

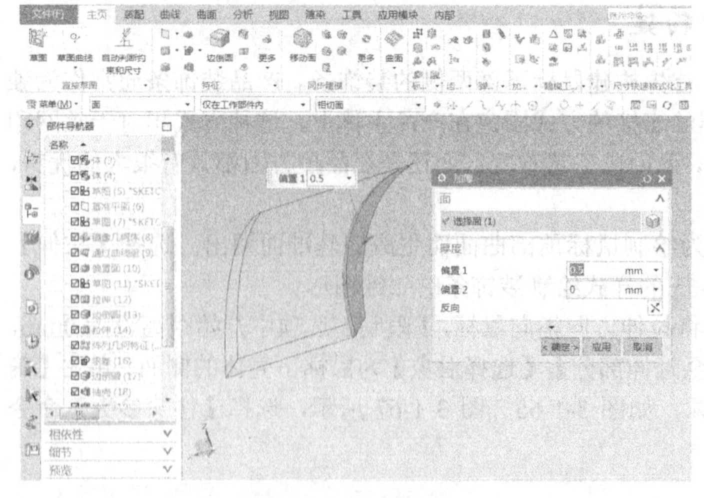

图 3-1-69　加厚曲面

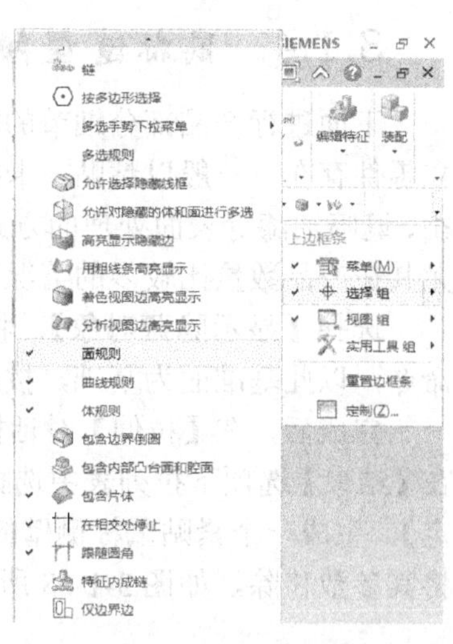

图 3-1-70　调出【面规则】选项

选择【镜像几何体】命令将生成的实体装饰条以 *Y* 轴、*Z* 轴所在面为中心进行镜像，如图 3-1-71 所示，随后将隐藏的实体全部调出。选择【主页】选项卡→【特征】功能栏→【布尔】→【减去】命令，【目标】选择鼠标下壳体，【工具】选择两个装饰条，勾选【保存工具】选项，如图 3-1-72 所示，这样即使保留工具，目标体依然会被除去相应的部分，装饰条构建完成，如图 3-1-73 所示。

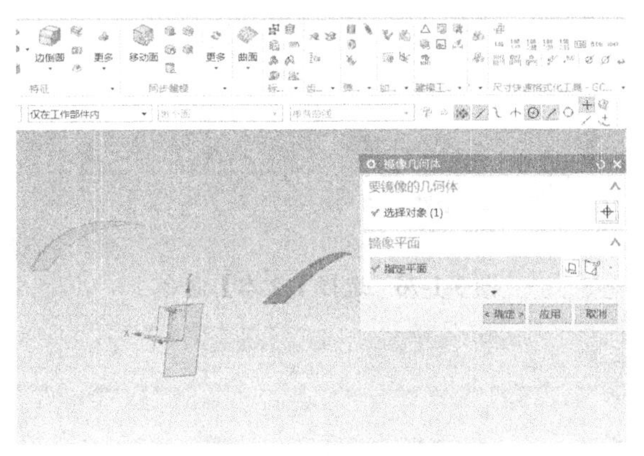

图 3-1-71　镜像加厚体

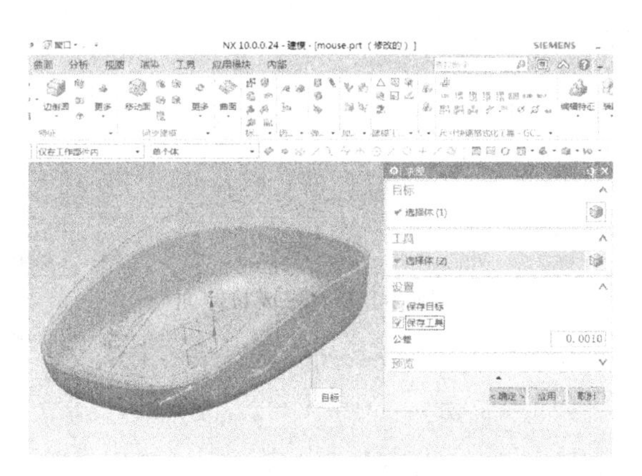

图 3-1-72　加厚体与下壳体求差

最后，在鼠标上增加一些文字标签。选择【拉伸】命令，进入 *Y* 轴、*Z* 轴所在基准面，绘制一条直线，尺寸、位置如图 3-1-74 所示，完成后拉伸尺寸为 8mm，注意起始位置，生成一个拉伸面（见图 3-1-75）。

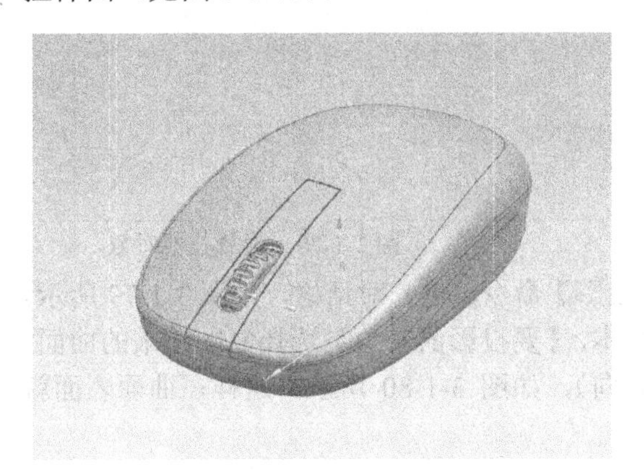

图 3-1-73　装饰条构建完成

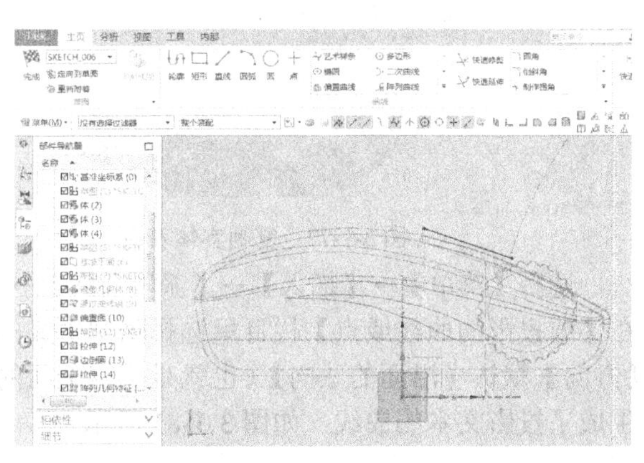

图 3-1-74　绘制直线

选择【菜单】→【插入】→【曲线】→【文本】命令，弹出【文本】对话框，【文本放置面】选择刚生成的拉伸面，【放置方法】选择【面上的曲线】，并选择拉伸面任意一长边，【文本属性】里的文本内容输入 Inreal，通过黄色的位置和大小调节操纵器将文本大小和位置调整好，单击【确定】完成文本创建，如图 3-1-76 所示。

将拉伸面选中并隐藏，如果发现有文本干扰不易选中的话，就将光标停留在面上一会，十字光标的右下方会显示 3 个小点，再次单击会弹出光标附近所有的对象，包括被遮挡住的对象，这个功能是很有用的。接下来选择【菜单】→【插入】→【关联复制】→【抽取几何特征】命令，如图 3-1-77 所示，将文本下的实体上表面选中，单击【确定】，复制一个面，然后将其他对象，除文本外全部隐藏，如图 3-1-78 所示。

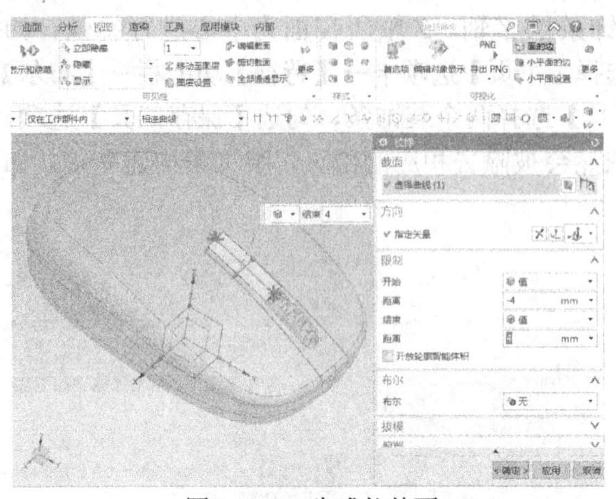

图 3-1-75 生成拉伸面

图 3-1-76 选择【文本】命令

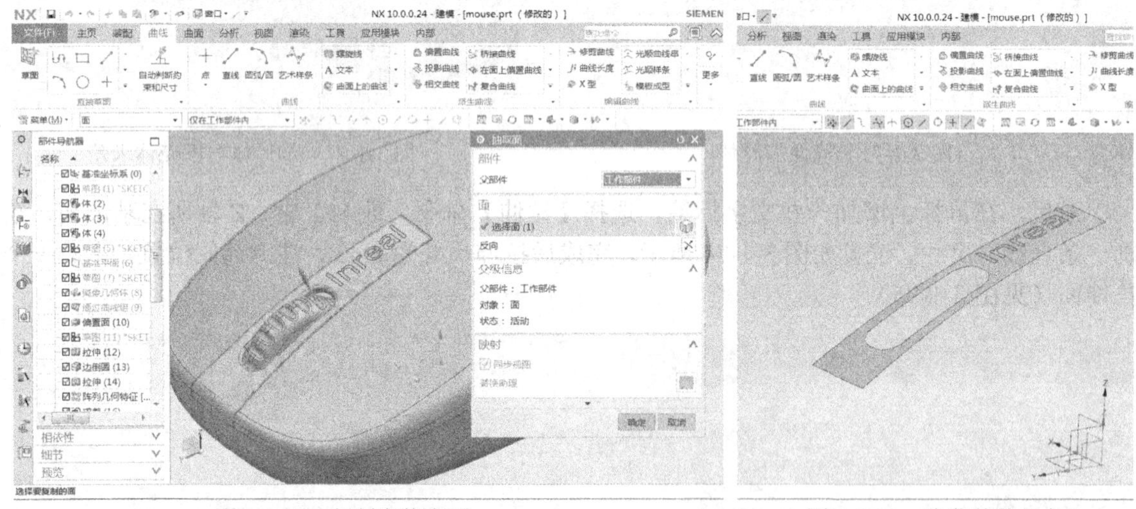

图 3-1-77 复制实体表面

图 3-1-78 隐藏其他对象

选择【菜单】→【插入】→【派生曲线】→【投影】命令，进入对话框，如图 3-1-79 所示。在【要投影的曲线或点】栏目里选择刚才生成的文本，【要投影的对象】选择复制出来的曲面，【方向】默认【沿面的法向】(也就是垂直于面的方向)，如图 3-1-80 所示，这样在曲面表面就生成了投影文本的曲线，如图 3-1-81 所示。

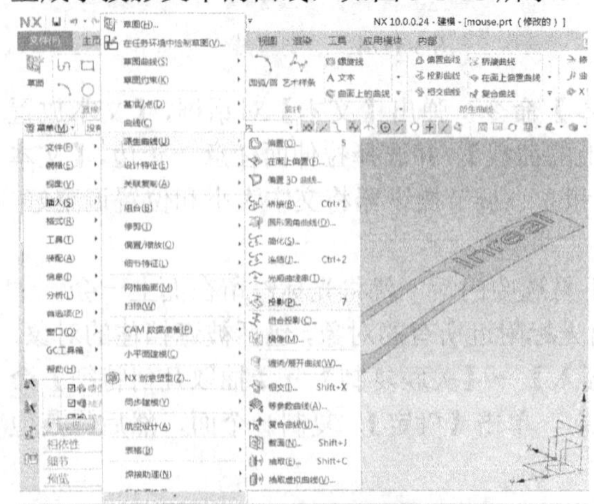

图 3-1-79 选择【投影】命令

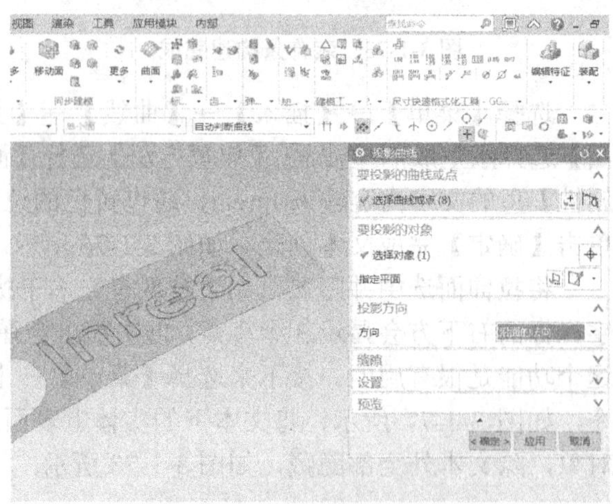

图 3-1-80 设置投影参数

投影在曲面上的文本图案，本质上是曲线组，利用它们可以将曲面进行修剪，只保留文字面。选择【主页】选项卡→【特征】功能栏→【修剪】→【修剪片体】命令，弹出对话框，【目标】选择曲面，【边界】选择所有文本曲线，【投影方向】选择【垂直于面】，【区域】选择要去掉的 3 个面（包括文字框以外的面和 a、e 里被封闭的小面），选择【放弃】，单击【确定】，生成文字曲面片体，如图 3-1-82、图 3-1-83 所示。

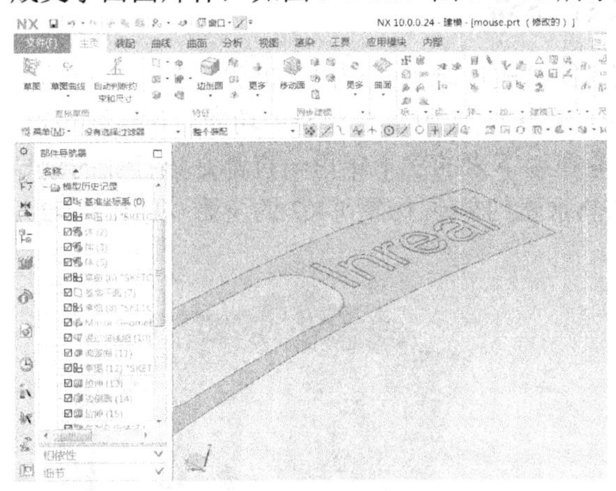

图 3-1-81　生成投影文本曲线

图 3-1-82　修剪片体

选择【菜单】→【插入】→【偏置/缩放】→【加厚】命令，分别将每个字母片体向上加厚 0.2mm，如图 3-1-84 所示。显示鼠标所有部件，通过合并工具将刚刚生成的文字实体与其基底合并，至此一个经典鼠标造型的数模构建就完成了，如图 3-1-85 所示。

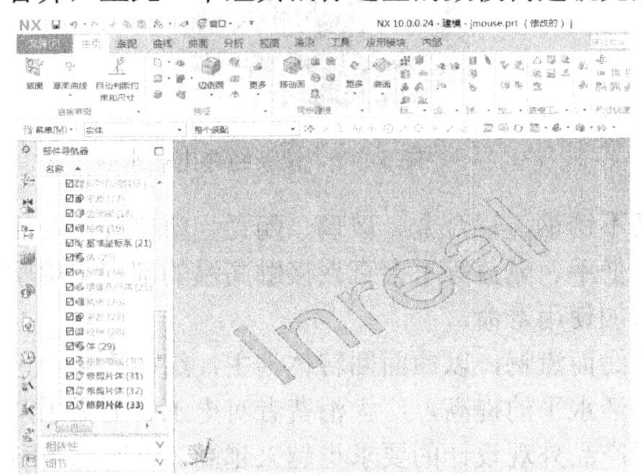

图 3-1-83　保留文字曲面

图 3-1-84　加厚文字曲面

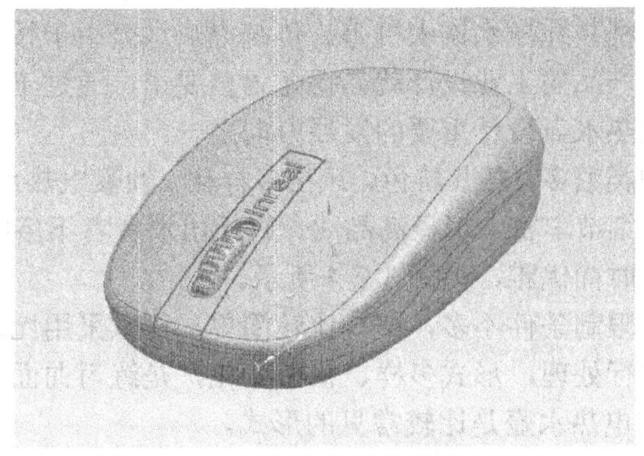

图 3-1-85　鼠标造型的数模构建完成

3.2 电热水壶造型建模

3.2.1 电热水壶的发展与造型设计分析

1955 年 Russell Hobbs（领豪）的创始人比利·罗素成功研发并推出了世界上第一款自动电热水壶 K1。1960 年，K2 电热水壶随即问世（见图 3-2-1），使用了自动断电功能，并持续热卖，时尚而系列化的设计和先进技术的应用，使得领豪在接下来的三十年里一直都是该行业的领导者，虽然六十多年过去了，依然能够从现代家用电热水壶的外观上看到 K2 的身影（见图 3-2-2）。

图 3-2-1 领豪 K2 电热水壶

图 3-2-2 领豪经典电热水壶

在材料工艺方面，电热水壶的制作材质包括不锈钢、铝合金、玻璃、陶瓷、塑料等，一般采用金属制作壶身等需直接与高温接触的部件，把手、壶盖等不会直接接触高温的部件采用塑料制作，这样既能节约成本、减轻重量，也能增加使用寿命。

在产品造型设计方面，电热水壶通常造型简约而流畅，以曲面回转体为主，结构简单，色彩简洁、明快，多由两种色彩进行搭配。随着生活水平的提高，广大消费者对电水壶的需求从简单的加热功能逐渐向功能细化的方向发展，对产品外观设计的要求也越来越高。同时随着科技水平的不断提升，电热水壶的种类也不断增多，各种电热水壶的替代品也层出不穷，即热式饮水机、过滤式饮水机、桶装纯净水饮水机等。传统电热水壶由于技术门槛低，市场竞争异常激烈，在这样的情况下，产品的工业设计就显得尤为重要了，通过工业设计提升产品的品质感进而提升其附加价值是电热水壶设计重要的发展方向之一。

市场上的电热水壶种类繁多，各具特色，风格多样化。领豪电热水壶采用经典的银黑配色，简单时尚。象印电热水壶细节丰富，彰显高品质，衬托出消费者不俗的品位，如图 3-2-3 所示。米家电热水壶造型极简，时尚优雅，如图 3-2-4 所示。

电热水壶的造型设计限制条件不多，结构比较简单，可以采用比较规则的几何形态，也可以采用相对复杂的曲面进行处理，形式多样、富于变化，是练习曲面建模非常适合的对象，如图 3-2-5、图 3-2-6 所示的电热水壶是比较常见的形式。

图 3-2-3　象印电热水壶

图 3-2-4　米家电热水壶

图 3-2-5　经典电热水壶 1

图 3-2-6　经典电热水壶 2

3.2.2　电热水壶基础形态的构建

将手绘得到的电热水壶三视图草图作为建模的参考图，当然参考图也可以用电脑绘制，如图 3-2-7 所示。

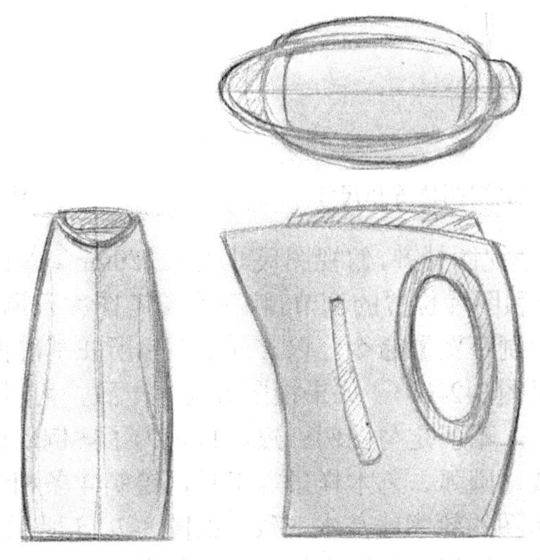

图 3-2-7　电脑绘制的参考草图

新建一个名为kettle的文件。选择【菜单】→【插入】→【基准/点】→【光栅图像】命令，如图3-2-8所示，弹出对话框，【目标对象】里【指定平面】选择X轴、Z轴所在基准面，通过文件路径找到事先绘制的参考图——水壶侧视图并导入，通过黄色的操纵器将图片进行旋转并调节位置和尺寸，如图3-2-9所示，尺寸设为宽220mm，高240mm，且Y轴基本处于参考图的中心对称位置，完成后如图3-2-10、图3-2-11所示。

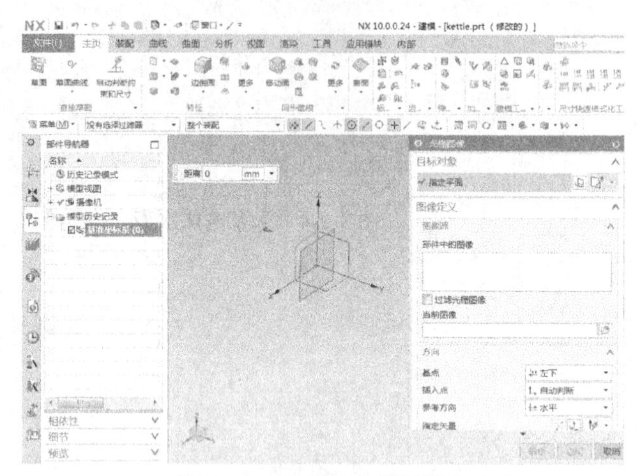

图3-2-8　选择【光栅图像】命令

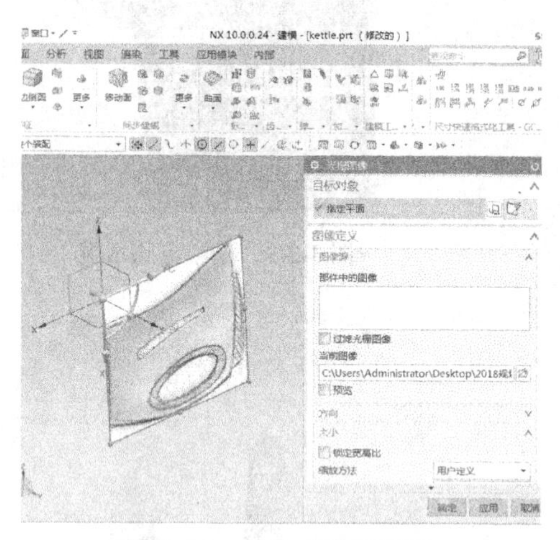

图3-2-9　导入水壶侧视图

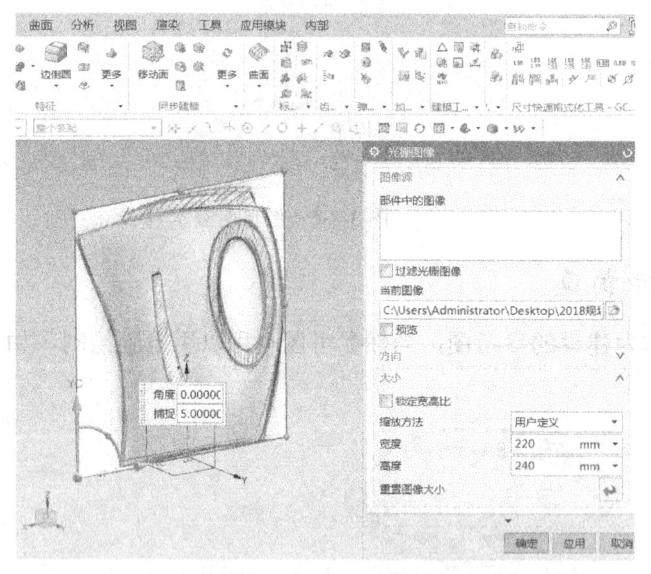

图3-2-10　调节侧视图位置和尺寸

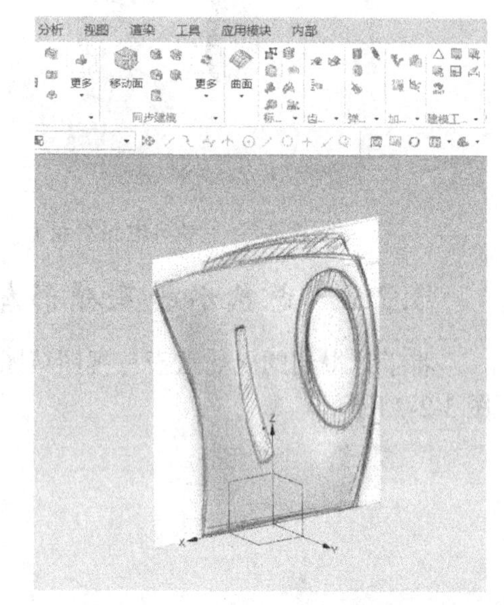

图3-2-11　完成侧视图的创建

用同样的方式，把另两个视图补齐，俯视图尺寸为长220mm，宽110mm，正视图为高240mm，宽110mm。通过视图的切换和图片位置的调节，将三张参考图大致调成如图3-2-12所示的形式。

选择【在任务环境中绘制草图】命令，以X轴、Z轴所在基准面为绘图面（见图3-2-13），方向调节至与图例一致（见图3-2-14），如果视图方向不一致，可以在草图栏内选择重新附着，直至一致（该操作只是参考，不一定与图例一致，只是为了案例表达更加直观）。

根据参考图，利用直线、圆弧、艺术样条等工具，绘制4条相连的曲线，其中最下方的直线与X轴共线，其余与参考图的轮廓线基本一致，如图3-2-15所示。需要注意的是，用【艺术样条】绘制曲线时，控制曲线的极点数越少越好，若数量超出实际需要，则将来可能会影响曲线构建曲面时曲面的光顺度。

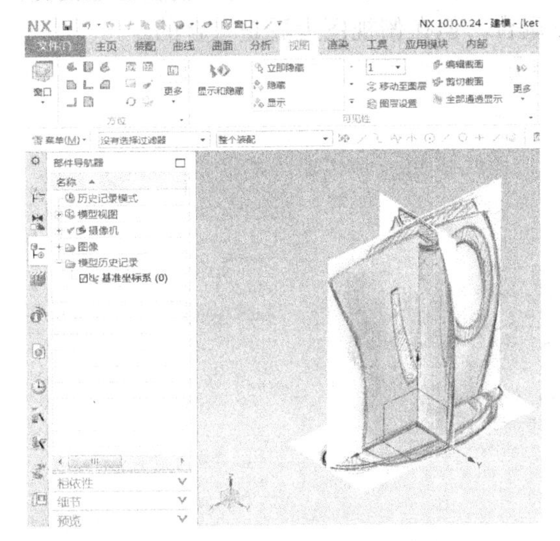

图 3-2-12　完成三个视图的导入

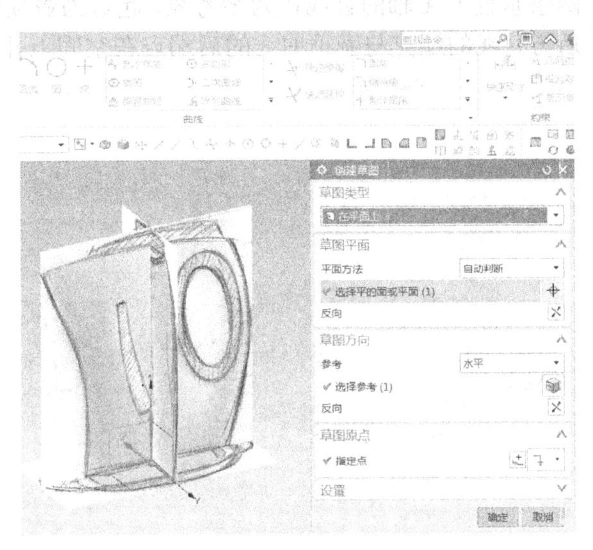

图 3-2-13　选择基准面绘制草图

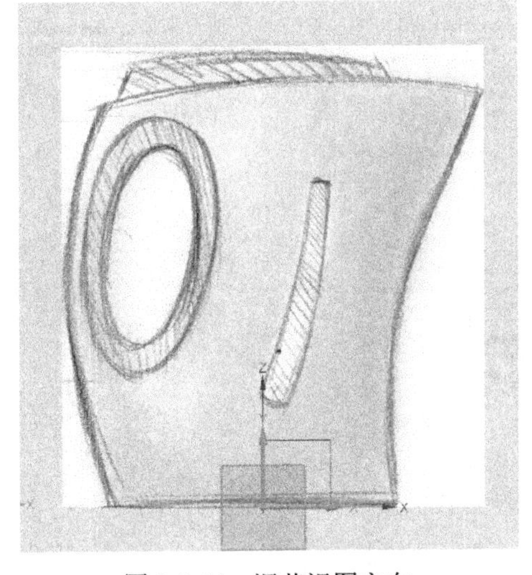

图 3-2-14　调节视图方向

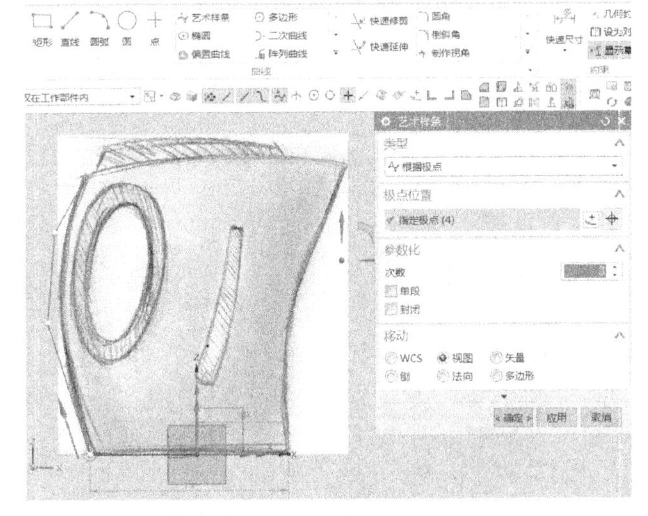

图 3-2-15　绘制轮廓曲线

将侧视、正视参考图隐藏，选择【在任务环境中绘制草图】命令，以 X 轴、Y 轴所在基准面为绘图面，绘制壶底边轮廓线。以壶底直线的两端为起点，使用直线工具绘制两条竖直线（见图 3-2-16），如果视线有遮挡，可以按住鼠标中键旋转视图，在三维视图上绘制操作，完成后选择【定向到草图】，回到俯视图状态。

选择【艺术样条】命令，将垂直于 X 轴的这两条直线连接起来，收尾均要 G1 连续，弧形的轮廓要比俯视图的轮廓略小一些，因为真正的底边并未绘出，现在的俯视极限轮廓是壶体的轮廓，如图 3-2-17 所示。

完成后调出侧视参考图，准备绘制壶顶的轮廓线。与壶底轮廓二维曲线不同，壶顶的曲线是空间曲线，具有三维特征，虽然无法精确地直接绘制，但可以利用【组合投影】命令，绘制空间曲线在不同视图上表现出来的准确形态，经过软件计算，自动生成其准确的空间形态。为了观察得更清楚，新建一个基准面，与 X 轴、Y 轴所在基准面平行，并通过壶嘴的顶点，如图 3-2-18 所示，该基准面用于绘制壶顶部俯视的轮廓线。与绘制壶底轮廓一样，需要先绘制

两条垂直于 X 轴的直线作为参考线，起点为壶顶曲线的两端，如图 3-2-19 所示。需要注意的是，后方直线的端点与壶顶曲线的后端点在空间上并不重合，但在俯视图上看是重合的。

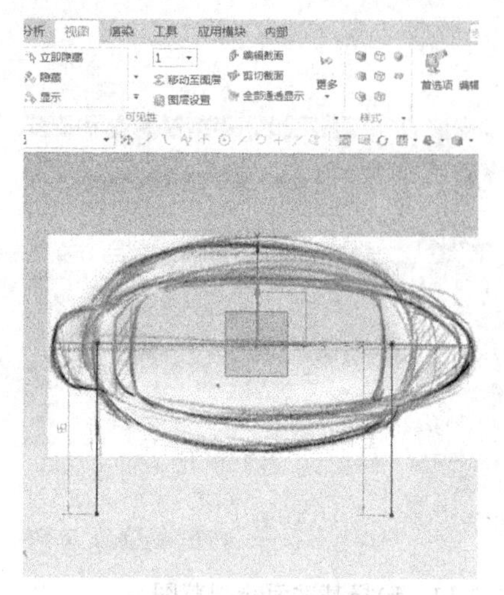
图 3-2-16 绘制竖直线

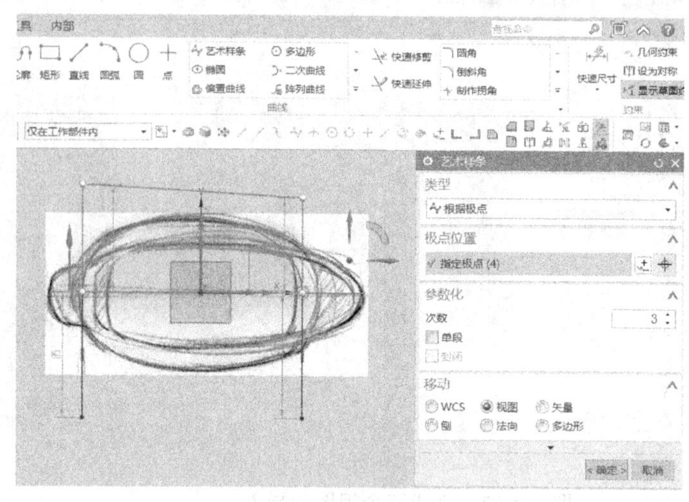

图 3-2-17 绘制壶底轮廓线

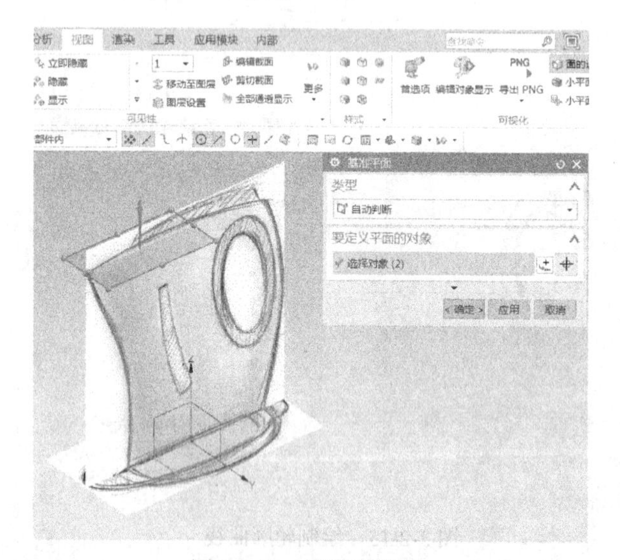

图 3-2-18 新建基准面

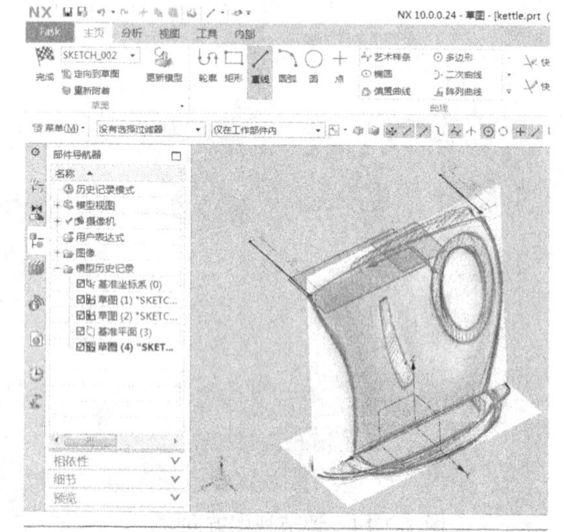

图 3-2-19 绘制参考线

绘制壶顶俯视图的轮廓线与艺术样条基本相符，两端与竖直线相切 G1 连续（见图 3-2-20），完成壶顶部曲线的俯视轮廓线的绘制，如图 3-2-21 所示。下面生成壶顶轮廓线的空间曲线，选择【菜单】→【插入】→【派生曲线】→【组合投影】命令，如图 3-2-22 所示，弹出对话框。【曲线 1】选择生成的壶顶部曲线俯视轮廓线，方向为 Z 轴正方向，【曲线 2】选择之前在 X 轴、Z 轴所在基准面上绘制的壶顶部曲线的侧轮廓线，方向为 Y 轴正方向，如图 3-2-23 所示，注意在【曲线规则】下拉列表内选择【单条曲线】，否则有可能选中所有侧轮廓线。

单击【确定】，生成壶顶部侧边的空间轮廓线，如图 3-2-24 所示，把两条构造线和其他视图包括基准面等隐藏，然后把正视参考图调出，如图 3-2-25 所示。

选择【菜单】→【插入】→【基准/点】→【点】命令，如图 3-2-26 所示，在弹出的对话框里选择【交点】作为点生成的方式，如图 3-2-27 所示，【曲线、曲面或平面】选择 Y 轴、Z 轴所在基准面，【要相交的曲线】选择组合投影生成的空间曲线，单击【确定】，在空间曲线上部生成一个参考点，如图 3-2-28 所示。同理，在底部轮廓线上也生成一个参考点，如图 3-2-29 所示。

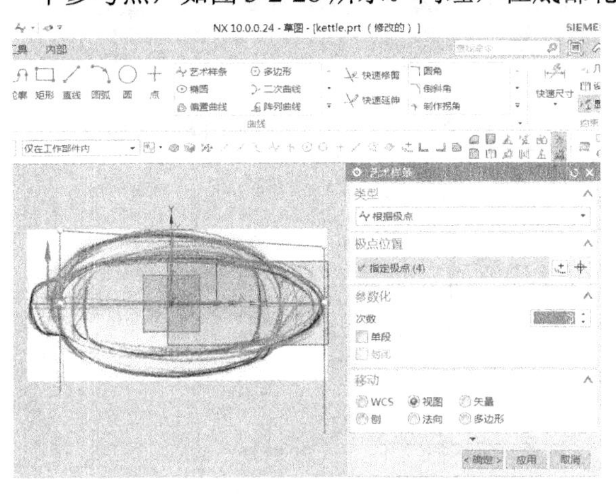

图 3-2-20　绘制壶顶俯视图的轮廓线

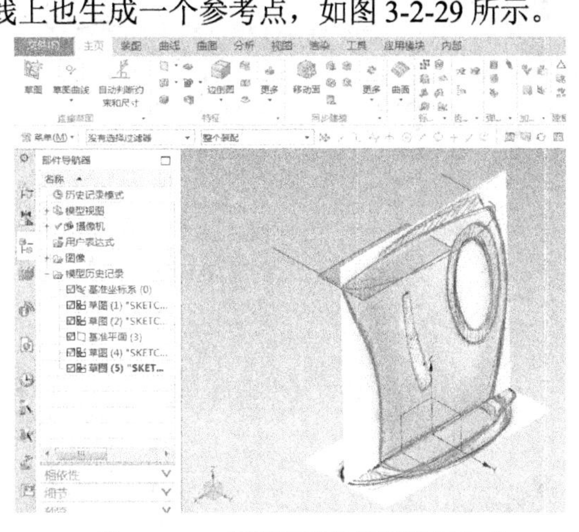

图 3-2-21　壶顶俯视轮廓线绘制完成

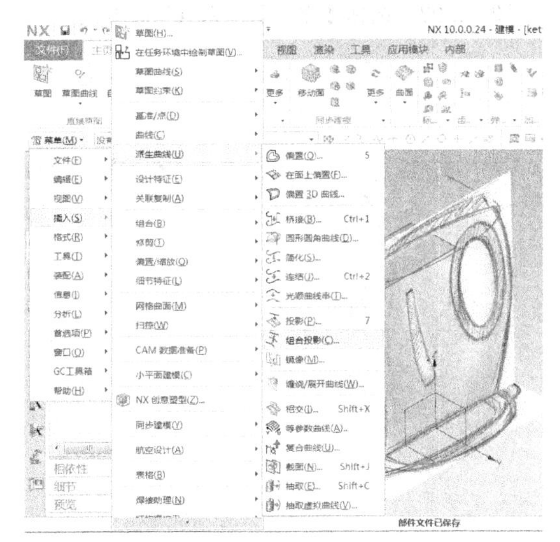

图 3-2-22　选择【组合投影】命令

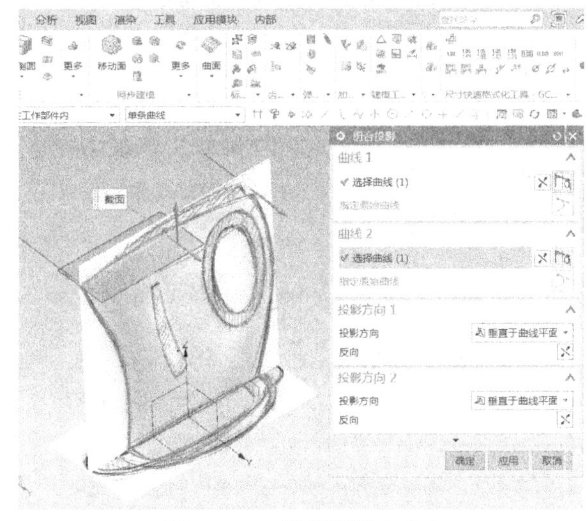

图 3-2-23　设置投影方向

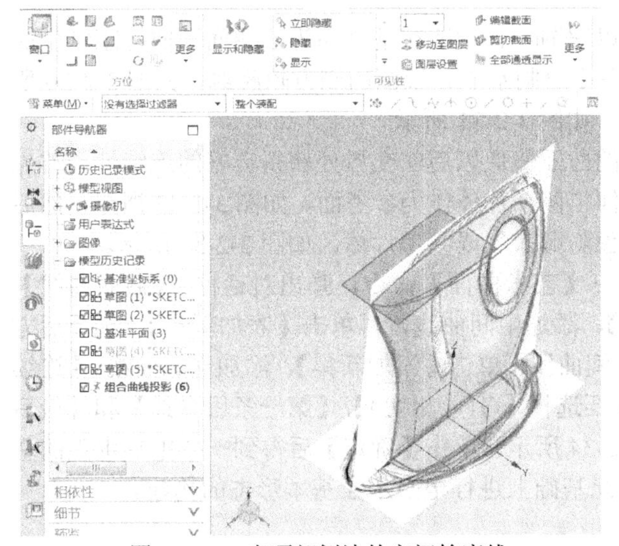

图 3-2-24　壶顶部侧边的空间轮廓线

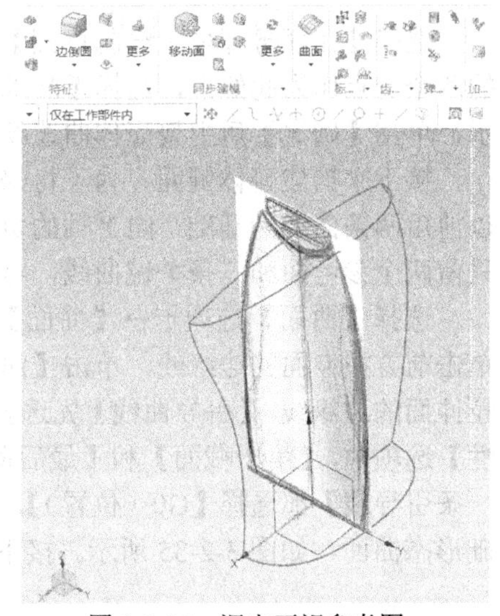

图 3-2-25　调出正视参考图

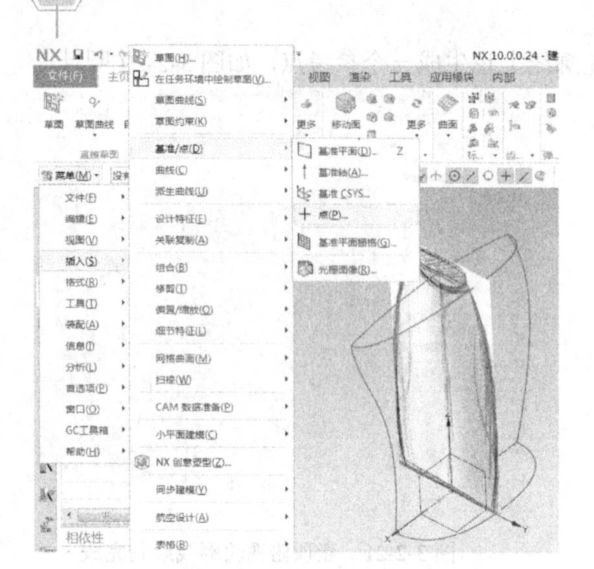

图 3-2-26　选择【点】命令

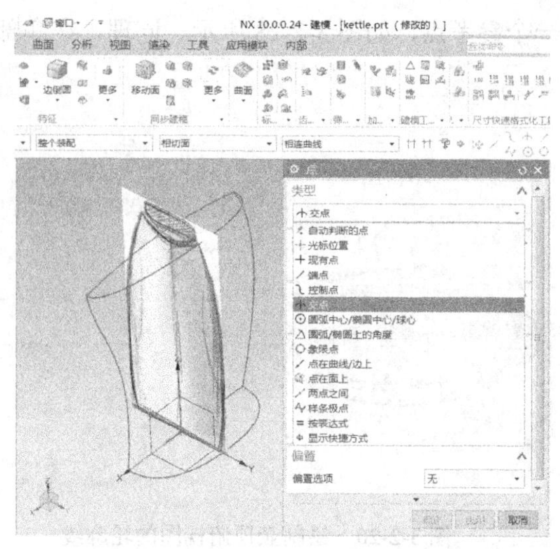

图 3-2-27　选择【交点】作为点生成方式

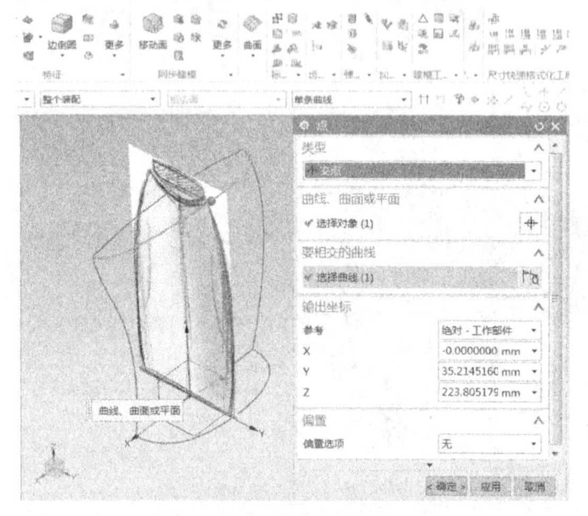

图 3-2-28　生成上部参考点

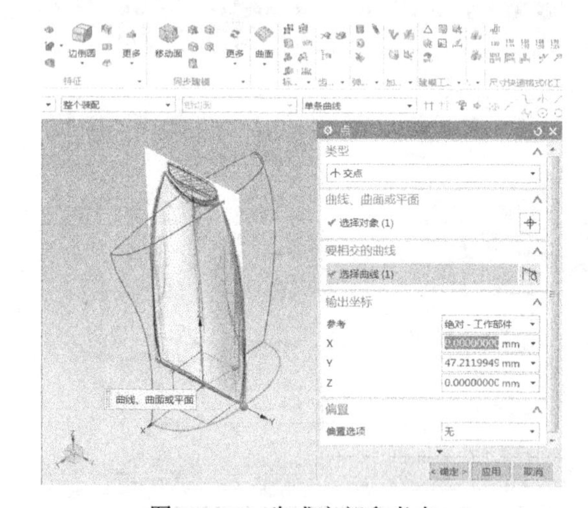

图 3-2-29　生成底部参考点

选择【在任务环境中绘制草图】命令，以 *Y* 轴、*Z* 轴所在基准面为绘图面，捕捉刚刚生成的两个交点作为起始点，选择【艺术样条】命令绘制水壶正视图的侧方轮廓线，如图 3-2-30 所示，单击【确定】后主要壶体曲线绘制完成，如图 3-2-31 所示。

接下来构建壶体侧面，为了将来把生成的曲面镜像以后在交界处获得良好的连续性，首先以前后两条曲线为基础，向 *Y* 轴的负方向拉伸出两个片体作为参考面，如图 3-2-32 所示，然后只留两个参考面和三条关键曲线，将其余对象隐藏，生成参考片体，如图 3-2-33 所示。

选择【曲面】选项卡→【曲面】功能栏→【艺术曲面】命令，弹出对话框，【截面曲线】单击前方拉伸面的边缘线，单击【添加新集】，添加中间曲线，再单击【添加新集】，选择后方拉伸面的边缘线，【引导曲线】先选择壶顶空间曲线，单击【添加新集】，添加壶底曲线。【连续性】选项中，【第一截面】和【最后截面】都要选择【G1（相切）】，【第一条引导线】和【最后一条引导线】都选择【G0（位置）】，如图 3-2-34 所示。单击【确定】后得到一个电热水壶的基础形态曲面，如图 3-2-35 所示。接下来将在此基础上进行电热水壶基本形态的构建。

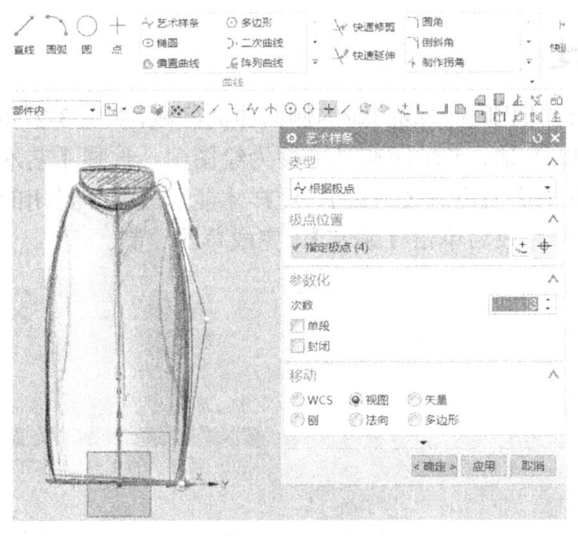

图 3-2-30　绘制水壶正视图的侧方轮廓线

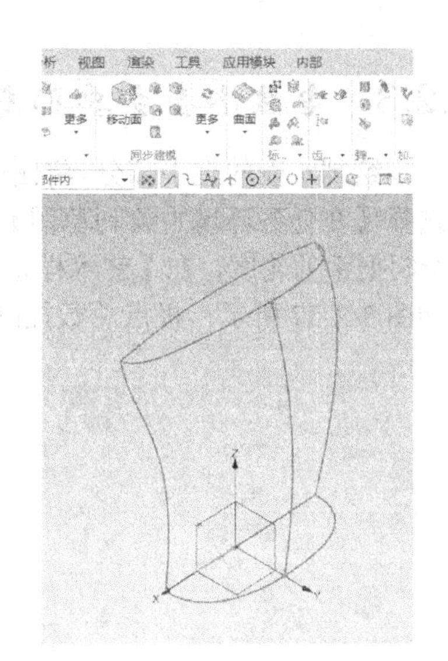

图 3-2-31　主要壶体曲线绘制完成

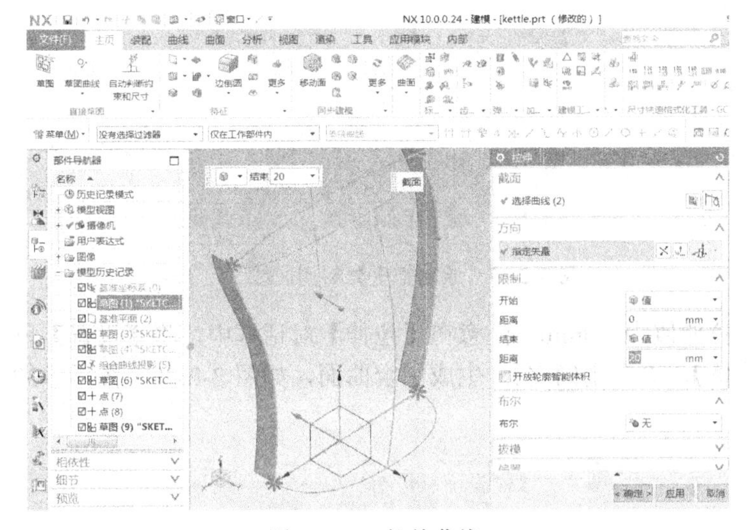

图 3-2-32　拉伸曲线

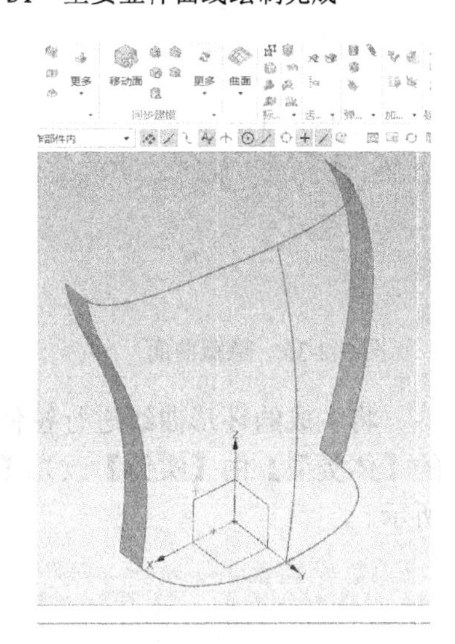

图 3-2-33　生成参考片体

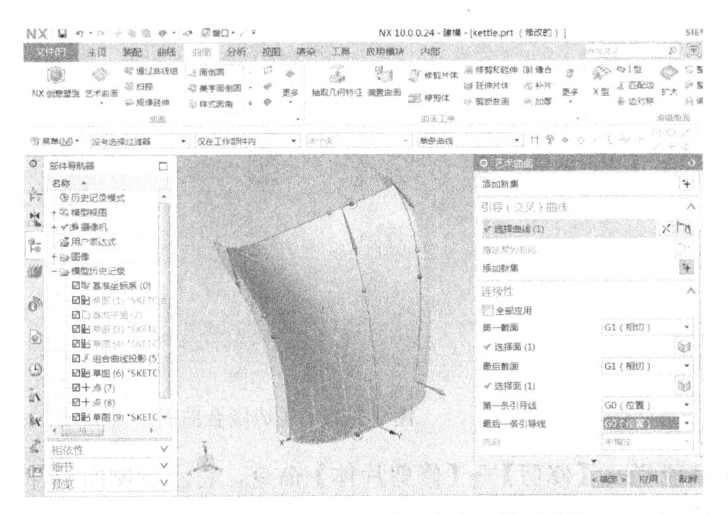

图 3-2-34　依次选定引导曲线和截面曲线

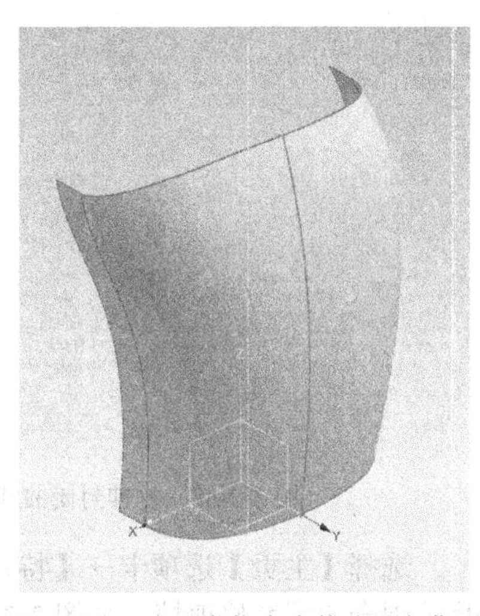

图 3-2-35　生成电热水壶基础形态曲面

3.2.3 电热水壶主要形态的构建

进一步绘制水壶的把手部分，将侧视图调出并把刚刚生成的壶的侧面曲面隐藏，如图 3-2-36 所示。选择【在任务环境中绘制草图】命令，以 *X* 轴、*Y* 轴所在基准面为绘图面，选择【艺术样条】绘制把手的轮廓，在【艺术样条】对话框中需要点选【封闭】，这样才能形成一个封闭的图形，如图 3-2-37 所示，极点总数控制在 6 个，完成后单击【确定】，完成草图绘制。

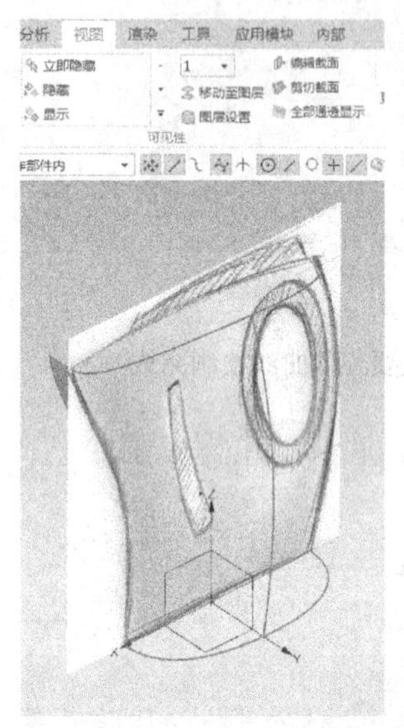

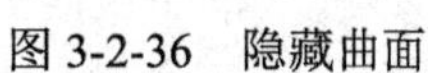

图 3-2-36　隐藏曲面

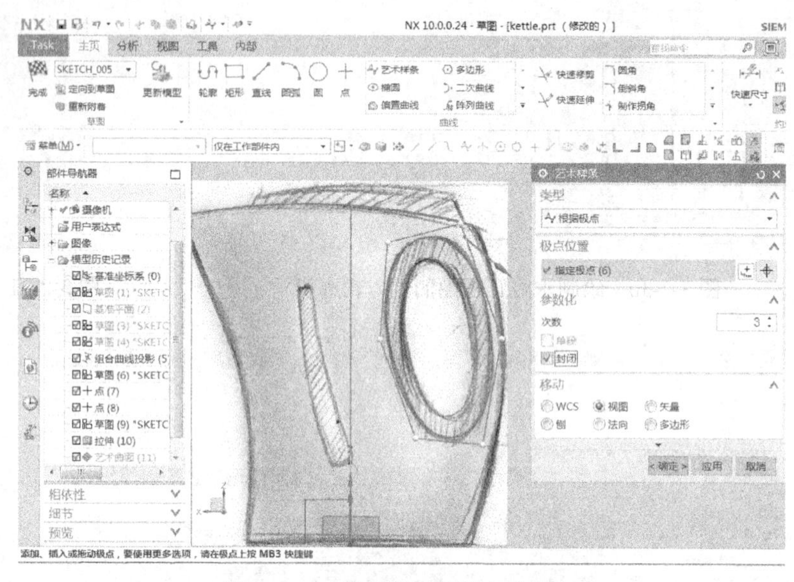

图 3-2-37　绘制把手处封闭曲线

将生成的环形曲线进行拉伸，拉伸值为 60mm，注意在【拉伸】对话框中，将【设置】里的【体类型】由【实体】改为【片体】，单击【确定】，生成围合曲面，如图 3-2-38、图 3-2-39 所示。

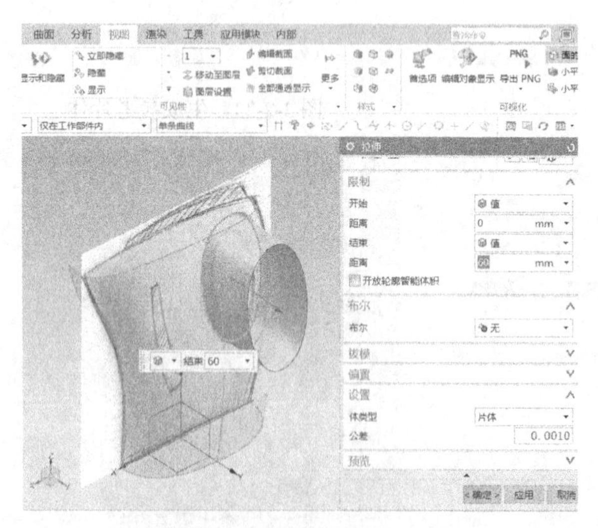

图 3-2-38　拉伸封闭曲线

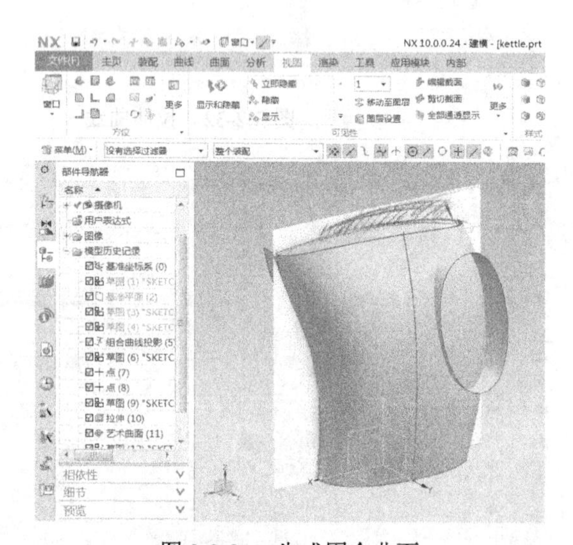

图 3-2-39　生成围合曲面

选择【主页】选项卡→【特征】功能栏→【修剪】→【修剪片体】命令，将水壶侧面拉伸片体围合的区域修剪掉，如图 3-2-40 所示。

单击【拉伸】命令，以 X 轴、Z 轴所在基准面为基础继续绘制拉伸截面草图，在草图中绘制一个与水壶把手内侧相吻合的封闭的艺术样条，如图 3-2-41 所示，拉伸方向为 Y 轴正向方向，拉伸值为 10mm，【体类型】依然为【片体】，生成拉伸曲面，如图 3-2-42、图 3-2-43 所示。将视图中只保留两个面，其他对象一律隐藏，如图 3-2-44 所示。

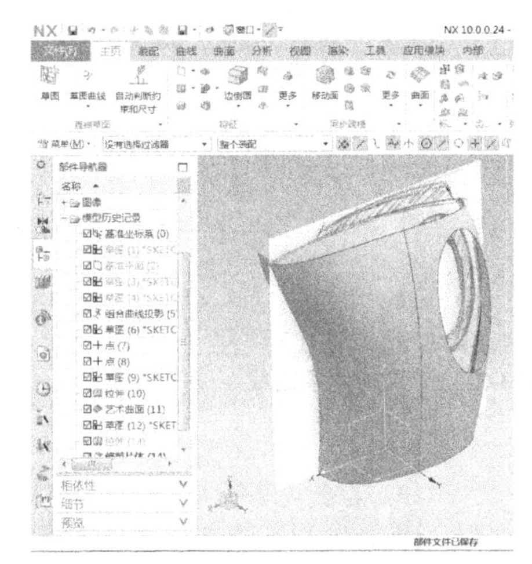

图 3-2-40　修剪

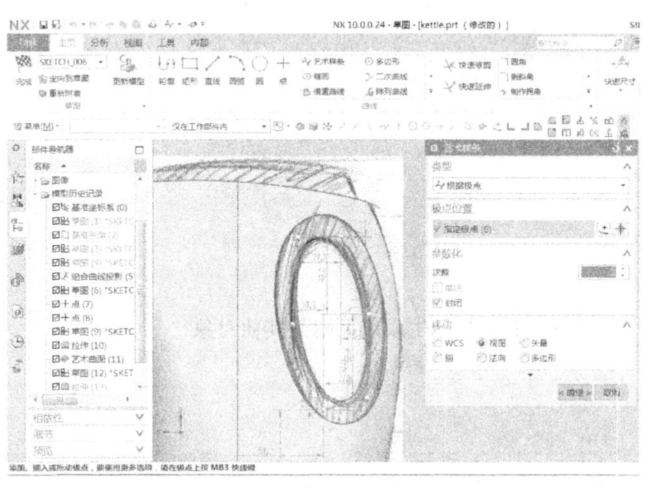

图 3-2-41　绘制封闭艺术样条

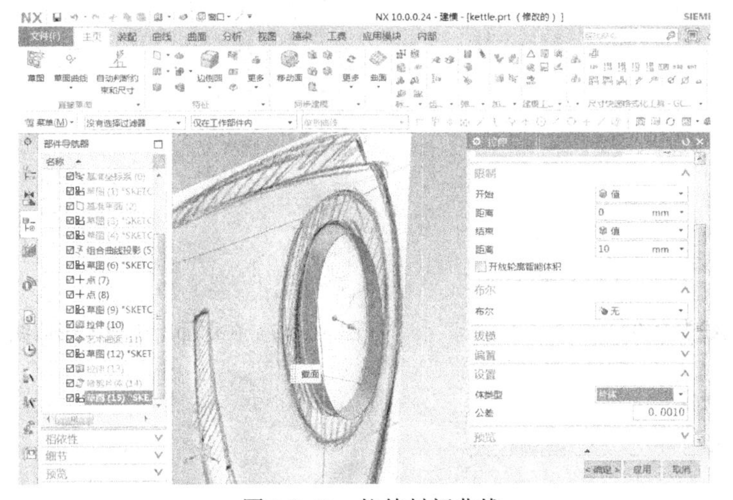

图 3-2-42　拉伸封闭曲线

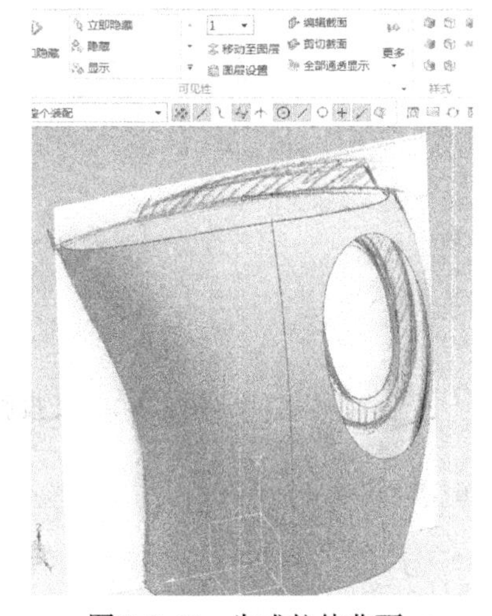

图 3-2-43　生成拉伸曲面

将图形以线框显示，选择【在任务环境中绘制草图】，以 X 轴、Z 轴所在基准面为绘图面，在如图 3-2-45 所示 4 个位置分别绘制 4 条直线，确保每条直线基本与弧线相交点的切线垂直。完成后将这 4 条直线通过【投影曲线】命令投射到两个曲面上，方向为 Y 轴正向方向，如图 3-2-46、图 3-2-47 所示。

这样就生成了 4 组面上的曲线，选择【菜单】→【插入】→【派生曲线】→【桥接】命令，选择其中一组进行点选，生成桥接曲线，如图 3-2-48、图 3-2-49 所示。这样生成的曲线除跟这两条曲线相切以外，与这两条曲线所在的曲面也是相切的。同理，完成其他三组曲线的桥接，共生成 4 条桥接曲线，完成后将投影曲线隐藏，如图 3-2-50 所示。

接下来选择【曲面】选项卡→【曲面】功能栏→【艺术曲面】命令，截面曲线选择顺序为右、上、左、下、右，引导线分别选择两个曲面上类似椭圆形的边缘，如图 3-2-51 所示，注意两条引导线都要选择【G1(相切)】，生成的曲面与相应的曲面才能够连续。单击【确定】，连接两个曲面间的过渡曲面构建完成，如图 3-2-52 所示。

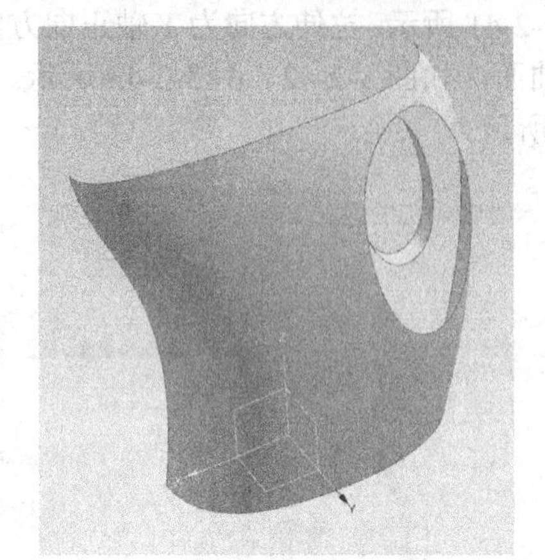

图 3-2-44　显示生成曲面隐藏其他对象

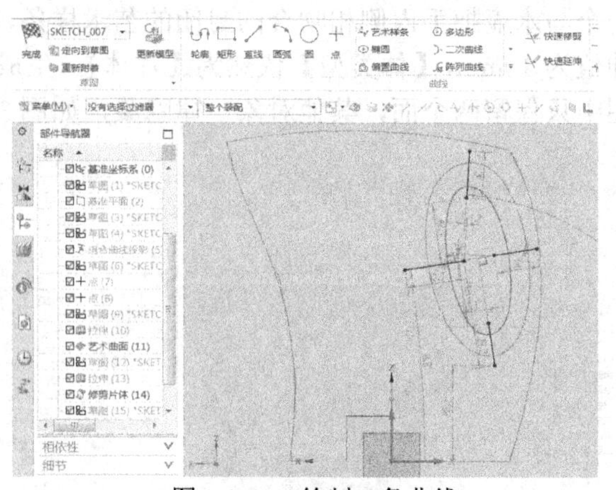

图 3-2-45　绘制 4 条曲线

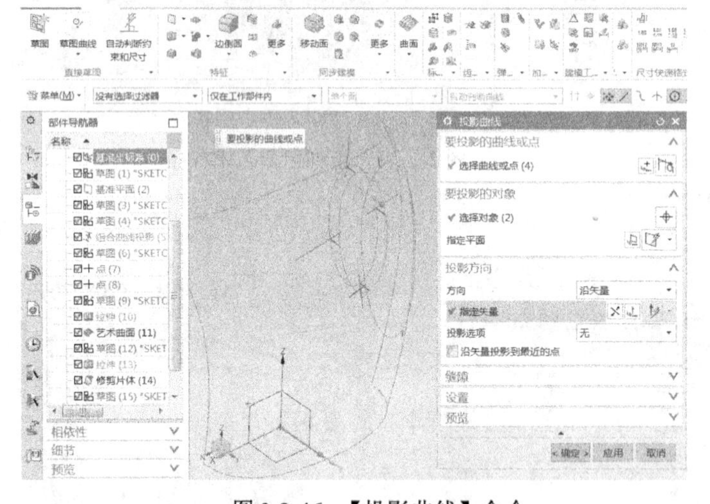

图 3-2-46　【投影曲线】命令

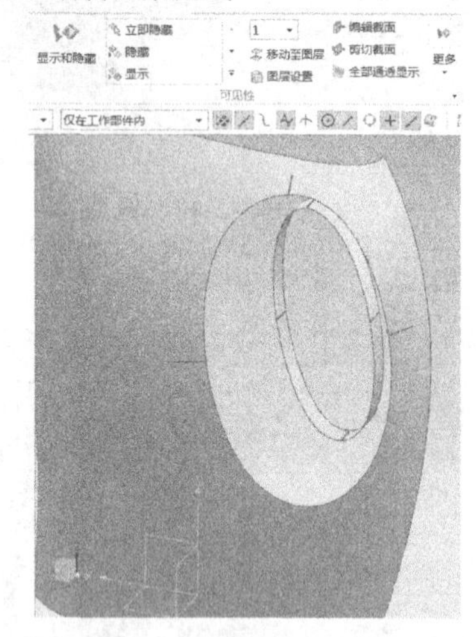

图 3-2-47　在曲面上生成投影曲线

图 3-2-48　选择【桥接】命令

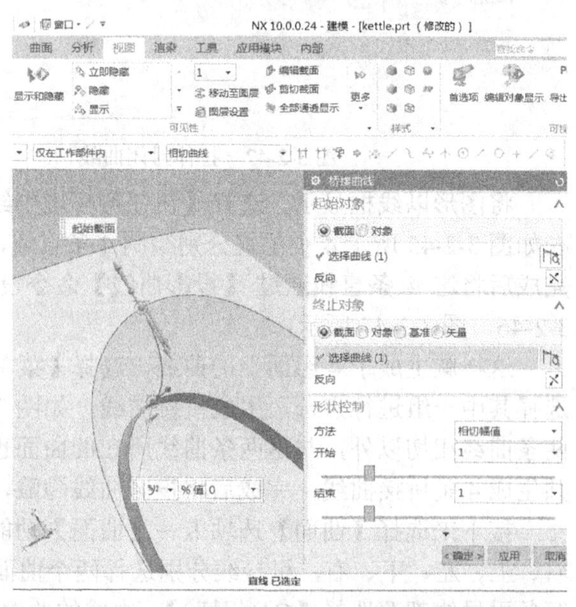

图 3-2-49　依次选择对应的两条投影曲线生成桥接曲线

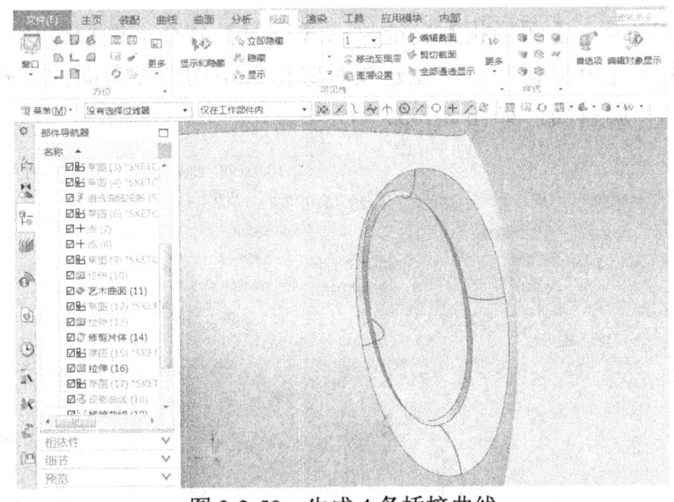

图 3-2-50　生成 4 条桥接曲线

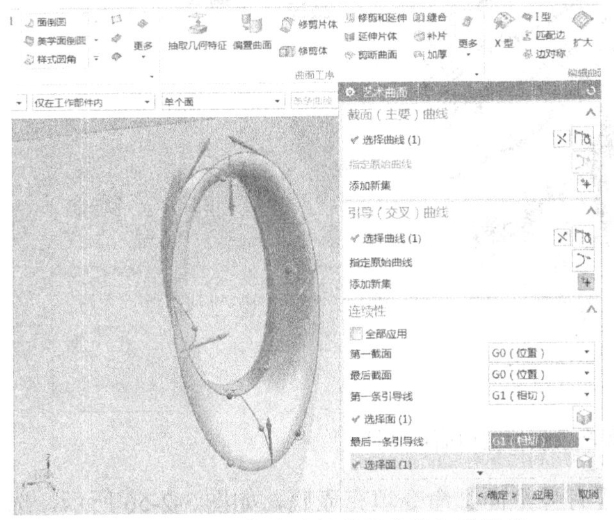

图 3-2-51　依次选择截面曲线和引导线

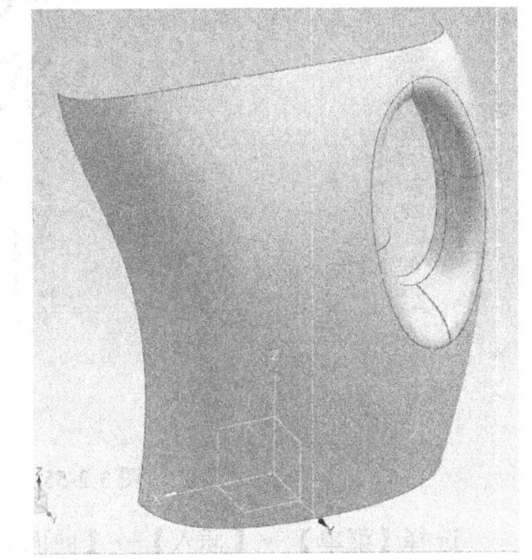

图 3-2-52　生成过渡曲面

3 个曲面都完成以后，利用【镜像几何体】工具，以 *X* 轴、*Z* 轴所在基准面为对称中心，将所有壶体曲面镜像，完成壶体基本曲面的构建，如图 3-2-53、图 3-2-54 所示。

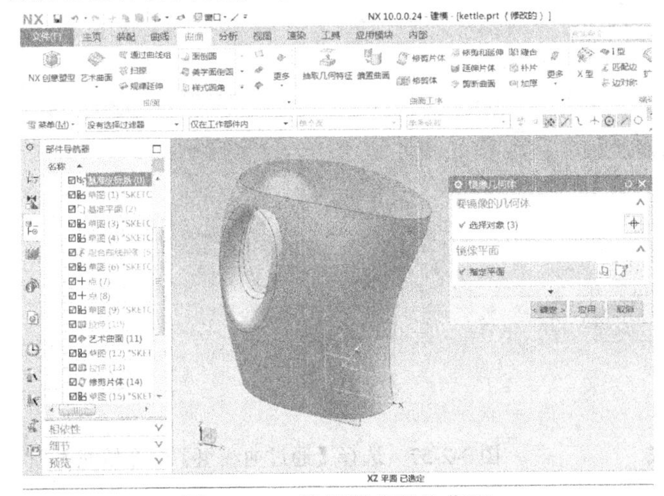

图 3-2-53　镜像所有壶体曲面

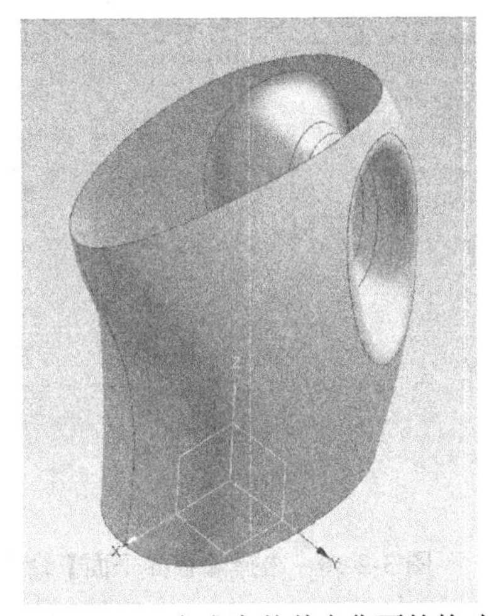

图 3-2-54　完成壶体基本曲面的构建

选择【分析】选项卡→【面形状】功能栏→【反射】命令，选择带反射的斑马条纹，仔细观察面的拼接处，由于建模步骤严谨，在建模时坚持采用构造参考面的方式，确保了产品的对称性，曲面连续性好、质量高，如图 3-2-55 所示。

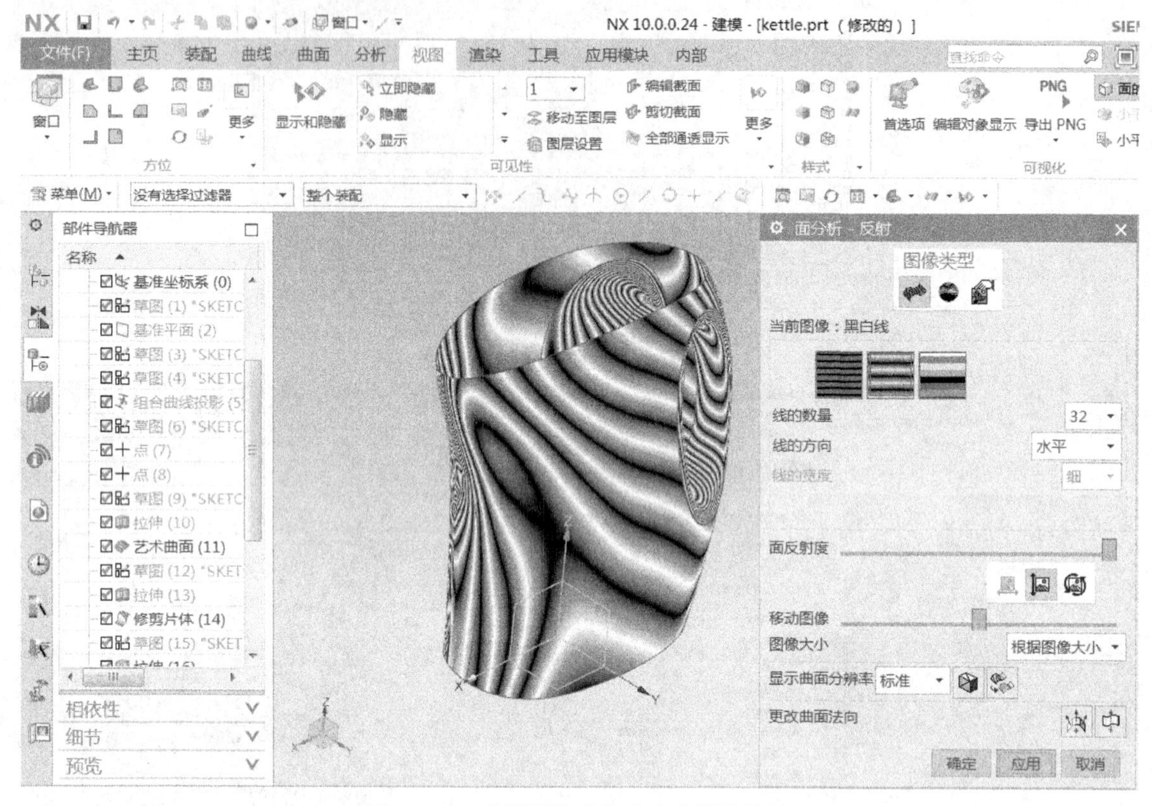

图 3-2-55　使用斑马条纹检查曲面连续性

选择【菜单】→【插入】→【曲面】→【有界平面】命令填充壶底，如图 3-2-56 所示，选择【通过曲线组】命令，如图 3-2-57 所示，填充壶顶，这样就得到了一个由曲面围合而成的电热水壶的基本形态。

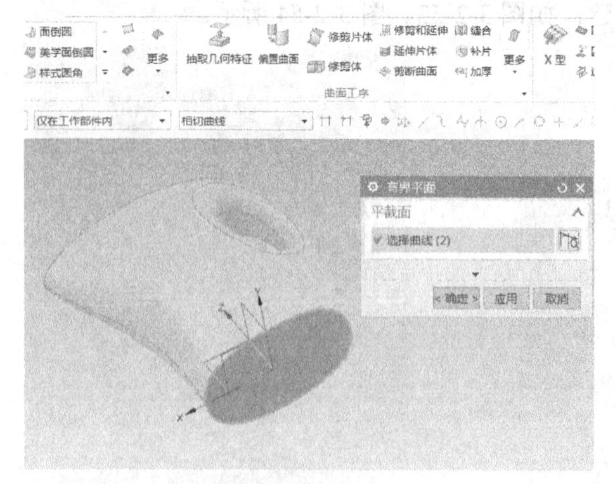

图 3-2-56　选择【有界平面】命令填充壶底

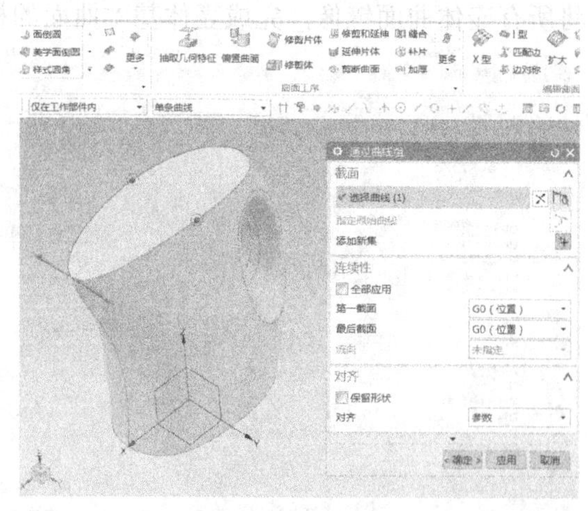

图 3-2-57　选择【通过曲线组】命令填充壶顶

3.2.4　电热水壶造型细节的构建

选择【菜单】→【插入】→【组合】→【缝合】命令，将曲面全部缝合起来，生成水壶实体，如图 3-2-58 所示。如果片体不能缝合为实体，说明围合而成的片体间隙大于公差允许范围。在此基础上给壶底倒一个半径为 6mm 的圆角，如图 3-2-59 所示。然后通过抽壳形成壳体结构，选择【主页】选项卡→【特征】功能栏→【抽壳】命令，抽壳的值为 2mm，如图 3-2-60、图 3-2-61 所示。

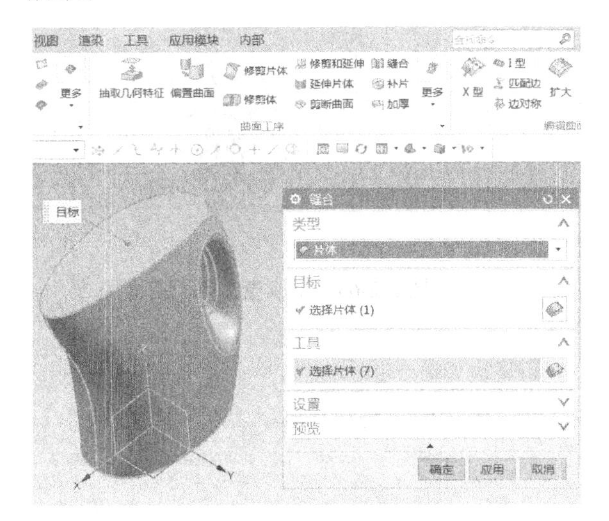

图 3-2-58　缝合壶体曲面

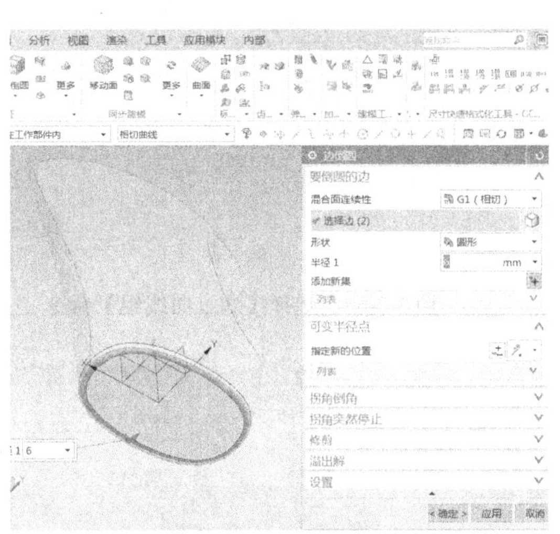

图 3-2-59　壶底边倒圆角

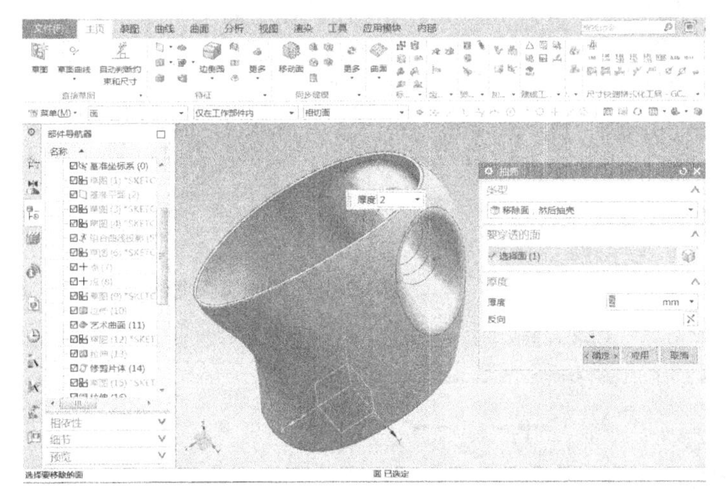

图 3-2-60　对壶体抽壳

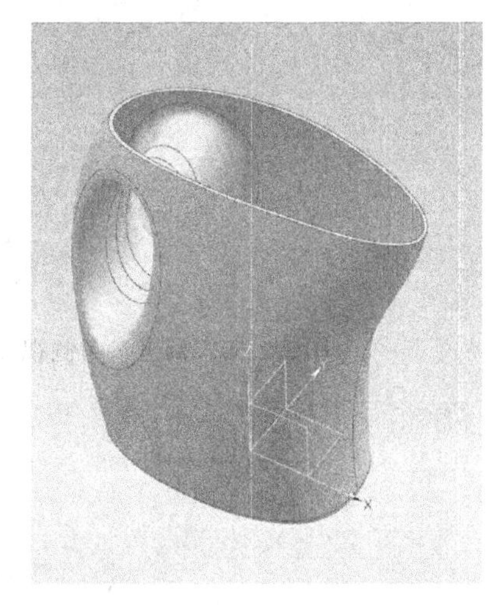

图 3-2-61　形成壳体结构

接下来对壶盖和开盖按钮进行建模。选择【主页】选项卡→【曲面】功能栏→【通过曲线组】命令，选择壶口内侧两条边线，生成一个曲面，作为壶盖的底面曲面，如图 3-2-62、图 3-2-63 所示。

将手绘参考侧视图调出，如图 3-2-64 所示，选择【在任务环境中绘制草图】命令，选择【圆弧】工具，圆弧的起始端在如图 3-2-65 所示的曲线端点上，如果不好找端点的话，可以旋转视图找到合适的位置来选择，如图 3-2-66 所示。完成之后可以通过左上方的【定向到草图】

命令，回到侧视图（见图 3-2-67），完成后端弧线的绘制，如图 3-2-68 所示。

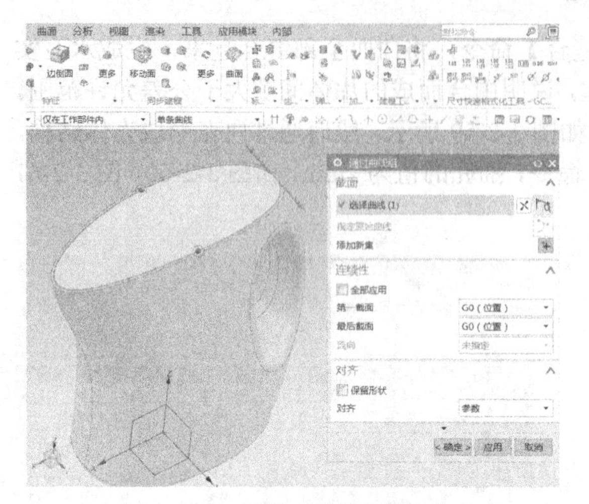
图 3-2-62 选择【通过曲线组】命令

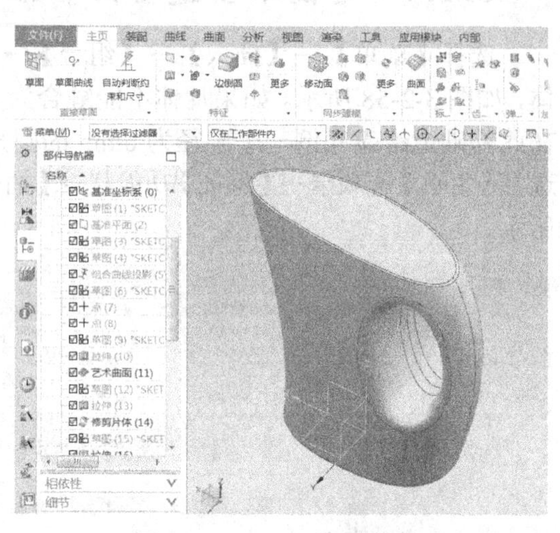
图 3-2-63 生成壶盖底面曲面

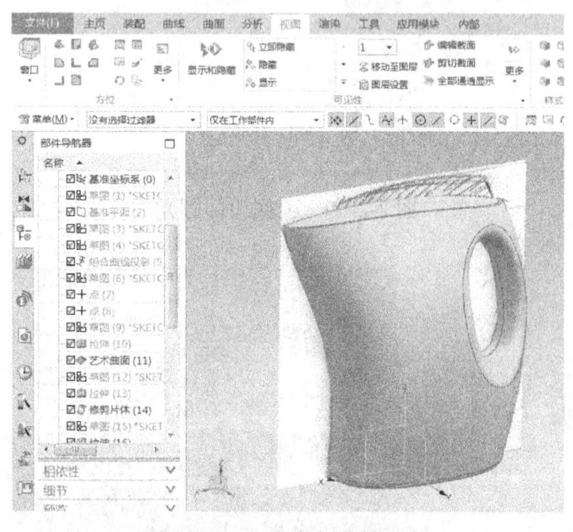
图 3-2-64 调出参考侧视图

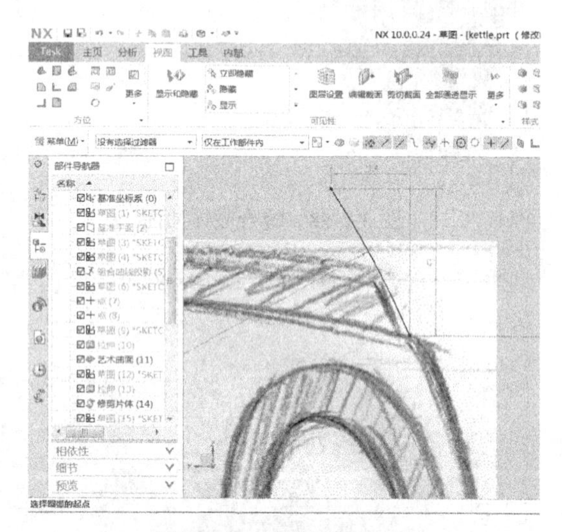
图 3-2-65 绘制圆弧曲线

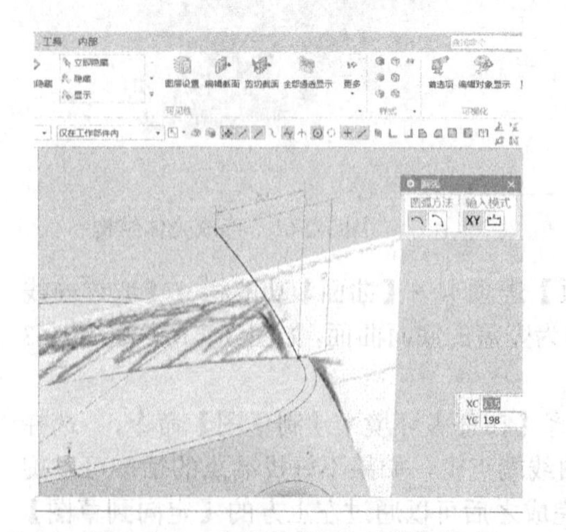
图 3-2-66 在三维空间中选择起始点

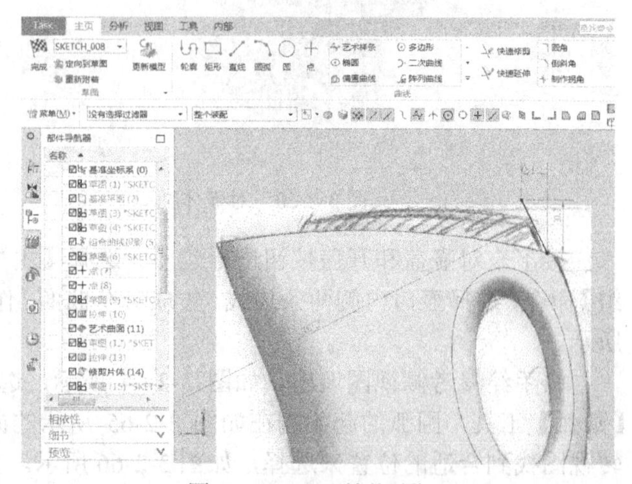
图 3-2-67 回到侧视图

同理，在壶盖底面的另一端绘制一个类似的前端弧线，如图 3-2-69 所示。然后选择【艺术曲面】命令，以壶盖底面曲面的边线为截面线，以刚刚生成的两条弧线作为引导曲线，生成一个围合的曲面，如图 3-2-70 所示。

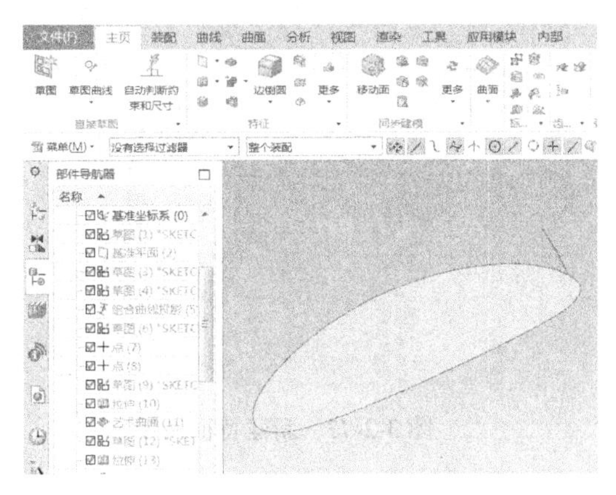

图 3-2-68　完成后端弧线的绘制

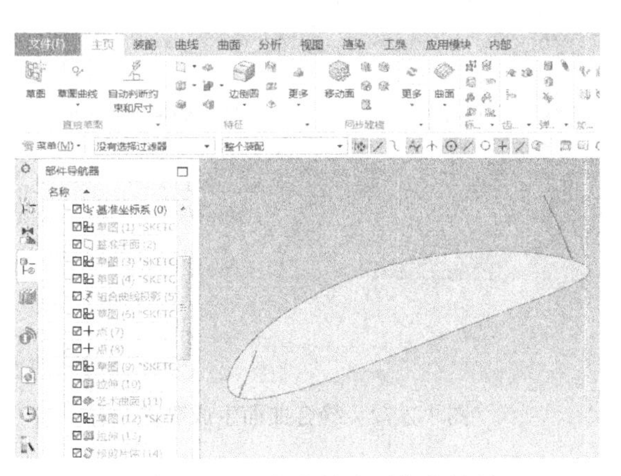

图 3-2-69　完成前端弧线的绘制

接下来再选择【曲面】选项卡→【曲面】功能栏→【曲面】选项→【填充曲面】命令，【边界】选择围合曲面的上沿，【连续性】选择【G0】，单击【确定】，将壶盖顶面封闭，如图 3-2-71 所示。随后将围合成封闭图形的面进行缝合，生成壶盖实体（见图 3-2-72）。

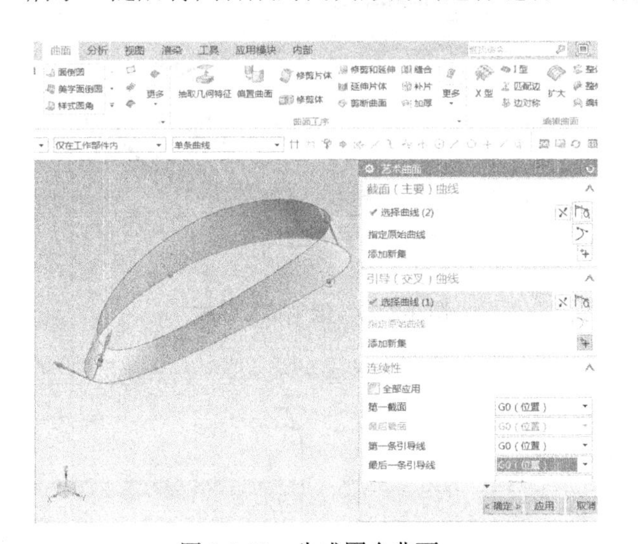

图 3-2-70　生成围合曲面

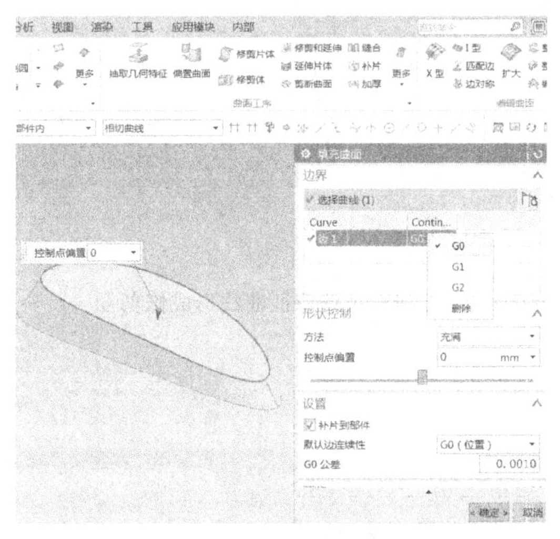

图 3-2-71　封闭壶盖顶面

结合侧视参考图，通过拉伸面将壶盖多出部分进行修剪，如图 3-2-73、图 3-2-74 所示。根据俯视参考图，在 X 轴、Y 轴所在基准面上绘制如图 3-2-75 所示特征曲线，通过【拉伸】命令形成一个贯穿于壶盖的曲面，如图 3-2-76 所示，然后选择【修剪】命令将壶盖前部去掉，如图 3-2-77 所示。

将壶盖的前面进行拔模处理，形成一个斜面，如图 3-2-78 所示，然后将拐角处倒圆角，如图 3-2-79 所示。

将俯视参考图调出，选择【在任务环境中绘制草图】命令，以 X 轴、Y 轴所在基准面为绘图面，绘制如图 3-2-80 所示特征弧线，完成后拉伸至图 3-2-81 所示特征位置，将壶盖贯穿，用该曲面将壶盖拆分为两部分并将参数移除，如图 3-2-82 所示，前一部分作为壶盖，后一部分作为壶盖的开关按键。

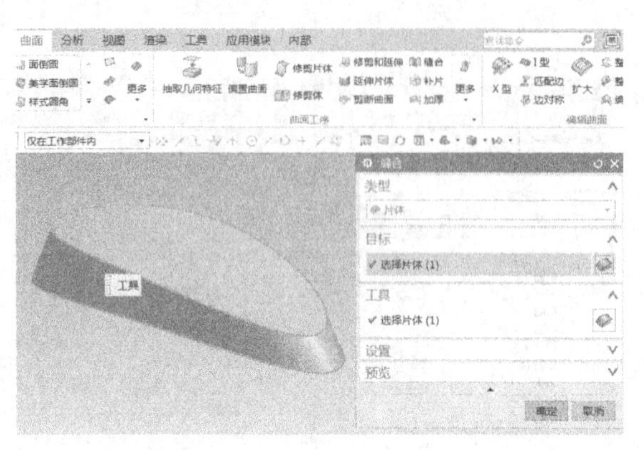

图 3-2-72 缝合曲面生成壶盖实体

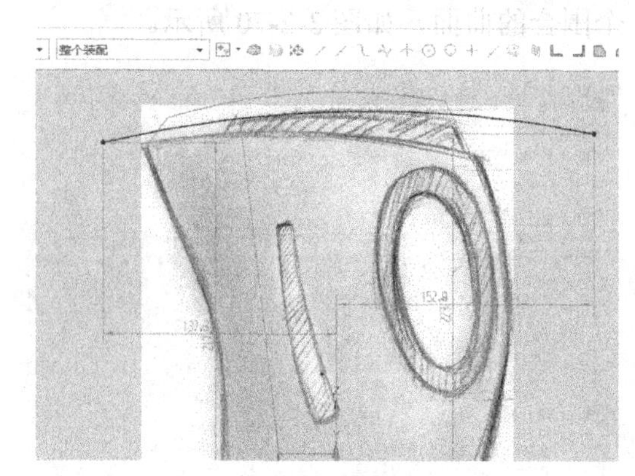

图 3-2-73 新建特征曲线

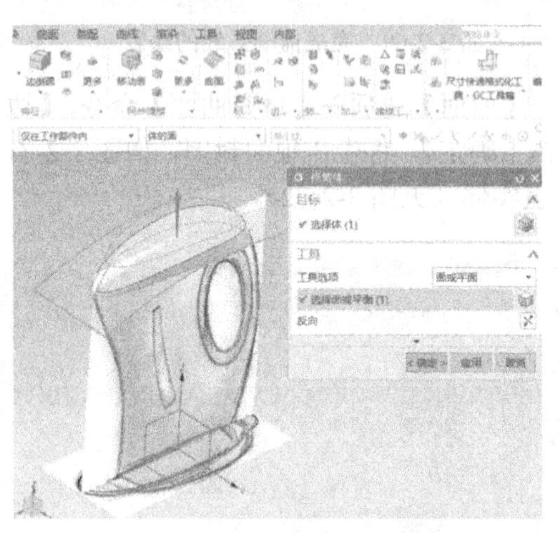

图 3-2-74 拉伸特征曲线形成修剪面

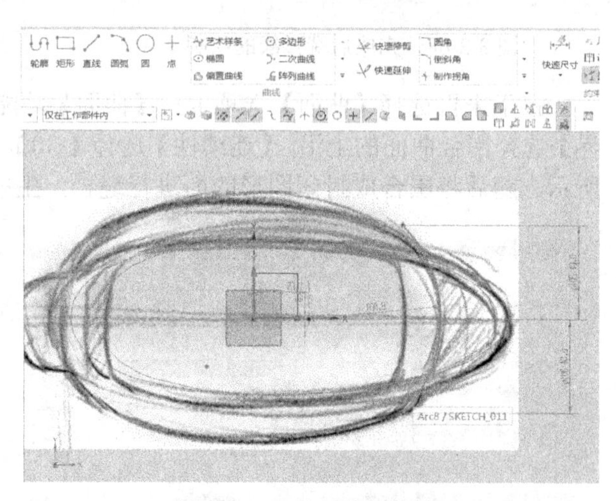

图 3-2-75 绘制特征曲线

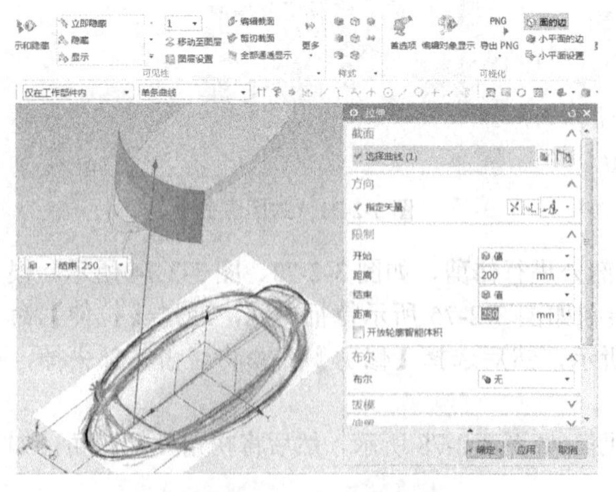

图 3-2-76 拉伸特征曲线

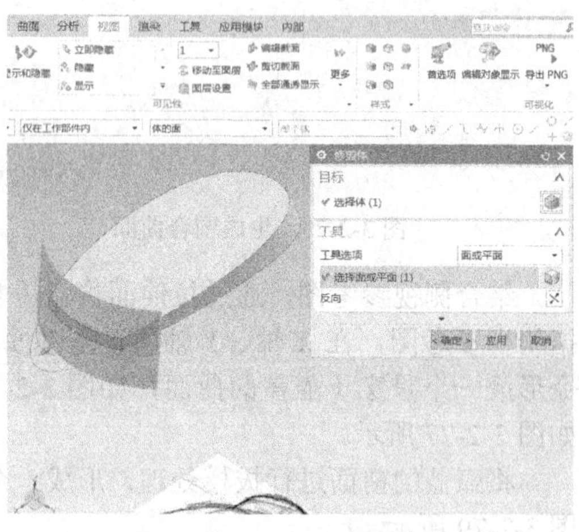

图 3-2-77 修剪壶盖实体

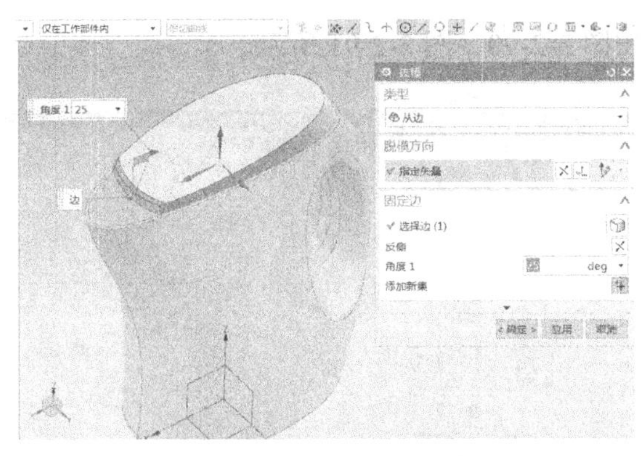

图 3-2-78　壶盖前面拔模

图 3-2-79　壶盖拐角处倒圆角

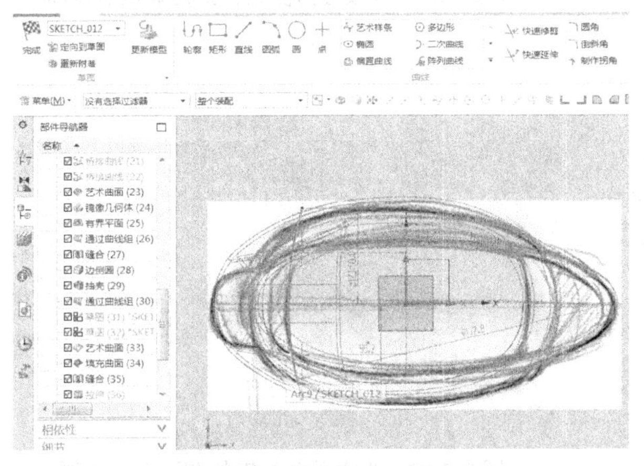

图 3-2-80　绘制特征弧线

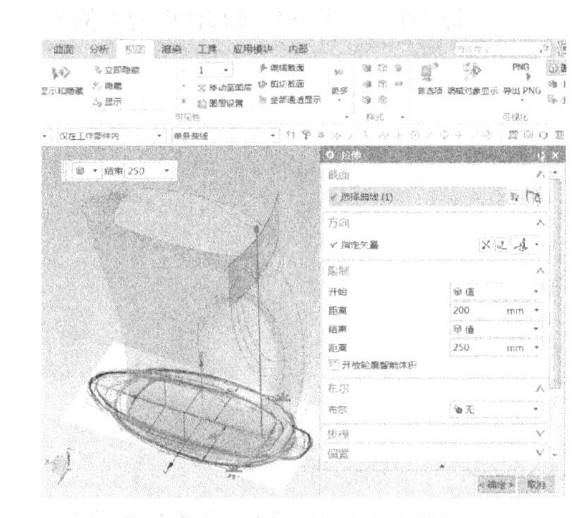

图 3-2-81　拉伸弧线形成贯穿面

将壶盖后侧面通过拔模形成一个角度，如图 3-2-83 所示，然后将按键顶部曲面向下偏置 10mm（见图 3-2-84），选择【主页】选项卡→【同步建模】功能栏→【替换面】命令，【要替换的面】选择按键内侧面，【替换的面】选择刚才壶盖拔模的面（壶盖后侧面），如图 3-2-85 所示。然后将壶盖的后侧面向内偏置 1mm，如图 3-2-86 所示。

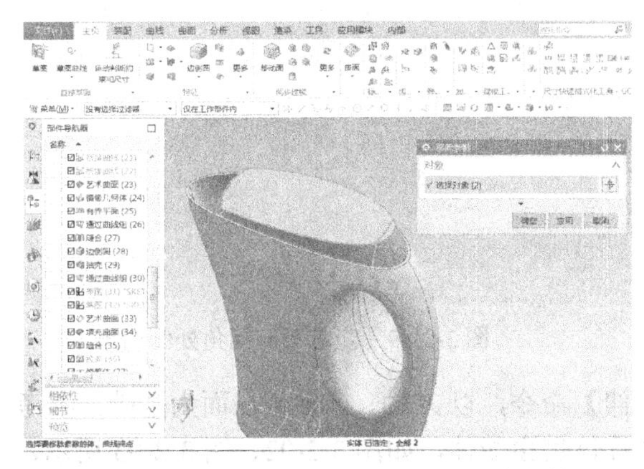

图 3-2-82　将壶盖实体拆分后移除参数

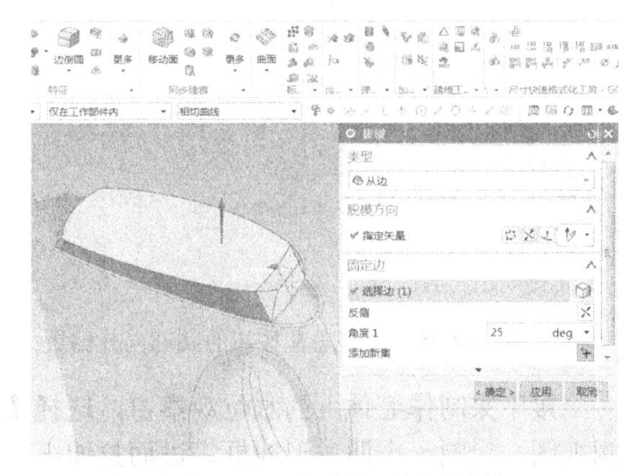

图 3-2-83　将壶盖后侧面拔模

将壶盖和按键的侧面向内偏置 1mm（见图 3-2-87），将壶盖和按钮的底部向外偏置 1mm，如图 3-2-88 所示，再将壶盖后侧的拐角处倒圆角，半径为 5mm（见图 3-2-89）。然后将壶盖除底边外的轮廓线倒圆角，壶整体造型基本成型，如图 3-2-90、图 3-2-91 所示。

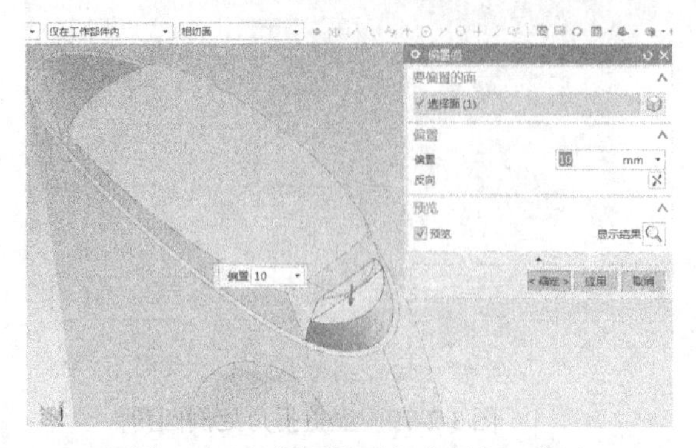

图 3-2-84　将按键顶部曲面向下偏置

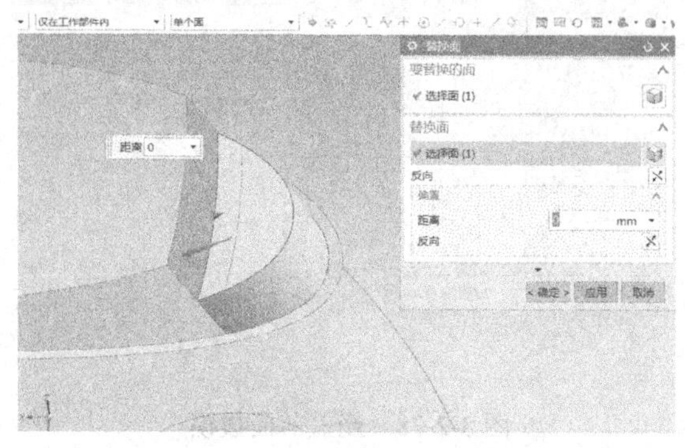

图 3-2-85　将按键内侧面替换为壶盖后侧面

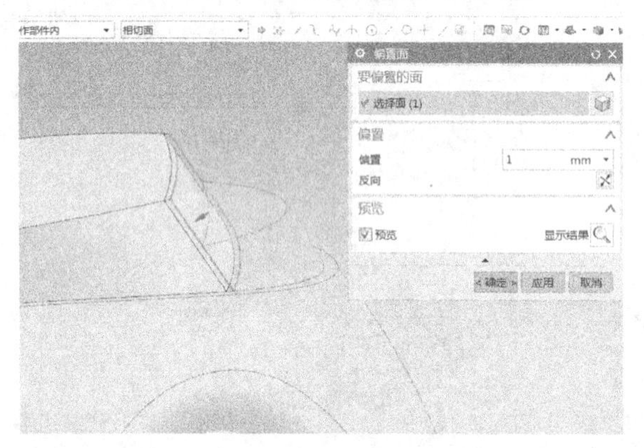

图 3-2-86　将壶盖后侧面向内偏置

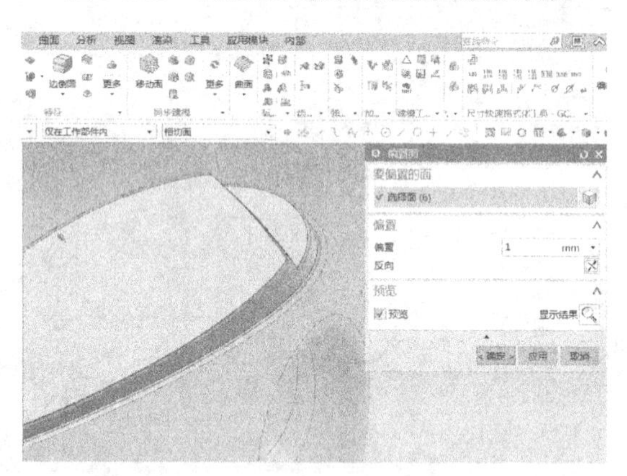

图 3-2-87　将壶盖和按键的侧面向内偏置

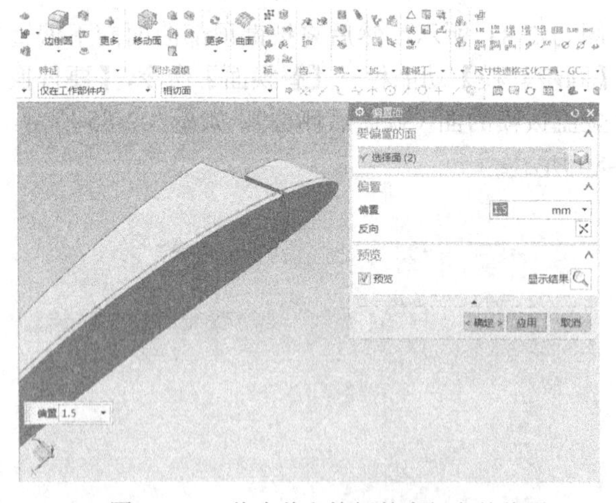

图 3-2-88　将壶盖和按钮的底部向外偏置

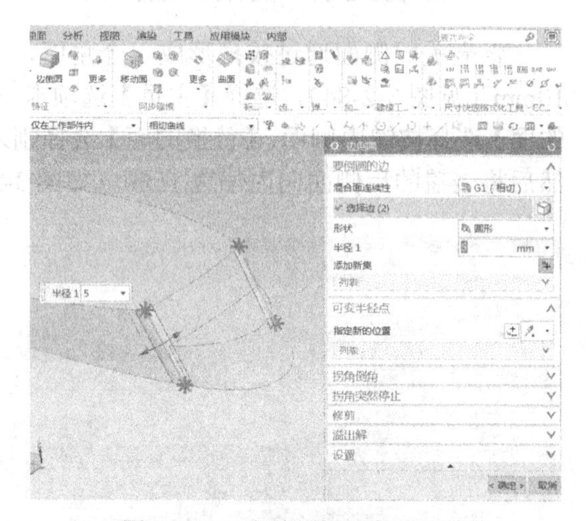

图 3-2-89　壶盖后侧拐角处倒圆角

接下来制作壶体上的水位观察窗，选择【拉伸】命令，以 X 轴、Z 轴所在面为基础，参考侧视图，绘制一个四边形线框，进而拉伸出一个片体贯穿壶体，如图 3-2-92、图 3-2-93 所示，同时将拉伸面的 4 条边线倒圆角，上面两条边线的圆角半径为 2mm，下面两条边线的圆角半径为 5mm，如图 3-2-94 所示。

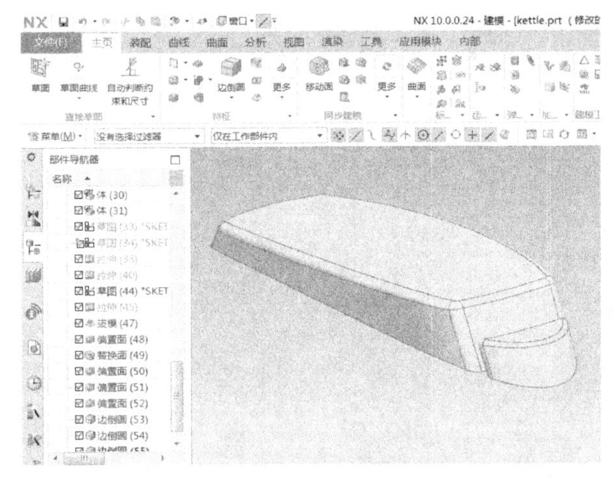

图 3-2-90　倒圆角并抽壳

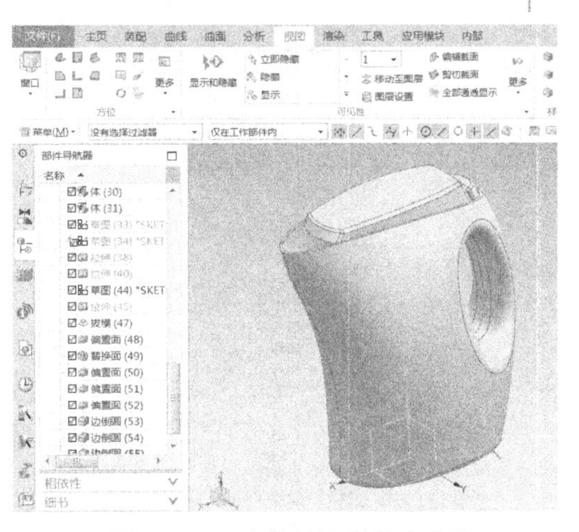

图 3-2-91　壶整体造型基本成型

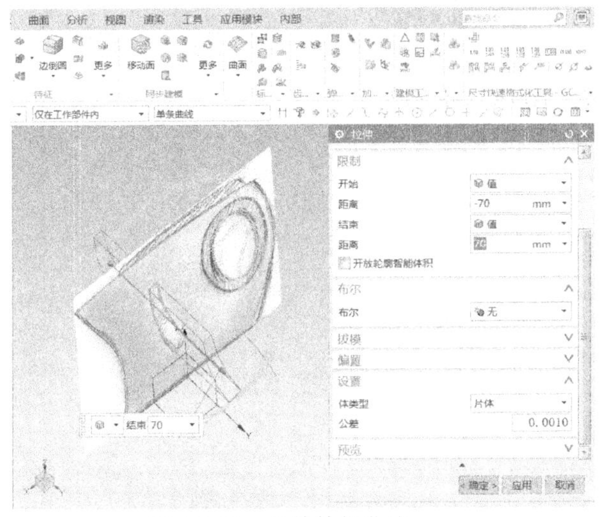

图 3-2-92　拉伸特征曲线

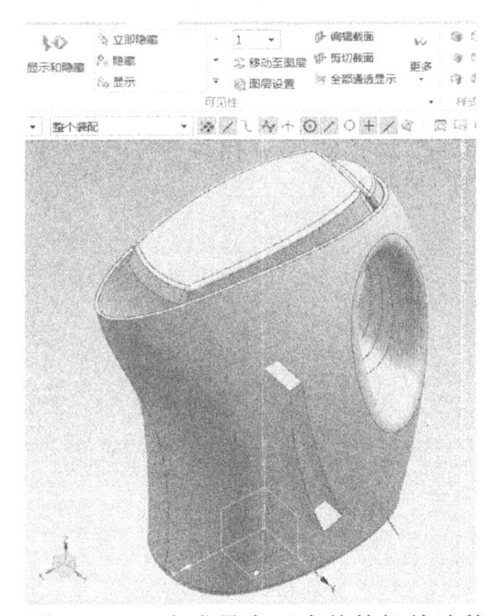

图 3-2-93　生成贯穿于壶体的拉伸片体

用拉伸片体将壶体拆分，然后将拉伸片体隐藏，选中拆分体，选择【移除参数】命令，得到如图 3-2-95 所示图形，将两侧的水位观察窗外侧面向内偏置 1mm，得到最终的电热水壶造型数模，如图 3-2-96 所示，至此电热水壶的造型建模基本完成。

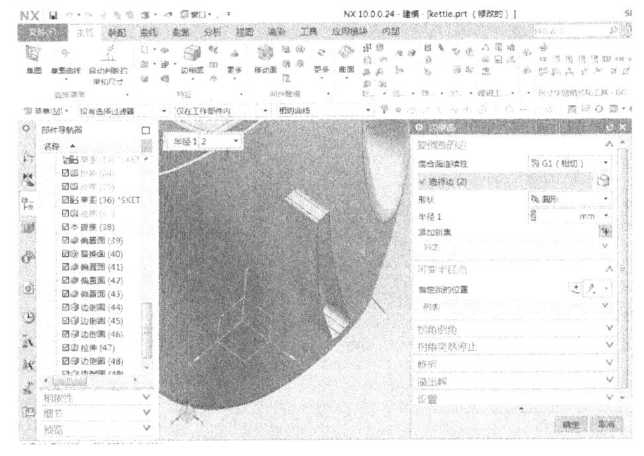

图 3-2-94　对拉伸面的 4 条边线倒圆角

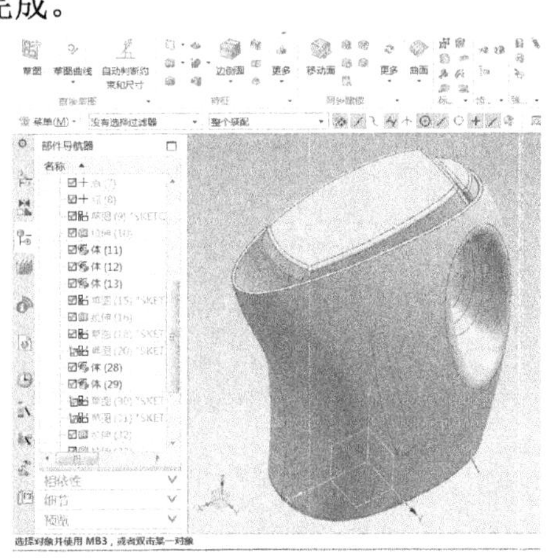

图 3-2-95　拆分壶体

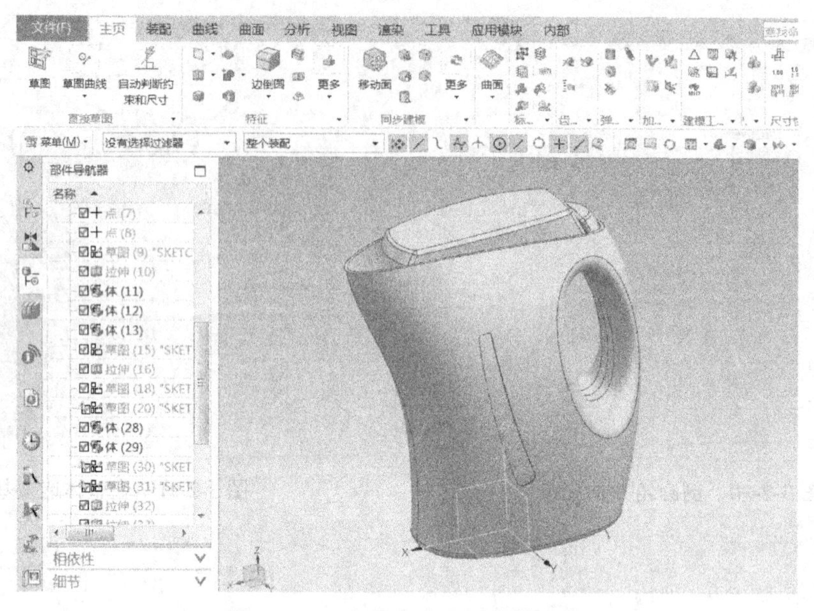

图 3-2-96　电热水壶造型数模完成

第4章

塑料产品成型工艺与结构设计的基本方法

塑料是发展最为迅速的材料，在人们生活、工作中使用的产品里，塑料制品占有很大的比例。塑料是设计材料重要的组成部分，具有良好的综合性能，在产品设计中应用广泛。

4.1 产品设计常用塑料

产品设计中常用的塑料包括通用塑料、工程塑料和特种塑料三个类别。

4.1.1 通用塑料

通用塑料一般是指产量大、用途广、成型性好、价格便宜的塑料。产品设计中常用通用塑料包括ABS塑料、聚氯乙烯塑料（PVC）、聚乙烯塑料（PE）、聚丙烯塑料（PP）、聚苯乙烯塑料（PS）。

（1）ABS塑料具有优良的综合性能，坚韧、质硬，广泛用于各种电器产品的外壳（见图4-1-1）、交通工具内饰、仪表台、装饰板、隔音板、椅子（见图4-1-2）及各类扶手等产品的制造。

图4-1-1 电饭煲外壳

图4-1-2 椅子

（2）聚氯乙烯塑料（PVC）耐腐蚀，力学性能、绝缘性能、加工性能良好，制造成本低，应用十分广泛，主要用于制作卡片、贴牌、吊顶、水管、电线电缆绝缘层、塑料门窗、塑料袋等。在产品设计中，PVC比较适合制作箱包（见图4-1-3），运动及防护用品如篮球、足球、橄榄球以及头盔（见图4-1-4）、护膝等。

图 4-1-3 旅行箱

图 4-1-4 自行车头盔

（3）聚乙烯塑料（PE）适用于制造薄膜（见图 4-1-5）、塑料瓶（见图 4-1-6）等。

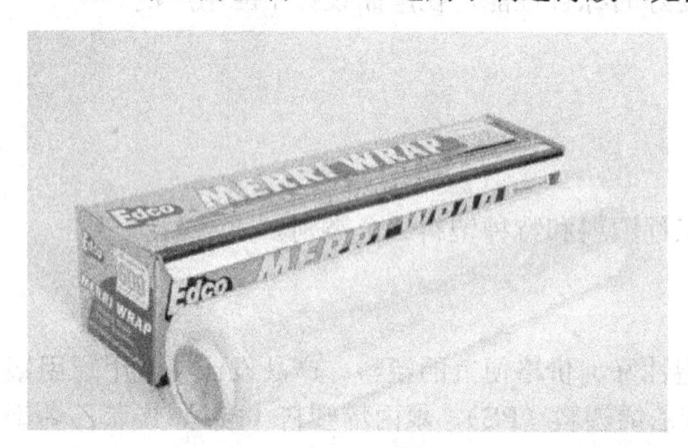

图 4-1-5 薄膜

图 4-1-6 塑料瓶

（4）聚丙烯塑料（PP）是所有塑料中密度最低的，抗弯曲疲劳性好，耐热性好，但是在室温和低温条件下冲击强度较差，适用于制造各种机械零件如齿轮、风扇叶轮，各种化工管道、家用电器部件、包装箱盒（见图 4-1-7）、容器器皿以及医疗器械（见图 4-1-8）等。

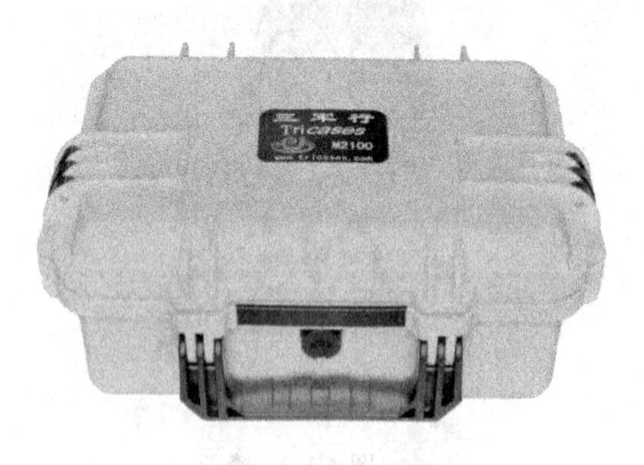

图 4-1-7 工具箱

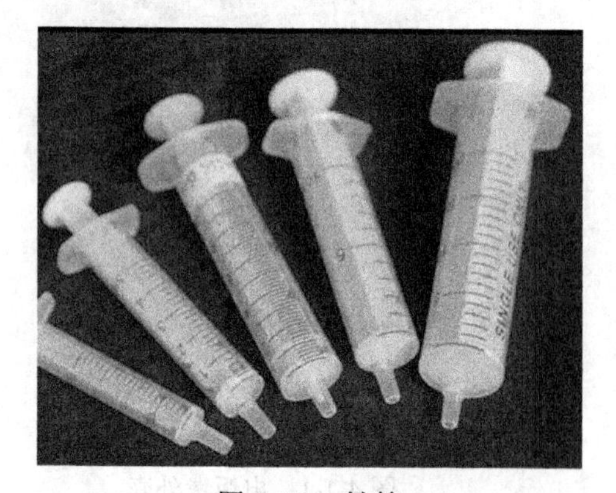

图 4-1-8 针筒

（5）聚苯乙烯塑料（PS）适用于制作仪器仪表外壳（见图 4-1-9）、接线盒（见图 4-1-10）、开关按钮、玩具、包装及管道的保温层、耐油的机械零件等。

图 4-1-9　检测仪外壳

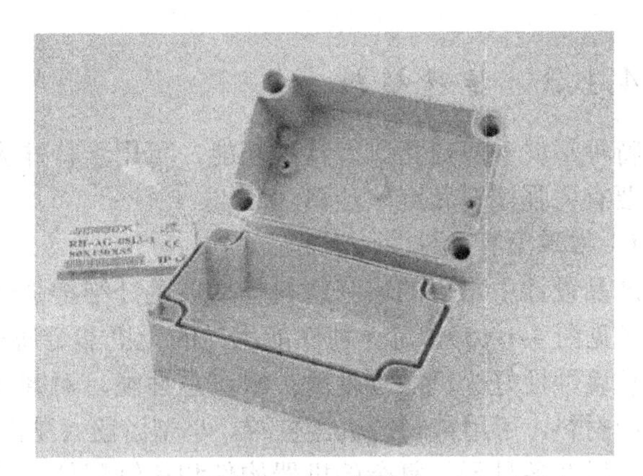

图 4-1-10　接线盒

4.1.2　工程塑料

工程塑料一般指能承受一定外力作用，具有良好的机械性能和耐高、低温性能，稳定性较好，可以用作工程结构的塑料。工程塑料又分为通用工程塑料和特种工程塑料两大类。产品设计中常用的工程塑料有聚碳酸酯塑料（PC）、聚酰胺塑料（PA）。

（1）聚碳酸酯塑料（PC）综合性能优良，冲击韧性、耐热性、耐寒性好，可以部分代替有色金属及合金，适合制造的产品有小齿轮、泵体、电器外壳（见图 4-1-11）、保护性壳体如手机壳（见图 4-1-12）、安全帽等。

图 4-1-11　开关面板

图 4-1-12　手机保护壳

（2）聚酰胺塑料（PA）俗称尼龙，一般为白色或淡黄色，不透明，自润滑，力学性能、耐磨性好，耐热性差，可以部分代替有色金属，适合制作各类耐磨件、轴承、齿轮、滚轮等，如图 4-1-13、图 4-1-14 所示为尼龙轴承滚轮和尼龙齿轮。

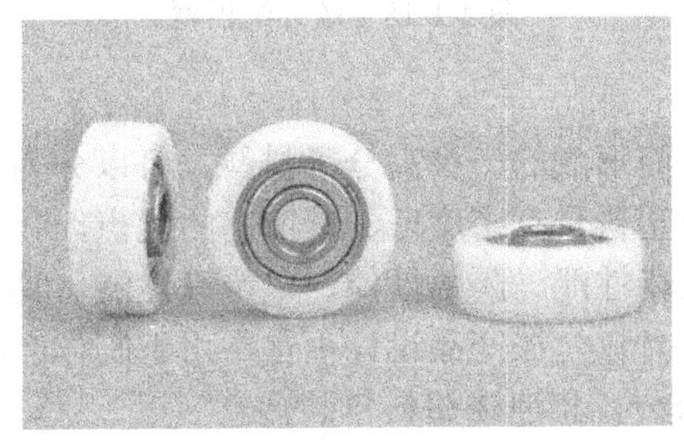

图 4-1-13　尼龙轴承滚轮

图 4-1-14　尼龙齿轮

4.1.3 特种塑料

特种塑料一般是指具有特种功能，可用于特殊应用领域的塑料，产品设计中常用的特种塑料主要有增强塑料和泡沫塑料。

1）增强塑料

产品设计中常用的增强塑料包括玻璃纤维增强塑料和碳纤维增强塑料。玻璃纤维也称为玻璃钢（见图 4-1-15），是一种性能优异的无机非金属材料，种类繁多，优点是绝缘性好、耐热性强、抗腐蚀性好、机械强度高；缺点是性脆、耐磨性较差。玻璃纤维通常有两种用途，一种作为成型材料，可用来制造机器护罩、小型游艇（见图 4-1-16）、绝缘抗磁仪表、耐蚀耐压容器和管道，以及各种形状复杂的机器构件和车辆配件；另一种用作复合材料中的增强材料，尼龙、ABS、聚苯乙烯等都可用玻璃纤维强化，强度是原材料的数倍，有的甚至可以超过金属材料。

图 4-1-15 玻璃纤维

图 4-1-16 小型游艇

碳纤维是一种含碳量在 95%以上的高强度、高弹性模量的新型纤维材料（见图 4-1-17）。碳纤维比玻璃纤维具有更高的强度，弹性模量比玻璃纤维高几倍，是理想的增强材料。高温、低温性能好，具有很高的化学稳定性。碳纤维主要用于强度高而质量小的产品，如用于制作飞机、高速列车、汽车等产品的壳体或结构件，如图 4-1-18 所示为碳纤维摇臂。

图 4-1-17 碳纤维

图 4-1-18 碳纤维摇臂

2）泡沫塑料

泡沫塑料是由大量气体微孔分散于固体塑料中而形成的一类高分子材料，可以分为硬质、半硬质和软质泡沫塑料三种。与纯塑料相比，泡沫塑料具有密度低、强度高的优点，强度随密度的增加而增大，有优良的缓冲减震性能、隔音吸音性能、隔热性能、电绝缘性能，具有耐腐蚀、耐霉菌的特性。泡沫塑料广泛用作隔热、隔音材料，在产品设计中常常用于制作产品包装或车船壳体等，如图 4-1-19、图 4-1-20 所示为泡沫塑料和泡沫塑料包装盒。

图 4-1-19　泡沫塑料

图 4-1-20　泡沫塑料包装盒

4.2　塑料加工工艺

塑料的成型可以采用模具成型或机加工成型，模具成型是将塑料原料经过成型设备在一定时间、温度、压力下制成各种成品；机加工成型是将塑料材质通过机械加工的工艺，如车削加工、铣削加工等，加工成需要的形态。通常采用塑料制造的批量化产品大多数采用模具成型，采用模具成型才能够体现塑料材质在产品标准化、生产效率以及成本方面的优势，因此本章重点介绍塑料的模具成型工艺，常见的成型方式包括注塑成型、吹塑成型、吸塑成型、挤塑成型、滚塑成型（也称旋转成型）等。

4.2.1　注塑成型

注塑成型又称注射模塑成型，它是一种注射兼模塑的成型方法。注塑成型方法的优点是生产速度快、效率高，操作可实现自动化，产品形状可以由简到繁，尺寸可以由小到大，而且制品尺寸精确。注塑成型适用于大批量生产的产品和生产形状复杂的产品，生产成本相对低廉。注塑成型的缺点是模具成本高而且清理困难，因此小批量制品就不宜采用这种成型方法。注塑成型的原理是塑料原料在注塑机（如图 4-2-1 所示为卧式注塑机、如图 4-2-2 所示为立式注塑机）加热料筒中塑化后，由柱塞或往复螺杆注射到闭合模具（如图 4-2-3 所示为注塑模具、如图 4-2-4 所示为注塑模具示意图）的模腔中形成制品。注塑通常是一个快速循环过程，可以生产大量各种大小规格的零件、配件，较高的精度使得零件间的配合紧密，能够满足公差要求，同时注塑模具可以生成复杂的产品造型、结构和纹理。注塑机的主要类型有卧式注塑机、立式注塑机、角式注塑机、双色和多色注塑机。

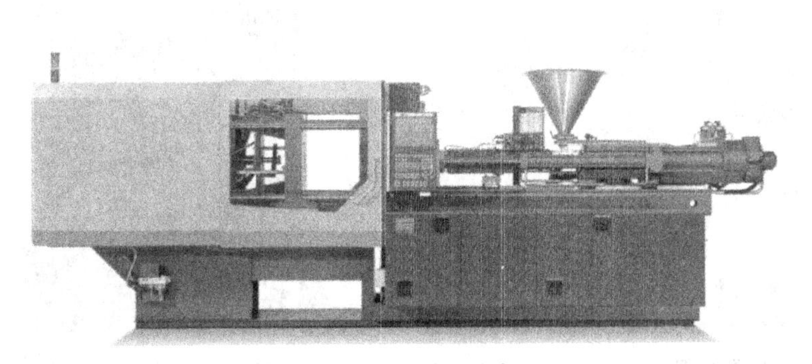

图 4-2-1　卧式注塑机

图 4-2-2　立式注塑机

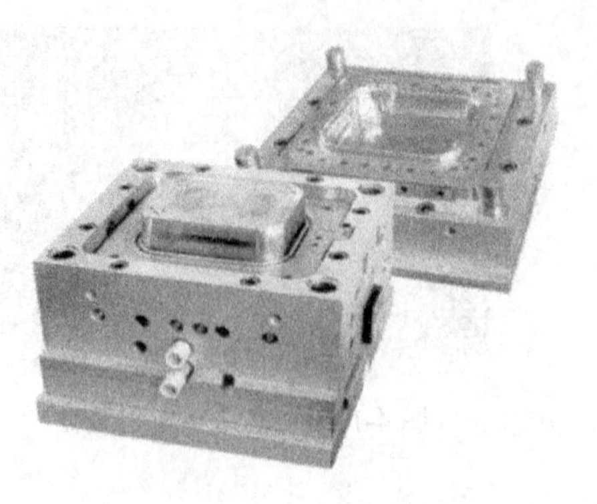

图 4-2-3　注塑模具

图 4-2-4　注塑模具示意图

生活中绝大部分塑料产品采用的是注塑成型，用这种方法成型的制品有电视机外壳、半导体收音机外壳、电器上的接插件、旋钮、齿轮、灯罩、茶杯、饭碗、皂盒、浴缸、凉鞋、日用小工具等，如图 4-2-5、图 4-2-6 所示为塑料榨汁器和充电器头。

图 4-2-5　塑料榨汁器

图 4-2-6　充电器头

4.2.2 吹塑成型

热塑性塑料经挤出或注射成型得到的管状塑料型坯，趁热（或加热到软化状态）置于对开的吹塑模具（见图 4-2-7）中，闭模后立即在型坯内通入压缩空气，使塑料型坯吹胀而紧贴在模具内壁上，经冷却脱模，即得到各种中空制品。20 世纪 50 年代后期，随着高密度聚乙烯的诞生和吹塑成型机的发展，吹塑技术得到了广泛应用，比如常见的塑胶工具箱（见图 4-2-8）大部分都是采用吹塑工艺制作的。适用于吹塑的塑料有聚乙烯、聚氯乙烯、聚丙烯、聚酯等。

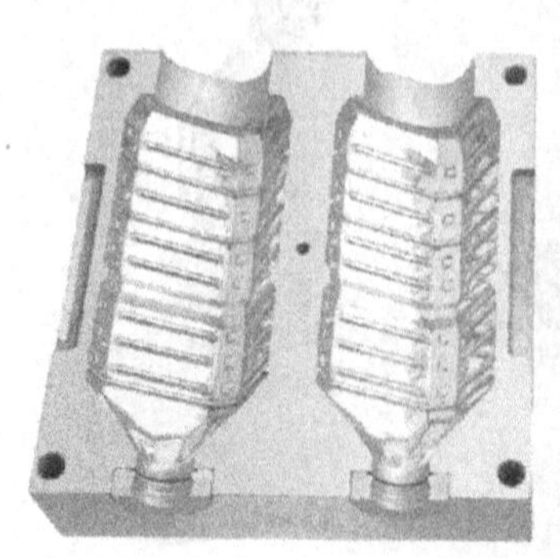

图 4-2-7　吹塑模具

图 4-2-8　塑胶工具箱

4.2.3　吸塑成型

吸塑成型是以热塑性的塑料板材为原料，利用气压差施压制造产品的一种方法，基本原理是将塑料板材裁成一定大小和形状，夹持在吸塑机（见图 4-2-9）的工作平台上加热至热弹状态，利用气压差将塑料板材紧贴在模具上，形成与模具相同的形态，待冷却后脱模修整成制成品。该成型方法适用于形状结构简单、配合精度要求不高的薄壳产品，其模具简单，只需单独的凹模或凸模，常用来加工各类灯箱、杯盖、医疗设备罩壳、中低档汽车门内衬板等产品，比如图 4-2-10 所示的体压监测仪。

图 4-2-9　吸塑机

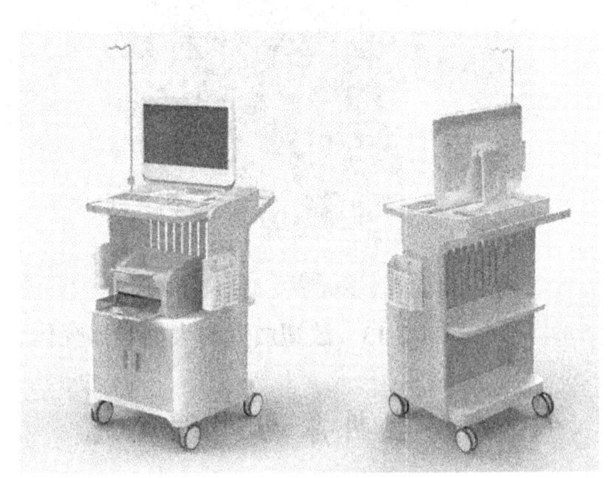

图 4-2-10　体压监测仪

4.2.4　挤塑成型

挤塑成型是利用螺杆将热熔后的塑料向前端的模具里挤，塑料冷却成型后连续从模具中推出，这个过程是连续的，因此生产效率很高，特别适合管材、线材、片材的成型，比如排水管（见图 4-2-11）、走线槽（见图 4-2-12）等。

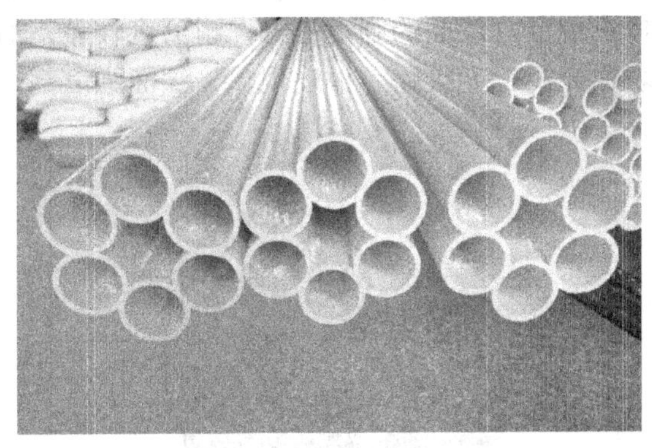

图 4-2-11　排水管

图 4-2-12　走线槽

4.2.5　滚塑成型

滚塑成型又称旋转成型、回转成型等。滚塑成型是先将塑料原料加入模具中，然后模具沿两垂直轴不断旋转并使之加热，使模内的塑料原料在重力和热能的作用下，逐渐均匀地涂布、熔融黏附于模腔的整个表面上，形成所需要的形状，再经冷却定型、脱模，最后获得成品。产品设计中一般用滚塑成型制作大型容器壳体（见图 4-2-13），中空制品如塑料模特（见图 4-2-14）、儿童玩具、工艺品等。

图 4-2-13 滚塑成型的大型容器壳体

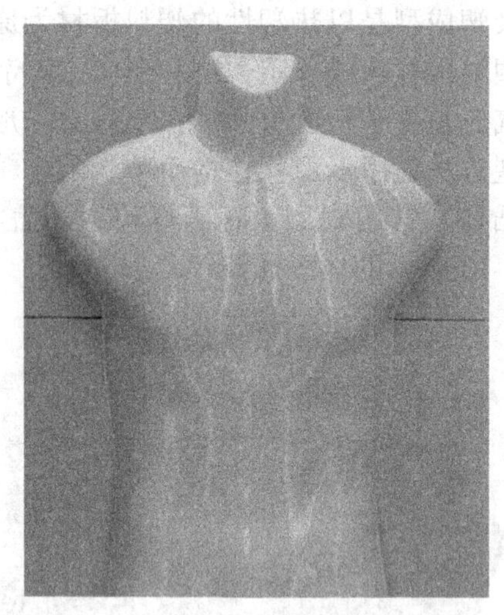

图 4-2-14 塑料模特

4.2.6 塑料表面处理工艺

1）油漆

油漆是一种能牢固覆盖在物体表面，起保护、装饰、标识和其他特殊用途的化学混合物涂料。通过喷枪借助于空气压力，将油漆分散成均匀而微细的雾滴，涂施于产品塑料壳体的表面，可分为空气喷漆、无气喷漆及静电喷漆等喷漆工艺。油漆固化后在塑料壳体的表面会形成一层保护、装饰层。油漆工艺可以分为喷漆和烤漆两种。喷漆指在产品塑料壳体的表面喷上漆，漆自然晾干；烤漆指将喷上油漆的产品放置在烤箱中或烤漆灯前烘干，如图 4-2-15 所示，烤漆温度通常设定在 55～65℃，温度太高塑料容易变形。喷漆和烤漆的主要区别在于：喷漆的漆膜不均匀，色彩不饱满，容易形成纹路，不光滑，有橘皮现象，漆面的强度较低，耐磨度较差，油漆固化时间较长；烤漆的漆膜均匀，色彩饱满，表面光滑，无纹路、橘皮现象，漆面强度高，耐磨度较好，油漆固化时间较短，如图 4-2-16 所示。

图 4-2-15 烤漆

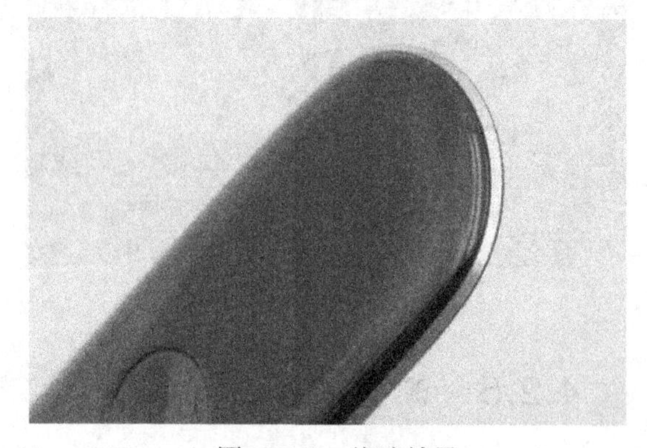

图 4-2-16 烤漆效果

2）电镀

电镀是一种电化学反应，在电镀池中装有电解质溶液，此电解质溶液含有镀层金属的离子，通电后由于待镀件接电源的负极，因此待镀件表面聚集大量带正电荷的镀层金属离子，即待镀件被带正电荷的离子包围并在此得到电子，成为原子沉积下来，镀层金属原子失去电子变为离子进入电解质溶液中，这种电子转移的过程就是氧化-还原反应。利用这个原理，将某些金属或非金属表面处理为导电层，然后在表面上镀一层其他金属或合金的过程称为电镀。镀层金属通常是一些在空气或溶液里不易发生变化的金属，如铬、锌、镍、银等以及合金。塑料电镀的主要目的为装饰产品，如图4-2-17、图4-2-18所示为电镀塑料车标和电镀塑料手机壳。

图4-2-17 电镀塑料车标

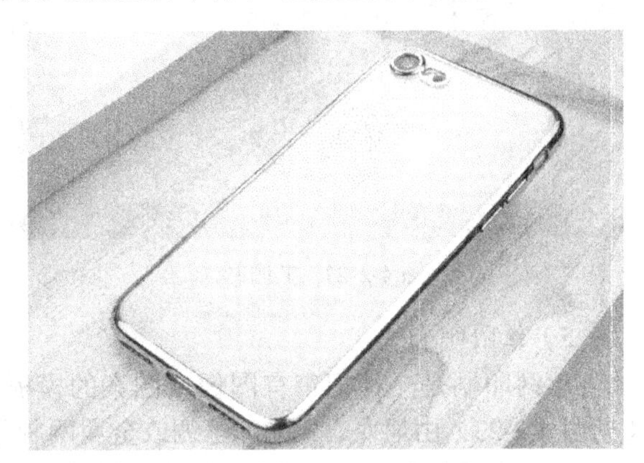

图4-2-18 电镀塑料手机壳

3）水转印

水转印技术是以水做溶解媒介将带彩色图案的转印纸或塑料膜进行图文转移的一种印刷方式。其工艺程序复杂，但相较于其他印刷方式，水转印是一种“全能”的印刷方式。不仅印刷效果好，而且对承印物形状的要求比较低，无论是平面、曲面、棱面或是凹面都能满足，在转印过程中不需要加压与加热，所以对于一些不耐高温、不能承受压力的超薄型材料来说是首选工艺，因此应用范围非常广泛，适用于玻璃、陶瓷、五金、木材、塑料、皮革、大理石等表面光滑的材料，如图4-2-19、图4-2-20所示为水转印鼠标壳和水转印玩具汽车。

图4-2-19 水转印鼠标壳

图4-2-20 水转印玩具汽车

4）热转印

热转印是将花纹或图案印刷到耐热性胶纸上，通过加热、加压，将油墨层的花纹图案印到成品材料上的一种技术。利用热转印可将多色图案一次成图，无须套色，简单的设备也可印出逼真的图案，比如生活中常见的T恤衫（见图4-2-21）、马克杯（见图4-2-22）上的图案就是热转印上去的。热转印技术广泛应用于电器、日用品、建材、装饰品等。由于其具有抗腐蚀、抗冲击、耐老化、耐磨、防火、不变色等性能，大部分产品都用这种方式制作产品标签。

图 4-2-21　T 恤衫

图 4-2-22　马克杯

5）丝网印刷

丝网印刷是一种把带有图像或图案的模板附着在丝网上进行印刷的工艺。通常丝印网版（见图 4-2-23）由尼龙、聚酯、丝绸或金属网制作而成。当承印物直接放在带有模板的丝网下面时，丝网上的模板把一部分丝网小孔封住使得颜料不能穿过丝网，而只有图像部分能穿过，因此在承印物上只有图像部位有印迹。丝网印刷时，油墨或涂料在刮墨刀的挤压下穿过丝网中间的网孔，印刷到承印物上，刮墨刀有手动和自动（见图 4-2-24）两种。产品表面常见的各类标识、文字、图案很多都是由丝网印刷完成的，如图 4-2-25 所示。

图 4-2-23　丝印网版

图 4-2-24　自动刮墨刀

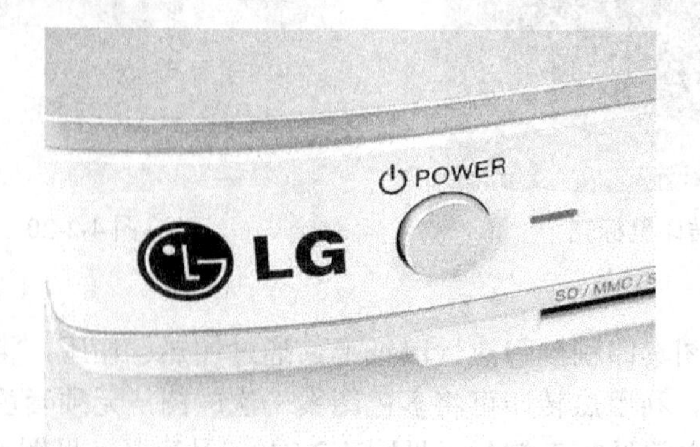

图 4-2-25　丝网印刷的 LOGO

6）模内转印

模内转印即 IMD（In-Mold Decoration），是将装饰图案及功能性标识通过高精度印刷机印刷在箔膜上，通过高精密送箔装置将箔送入专用成型模具内进行精确定位后，利用高温及高压射出塑料原料，将箔膜上的图案转写至塑料产品的表面，是一种能够实现装饰图案与塑胶一体成型的技术。其基本原理为：将图案印刷在一层箔膜上，通过送膜机构将膜片与塑模型腔贴合进行注塑，注塑后有图案的油墨层与箔膜分离，油墨层留在塑件上而得到表面印有装饰图案的塑料壳体，过程如图 4-2-26 所示。模内转印技术通常用在批量大、具有较高外观要求的工件的成型上，比如工件表面需要印有图案、标识（如图 4-2-27 所示的电饭煲盖上的标识）、纹理，或要体现特殊质感的地方，如图 4-2-28 所示的汽车装饰板。

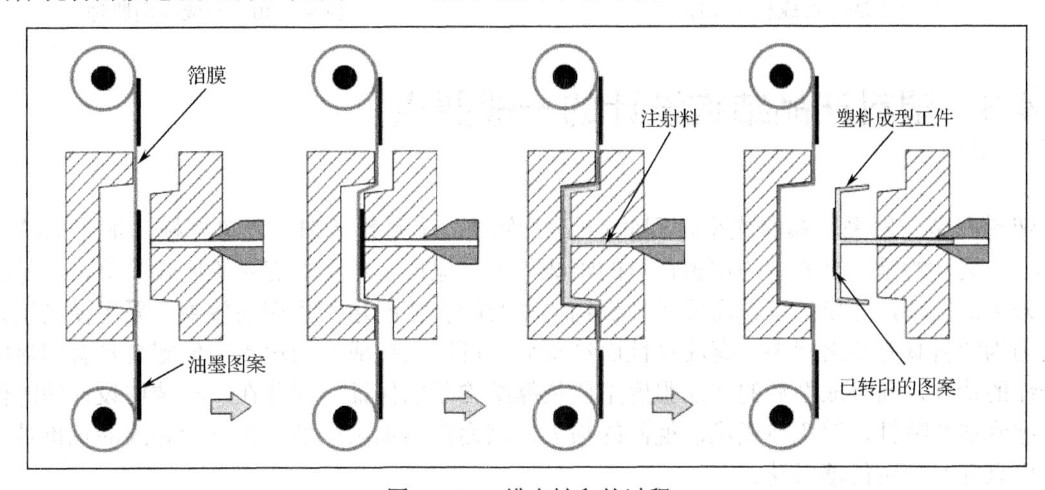

图 4-2-26　模内转印的过程

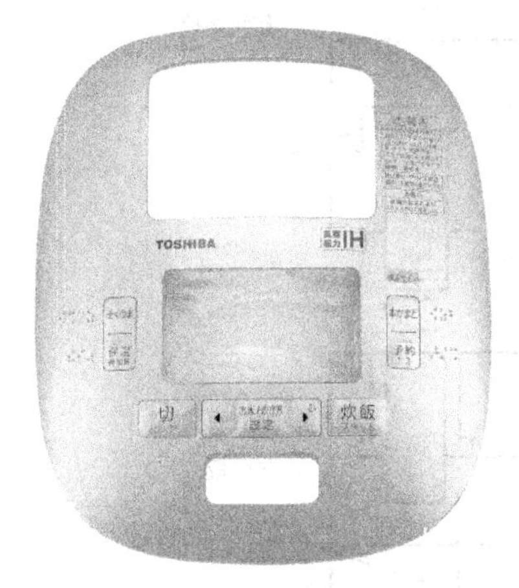

图 4-2-27　电饭煲盖上的标识

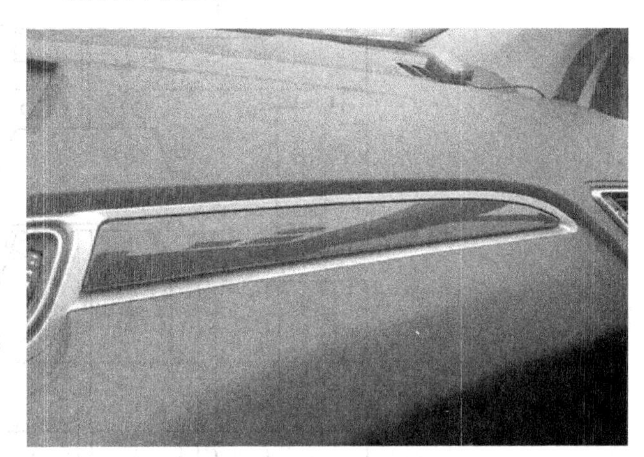

图 4-2-28　汽车装饰板

7）模具晒纹（咬花）工艺

晒纹是模具表面处理一种常见的工艺，直接影响产品表面的美观和表面强度。模具晒纹又称模具咬花、模具蚀纹和模具蚀刻。晒纹的目的有三点：①掩饰成品上的缺陷；②提升产品表面装饰效果，提升产品价值；③丰富产品表面质感，提升设计质量。晒纹的基本原理是采用化学药水（如硫酸、硝酸等）与模具钢材产生化学反应，并控制反应过程来得到各种各样的纹理效果，避免了开模后对产品表面的二次处理。晒纹工艺成本较低、效果丰富、速度快，作为塑料产品表面处理的主要工艺之一，其应用十分广泛，如图 4-2-29、图 4-2-30 所示。

图 4-2-29　形成表面纹路

图 4-2-30　形成表面肌理

4.3　塑料产品结构设计的一般要点

塑料产品一般采用模具成型，因此产品结构的设计尤其是细节要符合模具加工的特点，图 4-3-1 展示的是一个典型的注塑模具的组成与基本原理，虽然加工对象比较简单，但是模具看起来依旧复杂，开模的过程需要多种机构的紧密配合才能达到预期的效果。采用模具工艺主要是因为塑料具有热熔状态下有流动性而冷却后又可以固化成型的优点，但塑料具有明显的热胀冷缩的特性，而且成型后的产品强度主要依靠结构予以保证，因此在产品结构设计的时候就要考虑到这些特性，避免造成难以挽回的损失，因为模具加工成型后再进行修改的代价是很大的，而且并不一定能够成功。

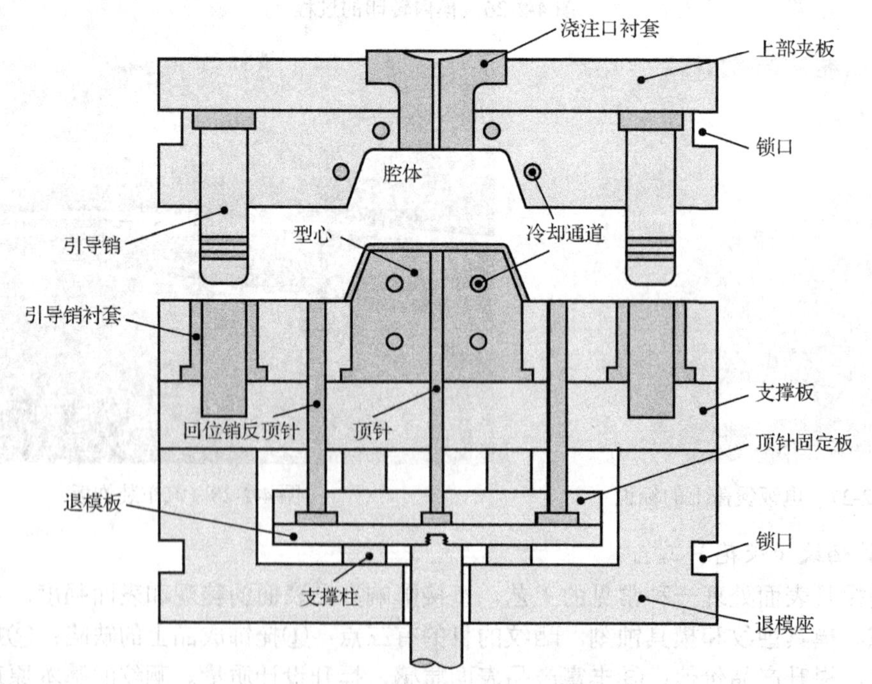

图 4-3-1　注塑模具的组成与基本原理

4.3.1　塑料件壁厚

塑料产品的壁厚主要取决于产品的用途，根据其所需承受的外力大小以及结构设计的强度来决定。产品壁厚的主要作用有：①对产品或产品局部产生保护和支撑；②合理的壁厚可以确保成型时塑料在模具内的流动性，同时节约材料与工艺时间。通常热塑性塑料的壁厚应该设计在 4mm 以下，否则不仅可能造成物料用量上的浪费，在工艺上也会延长冷却时间，加大产生空穴、气孔导致出件报废的可能；③防止产品表面的形变；④满足预埋件（如各类嵌件）以及零件装配的强度要求。塑料件壁厚的设计原则如下：

（1）壁厚均匀。均匀的壁厚可以确保热熔料冷却收缩后依旧保持均匀形态，保证设计的尺寸精度，如图 4-3-2、图 4-3-3 所示，左图的设计都是不合理的。

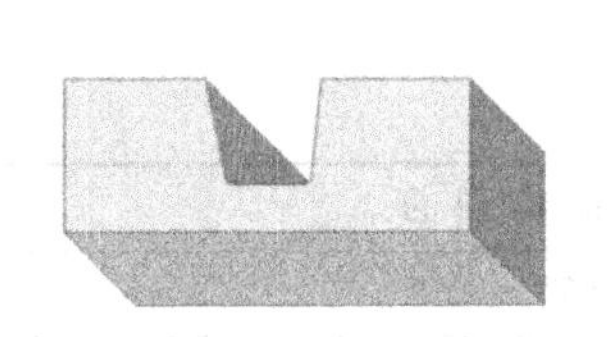

图 4-3-2　壁厚对比 1

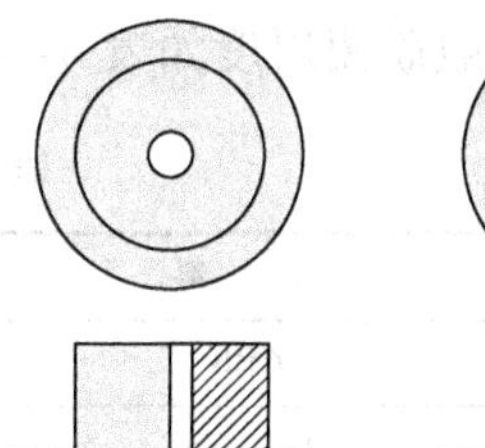
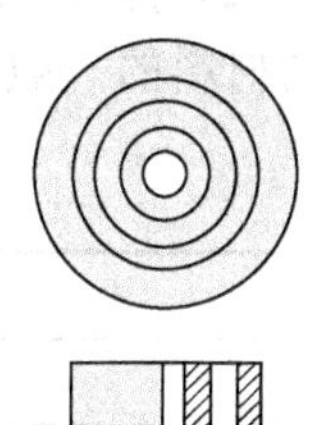

图 4-3-3　壁厚对比 2

（2）壁厚要能够满足设计强度、能够承受开模过程中顶出装置的冲击力，不同塑料类型的常用壁厚如表 4-3-1 所示。

表 4-3-1　不同塑料类型的常用壁厚

常用塑料类型	常用厚度（mm）
PVC（硬）	2.0～3.5
PC	2.0～3.5
ABS	1.5～3.0
PS	1.5～3.5
PP	1.0～2.5

（3）在安装、连接结构处，包括嵌件预埋件以及焊接处要留有足够的厚度。

（4）产品上相邻的薄壁、厚壁比为：热塑性塑料 1∶1.5；热固性塑料 1∶3 到 1∶5。

（5）在满足以上几点的情况下，应尽量采用较小的壁厚，以节约物料成本。

4.3.2　塑料件的脱模斜度

由于塑料冷却后具有较大的收缩率，从而包裹住型芯（成型产品内表面的模具零件，从模具外观上看凸起的部分）导致脱模困难，如果此时强行脱模，则会导致塑件表面被拉伤，因此塑料产品在设计时通常会为了能够使产品容易从模具上脱离出来，而在产品的内外壁各设置一定的倾斜值，即脱模斜度。脱模斜度通常取值 1°～1.5°，如图 4-3-4 所示。设计脱模斜度的时候要符合塑料件的设计精度，通常腔体越深，脱模斜度取值越大。一般来说，如果在形态设计方面影响不大，脱模斜度的取值可以更大。当然也有特殊情况，比如需要脱模后塑料件依然停留在型芯上或是腔体内，则要将对应的脱模斜度减小，甚至可以通过设计扣位结构实现。

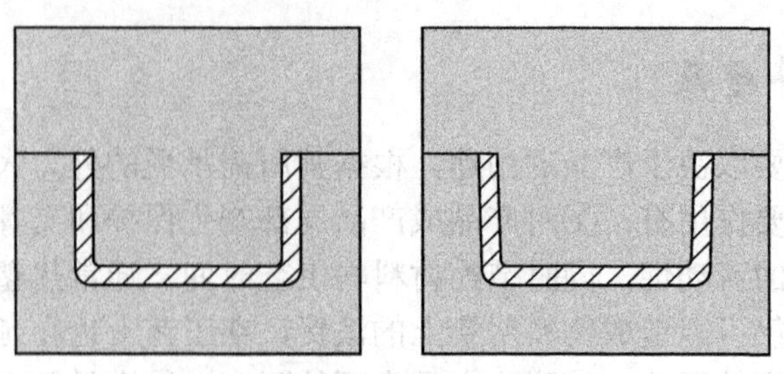

图 4-3-4 脱模斜度示意图

塑料件脱模斜度的设计原则如下：

（1）产品精度与脱模斜度呈反比。

（2）材料收缩率越大，脱模斜度越大。材料的类型偏硬、偏脆、刚性大，脱模斜度要求大。不同材料的一般脱模斜度如表 4-3-2 所示。

表 4-3-2 不同材料的一般脱模斜度

材　料	脱 模 斜 度
ABS	0.5°～1.5°
PC、PS	1°～2°
PP、PE	0.5°～1°

（3）制品表面越粗糙，脱模斜度越大。模具的正常脱模斜度为 0.5°，当花纹深度有 5μm 时，脱模斜度就需要 1°，即便如此脱模时还会有划伤产品表面的可能，因此在具体的加工过程中要根据实际情况对模具的结构进行调整。

4.3.3 塑料件的加强筋设计

塑料件加强筋的主要作用在于增强机体强度和刚性，避免制件变形，同时减小壁厚，达到减少材料用量的目的。加强筋的设计主要针对一些受到压力、扭力时需要保证稳定的产品或是有弯曲要求的产品，通常位于产品内部，有时也有加工工艺限制的因素。加强筋的设计原则如下。

（1）加强筋的厚度和高度会影响其背面的产品表面，高且厚的加强筋有可能造成产品表面凹陷，称为缩水，如图 4-3-5 所示。加强筋的高度一般不高于塑料壁厚的 3 倍，通常应使中间筋低于外壁 0.5～1mm，如图 4-3-6 所示。加强筋的厚度应小于塑料壁厚的 50%，如果加强筋背后的产品表面非外观表面，则加强筋的厚度可为塑料壁厚的 70%。

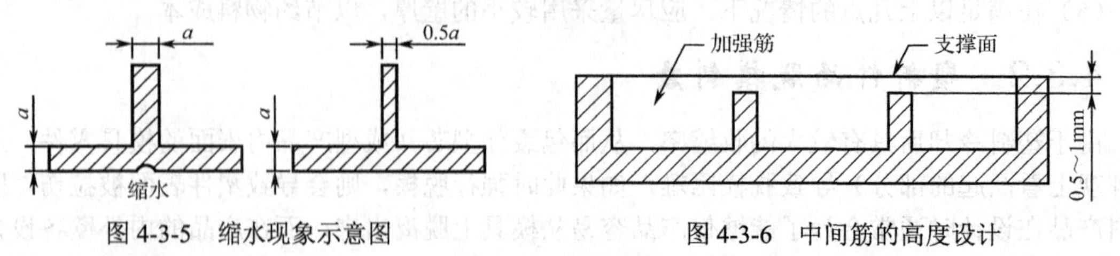

图 4-3-5 缩水现象示意图　　图 4-3-6 中间筋的高度设计

（2）加强筋的根部应用圆角进行过渡，避免外力作用时产生应力而被破坏，但半径尺寸不能过大，通常为壁厚的 1/8，如图 4-3-7 所示，同时加强筋的高度与圆角半径的关系如表 4-3-3 所示。

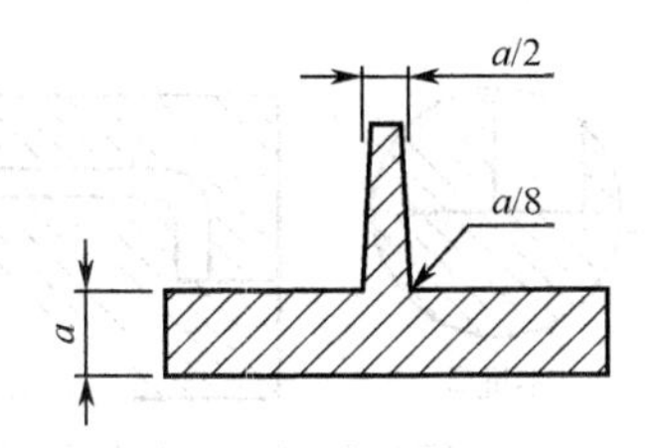

图 4-3-7　加强筋高度与圆角半径关系图

表 4-3-3　加强筋的高度与圆角半径的关系（单位：mm）

加强筋高度	6	6～13	13～19	>19
圆角半径	0.8～1.5	1.5～3	3～5	6～7

（3）当有超过两条加强筋的时候，加强筋之间的距离应不小于塑料壁厚的两倍。

（4）在设计加强筋时应在空间上留有余量，以便后续根据需要增加加强筋的数量。

4.3.4　塑料件的支柱设计

塑料件的支柱通常用螺丝与产品的其他部分连接，如连接上下壳体或固定元器件等。塑料支柱的设计原则如下：

（1）支柱的壁厚通常为产品壁厚的 0.5～0.7 倍；支柱如果是实心的，那么其直径等于壁厚的 0.5～0.7 倍。

（2）支柱的高度一般不超过支柱直径的 3 倍，支柱的外侧和内侧的脱模斜度一般为 0.5°。

（3）支柱通常和加强筋一同使用，主要为了提升支柱的强度，如果支柱离内壁比较近，最好用加强筋进行连接，如图 4-3-8 所示。

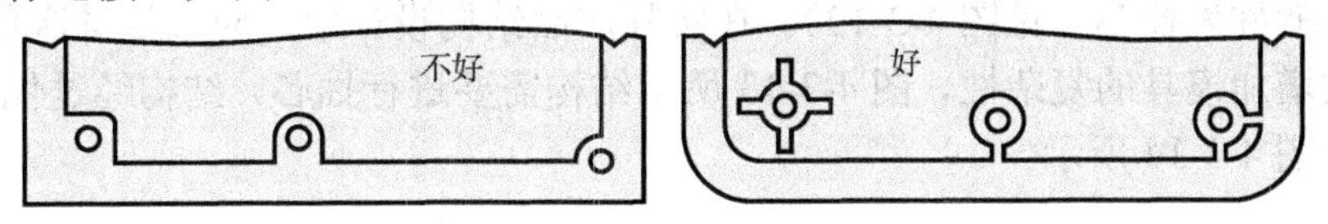

图 4-3-8　支柱设计比较图

（4）把握好支柱壁厚与强度的平衡，尤其是需要拧入自攻螺丝时，可以适当加厚壁厚，但不能引起产品表面缩水或形成空穴，同时将支柱内侧底部再下沉 0.2mm（实际厚度相当于壁厚减少 0.2mm），基本可以避免产品表面缩水。

（5）如果支柱需要上螺钉就得按螺柱处理，作为螺柱，壁厚要大于或等于 1.3mm，拧自攻螺钉的螺柱的孔径为螺钉外径的 0.8 倍，有内螺纹的螺柱螺纹深度至少要达到螺钉牙距的 4 倍。

4.3.5　塑料件的圆角设计

在进行塑料件产品结构设计时，在塑料产品的拐角处设置圆角，可以避免注塑时产生应力集中，便于脱模，也可增加产品的机械强度。因此，在设计塑料产品结构时，产品各相交面之间应设置过渡圆角。塑料件圆角的设计原则如下：

（1）要保持壁厚的均匀，通常如果没有外观要求，外圆角的半径应该是壁厚的 1.5 倍，内圆角的半径应该是壁厚的 0.5 倍。

（2）内圆角的半径不低于 0.3mm。

（3）模具的分型面一般不设置圆角，否则会造成模具加工难度的增加，外表面也可能会留下痕迹，如图 4-3-9 所示。

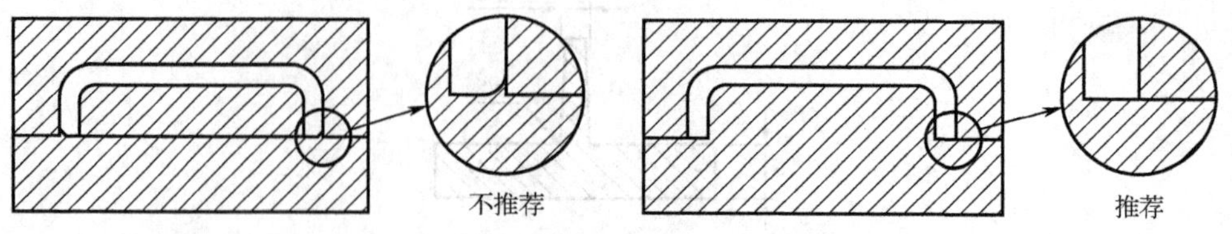

图 4-3-9　模具分型面设计比较图

（4）理论上来说，塑料产品所有的拐角处均应设置过渡圆角，如图 4-3-10 所示，这是由模具加工的工艺决定的。铣削加工不可能直接加工出尖的内角，通常也没有这个必要，如图 4-3-11 所示，深色圆形代表旋转的刀具。

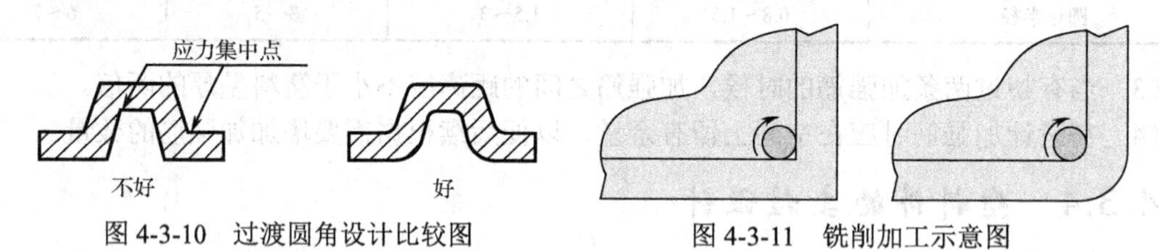

图 4-3-10　过渡圆角设计比较图　　图 4-3-11　铣削加工示意图

4.3.6　滑块与抽芯

滑块是在模具的开模动作中能够按垂直于开合模方向或与开合模方向成一定角度滑动的模具组件。当产品结构使得模具在不采用滑块不能正常脱模的情况下就得使用滑块了。比如塑胶件侧面有孔，在开模后，如果这个孔的芯子不抽掉，产品是无法顶出的。此时模具结构就要采用滑块的结构，把孔的芯子做成活动的，用斜导柱与定模配合，随着开模或合模来使滑块移动，这种移动就称为抽芯（见图 4-3-12）。在实际产品结构设计中，应该尽量避免抽芯的情况，因为这将大大增加模具的复杂性，图 4-3-13 所示结构需要进行抽芯，结构经过优化之后模具大大简化了，如图 4-3-14 所示。

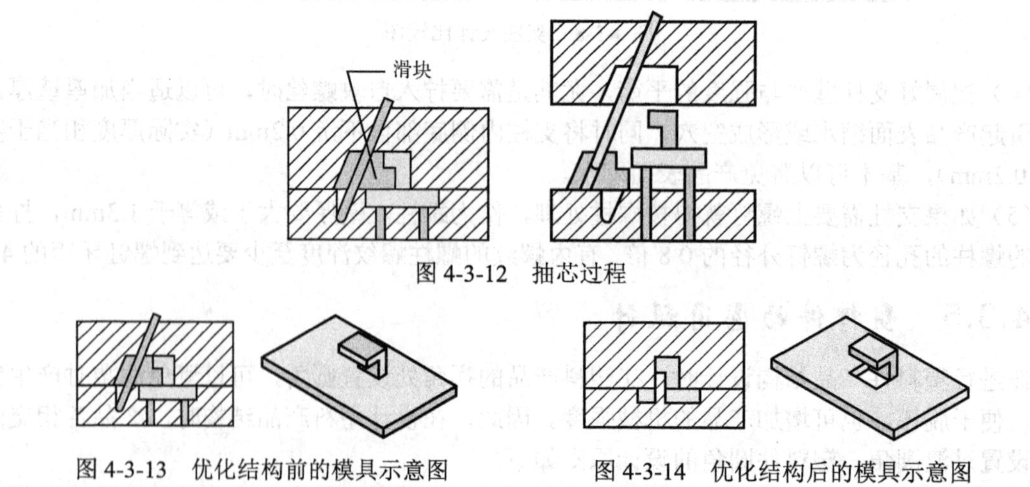

图 4-3-12　抽芯过程

图 4-3-13　优化结构前的模具示意图　　图 4-3-14　优化结构后的模具示意图

4.3.7　塑料件的开孔

在塑料件上开孔十分常见，通常孔有如图 4-3-15 所示的类型。开孔如果开在拔模方向就比较好处理，如果不在拔模方向，在模具上就要设计滑块进行抽芯。

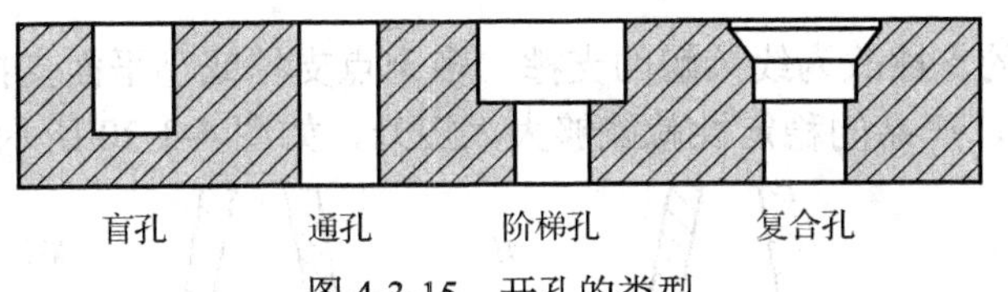

图 4-3-15　开孔的类型

下面介绍塑料件开孔的设计原则。

（1）开孔的孔心间距大于 2 倍孔径，孔心到边距大于 3 倍孔径，如图 4-3-16 所示。

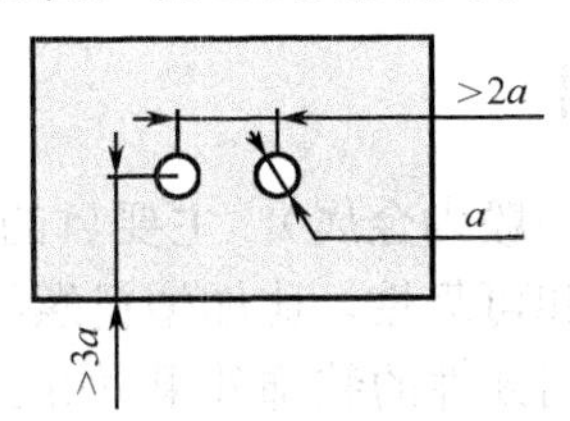

图 4-3-16　开孔位置示意图

（2）产品侧壁上的开孔要尽量避免侧向抽芯，尽量在设计上采用一些方法达到同样的效果。如图 4-3-17 所示的盒体，左边的盒体开孔在下壳体上，需要抽芯；右边的盒体巧妙地利用了分模线将孔一分为二，避免了抽芯。如图 4-3-18 所示的盒体侧壁上有通孔，通过对孔及附近的结构进行处理，利用外壁的倾角和孔的直径的距离，将横向的问题转化为纵向的问题，也避免了抽芯。

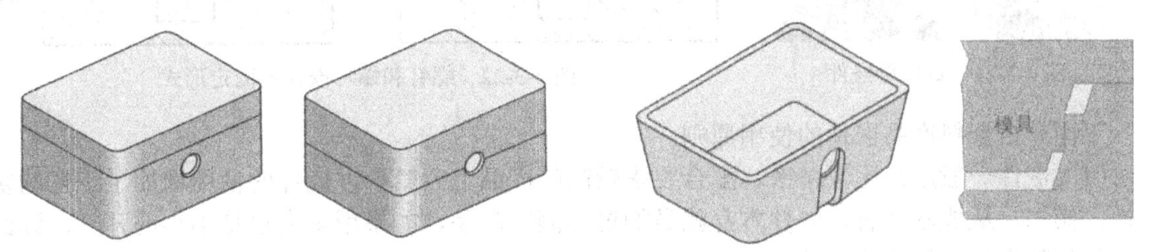

图 4-3-17　分模线位置不同模具难易程度不同　　图 4-3-18　避免抽芯的结构设计

（3）开孔如果有强度和刚性的要求或要作为固定孔，可以在孔的边缘上设计凸台，如图 4-3-19 所示。

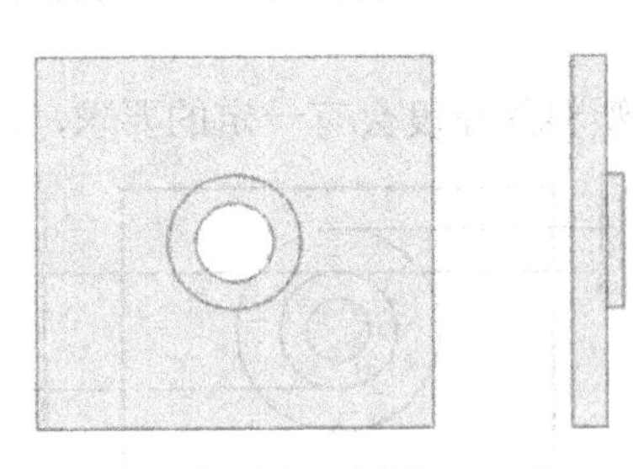

图 4-3-19　凸台

4.3.8　塑料产品支撑面设计

由于模具工艺的原因，产品的底部平面通常很难与绝对的水平面完全贴合，如果将其作为整个产品的支撑面很可能会造成不稳定，因此通常要设计一些凸起的边、凸起的点或是凸台作为支撑面，将面接触的支撑改为线接触的支撑、多个点支撑或小平面支撑，通常 3 个最好，高度设置在 0.5mm 以上，产品的稳定性就能够大大提升，如图 4-3-20 所示。

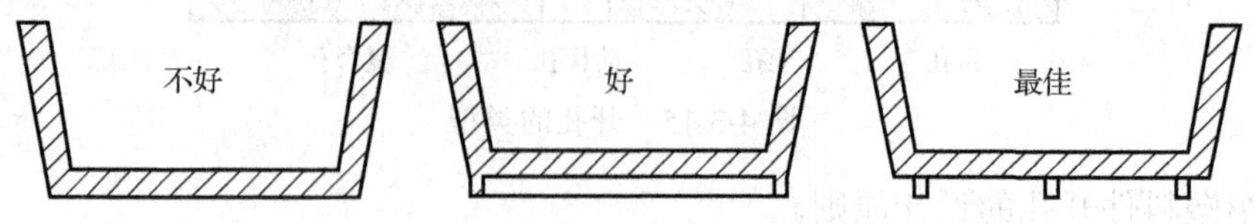

图 4-3-20 不同形式的支撑比较

4.3.9 塑料产品的嵌件

在塑料产品结构中加入嵌件（一般为金属），主要目的有以下几点：①增强某一局部的强度和刚性；②提升连接部的耐磨性和可靠性，比如塑料螺纹显然不如金属螺纹耐磨；③需要用到金属导磁、导电的特性；④需要用到嵌件的装饰效果。如图 4-3-21 所示为铜螺母嵌件，图 4-3-22 所示为螺钉和螺母嵌件的固定形式。

图 4-3-21 铜螺母嵌件

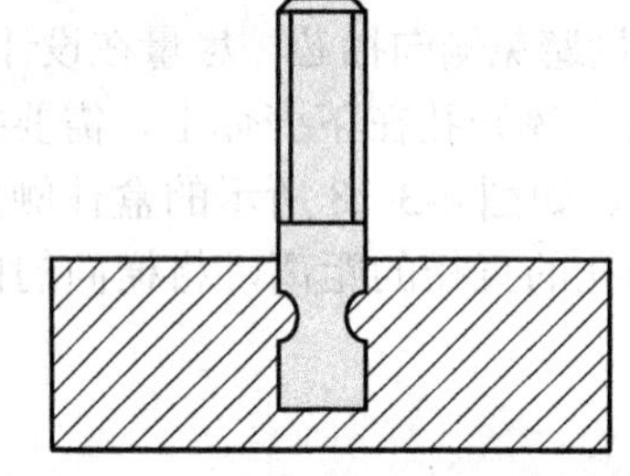
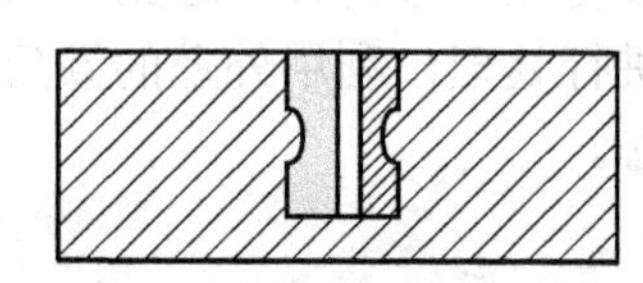

图 4-3-22 螺钉和螺母嵌件的固定形式

下面介绍塑料产品嵌件的使用原则。

（1）嵌件一般用在比较精密、配合要求较高的产品上。第一，嵌件的使用增加了工艺的复杂性；第二，从成本来看，嵌件本身就是加过利润的产品，如果用量大也是不小的开支，因此一般的塑料产品是不采用嵌件的。

（2）嵌件本身要有一定的厚度和强度，注塑是高温高压的生产工艺，嵌件没有一定的厚度和强度也可能会变形。

（3）嵌件的形状最好是圆柱形，方便放置和定位，与塑料接触的表面需要滚花处理以增强附着力。

（4）使用嵌件时，嵌件外层塑料的厚度会有一定的要求，具体见图 4-3-23、表 4-3-4。

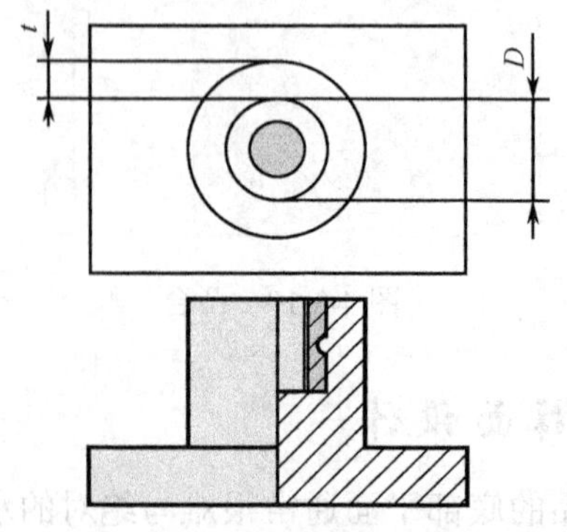

图 4-3-23 嵌件外层塑料的厚度要求

表 4-3-4　嵌件外层塑料的厚度要求（单位：mm）

嵌件的直径 *D*	≤4	4～8	8～12	12～16	≥16
外层塑料的厚度 *t*	≥1.5	≥2	≥3	≥4	≥5

4.3.10　塑料产品上的纹理和符号

塑料产品的局部往往有凹凸的纹理，通常用于增加抓握时的摩擦力，有时也用于装饰作用，如图 4-3-24 所示为塑料盖直纹纹理。而塑料产品表面的符号（包括文字），通常符号被设计成凸出于基准面 0.15～0.3mm，这样做的原因是模具容易实现，将需要符号凸出的地方在模具上去掉就可以了，如图 4-3-25 所示为凸起式符号模具设计、图 4-3-26 所示为凸起式符号。反之则需要将凸出的部分保留，而将其所在面降低 0.15～0.3mm，显然增加了模具加工难度，如图 4-3-27 所示为凹陷式符号模具设计。

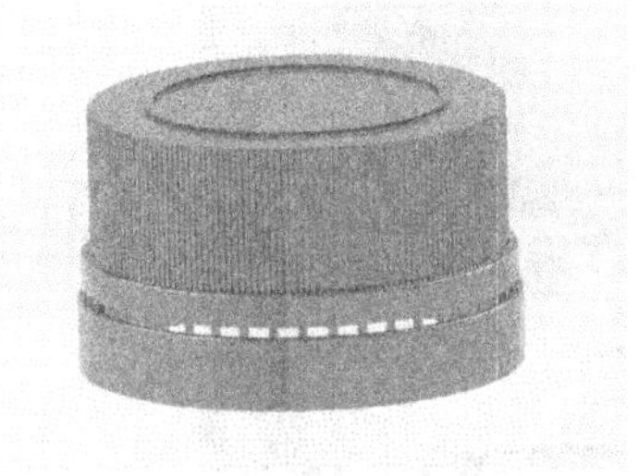

图 4-3-24　塑料盖直纹纹理

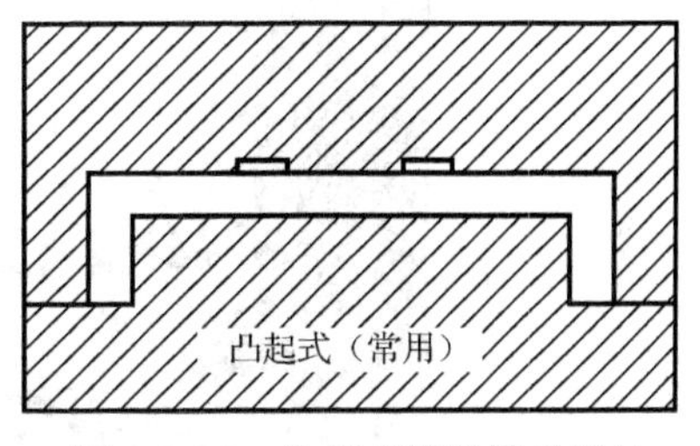

图 4-3-25　凸起式符号模具设计

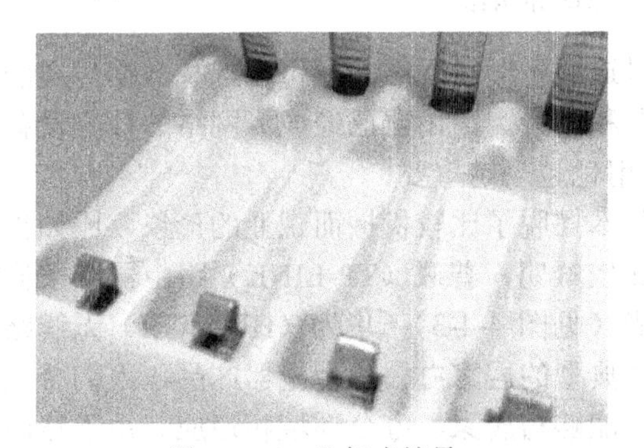

图 4-3-26　凸起式符号

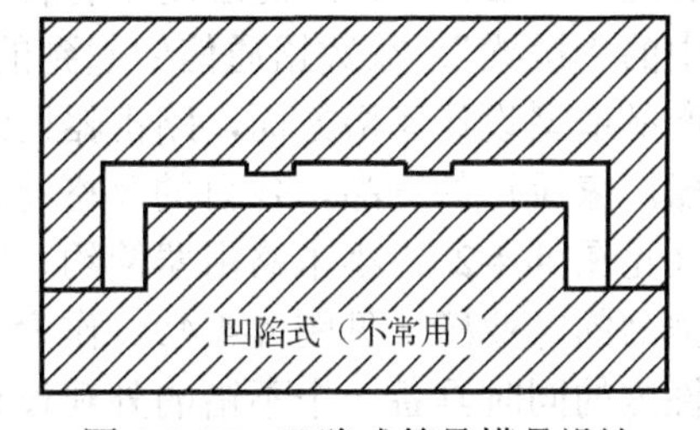

图 4-3-27　凹陷式符号模具设计

如果需要符号生成后不超出所在面，则可以将符号所在区域划出一个范围，整体下降一些后再将符号凸出，这样在另一个模具相应的位置做一个局部的阳模就可以了，如图 4-3-28 所示。

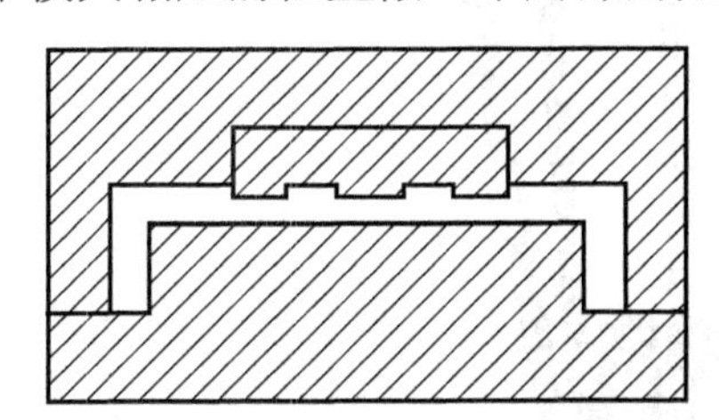

图 4-3-28　下沉式凸起符号的模具设计

4.4 路由器的造型与结构设计

4.4.1 路由器的造型与结构设计分析

路由器的发明与网络密不可分，随着互联网的不断发展，人们迫切需要一种先进的方式来解决网络互连的难题。1984年思科公司创立，其创始人设计了一种叫“多协议路由器”的全新网络设备，帮助斯坦福大学将相互不兼容的计算机网络连接到了一起，这就是路由器的前身。随后，思科公司在1986年正式推出了第一款多协议路由器——AGS，如图4-4-1所示。

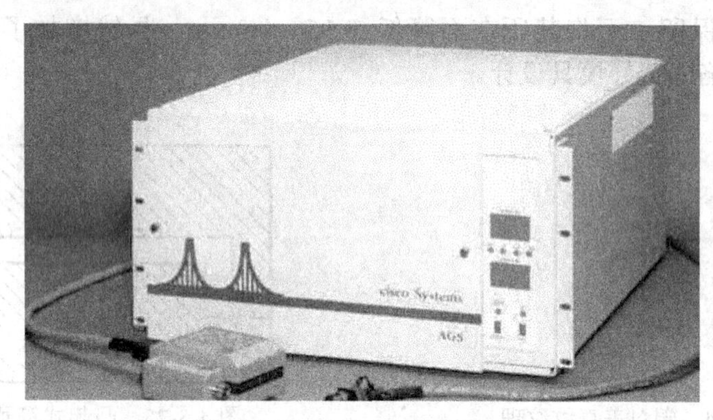

图4-4-1 AGS路由器

路由器可以说是互联网的枢纽，不仅可以连通不同的网络，还可以选择数据传送的路径，并且能够阻隔非法访问，广泛应用于各种行业和场景。路由器已经成为网络的核心设备，相当于网络中的“桥梁”，在数据通信中起到的作用也越来越重要，

在产品造型设计风格方面，路由器已经基本摆脱了比较机械而工业的形象，比如当下主流的路由器厂家设计的产品，各自的风格特征比较鲜明，普联（TP-LINK）路由器线条流畅、轻薄优雅（见图4-4-2）；小米路由器简约、时尚（见图4-4-3）；华为（HUAWEI）无线路由器则显示出强烈的专业感（见图4-4-4）。作为一款典型的居家办公小型电器产品，人们希望其在保证产品性能的同时具备一个不错的外观设计，能够与居家、办公环境相适应。由于路由器的结构相对比较成熟，产品造型设计发挥的空间也比较大，非常适合作为结构设计练习的对象。

图4-4-2 普联（TP-LINK）路由器

图4-4-3 小米路由器

图 4-4-4　华为（HUAWEI）无线路由器

4.4.2　路由器基础形态的构建

要绘制的路由器外观与结构如图 4-4-5、图 4-4-6 所示。首先制作路由器的主体，基本思路是先创建一个长方体，在此基础上逐渐修改其形态，直至形成所需形态。新建一个文件，选择【在任务环境中绘制草图】命令，以 X 轴、Y 轴所在基准面为绘图面，创建一个矩形，【矩形方法】选择【从中心】，绘制一个尺寸为 200mm×150mm 的矩形，如图 4-4-7 所示，单击【完成】。

图 4-4-5　路由器的外观图

图 4-4-6　路由器的结构图

选择【主页】选项卡→【特征】功能栏→【拉伸】命令，【截面】选择上一步绘制的矩形，【方向】选择 Z 轴负方向，开始距离为 0mm，结束距离为 30mm，如图 4-4-8 所示，生成一个尺寸为 200mm×150mm×30mm 的长方体。选择【主页】选项卡→【特征】功能栏→【拔模】命令，【类型】选择【从边】，【脱模方向】选择 Z 轴的负方向，【固定边】选择如图 4-4-9 所示边线，拔模角度设为 30°，单击【确定】，完成前端面拔模角度的设置。同理设置后端面拔模角度为 15°，如图 4-4-10 所示。然后将两侧面的拔模角度设置为 20°，如图 4-4-11 所示。

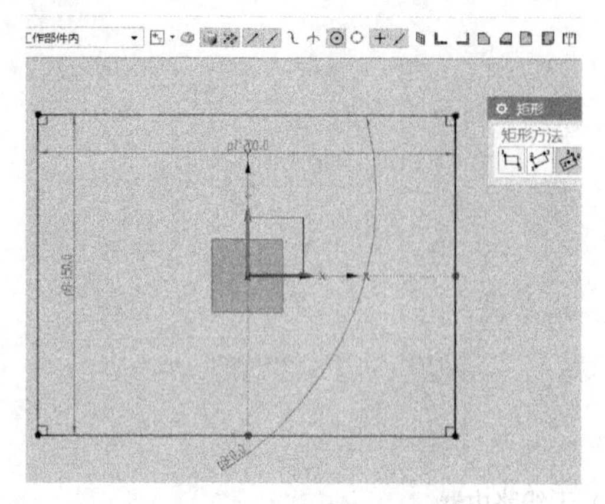

图 4-4-7　绘制矩形线框

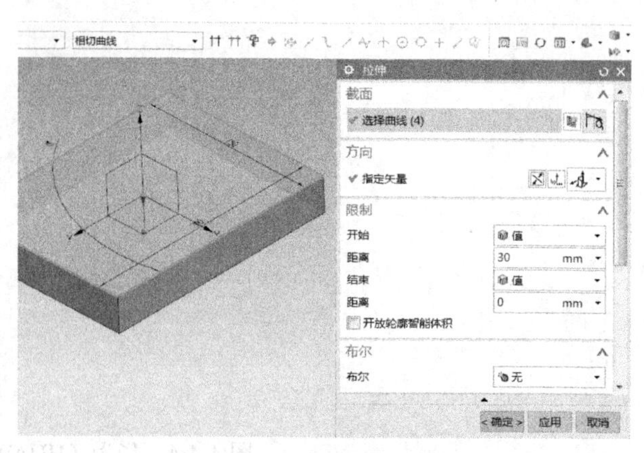

图 4-4-8　拉伸矩形线框

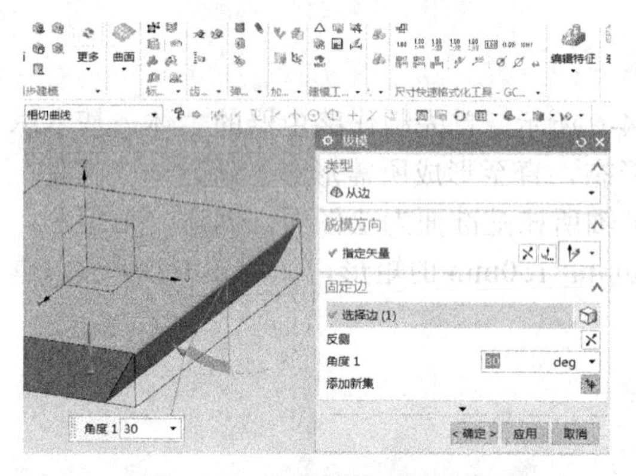

图 4-4-9　设置前端面拔模角度

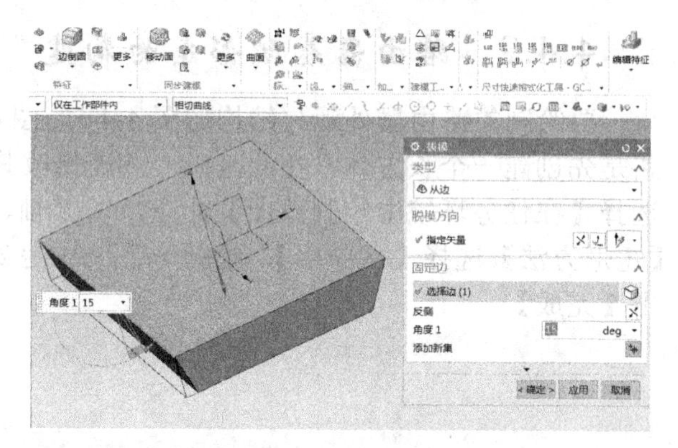

图 4-4-10　设置后端面拔模角度

新建一个基准面 *A*，【类型】为自动判断，【要定义平面的对象】选择 *X* 轴、*Z* 轴所在基准面和一条实体边线（拔模角较小的一侧），如图 4-4-12 所示，【角度】设为 0，新生成的基准面与 *X* 轴、*Z* 轴所在基准面平行。选择【菜单】→【插入】→【关联复制】→【镜像几何体】命令，【要镜像的几何体】选择刚刚生成的基准面 *A*（为了容易区分，临时将其命名为基准面 *A*），【镜像平面】选择 *X* 轴、*Z* 轴所在基准面，单击【确定】，生成另一个基准面 *B*，如图 4-4-13 所示。

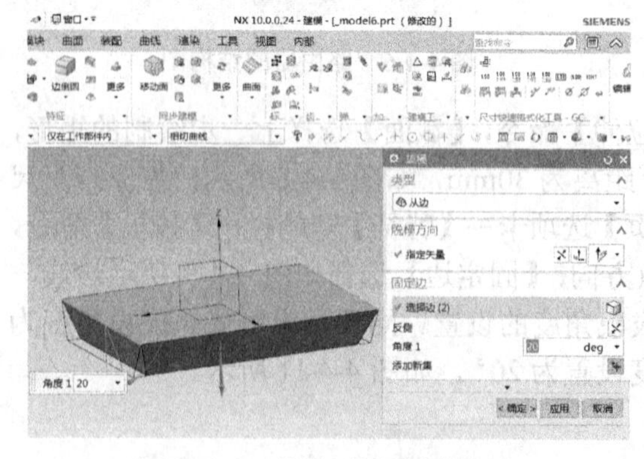

图 4-4-11　设置两侧面拔模角度

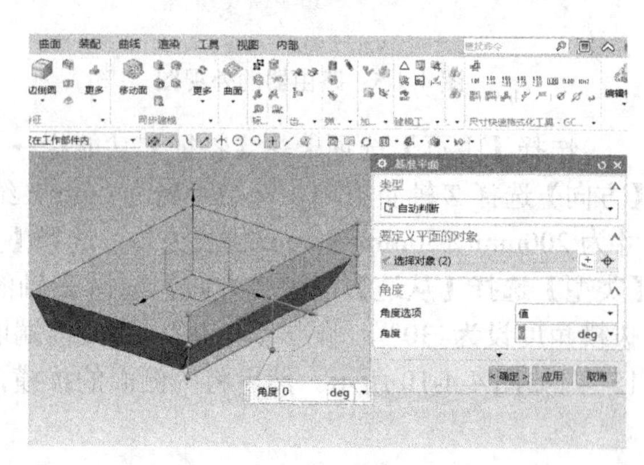

图 4-4-12　新建基准面 *A*

在基准面 *B* 上绘制如图 4-4-14 所示的圆弧，半径为 500mm。圆弧应以 *Z* 轴为中心线对称，圆弧顶部应与拉伸体的上边缘相切，两端应超出拉伸体的左右边界。此段圆弧涉及路由器的顶面造型，需要调整到较合适的尺寸。

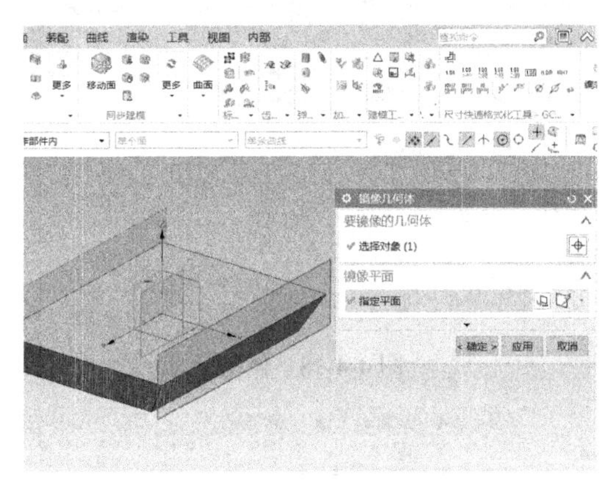

图 4-4-13　新建基准面 *B*

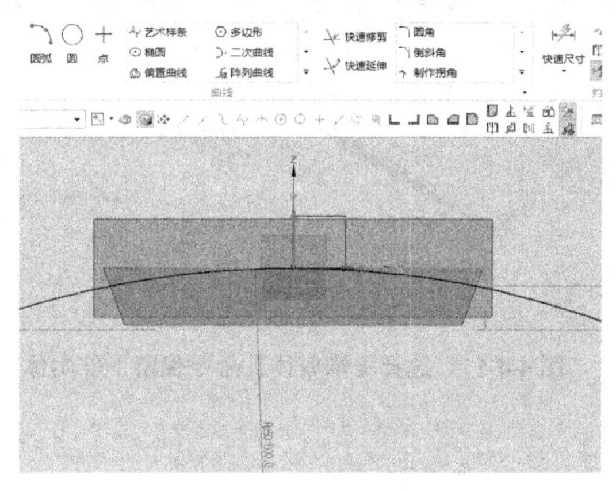

图 4-4-14　绘制圆弧线

在基准面 *A* 中绘制草图，以之前构建的圆弧线为参考向内偏置 5mm，如图 4-4-15 所示，单击【确定】。选择【主页】选项卡→【曲面】功能栏→【通过曲线组】命令，分别选择前面绘制的两段圆弧，选择的方向应保持一致，生成一个弧面，如图 4-4-16 所示，然后将两个基准面隐藏。

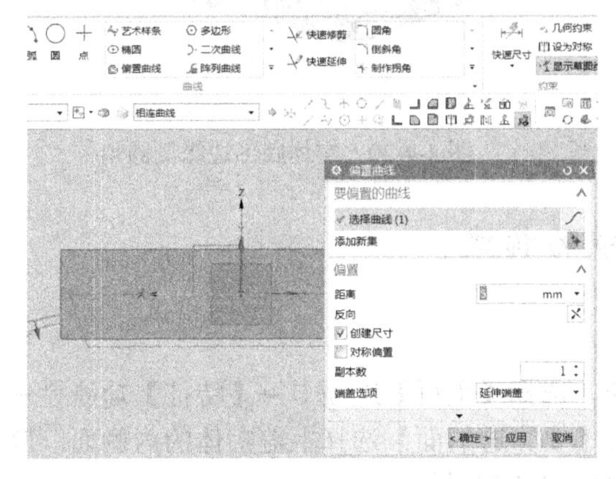

图 4-4-15　偏置曲线

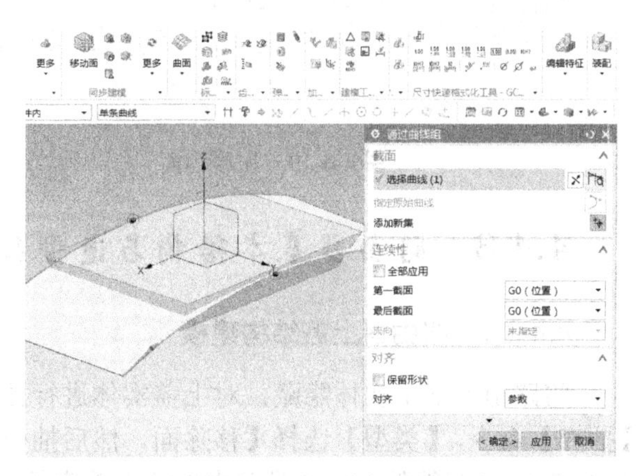

图 4-4-16　选择【通过曲线组】命令生成曲面

选择【主页】选项卡→【特征】功能栏→【修剪体】命令，使用弧面将拉伸体修剪，保留下部实体，如图 4-4-17 所示。将两条曲线和弧面隐藏，选择【边倒圆】命令对修剪完的实体的四条边倒圆角，半径为 20mm，如图 4-4-18 所示。

选择【菜单】→【插入】→【偏置/缩放】→【加厚】命令，【面】选择实体的顶面，【厚度】选择从顶面偏置 3mm，【方向】选择默认顶面的法线方向，总体向上，单击【确定】，生成路由器上盖实体，如图 4-4-19 所示。通过【边倒圆】命令将路由器下部实体底部边缘倒一个半径为 5mm 的圆角，至此路由器的基础形态构建完成，如图 4-4-20 所示。

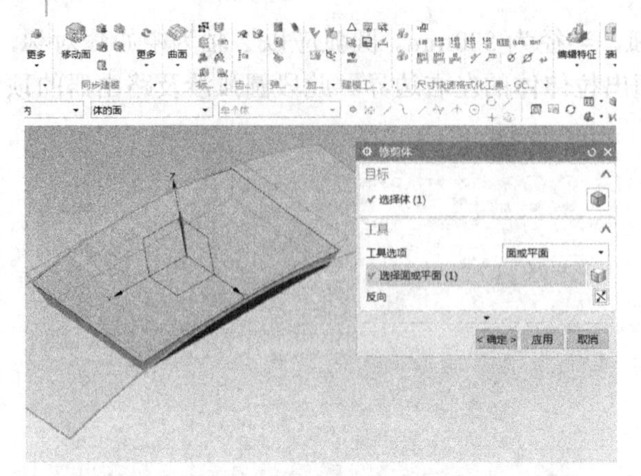

图 4-4-17　选择【修剪体】命令保留下部实体

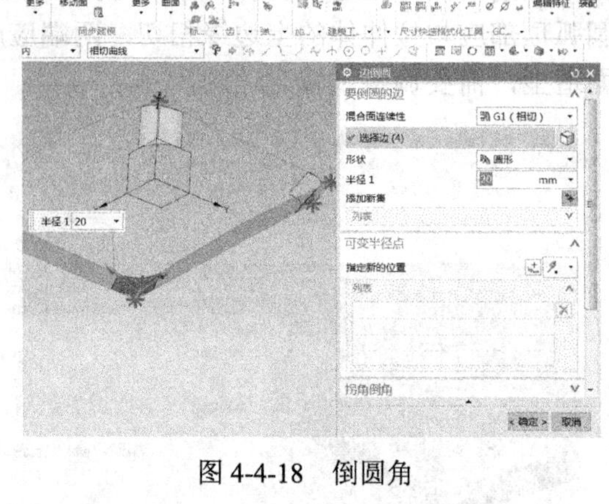

图 4-4-18　倒圆角

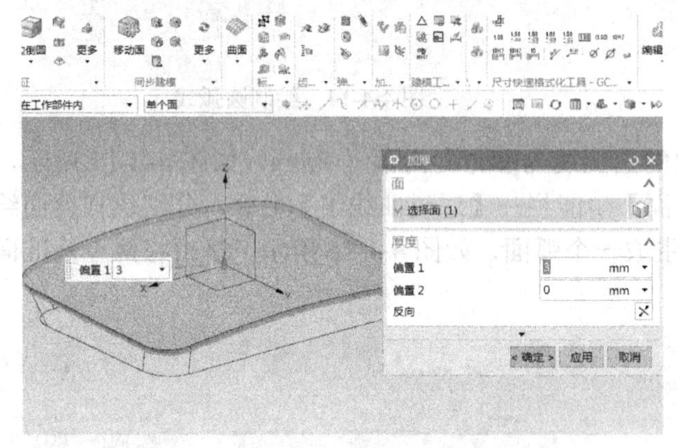

图 4-4-19　加厚顶面

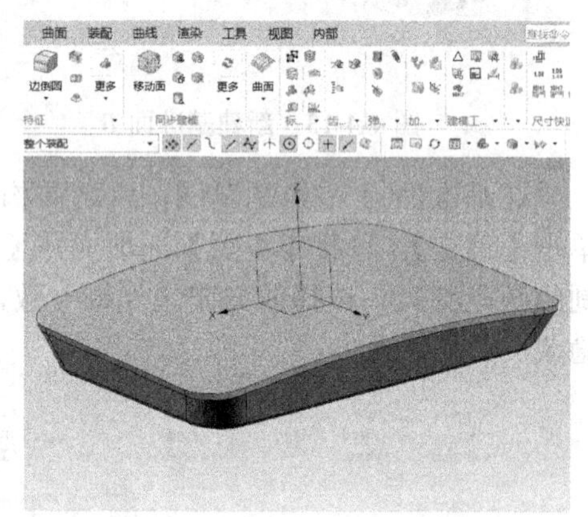

图 4-4-20　实体底部边缘倒圆角

4.4.3　路由器基本结构与造型细节的构建

4.4.3.1　路由器上盖结构建模

将路由器下部实体隐藏，对上盖实体进行抽壳，选择【主页】选项卡→【特征】功能栏→【抽壳】命令，【类型】选择【移除面，然后抽壳】，【要穿透的面】选择上盖实体的内侧面，厚度为 2mm，获得的数模就是路由器的上盖壳体，如图 4-4-21 所示。

接下来制作指示灯的结构，选择【主页】选项卡→【特征】功能栏→【拉伸】命令，选择 X 轴、Y 轴所在基准面为绘图面，绘制指示灯的轮廓线。首先以顶部曲线为参考偏置一条距离为 6mm 的曲线（见图 4-4-22），注意在【曲线规则】下拉列表里要选择【单条曲线】。再以同样的曲线为基础继续偏置出另一条曲线，距离为 3mm（见图 4-4-23），然后将两条偏置出的曲线两端分别用直线连接起来，如图 4-4-24 所示。完成草图绘制后，将拉伸尺寸设为上下各 30mm，【体类型】设为【片体】，如图 4-4-25 所示，单击【确定】，完成拉伸片体的创建。

选择【主页】选项卡→【同步建模】功能栏→【移动面】命令，将拉伸片体的平面一侧向内移动 30mm，另一个平面也向内移动 30mm，如图 4-4-26 所示。使用【边倒圆】命令将拉伸片体的四条边进行倒圆角处理，半径为 1.5mm，如图 4-4-27 所示。选择【主页】选项卡→【特征】功能栏→【拆分体】命令，用拉伸片体将路由器上盖壳体拆分成两部分，如图 4-4-28 所示。

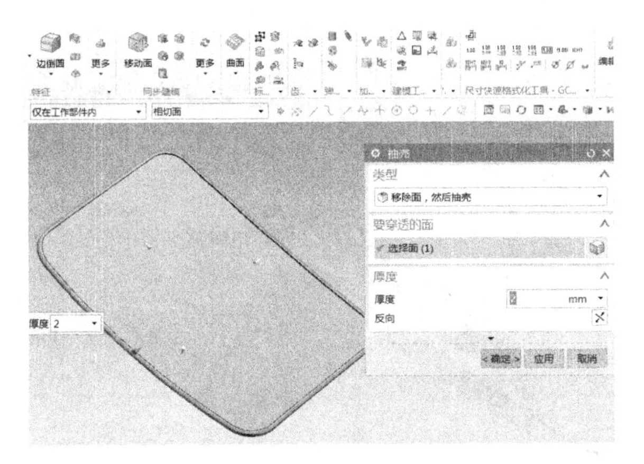

图 4-4-21　上盖实体抽壳

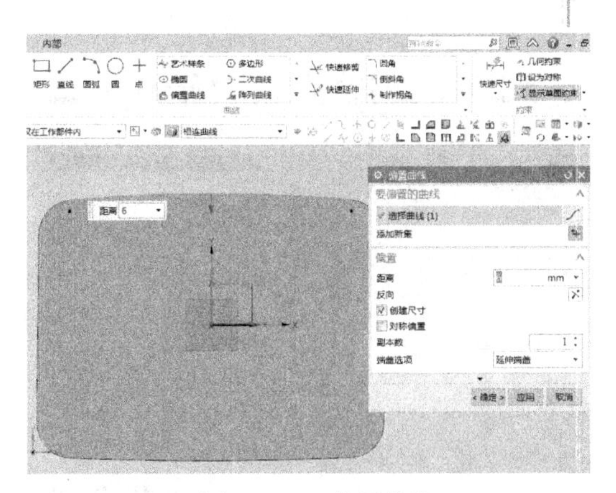

图 4-4-22　偏置曲线

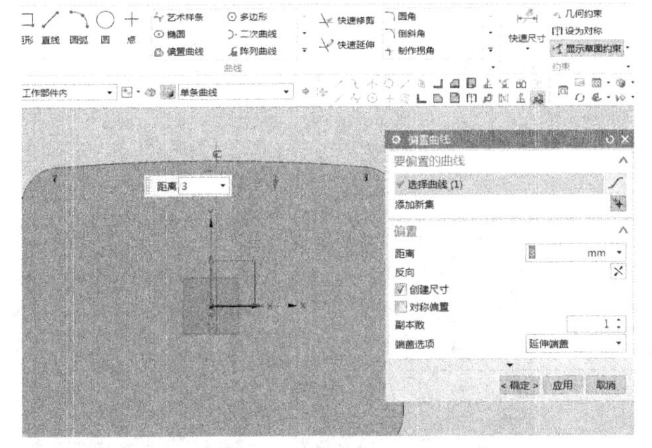

图 4-4-23　偏置第二条曲线

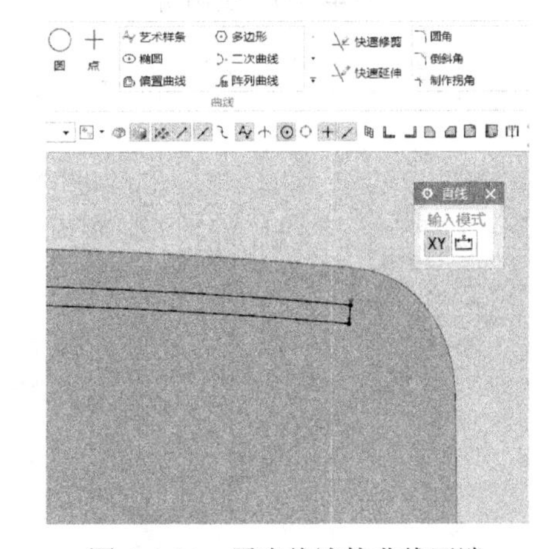

图 4-4-24　用直线连接曲线两端

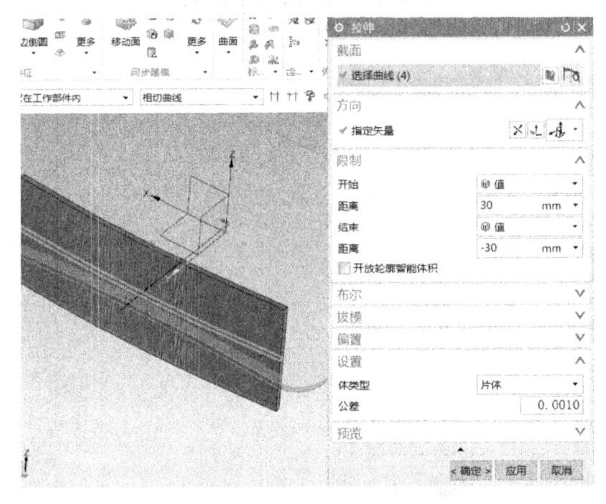

图 4-4-25　创建拉伸片体

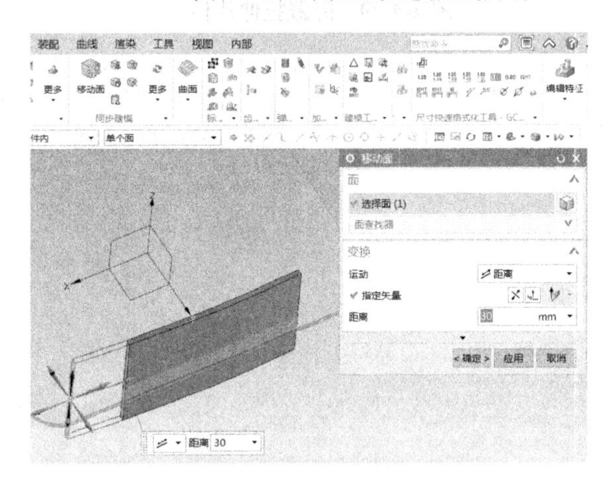

图 4-4-26　移动片体两侧平面

将拉伸片体隐藏（见图 4-4-29），指示灯条具备了初步的形态。但是过长的指示灯条会导致顶盖边缘形成狭长的空缺，容易造成该处结构强度降低和变形的可能，因此在指示灯条的造型和结构上要进行必要的调整。选择【拉伸】命令，用【截面】命令绘制两个矩形对称于 *Y* 轴，位置与尺寸如图 4-4-30 所示，将拉伸尺寸设为上下各 5mm，【体类型】设为【实体】，单击【确定】，生成两个拉伸体，如图 4-4-31 所示。

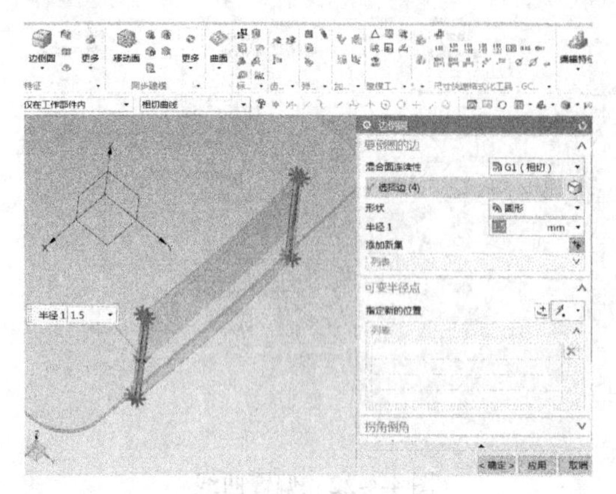

图 4-4-27　倒圆角

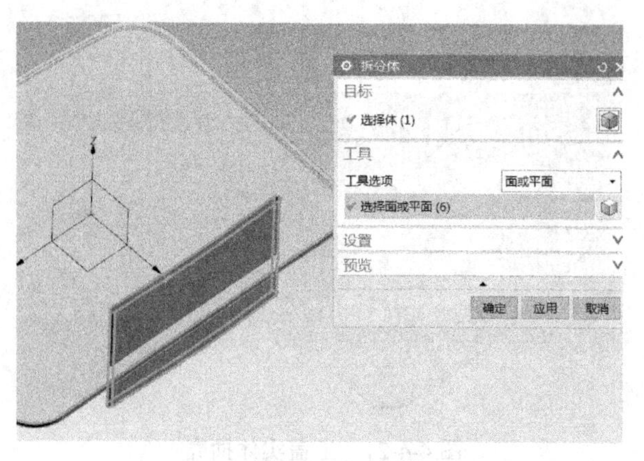

图 4-4-28　拆分

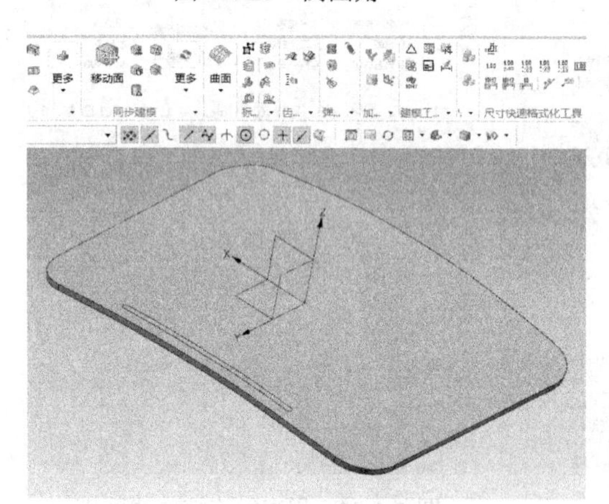

图 4-4-29　隐藏拉伸片体

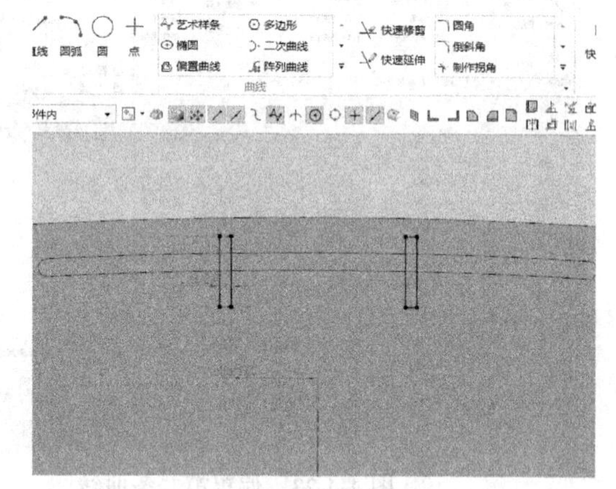

图 4-4-30　绘制两个矩形

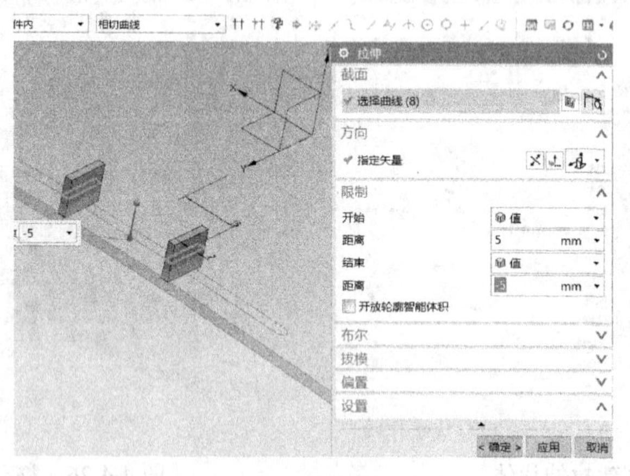

图 4-4-31　将矩形框拉伸

选择【移除参数】命令，将所有显示实体的参数移除，将路由器上盖壳体隐藏，选择【加厚】命令将指示灯条底面向下加厚出 1mm（见图 4-4-32），然后选择【菜单】→【插入】→【偏置/缩放】→【偏置面】命令，将加厚出的实体侧面再向外偏置 1.5mm，如图 4-4-33 所示。选择【主页】选项卡→【特征】功能栏→【组合下拉菜单】→【减去】命令，【目标】选择指示灯条实体，【工具】选择刚刚生成的两个拉伸体，勾选【保存工具】（见图 4-4-34），单击【确定】，然后将这两个拉伸体隐藏，后面还有其他用途。

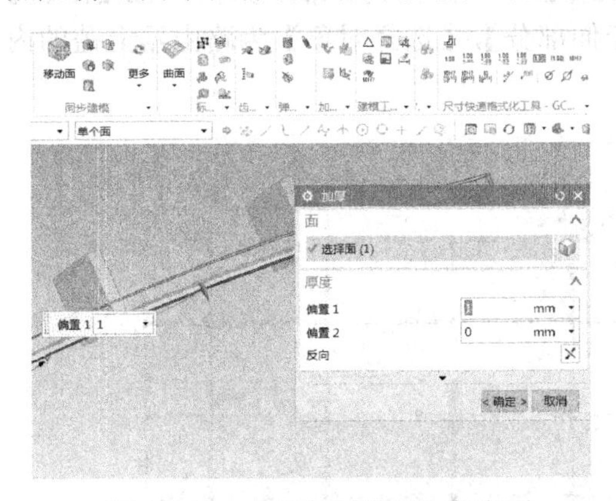

图 4-4-32　向下加厚指示灯条底面

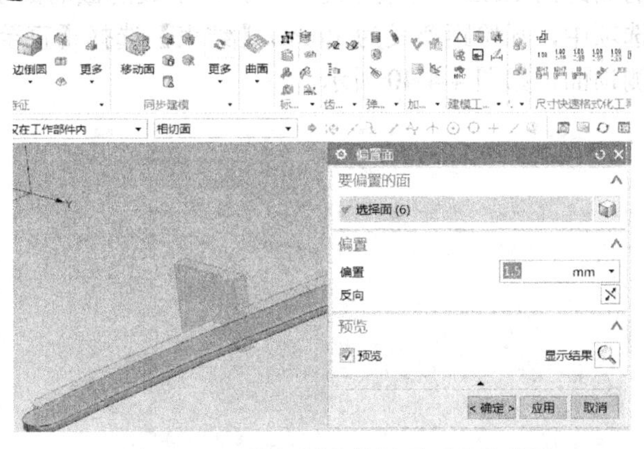

图 4-4-33　将加厚实体侧面再向外偏置

将求差后的指示灯条实体与加厚体合并，如图 4-4-35 所示，然后将灯条隐藏。把路由器上盖壳体和两个小拉伸体显示并进行合并（见图 4-4-36），选择【替换面】命令，将拉伸体的顶面和底面替换成路由器的顶面和内侧顶面，结果如图 4-4-37 所示，单击【确定】完成创建。

图 4-4-34　指示灯条与两个长方体求差并保存工具

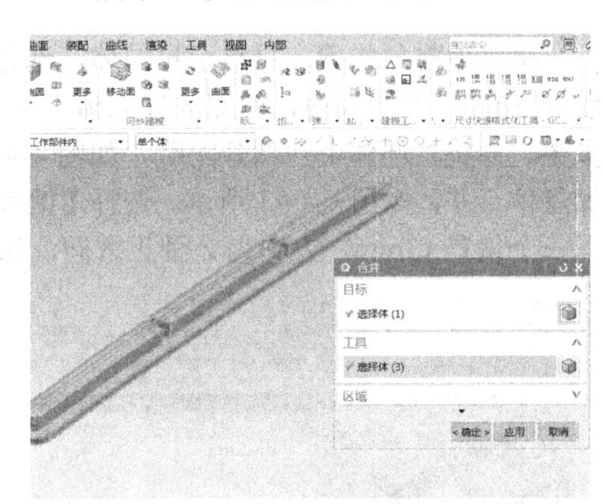

图 4-4-35　合并实体 1

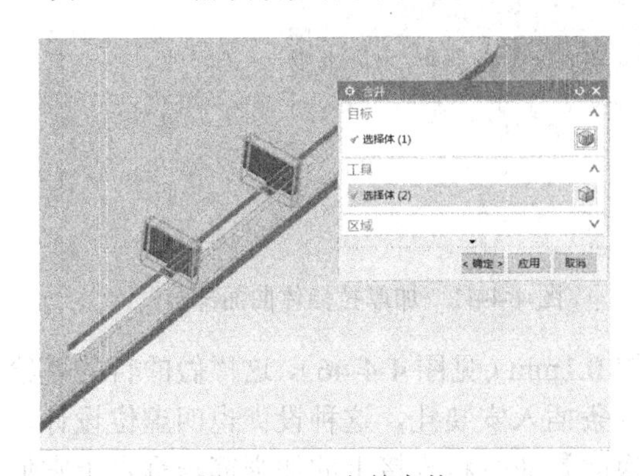

图 4-4-36　合并实体 2

图 4-4-37　替换面

下面进行加强筋等结构件的设计。将指示灯条显示，以 X 轴、Y 轴所在基准面为参考，方向为 Z 轴的负方向，距离为 20mm，创建一个新的基准面 C（见图 4-4-38）。以基准面 C 为基础，绘制一个任务环境中的加强筋截面曲线，图形基本如图 4-4-39 所示，因为要作为加强筋，故线的间距为 1mm，为壁厚的一半。将生成的截面曲线进行拉伸，方向为 Z 轴正方向，在【限制】选项中，开始距离设为 0mm，【结束】选择【直至延伸部分】，【选择对象】为路由器上盖的内侧顶面，如图 4-4-40 所示。

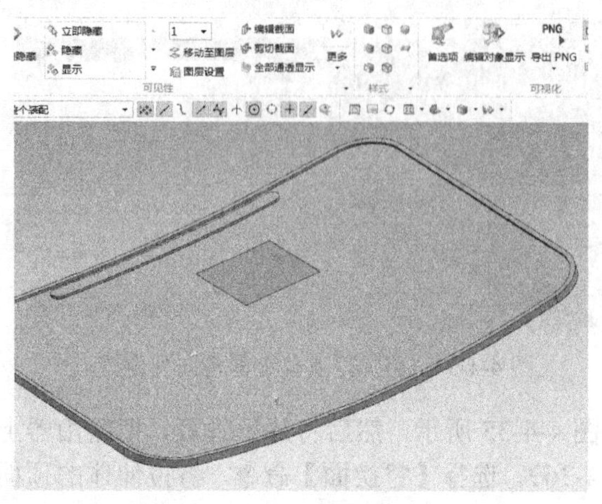

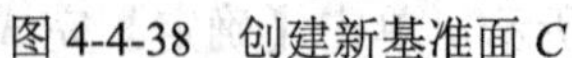

图 4-4-38 创建新基准面 C

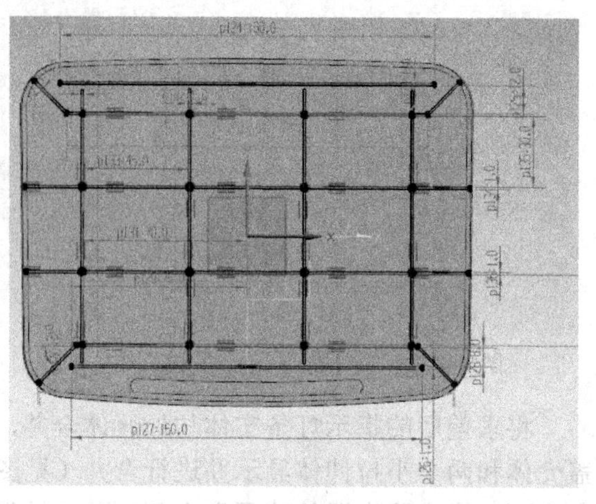

图 4-4-39 绘制加强筋截面曲线

将其他对象隐藏，只显示拉伸体，选择【加厚】命令，将拉伸体的曲面部分进行加厚，厚度为 1mm，方向向内，两侧的独立体不用加厚（见图 4-4-41）。完成以后移除所有显示实体的参数，并将拉伸体中间部分隐藏，如图 4-4-42 所示。将路由器上盖壳体取消隐藏，与拉伸体、加厚体合并，如图 4-4-43 所示。选择【偏置面】命令，将靠近指示灯的拉伸体顶面偏置 10mm，另一个偏置 13mm，方向为 Z 轴正方向，如图 4-4-44、图 4-4-45 所示。

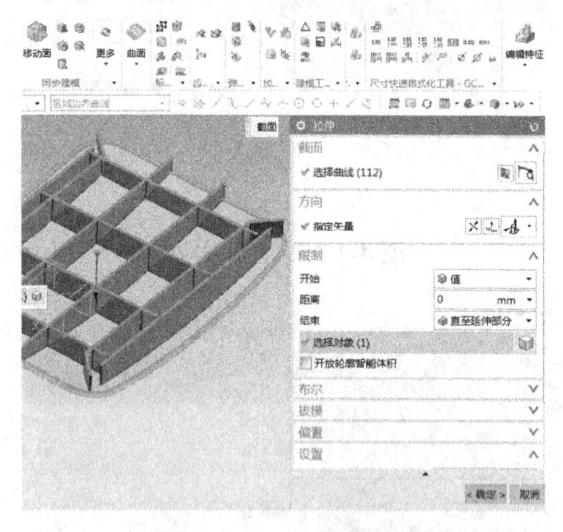

图 4-4-40 拉伸截面曲线

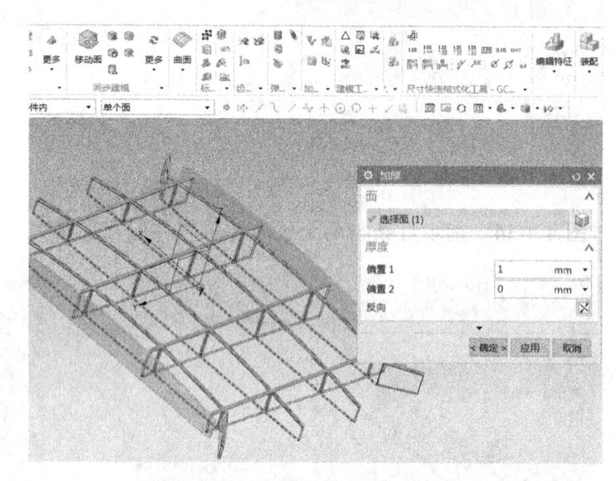

图 4-4-41 加厚拉伸体曲面部分

将路由器上盖壳体指示灯安装孔的内壁向外偏置 0.1mm（见图 4-4-46），这样做的目的是给指示灯条和指示灯安装孔间留一些间隙，方便指示灯条插入安装孔，这种设计也叫虚位设计，根据实际需要单边偏置 0.1～1mm 不等。选择【替换面】命令将未接上的加强筋与垂直于它们的加强筋连接起来，如图 4-4-47 所示。

下面对路由器上盖壳体的边缘结构进行加强设计。将隐藏的指示灯条和绘制加强筋的基准面 C 显示，选择【在任务环境中绘制草图】命令，以基准面 C 为绘图面，绘制如图 4-4-48 所示加强筋截面曲线，加强筋的基本尺寸有一些误差是可以的，但是加强筋的厚度应是 1mm。将截面曲线进行拉伸，【限制】选项中的【开始】值设为 0mm，【结束】选择【直至延伸部分】，选择对象为上盖壳体的上表面，如图 4-4-49 所示。

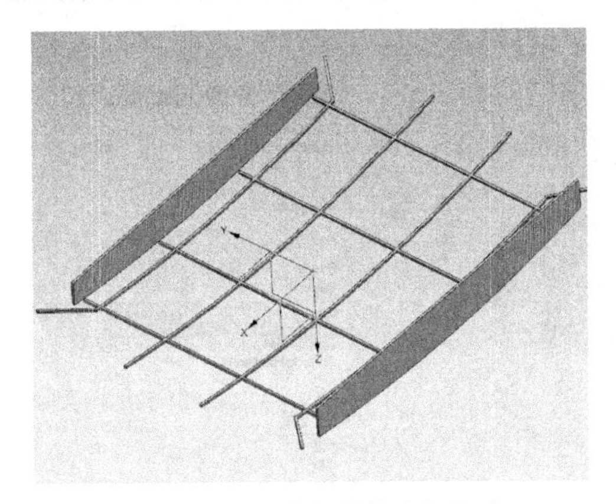

图 4-4-42　隐藏拉伸体中间部分

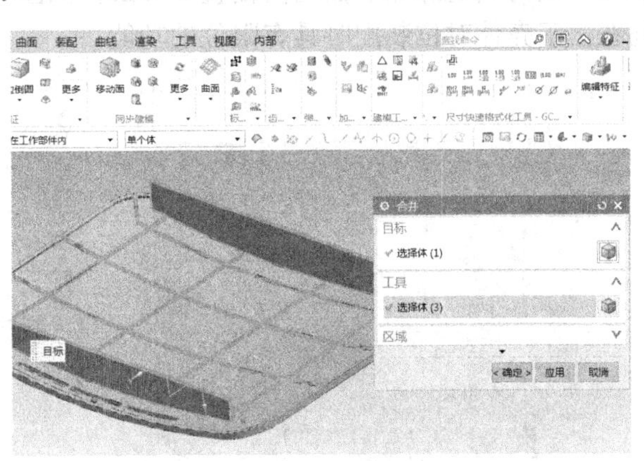

图 4-4-43　上盖壳体与拉伸体、加厚体合并

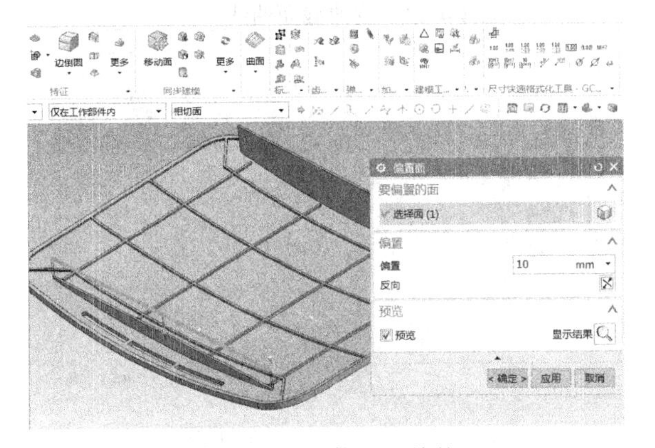

图 4-4-44　偏置拉伸体 1

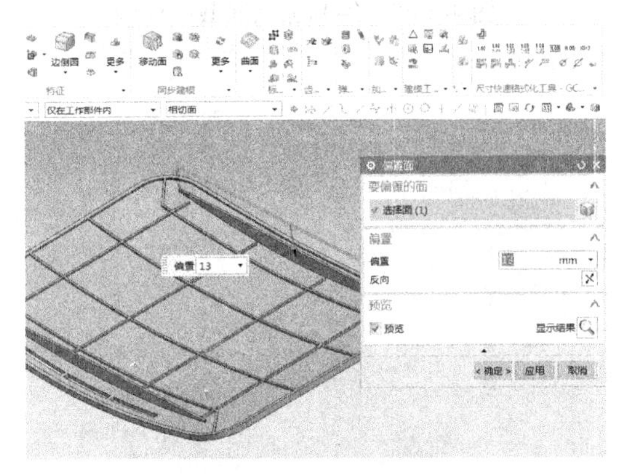

图 4-4-45　偏置拉伸体 2

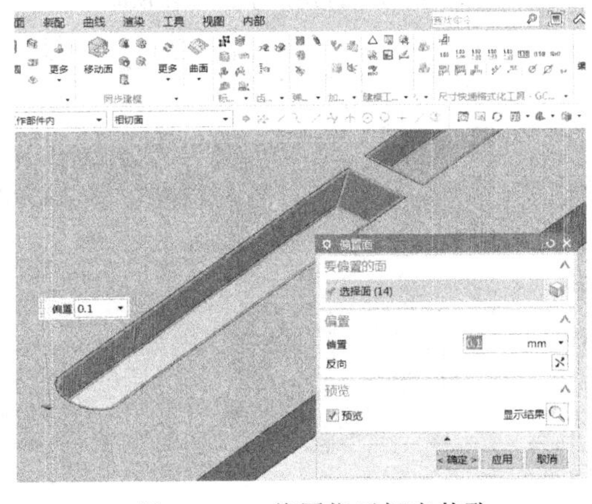

图 4-4-46　偏置指示灯安装孔

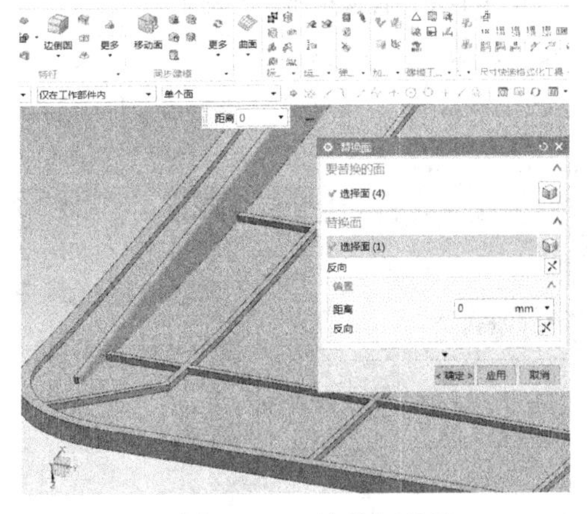

图 4-4-47　连接加强筋

将生成的拉伸体的上表面用上盖边缘部分的顶面进行替换，【替换面】为上盖边缘由抽壳形成的台阶面，如图 4-4-50 所示。其余拉伸体的顶面由如图 4-4-51 所示面进行替换，完成后将所有实体选中【移除参数】。将所有处于上盖边缘的小拉伸体的上表面选中，向内偏置 0.5mm，如图 4-4-52 所示。然后将所有的拉伸体与路由器上盖壳体合并，如图 4-4-53 所示。使用【加厚】

命令，将所有上盖周围小拉伸体的顶面加厚 1mm，如图 4-4-54 所示。再将所有加厚出的小实体靠在上盖内侧边缘面的面向内偏置 0.3mm，如图 4-4-55 所示。以上操作的目的是让边缘的加强筋在上下壳体对位装配时具有限位的功能。

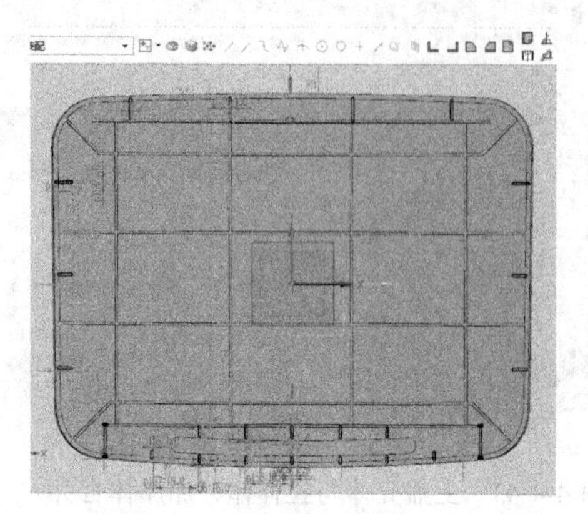

图 4-4-48　绘制加强筋截面曲线

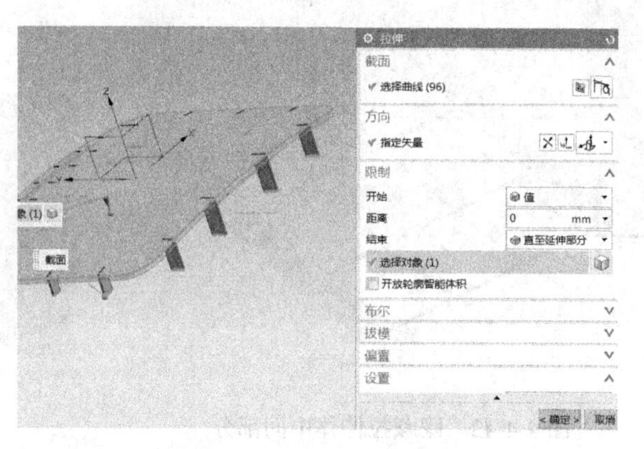

图 4-4-49　拉伸截面曲线

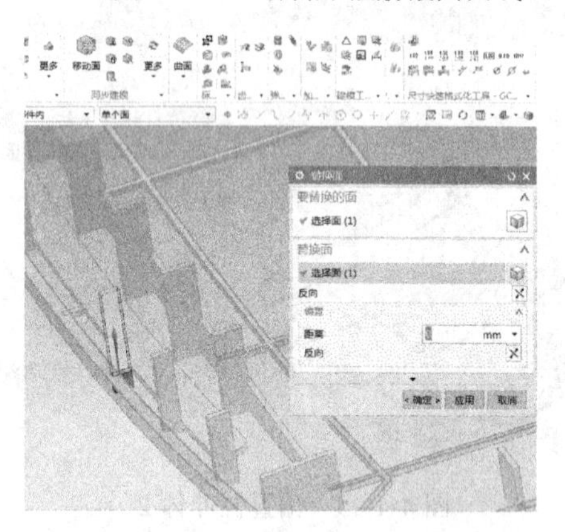

图 4-4-50　替换拉伸体上表面

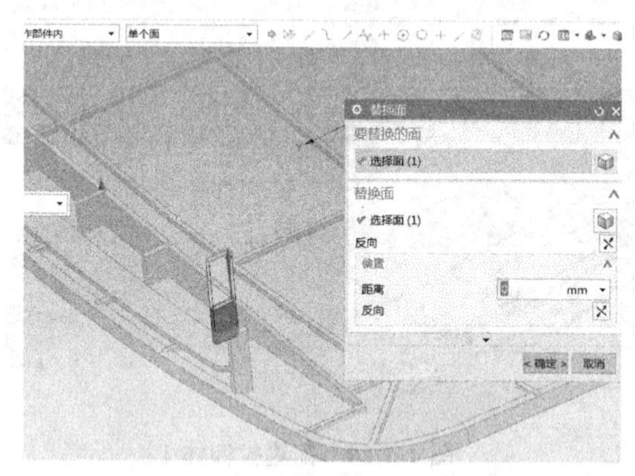

图 4-4-51　替换其余拉伸体顶面

图 4-4-52　偏置面

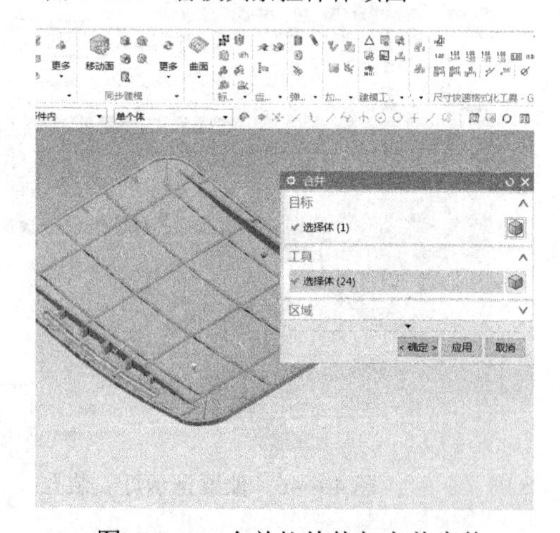

图 4-4-53　合并拉伸体与上盖壳体

选择【合并】命令，将所有的加厚体与上盖壳体合并，并且选择【替换面】命令将加厚体与上盖壳体不一致的面一致起来，如图 4-4-56 所示。接下来对新生成的、围绕上盖边缘的加强筋向内的侧面进行拔模，角度设为 30°，如图 4-4-57 所示。同样对其他加强筋进行拔模，如

图 4-4-58 所示。完成后将所有上盖壳体边缘的加强筋的顶面向上偏置 1mm，如图 4-4-59 所示，并将所有实体选中后移除参数。

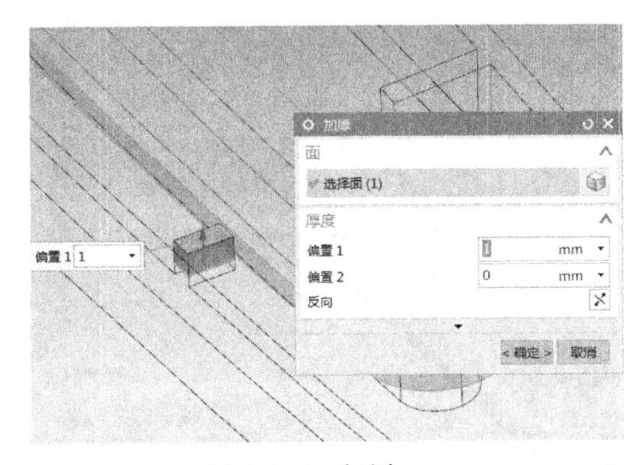

图 4-4-54　加厚

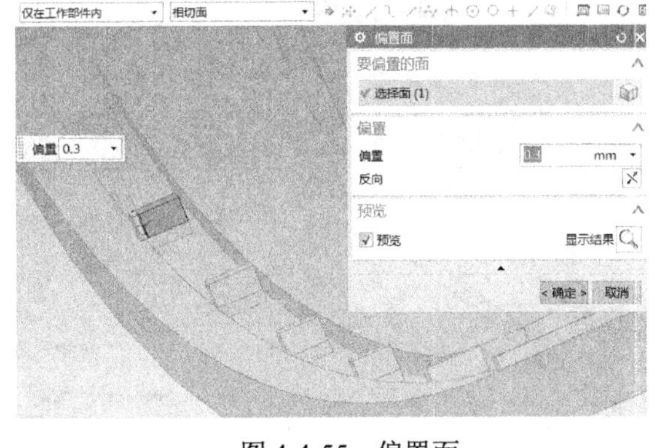

图 4-4-55　偏置面

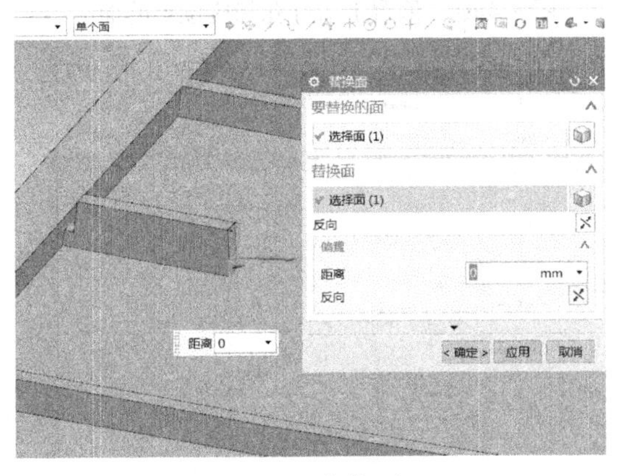

图 4-4-56　替换面

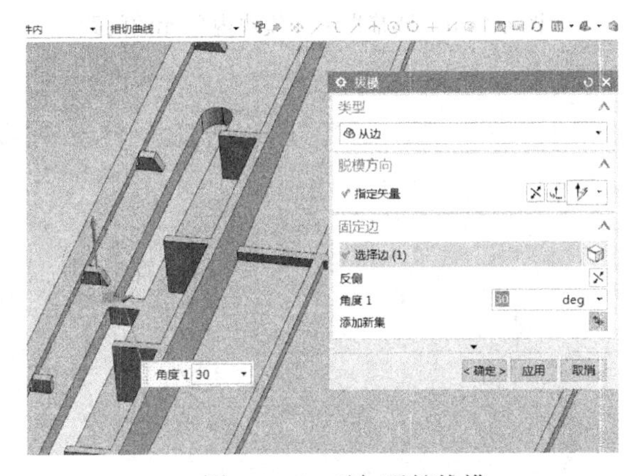

图 4-4-57　对加强筋拔模

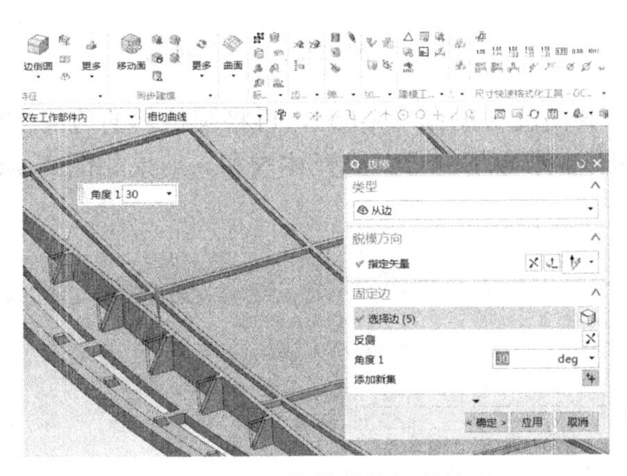

图 4-4-58　拔模其他加强筋

图 4-4-59　向上偏置加强筋顶面

将路由器上盖壳体隐藏，显示指示灯条。通过【偏置面】命令将指示灯模块内单元间的距离调大，如图 4-4-60 所示，同时将上盖灯孔相应位置的面也进行偏置，如图 4-4-61 所示。接下来设计指示灯条与上盖的定位、插接结构。将隐藏的基准面 *C* 调出，选择【拉伸】命令，以基准面 *C* 为绘图面，绘制截面曲线，形状、位置如图 4-4-62 所示，【限制】选项的【开始】值为 0mm，【结束】选择【直至延伸部分】，【选择对象】为上盖壳体的上表面，如图 4-4-63 所示，单击【确定】。

将指示灯条予以显示，使用【减去】命令将其与拉伸出的两个圆柱体求差并勾选【保存工具】（见图 4-4-64），然后将指示灯条隐藏。

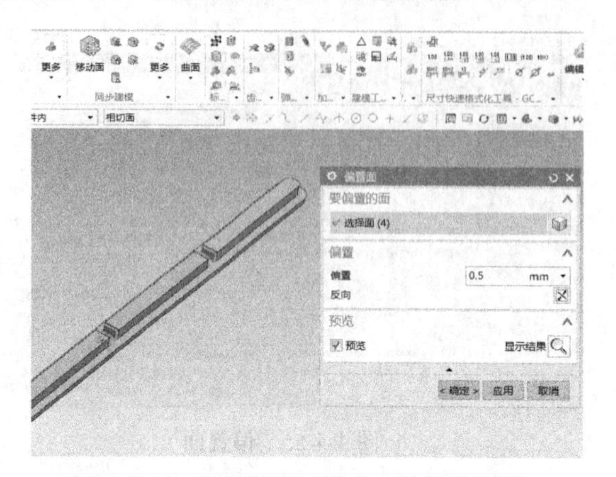

图 4-4-60　调整指示灯模块内单元的间距

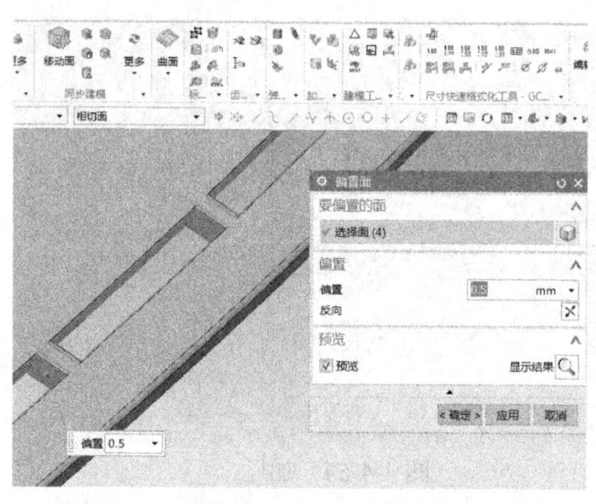

图 4-4-61　偏置上盖灯孔相应位置的面

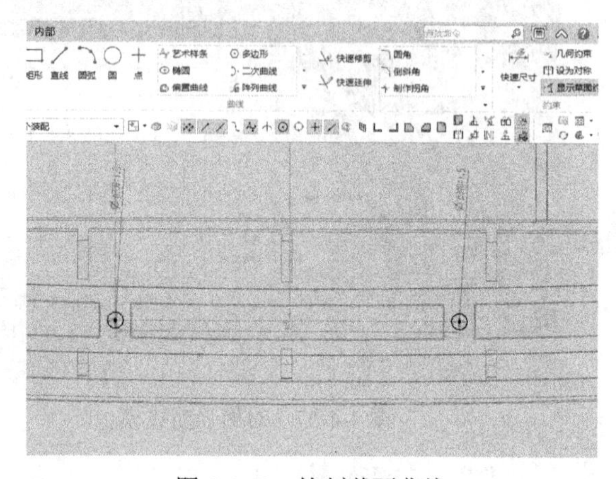

图 4-4-62　绘制截面曲线

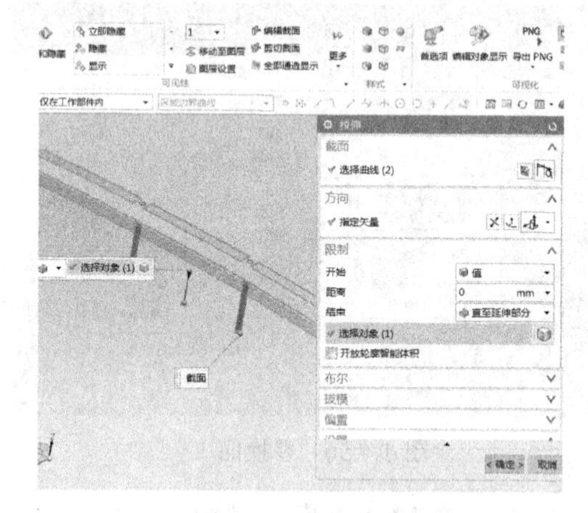

图 4-4-63　拉伸曲线

将拉伸出的圆柱体通过【偏置】命令减小其高度（见图 4-4-65），再将圆柱体的边缘倒斜角，距离设为 0.2mm（见图 4-4-66），然后将圆柱体与路由器上盖壳体求和，结果如图 4-4-67 所示。

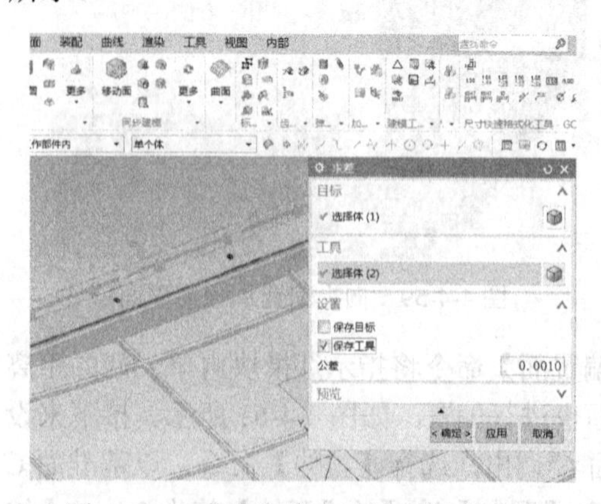

图 4-4-64　指示灯条与两个圆柱体求差

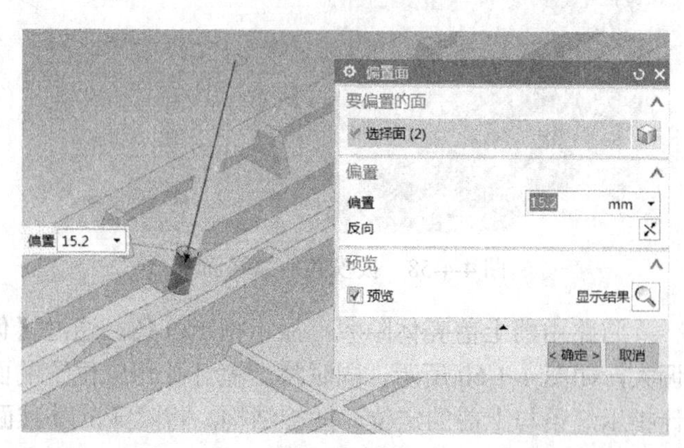

图 4-4-65　通过偏置命令减小圆柱体高度

图 4-4-66　倒斜角

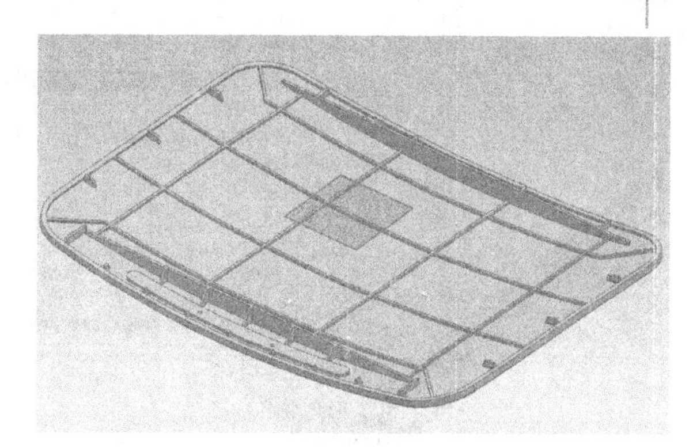
图 4-4-67　将圆柱体与上盖壳体求和

4.4.3.2　路由器下壳体结构建模

首先构建路由器后部插线位置（网线、电源线等），选择【拉伸】命令，以路由器底面为参考面进入草图绘制状态，以后部边缘直线为参考，绘制一个矩形，如图 4-4-68 所示，拉伸距离为 22mm，【布尔】选择与路由器下部实体求差，如图 4-4-69 所示。

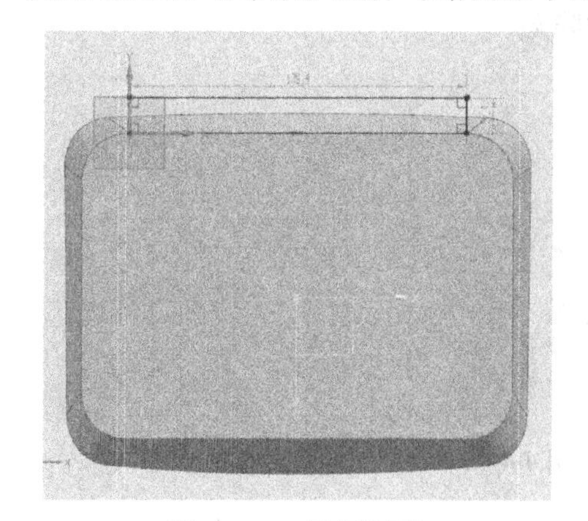
图 4-4-68　绘制矩形

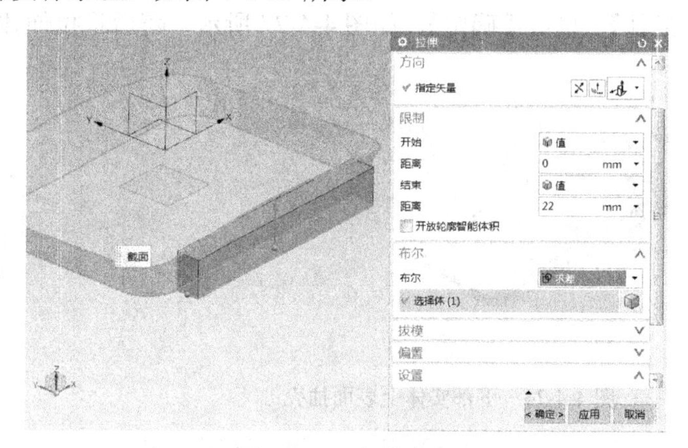

图 4-4-69　拉伸曲线

选择【拉伸】命令，以求差后的下部实体后侧平面为基准，绘制如图 4-4-70 所示的拉伸截面线，顶部弧线由顶面弧线偏置 3mm 所得，拉伸距离为 20mm，【布尔】选择与路由器下部实体求差，结果如图 4-4-71 所示。

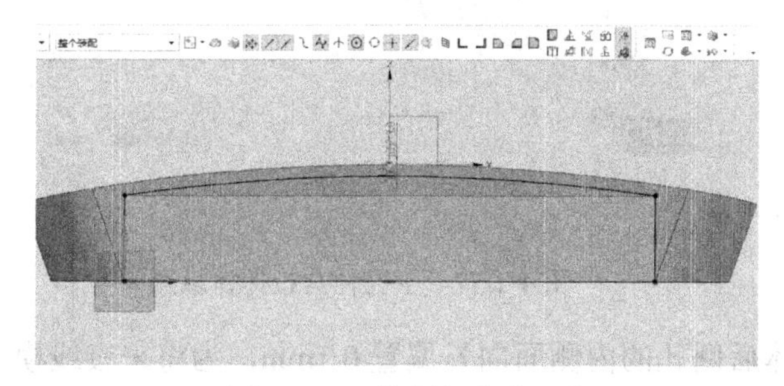
图 4-4-70　绘制拉伸截面线

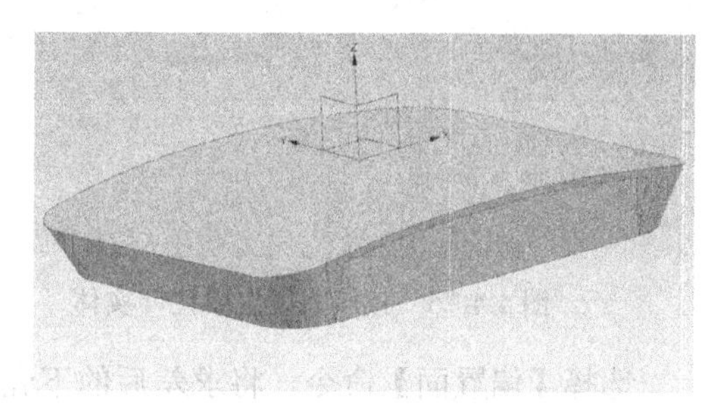
图 4-4-71　拉伸曲线后与下部实体求差

选择【偏置面】命令将实体后部平面向内偏置 3mm（见图 4-4-72），然后选择【边倒圆】命令将底部边缘与后侧的内角倒圆角，半径为 3mm，如图 4-4-73 所示。

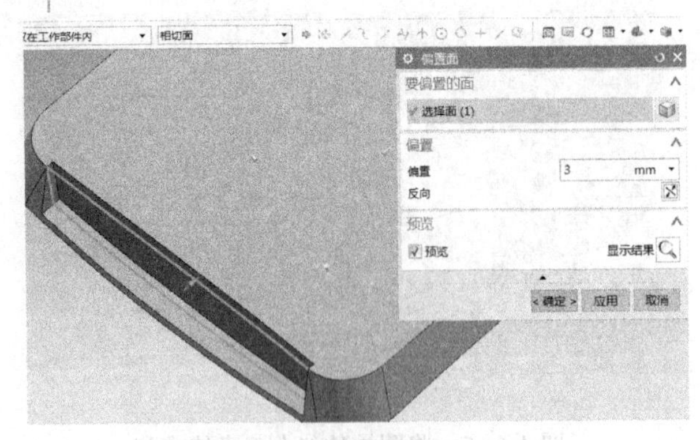

图 4-4-72 偏置实体后部平面

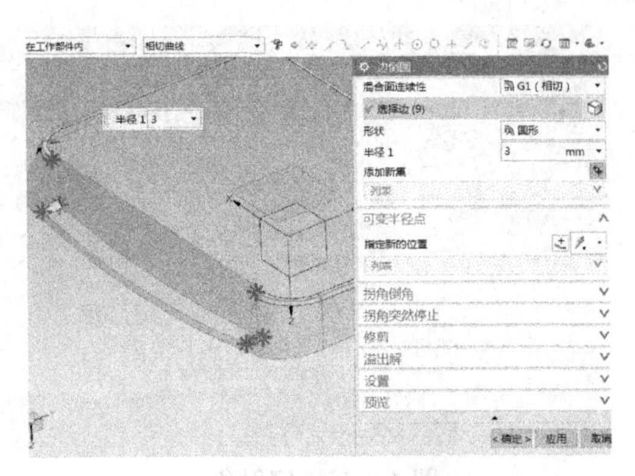

图 4-4-73 倒圆角

选择【抽壳】命令，选择路由器下部实体上表面进行抽壳，厚度为2mm，如图 4-4-74 所示。选择 【拉伸】命令，以下壳体后侧平面为基准，绘制如图 4-4-75 所示图形，图形与电路板上的接口模块的露出部分外形尺寸一致，方向为 *Y* 轴正方向，拉伸距离为 15mm，单击【确定】，如图 4-4-76 所示。选择【减去】工具，【目标】选择下壳体，【工具】选择拉伸体，勾选【保存工具】，单击【确定】，如图 4-4-77 所示，随后将拉伸体隐藏。

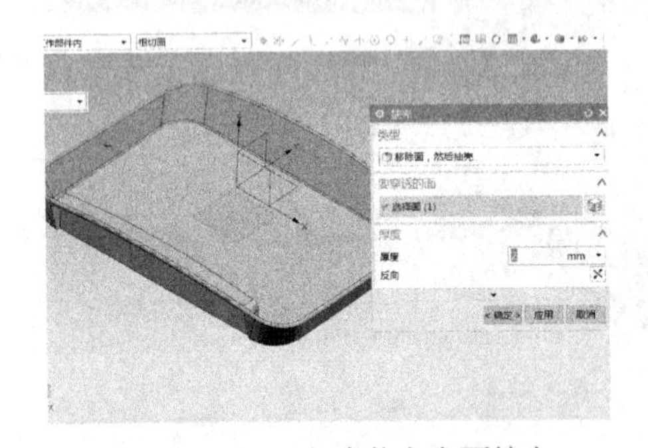

图 4-4-74 下部实体上表面抽壳

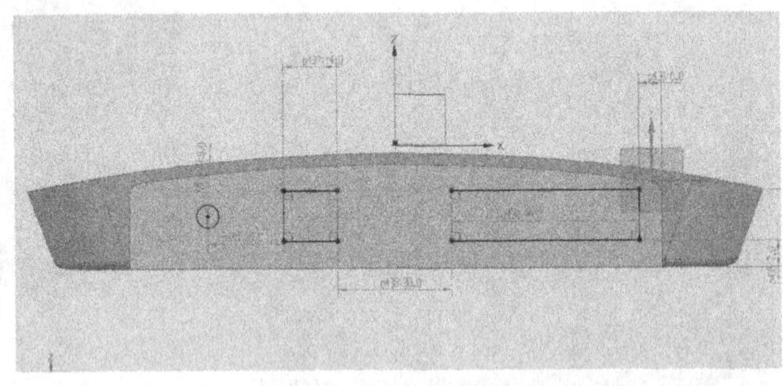

图 4-4-75 绘制拉伸截面曲线

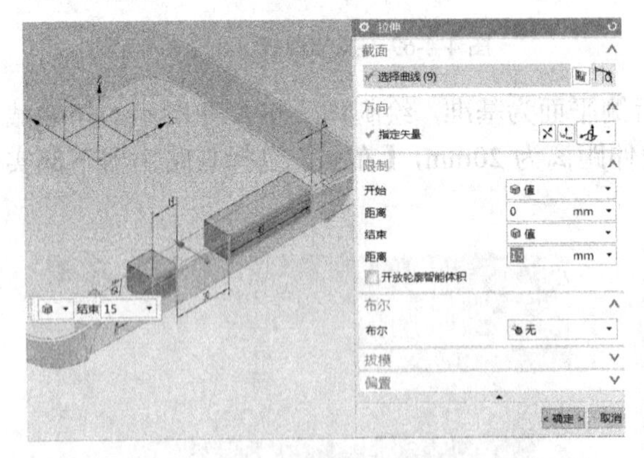

图 4-4-76 拉伸曲线生成拉伸实体

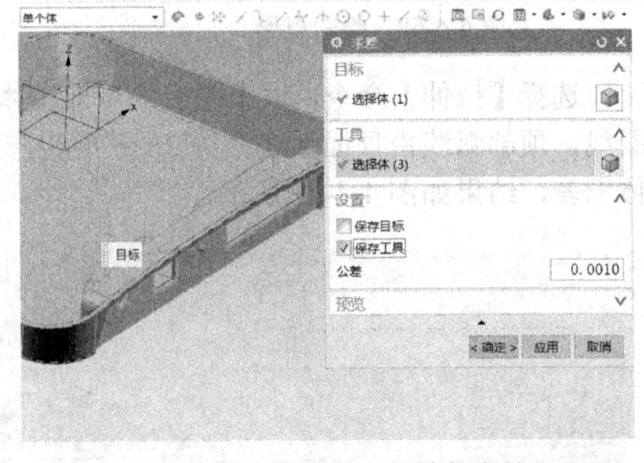

图 4-4-77 下壳体与拉伸体求差

选择【偏置面】命令，将求差后的下壳体后侧孔的内侧面向外偏置 0.1mm，为将来接线模块的装配预留间隙，如图 4-4-78 所示。选择【拉伸】命令，以拉伸体的底面为基准面（见图 4-4-79）绘制电路板图形，电路板上的安装孔孔径为 3.5mm（见图 4-4-80），图形拉伸方向为 *Z* 轴负方向，拉伸距离为 1.5mm，单击【确定】，完成电路板实体的创建。

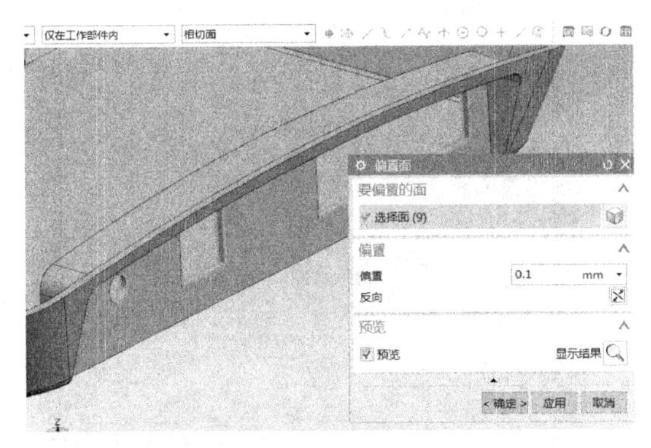

图 4-4-78　扩大安装孔

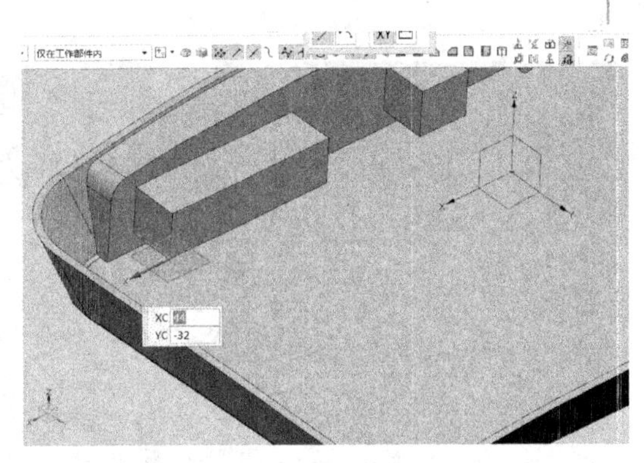

图 4-4-79　选择拉伸体底面为基准面

检查电路板数模，发现有一个安装孔的位置在接线模块下方，将来会影响螺钉的安装，因此选择【主页】选项卡→【同步建模】功能栏→【移动面】命令，将该孔的内侧面选中向 *Y* 轴方向移动 10mm，如图 4-4-81 所示。接下来设计电路板的固定螺柱，选择【拉伸】命令，以下壳体的内侧底面为基准、电路板安装孔的圆心为参考，绘制螺母柱截面曲线（见图 4-4-82），内径为 2.4mm（安装的自攻螺钉规格为 M3，螺钉孔径需乘以系数 0.8），外径为 5mm，【方向】选择 *Z* 轴正方向，【限制】选项的开始值设为 0mm，【结束】选择【直至延伸部分】，【选择对象】为电路板的底面，单击【确定】，4 个安装螺母柱生成（见图 4-4-83）。

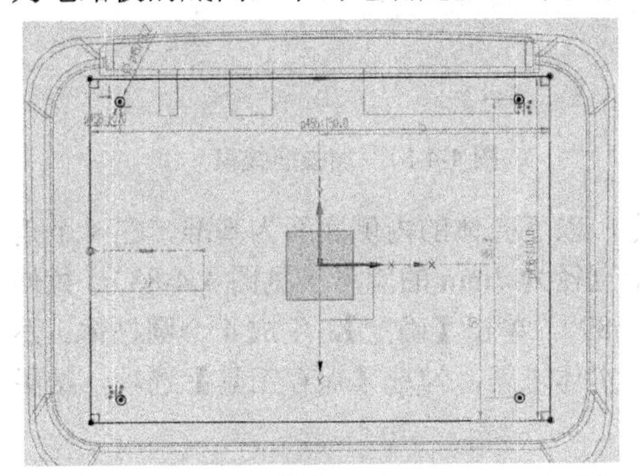

图 4-4-80　绘制电路板图形

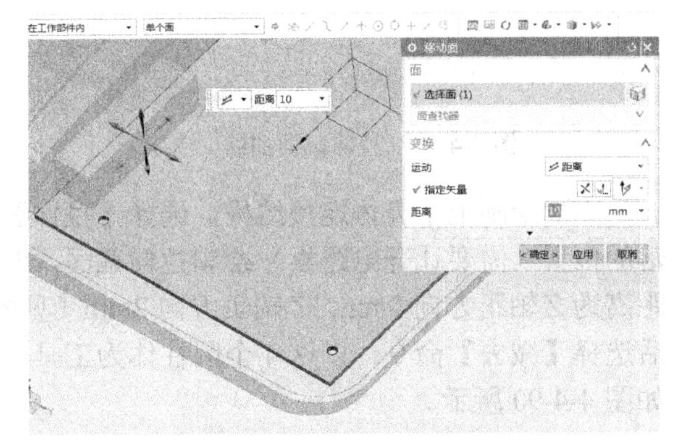

图 4-4-81　移动孔的位置

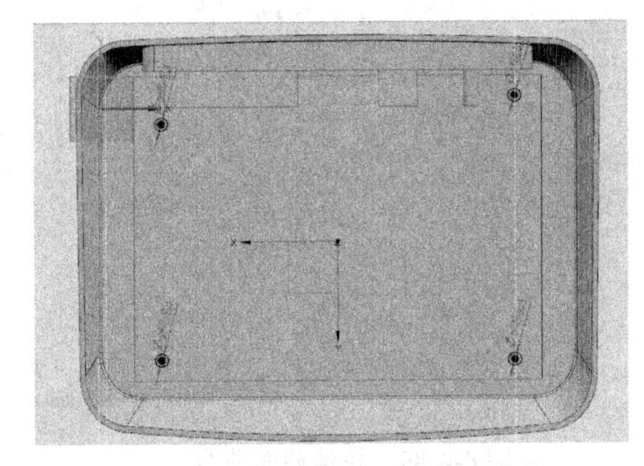

图 4-4-82　绘制螺母柱截面曲线

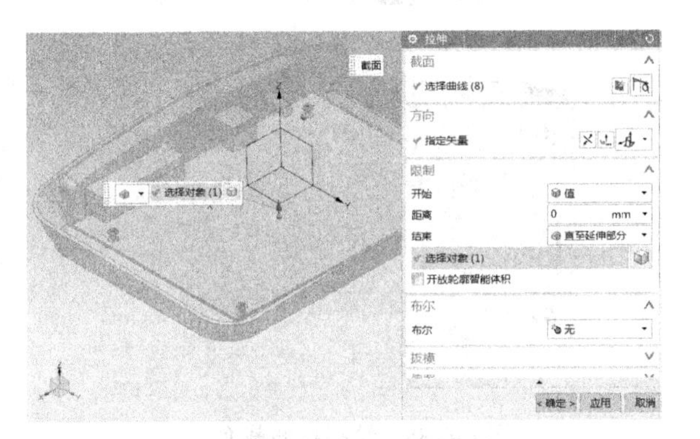

图 4-4-83　拉伸截面曲线生成电路板安装螺母柱

接下来绘制螺母的加强筋，选择【拉伸】命令，以下壳体的内侧底面为基准，参考螺柱的截面图形，绘制加强筋的截面曲线（见图 4-4-84、图 4-4-85），拉伸距离为 3.5mm（见图 4-4-86）。对拉伸出的加强筋进行拔模，形成倾角，角度为 15°，如图 4-4-87 所示。

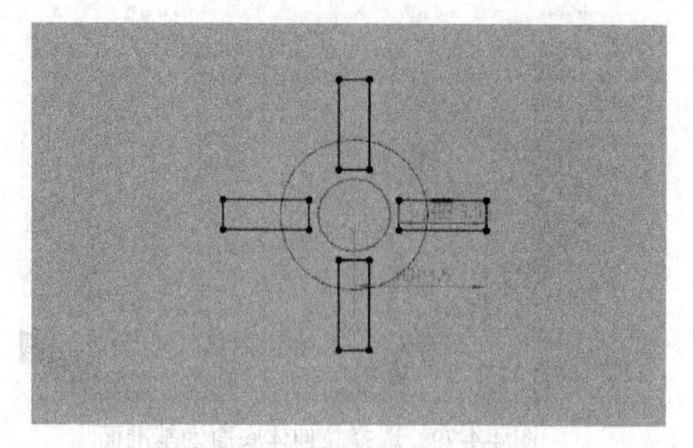

图 4-4-84　绘制螺母柱加强筋

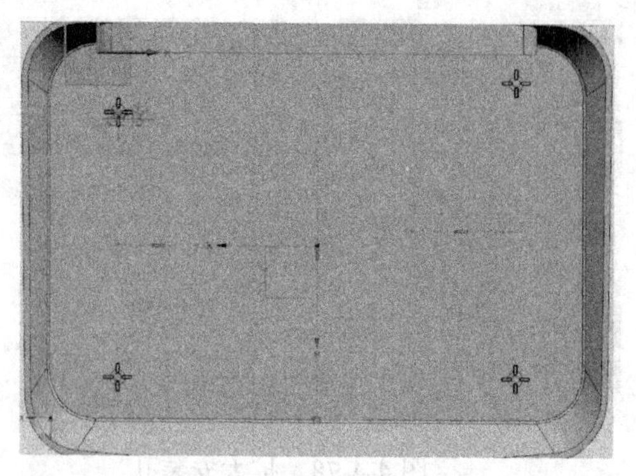

图 4-4-85　绘制所有螺母柱加强筋截面曲线

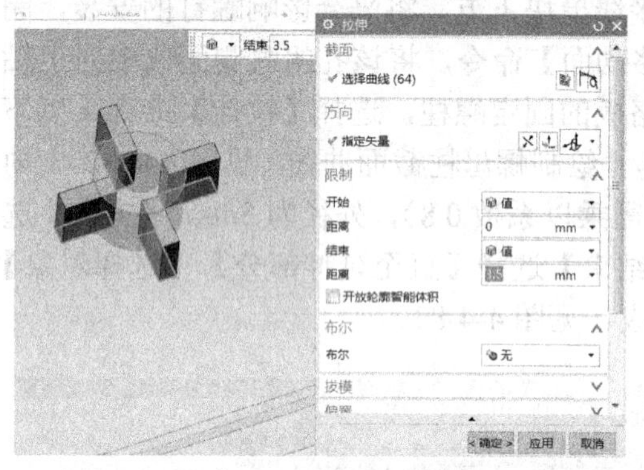

图 4-4-86　拉伸截面曲线

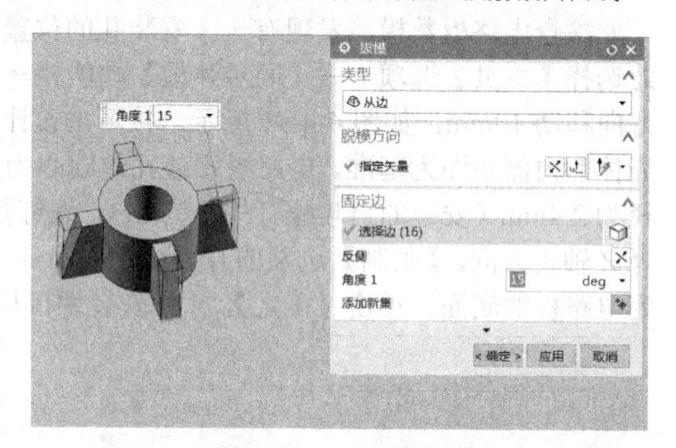

图 4-4-87　加强筋拔模

下面绘制上下壳体连接结构，选择【拉伸】命令，以下壳体的内侧底面为基准，在 4 个角落的位置（需要让开电路板）绘制拉伸截面，即 4 个直径为 7mm 的圆形（见图 4-4-88）。拉伸距离为 Z 轴正方向 5mm，Z 轴负方向 2mm（见图 4-4-89），单击【确定】，生成 4 个圆柱体。然后选择【减去】命令，以这 4 个圆柱体为工具与下壳实体求差，勾选【保存工具】选项，结果如图 4-4-90 所示。

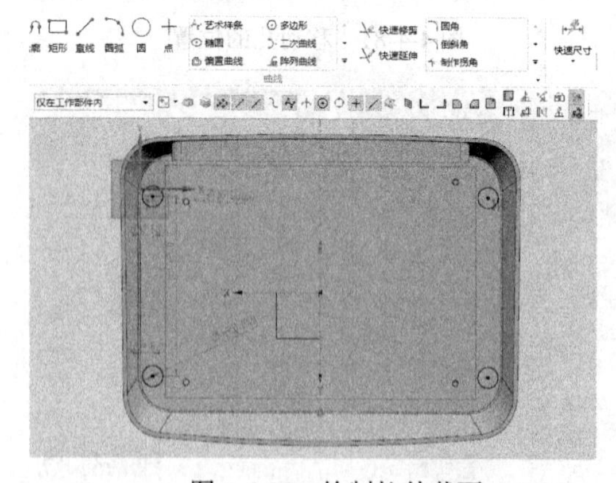

图 4-4-88　绘制拉伸截面

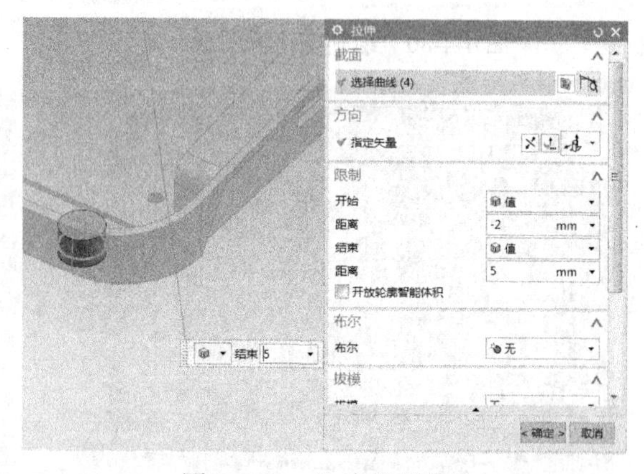

图 4-4-89　拉伸截面曲线

选择【抽壳】命令，将 4 个圆柱体的底面抽壳，厚度为 1.5mm（见图 4-4-91），再选择【拉伸】命令，在 4 个抽壳圆柱体的顶部分别做一个通孔，孔径为 3.5mm，【布尔】选择与抽壳圆柱体求差，如图 4-4-92 所示。选择【合并】命令，将所有属于下壳的实体（不包括电路板和接线模块）合并，如图 4-4-93 所示。

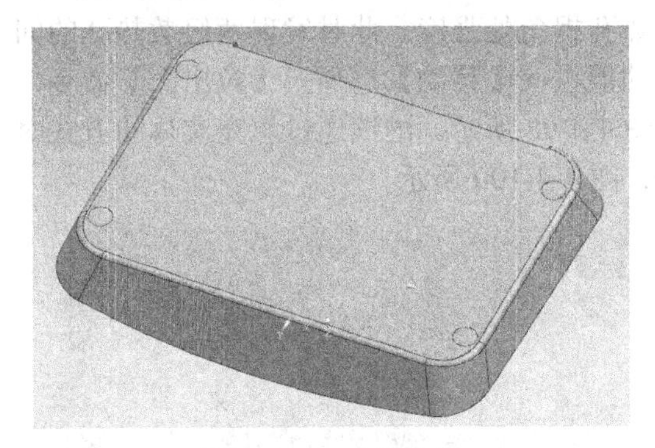

图 4-4-90　求差结果

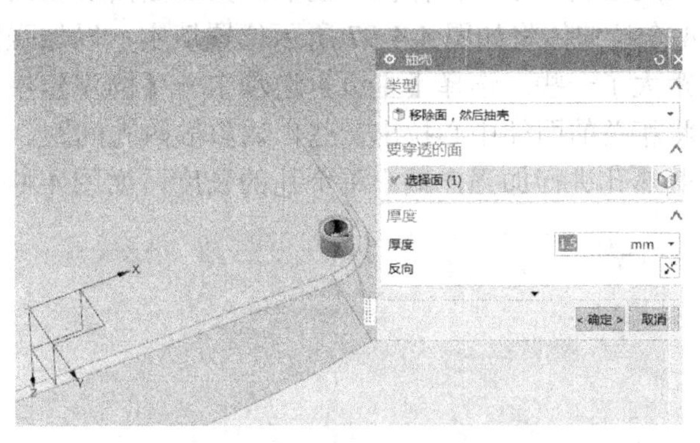

图 4-4-91　圆柱体底面抽壳

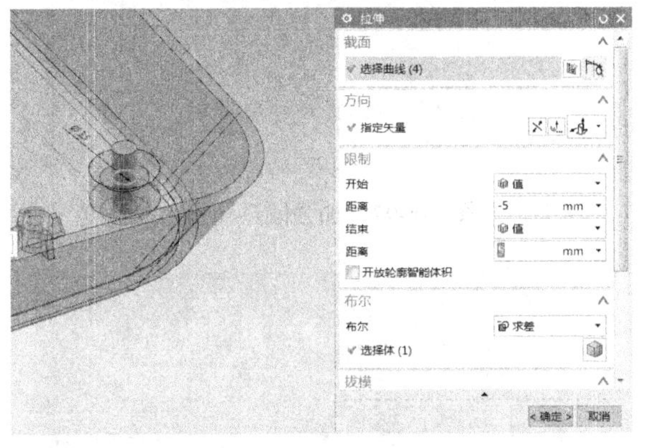

图 4-4-92　拉伸生成圆柱体与抽壳圆柱体求差

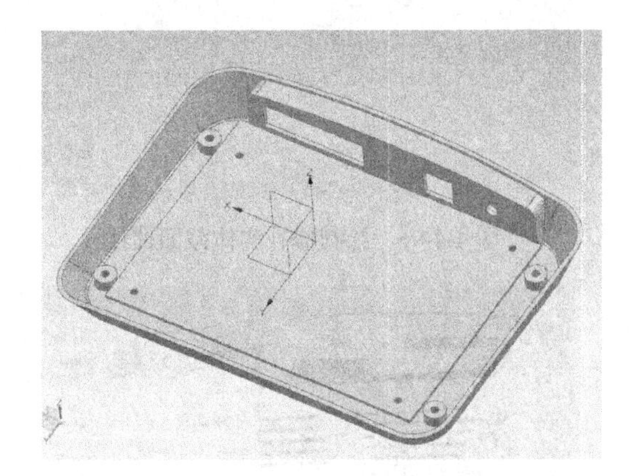

图 4-4-93　下壳体结构基本成型

下面绘制散热孔特征曲线，选择【拉伸】命令，以下壳体底面为基准，绘制的图形如图 4-4-94 所示，间距 1.5mm 的为散热孔，间距 3mm 的为孔间距。将图形以 *Y* 轴为中心镜像后拉伸，确保与底面相交的部分厚度为 2mm（与壁厚相同），将下壳体底面贯穿，【布尔】选择与下壳体求差，生成的散热孔如图 4-4-95 所示。

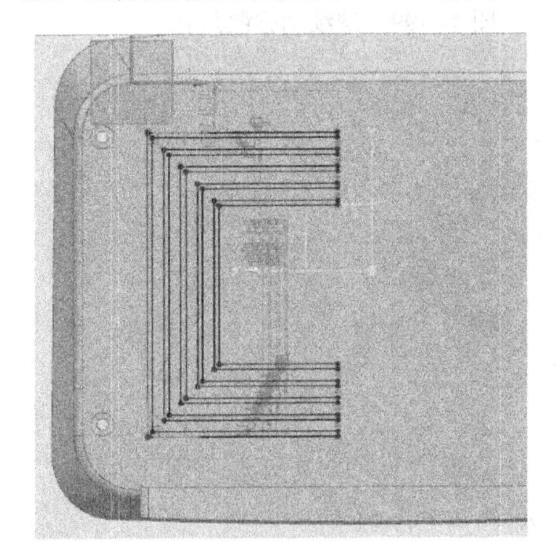

图 4-4-94　绘制散热孔特征曲线

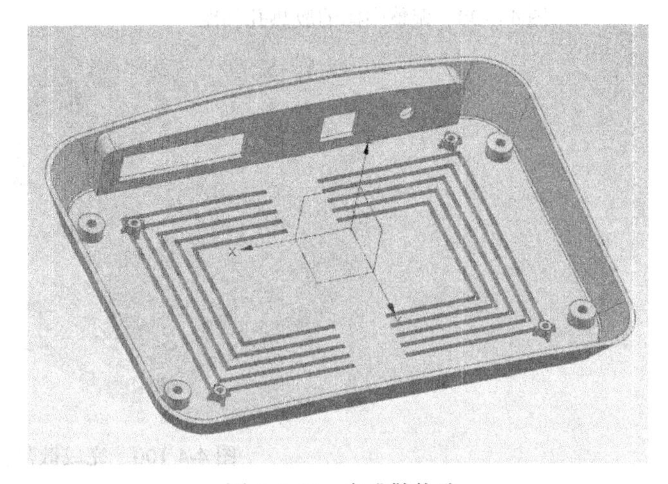

图 4-4-95　生成散热孔

此时发现电路板安装螺柱下方由于绘制了散热孔，形成了空洞，这样在结构上是有缺陷的，因此绘制 4 个拉伸体修补空洞，其截面曲线如图 4-4-96 所示。同理，由于结构强度的需要，用 4 个拉伸体将如图 4-4-97 所示位置填实，以加强散热孔拐角处强度。此时发现两组散热孔的间距大了一些。选择【主页】选项卡→【同步建模】功能栏→【移动】选项→【拉出面】命令，将相关的面往中心拉出一些，调整散热孔间距，如图 4-4-98 所示。继续通过填充实体的方式对散热孔进行加强，减小单个孔的长度，如图 4-4-99、图 4-4-100 所示。

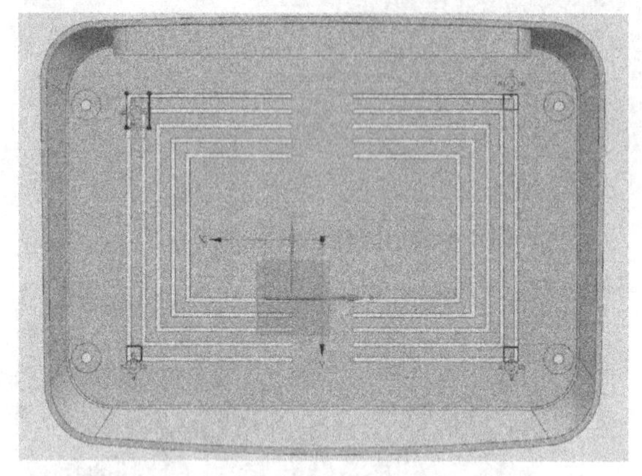

图 4-4-96　绘制修补实体截面曲线

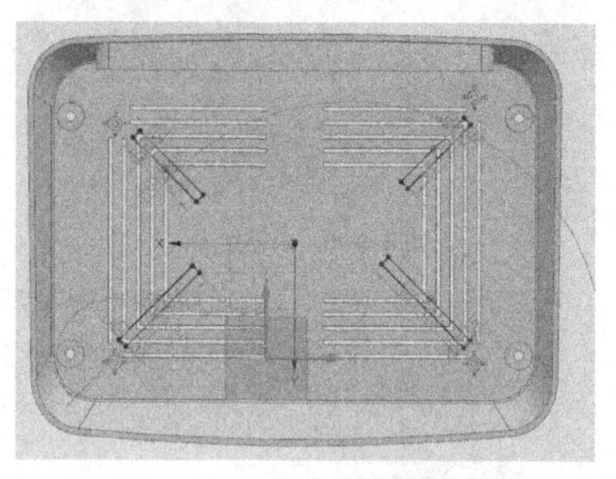

图 4-4-97　加强散热孔拐角处强度

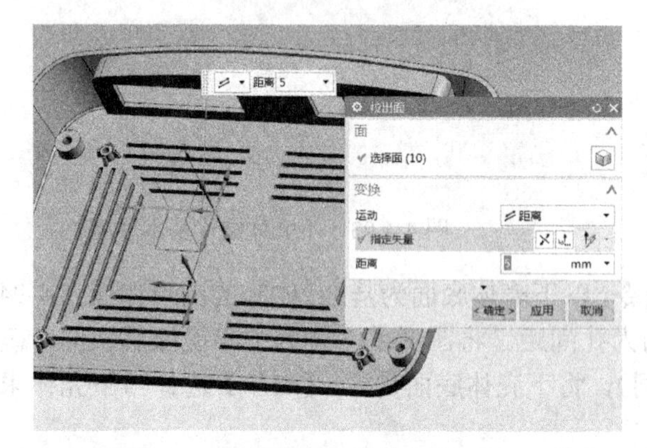

图 4-4-98　调整中间的散热孔间距

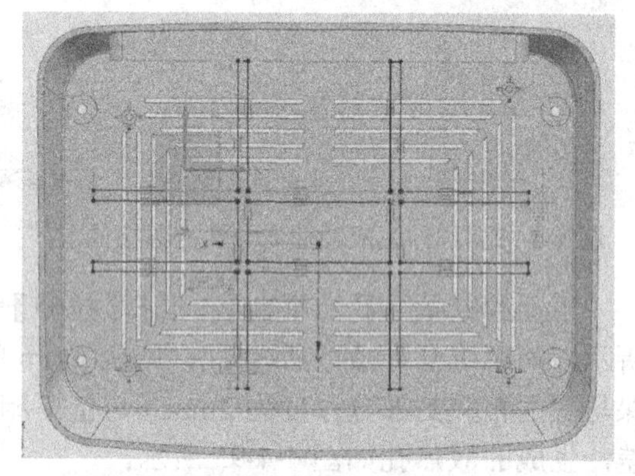

图 4-4-99　继续加强散热孔

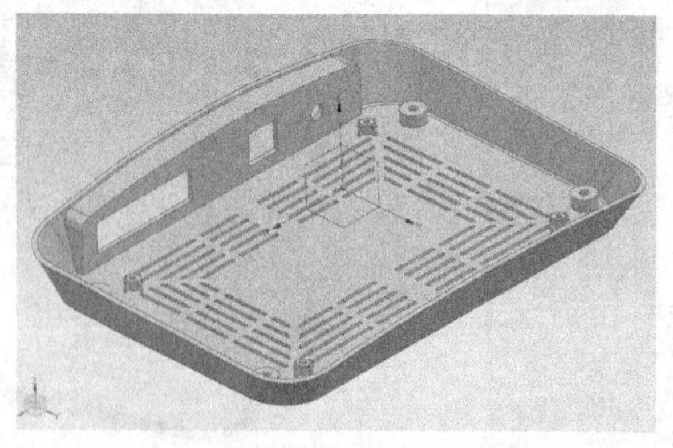

图 4-4-100　完成散热孔绘制

下面绘制下壳体的加强筋。选择【拉伸】命令，截面曲线的绘制如图 4-4-101 所示，拉伸高度为 1mm。选择【替换面】命令，将拉伸出的加强筋端面用其对应的下壳体内壁面进行替换，如图 4-4-102 所示。

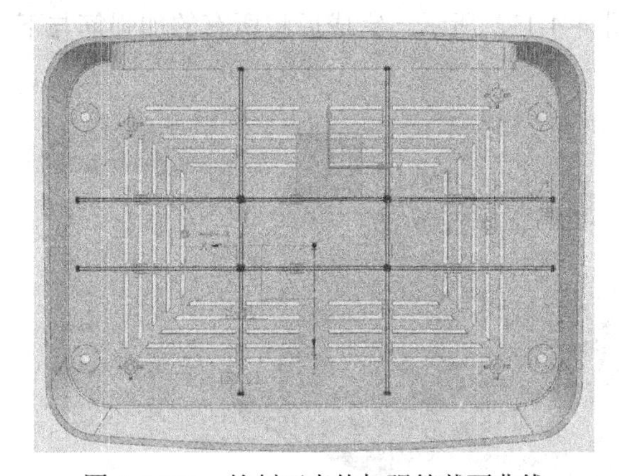

图 4-4-101　绘制下壳体加强筋截面曲线

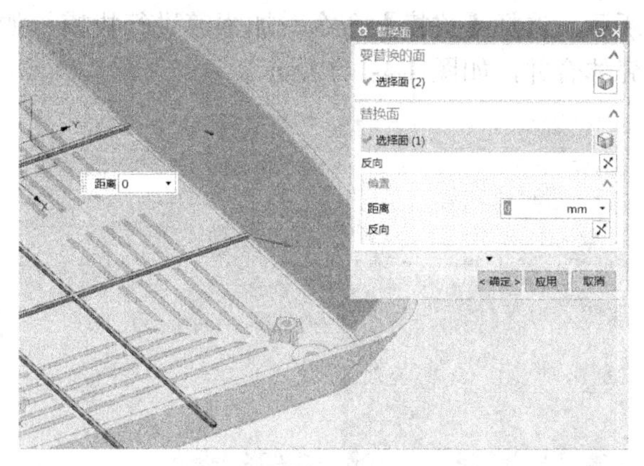

图 4-4-102　将加强筋端面替换为对应下壳体内壁面

选择【拉伸】命令，在加强筋末端上表面分别绘制矩形截面曲线，间距为 1mm（见图 4-4-103），拉伸的高度为 15mm（见图 4-4-104）。发现加强筋稍宽了一些，可以通过【偏置面】命令进行调整，如图 4-4-105 所示。随后通过【拔模】命令，将两侧的加强筋与下壳体内侧壁形成一定的夹角，角度为30°（见图4-4-106），前端的加强筋拔模角度为35°（见图4-4-107），并通过【偏置面】命令将这两根加强筋的上表面向上偏置 5mm，如图 4-4-108 所示。

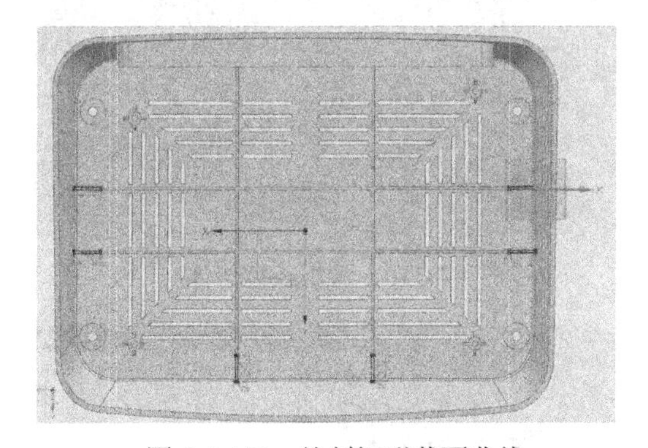

图 4-4-103　绘制矩形截面曲线

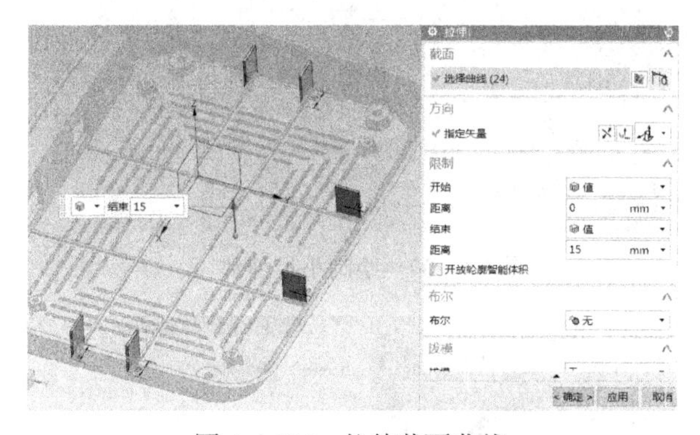

图 4-4-104　拉伸截面曲线

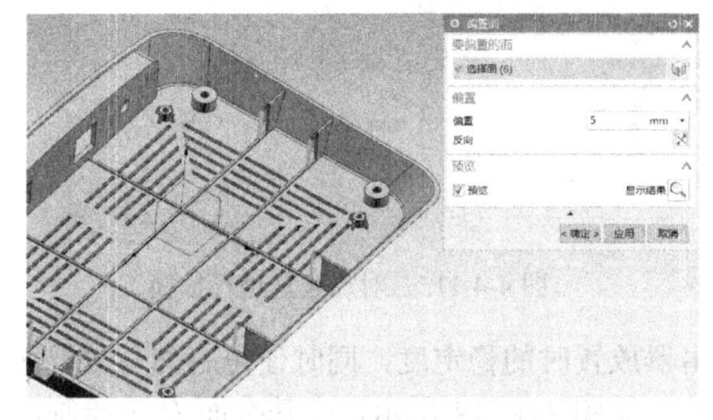

图 4-4-105　调整加强筋宽度

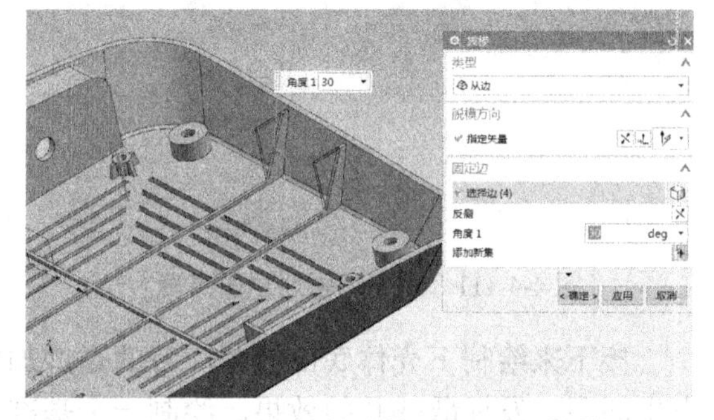

图 4-4-106　对侧面加强筋进行拔模

将下壳体底部螺钉安装孔的 4 个凸起部分与下壳体内壁之间也用加强筋进行结构的加强，先绘制一个小拉伸体（见图 4-4-109），再在上面绘制一个长的拉伸体（见图 4-4-110），然后将上下拉伸体合并，选择【替换面】命令将其与下壳体内壁相对的侧面用内壁面进行替换，随后选择【移动面】命令对加强筋的高度进行修改，令其顶面高度低于壳体分模面 1mm，如图 4-4-111 所示。选择【拔模】命令对加强筋进行拔模，如图 4-4-112 所示。完成后将所有的加强筋与下壳体合并，如图 4-4-113 所示。

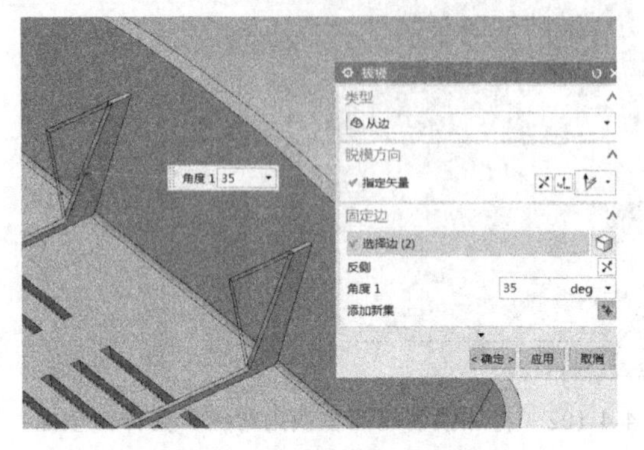

图 4-4-107　对前端加强筋进行拔模

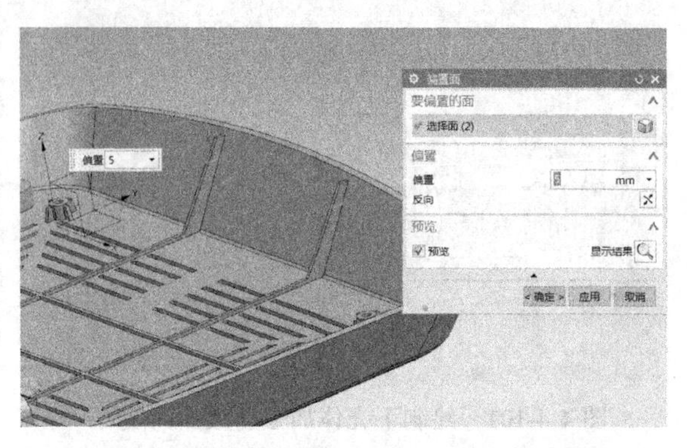

图 4-4-108　将加强筋上表面向上偏置 5mm

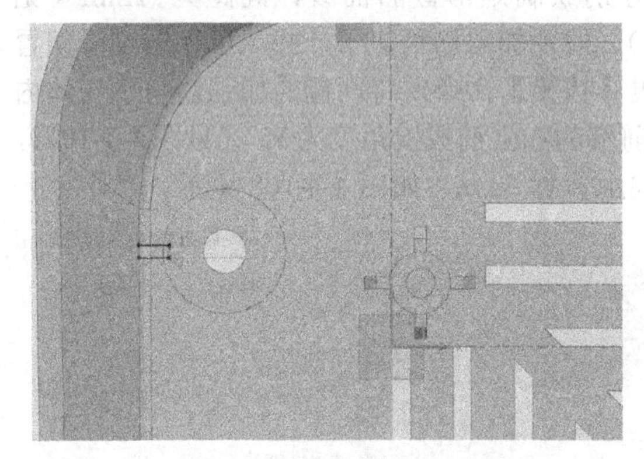

图 4-4-109　绘制小拉伸体

图 4-4-110　绘制长拉伸体

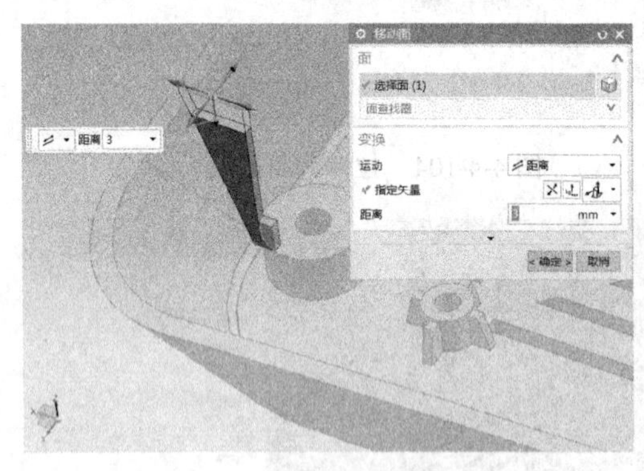

图 4-4-111　调节加强筋顶面高度

图 4-4-112　对加强筋进行拔模

接下来绘制下壳体底部凸台，目的是增加路由器放置时的稳定度，同时使得底部与放置面产生间距，发挥散热孔的效果。绘制一个基准面 *D*，如图 4-4-114 所示，在基准面 *D* 上绘制凸台的截面形态，尺寸和位置如图 4-4-115 所示，拉伸距离为两个方向各 1mm（见图 4-4-116）。然后通过【镜像特征】命令复制出其他 3 个凸台，并将凸台与下壳体合并，如图 4-4-117 所示。

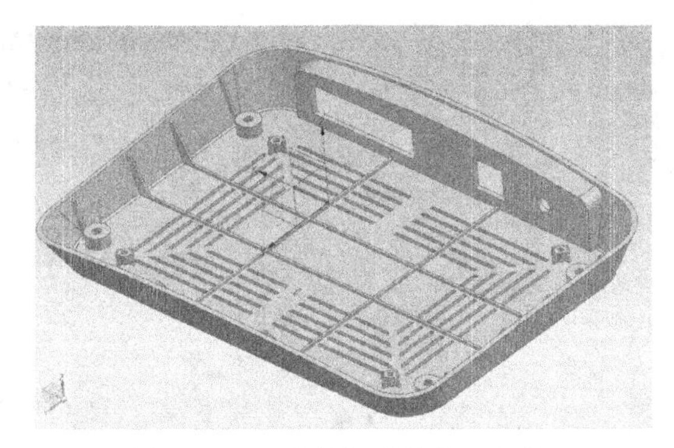

图 4-4-113　合并加强筋和下壳体

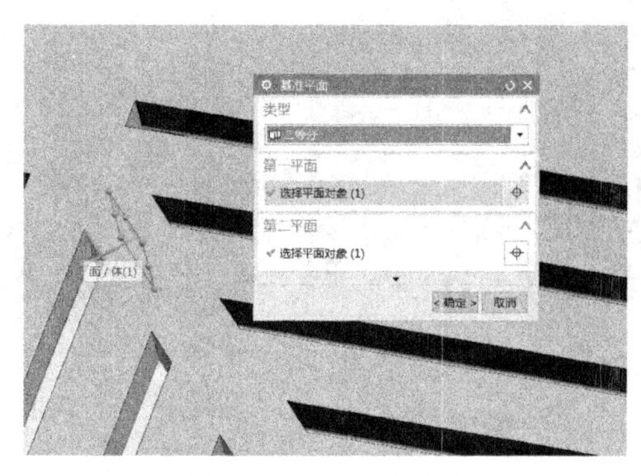

图 4-4-114　绘制基准面 *D*

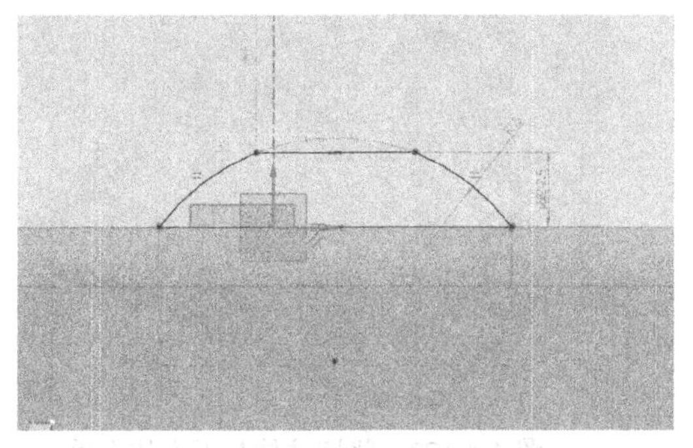

图 4-4-115　绘制凸台截面形态

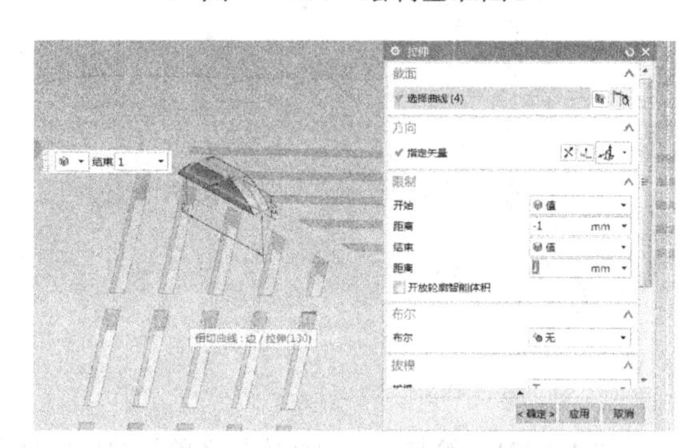

图 4-4-116　拉伸曲线生成凸台实体

接下来绘制天线与下壳体相连的结构，该结构为一个插接结构。新建一个基准面 *E*，与下壳体插线模块露出面外侧平行，距离为 13mm，如图 4-4-118 所示。

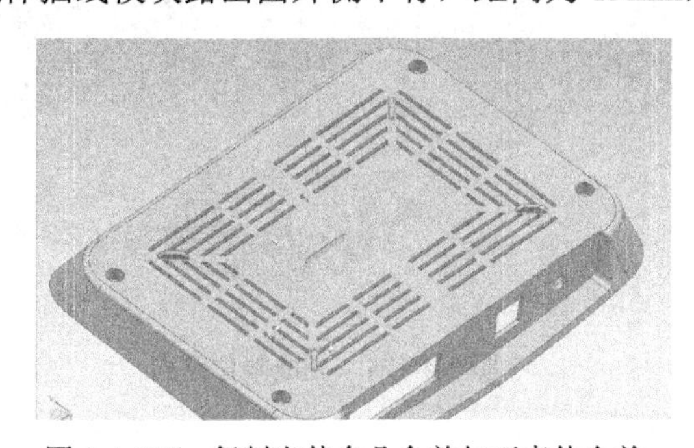

图 4-4-117　复制出其余凸台并与下壳体合并

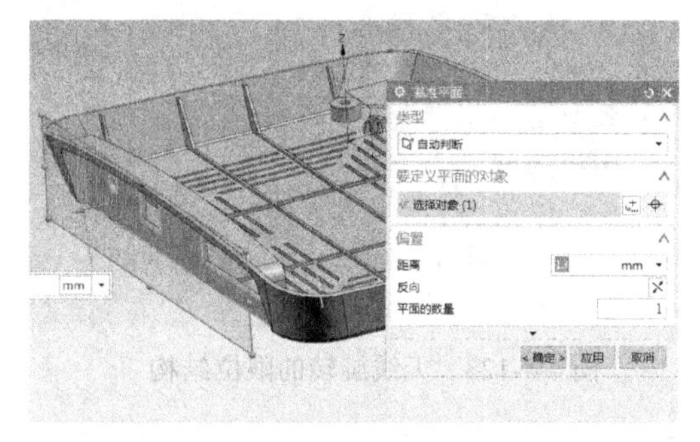

图 4-4-118　绘制基准面 *E*

选择【拉伸】命令，在基准面 *E* 上绘制 3 个圆形截面曲线，直径为 13mm，位置如图 4-4-119 所示，拉伸的结束面选择下壳体模块露出面内侧，如图 4-4-120 所示，单击【确定】。随后将生成的 3 个圆柱体与下壳体合并，以圆柱体的端面为基准面，选择【拉伸】命令拉伸出 3 个与之前圆柱体同心的、直径为 9mm 的圆柱体，将之前的圆柱体贯穿（见图 4-4-121），并同时与下壳体求差，结果如图 4-4-122 所示。

下面对下壳体上的管状体通过【拉伸】和【求差】命令进行修改，增加天线旋转的限位结构，位置、形状如图 4-4-123、图 4-4-124 所示。

由于下壳体后侧需要设计滑块进行侧向开模，因此对 3 个管状体的侧面进行拔模，角度为 1.5°（见图 4-4-125），同时为了增加两侧管状体的强度，需要增加如图 4-4-126 所示的加强筋结构。

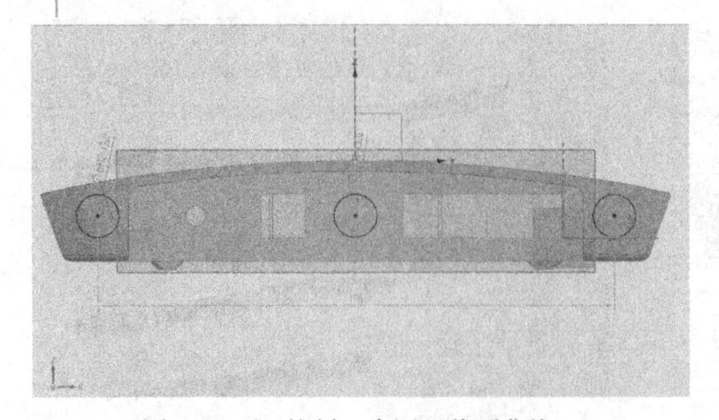

图 4-4-119 绘制 3 个圆形截面曲线

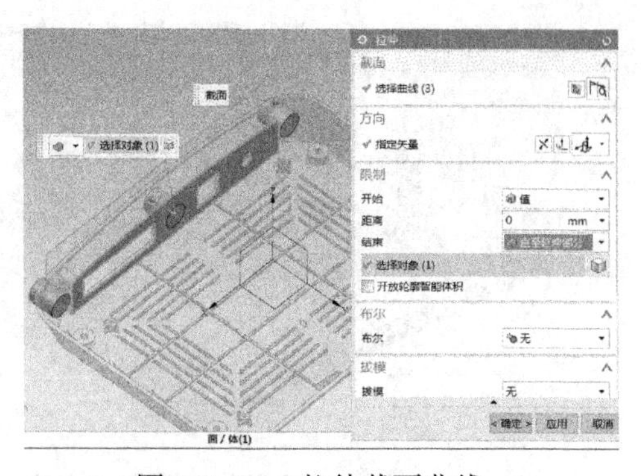

图 4-4-120 拉伸截面曲线

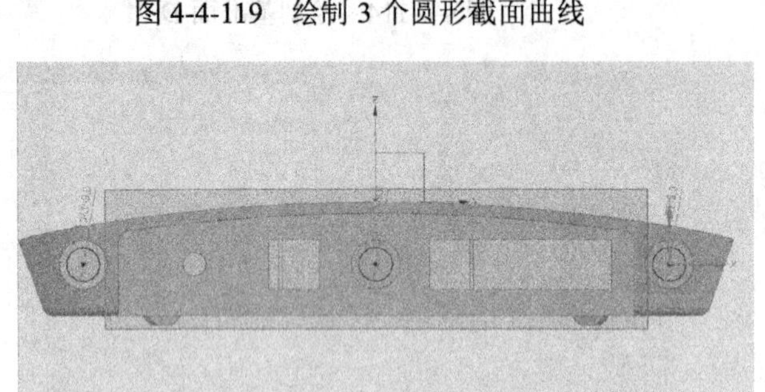

图 4-4-121 绘制新的圆柱体与之前的圆柱体贯穿

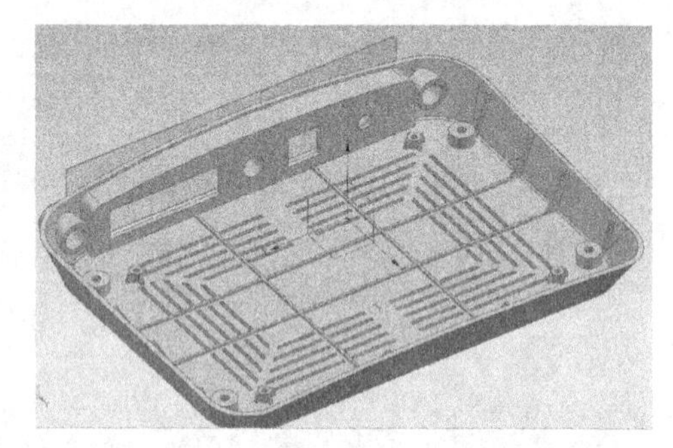

图 4-4-122 将圆柱体与下壳体求差

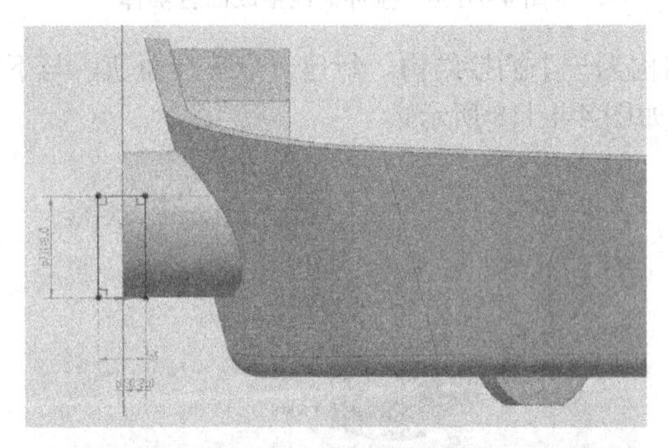

图 4-4-123 天线旋转的限位结构

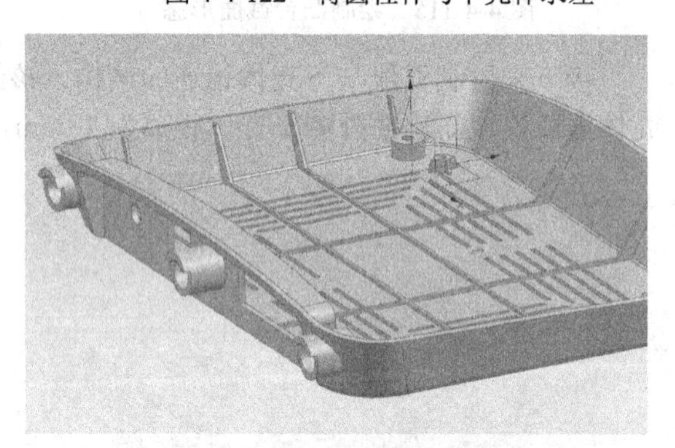

图 4-4-124 完成限位结构

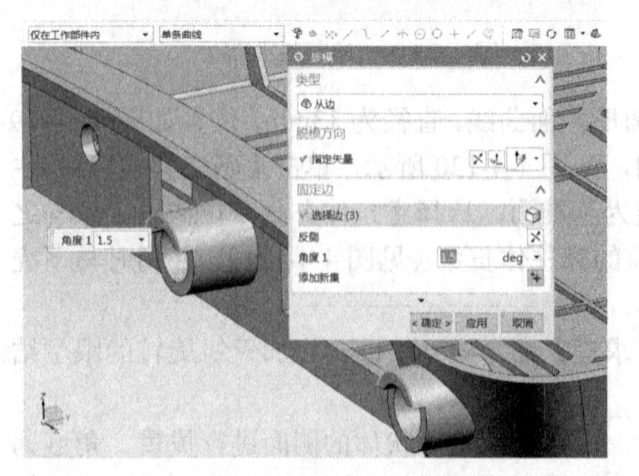

图 4-4-125 生成拔模角

图 4-4-126 增加加强筋结构

接下来在下壳体底部做一个长方形标签槽，深度为 0.4mm，如图 4-4-127 所示。至此路由器下壳体的主要结构设计完成，如图 4-4-128 所示。

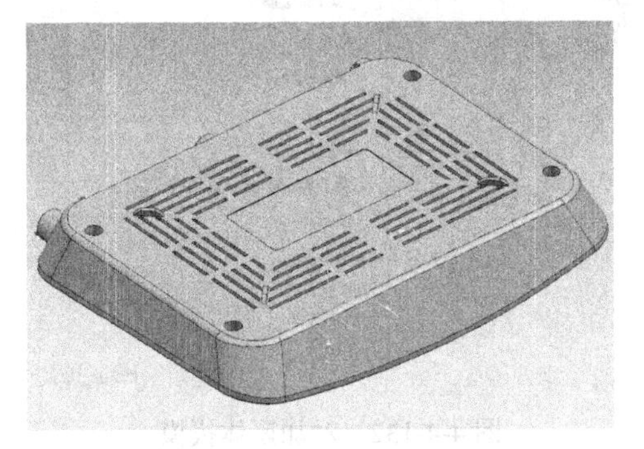

图 4-4-127　添加标签槽

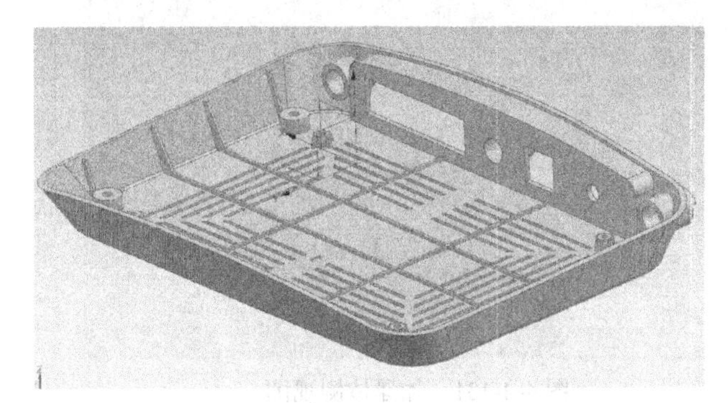

图 4-4-128　完成下壳体主要结构设计

4.4.3.3　路由器上、下壳体连接装配结构建模

下面设计上、下壳体的止口。止口主要有两个作用：一是限位，上、下壳体的止口配合后，可以有效防止上、下壳体装配时的错位和变形；二是可以阻挡静电从机壳外部进入机壳内部，从而保护电子元器件。首先设计下壳体止口，本例中下壳体止口为公止口，选择【加厚】命令将下壳体边缘的分型面进行加厚，厚度为 0.6mm（见图 4-4-129），然后选择【偏置面】命令将加厚出的实体外侧面向内偏置 1.3mm（见图 4-4-130、图 4-4-131）。完成后，从侧视图上看，生成的公止口的外侧面与 Z 轴形成了一个角度，这不利于模具的加工，因此选择【拔模】命令，【类型】选择【从平面或曲面】，【脱模方向】选择 Z 轴方向，【固定面】选择止口的上表面，【要拔模的面】选择止口的外侧面，角度为 0°，如图 4-4-132 所示，单击【确定】。完成后加厚体拔模后侧视图如图 4-4-133 所示，可与图 4-4-131 进行比较。

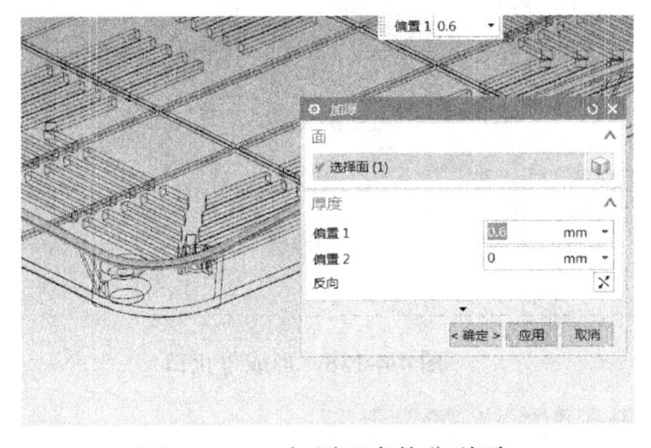

图 4-4-129　加厚下壳体分型面

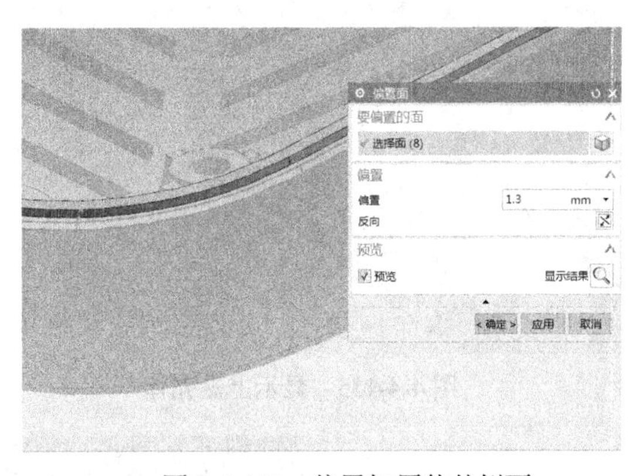

图 4-4-130　偏置加厚体外侧面

下面利用公止口构建上盖壳体的母止口，选择【抽取几何特征】命令将公止口实体复制一个（见图 4-4-134），将公止口实体与下壳体合并并隐藏，然后将上盖壳体予以显示，如图 4-4-135 所示。选择【减去】命令，将公止口的复制实体与上盖壳体求差，形成母止口，结果如图 4-4-136 所示。选择【偏置面】命令将母止口内侧面向外偏置 0.2mm，如图 4-4-137 所示，目的是与下壳体的公止口间形成一定的间隙，方便配合安装。

图 4-4-131　加厚体侧视图

图 4-4-132　对加厚体拔模

图 4-4-133　加厚体拔模后侧视图

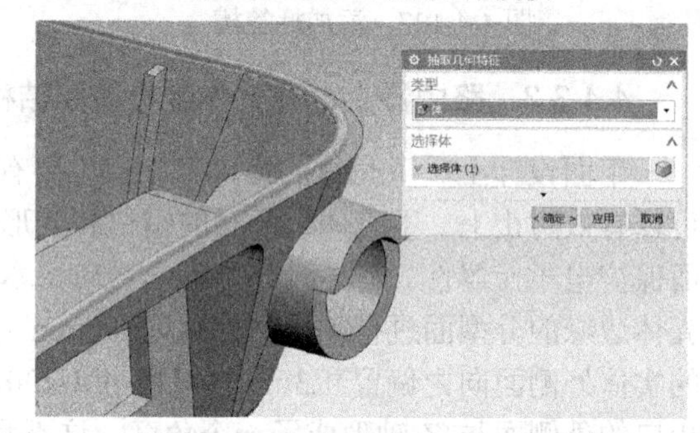

图 4-4-134　复制公止口实体

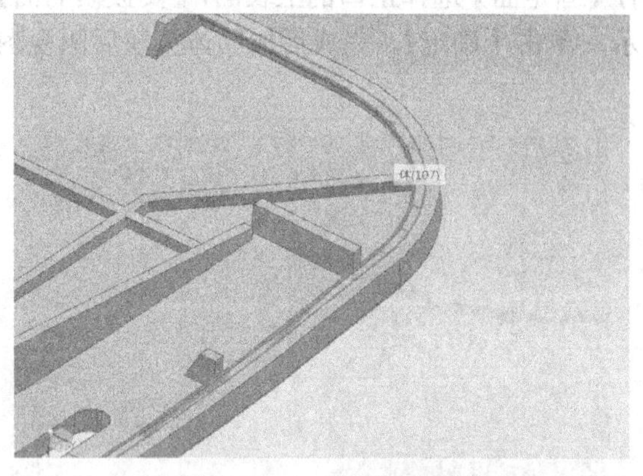

图 4-4-135　显示上盖壳体

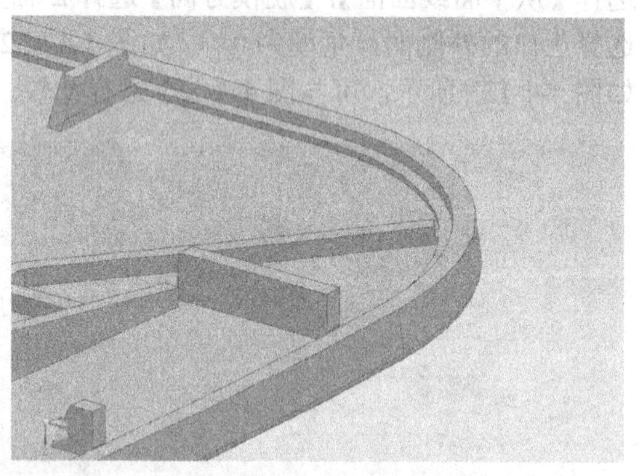

图 4-4-136　形成母止口

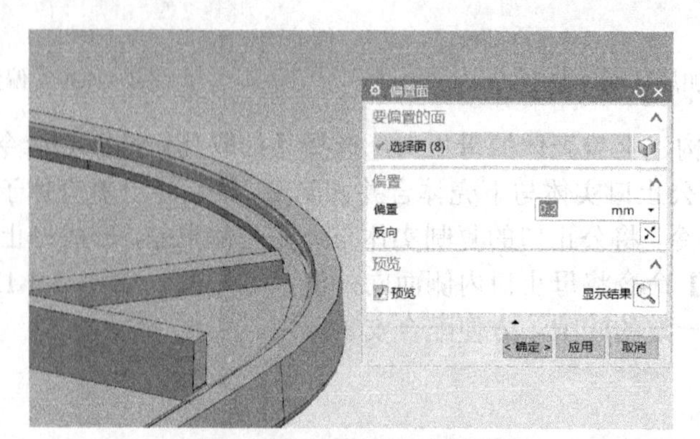

图 4-4-137　形成装配间隙

接下来在上盖壳体上构建螺母柱，使其与下壳体的螺钉安装凸台相对应。将下壳体予以显示，选择【抽取几何特征】命令，将下壳体的 4 个螺钉安装凸台的上表面进行复制（见图 4-4-138），然后将下壳体隐藏，上盖壳体显示，凸台上表面抽取完成，如图 4-4-139 所示。

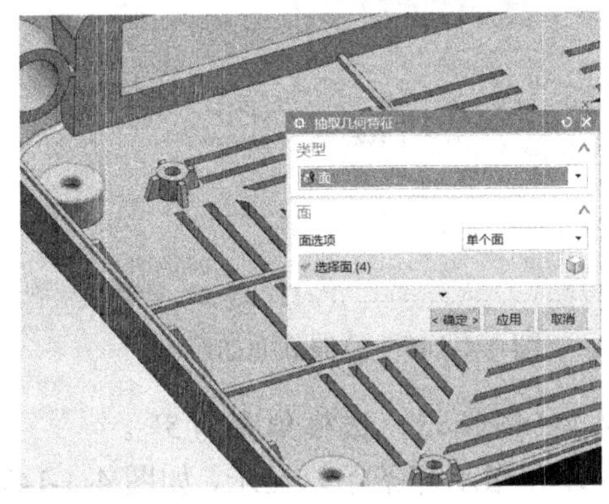

图 4-4-138 复制凸台上表面

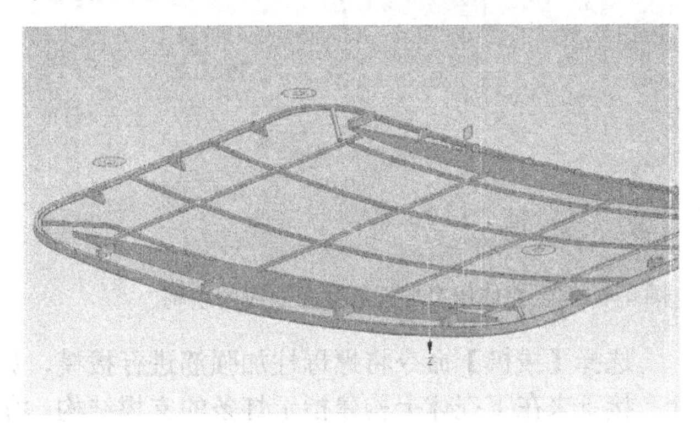

图 4-4-139 凸台上表面抽取完成

选择【拉伸】命令，以 4 个片体所在面为绘图面，【截面】内径为 2.4mm，外径为 5mm，如图 4-4-140 所示绘制螺母柱截面曲线，拉伸开始值为 0mm，【结束】为【直至延伸部分】，【选择对象】为上盖壳体的顶面，如图 4-4-141 所示，完成后将生成的螺母柱与上盖壳体合并。

图 4-4-140 绘制螺母柱截面曲线

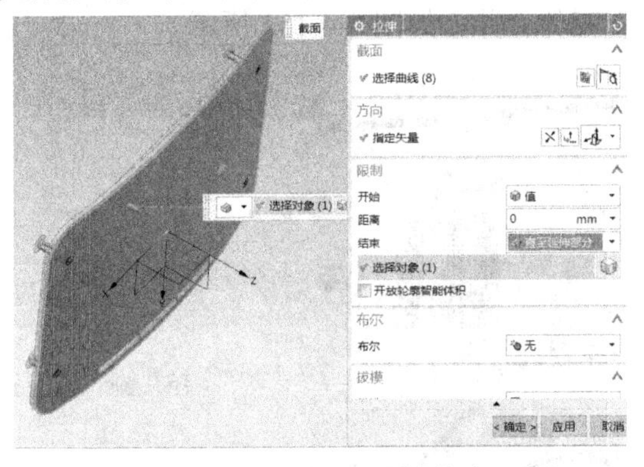

图 4-4-141 拉伸曲线

选择【拔模】命令，将螺母柱的侧面进行拔模，角度为 1.5°，如图 4-4-142 所示。然后构建螺母柱的加强筋，选择【拉伸】命令，以螺母柱的顶面为基准面，截面如图 4-4-143、图 4-4-144 所示，拉伸方向为 *Z* 轴正方向，开始值为 4，【结束】为【直至延伸部分】，【选择对象】为上盖壳体的顶面，如图 4-4-145 所示。

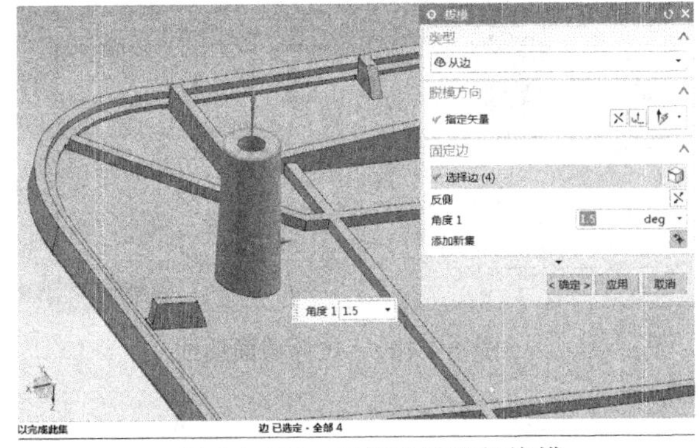

图 4-4-142 对螺母柱进行拔模

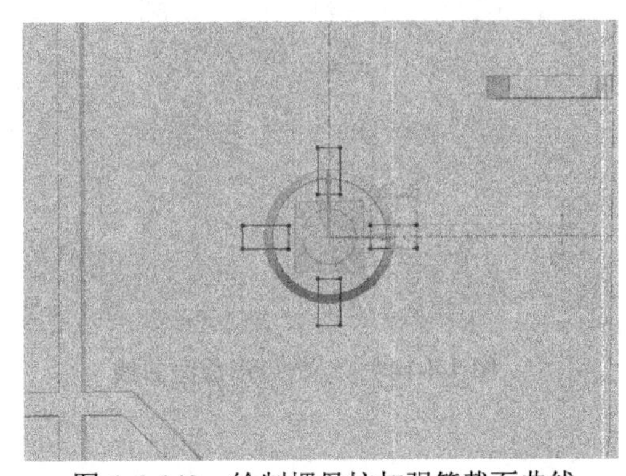

图 4-4-143 绘制螺母柱加强筋截面曲线

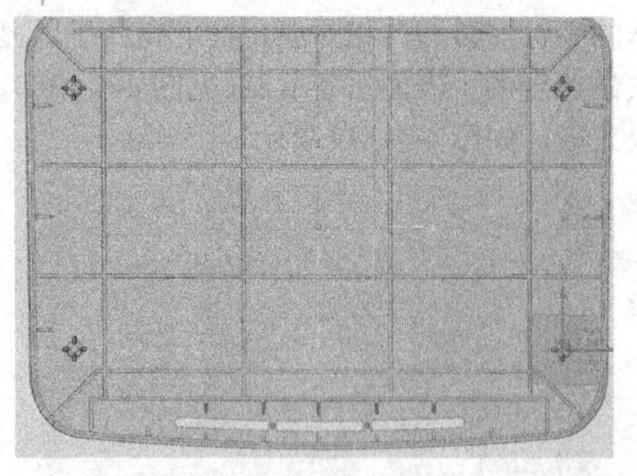

图 4-4-144 完成所有加强筋截面曲线的绘制

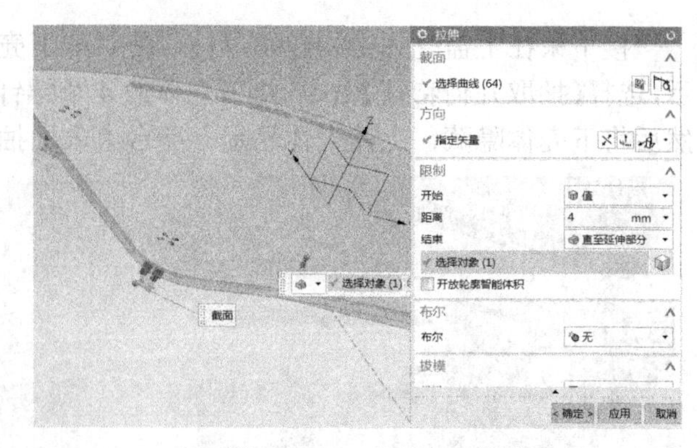

图 4-4-145 拉伸截面曲线

选择【拔模】命令将螺母柱加强筋进行拔模，如图 4-4-146 所示，拔模角度为 5°。

接下来在下壳体上构建指示灯条的支撑结构，将下壳体和指示灯条予以显示，如图 4-4-147 所示，选择【拉伸】命令，以下壳体底部内侧面为基准面绘制矩形截面曲线，大小、位置如图 4-4-148 所示。矩形宽度为 1mm，方向为 Z 轴的负方向，【限制】【开始】选择【直至延伸部分】，对象选择指示灯的底面，【结束】选择【直至延伸部分】，对象选择下壳体的前内壁，如图 4-4-149 所示。选择【移动面】命令调节支撑体的尺寸（见图 4-4-150），完成后将支撑体与下壳体合并，如图 4-4-151 所示。

图 4-4-146 设置拔模角

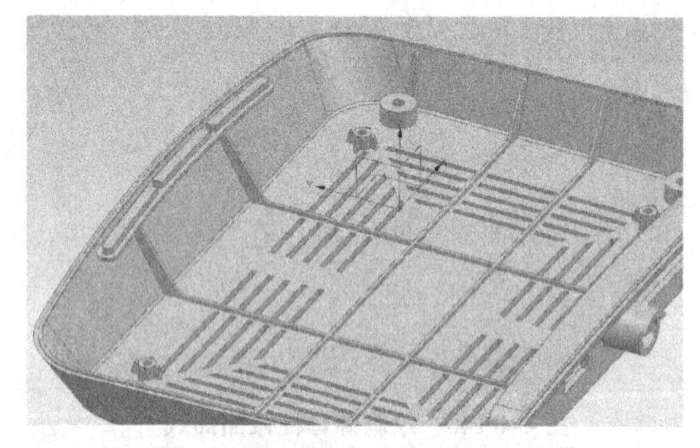

图 4-4-147 显示下壳体和指示灯条

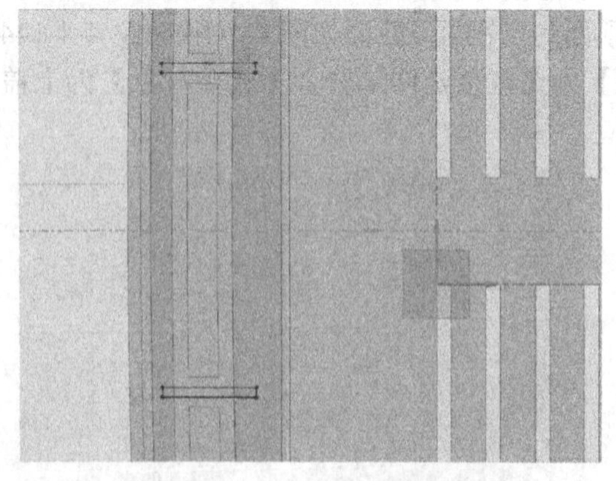

图 4-4-148 绘制矩形截面曲线

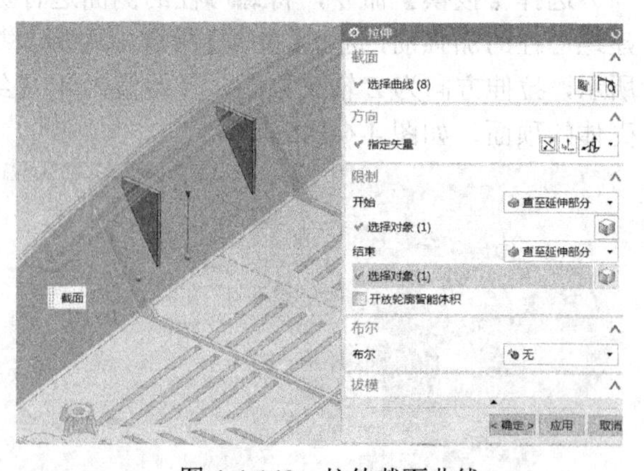

图 4-4-149 拉伸截面曲线

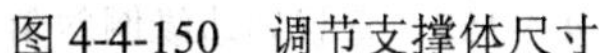

图 4-4-150　调节支撑体尺寸

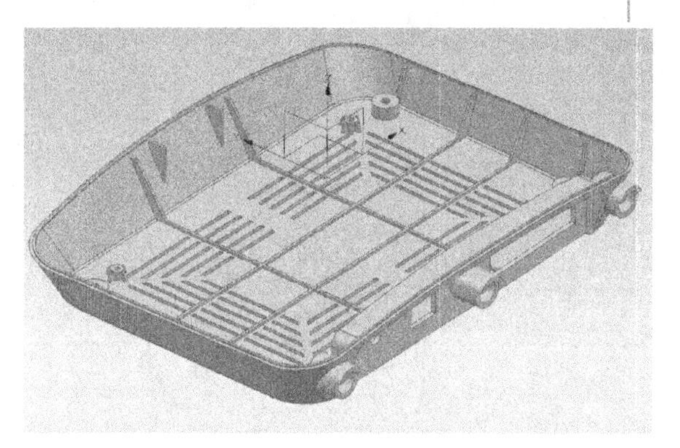

图 4-4-151　合并支撑体与下壳体

至此，路由器的止口结构、上盖壳体的螺母柱、下壳体指示灯支撑结构全部完成，上下壳体、电路板已经可以通过螺钉进行固定和装配，如图 4-4-152、图 4-4-153 所示。对于上下壳体的构建采取的是自上而下的建模方式，即在一个模型文件中将对象的所有零件一一建出，这种方式适合边设计边建模的情况和零部件建模时需要经常性参考其他零件的情况，数模完全建好以后再通过【装配】选项卡→【组件】功能栏→【新建】命令把零件一一转化为装配组件，方便今后的加工与生产。

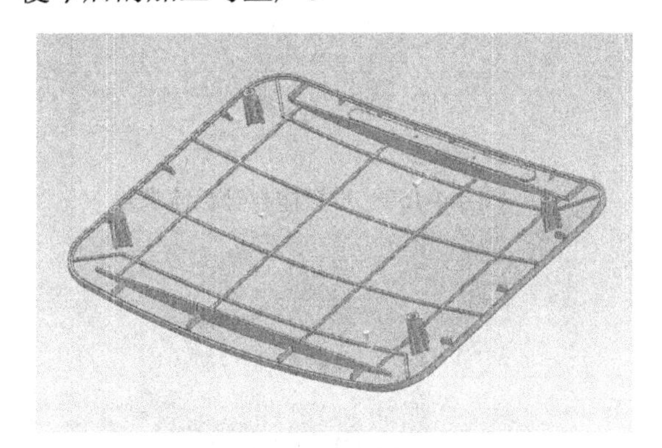

图 4-4-152　上盖结构完成

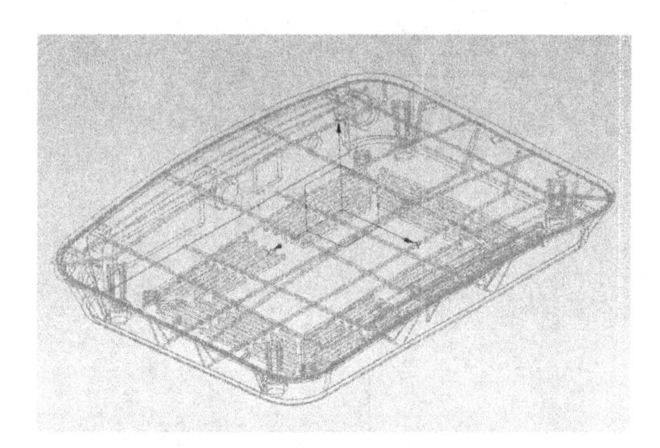

图 4-4-153　路由器主要结构完成

4.4.3.4　路由器的连接件、天线建模

新建一个模型文件，首先绘制路由器天线与下壳体间的连接件，该连接件通过插入的方式与下壳体相连并可以进行同轴旋转（有限位），同时与之相连的天线也可以进行旋转调节（也有限位）。选择【拉伸】命令，以 X 轴、Y 轴所在基准面为绘图面绘制同心圆，圆心在原点位置，小圆直径为 6.4mm，大圆直径为 9.3mm（见图 4-4-154），拉伸方向为 Z 轴正方向，拉伸距离为 20mm。选择【倒斜角】命令，选择管状体上方的外边缘线，偏置距离为 1mm，得到倒斜角，如图 4-4-155 所示。选择【拉伸】命令，以 Y 轴、Z 轴所在基准面为绘图面，绘制一个矩形，如图 4-4-156 所示，拉伸后将管状体贯穿并求差，结果如图 4-4-157 所示。

再次选择【拉伸】命令，依旧以 Y 轴、Z 轴所在基准面为基础绘制贯穿体截面曲线，如图 4-4-158 所示，拉伸后将管状体贯穿并求差，结果如图 4-4-159 所示。选择【加厚】命令，将图 4-4-160 所示面加厚 1mm，然后将加厚体与管状体合并。

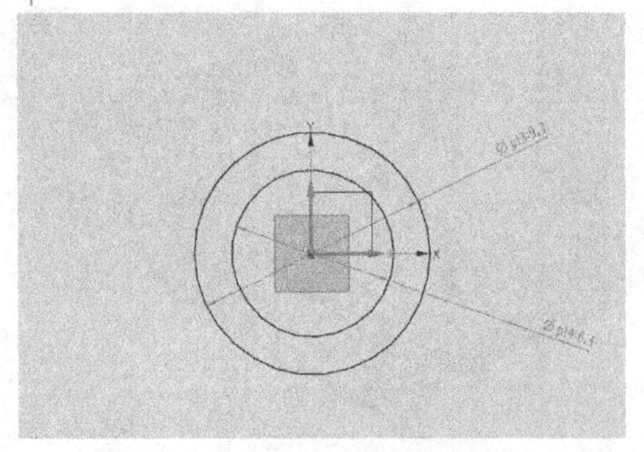

图 4-4-154 绘制同心圆截面曲线

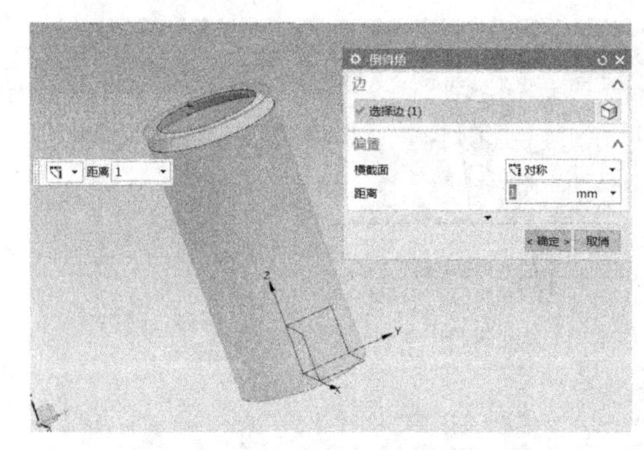

图 4-4-155 管状体边缘倒斜角

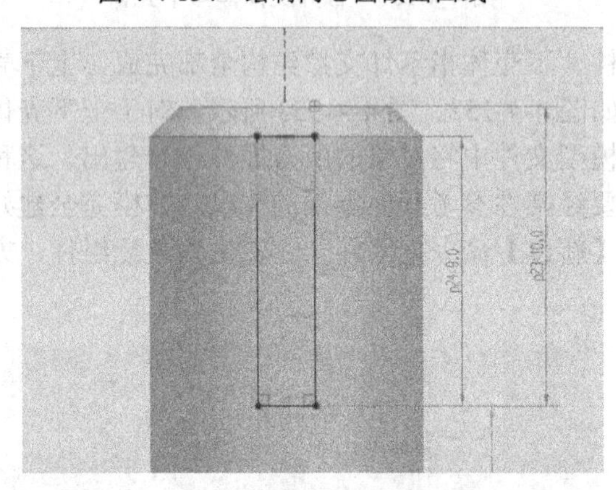

图 4-4-156 绘制矩形

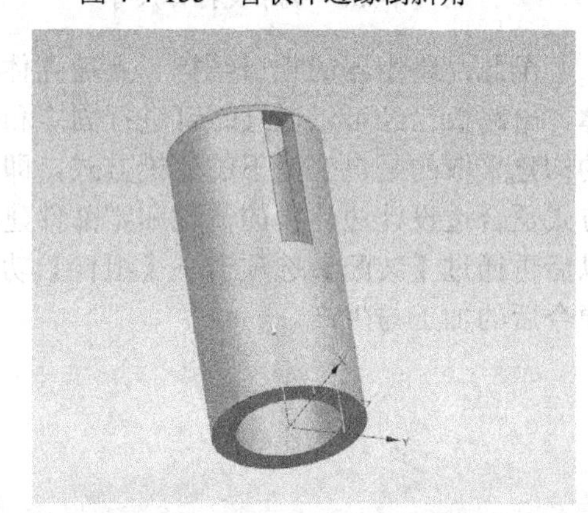

图 4-4-157 贯穿体与管状体求差

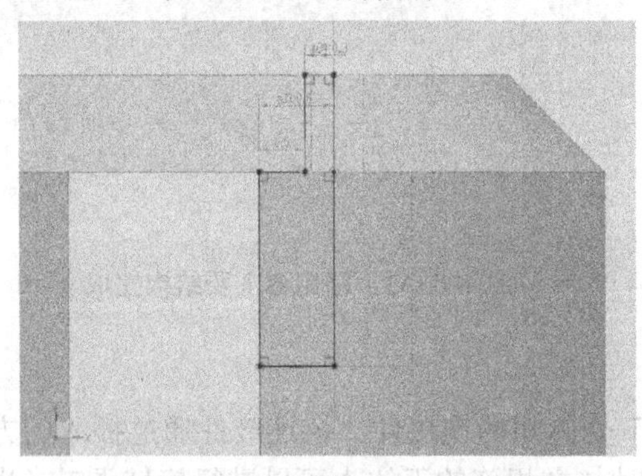

图 4-4-158 绘制贯穿体截面曲线

图 4-4-159 将贯穿体与管状体求差

对图 4-4-161 所示位置进行【边倒圆】，半径为 1mm。接下来绘制卡接结构，选择【拉伸】命令，以管状体顶面为绘图面绘制拉伸截面曲线，如图 4-4-162 所示，圆弧形的偏置距离为 1mm，拉伸方向为 *Z* 轴的负方向，距离为 2mm，并与管状体求和（见图 4-4-163），完成后对拉伸体上边缘倒斜角，偏置距离为 1mm。然后对图 4-4-164 位置的转角处用【边倒圆】命令倒圆角，半径为 1mm。

选择【拉伸】命令，以管状体顶面为基准面，绘制如图 4-4-165 所示矩形，拉伸距离为 2mm，并与管状体求差，形成断开结构结果如图 4-4-166 所示。选择【拉伸】命令，以管状体上部缺口处的两个小平面为基准面，绘制如图 4-4-167 所示两个矩形，拉伸方向为 *Z* 轴正方向，拉伸距离为 4mm，【布尔】选择与管状体求差，结果如图 4-4-168 所示。此步骤完成后，这个插接头就具备了一定的形变和卡接能力。然后对图 4-4-169、图 4-4-170 所示位置进行倒圆角，前者半径为 0.5mm，后者半径为 3mm。

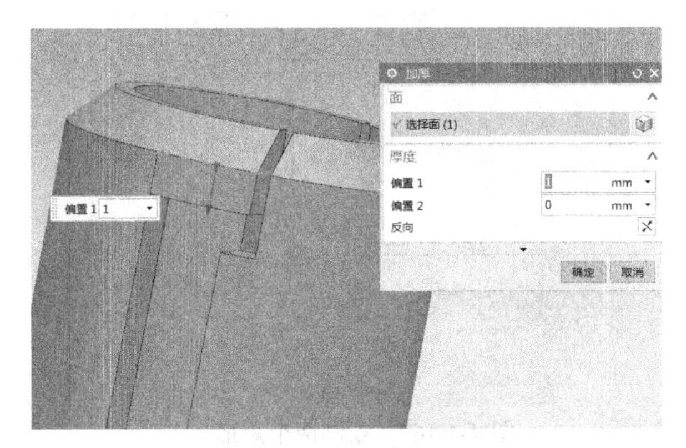

图 4-4-160 加厚所示面

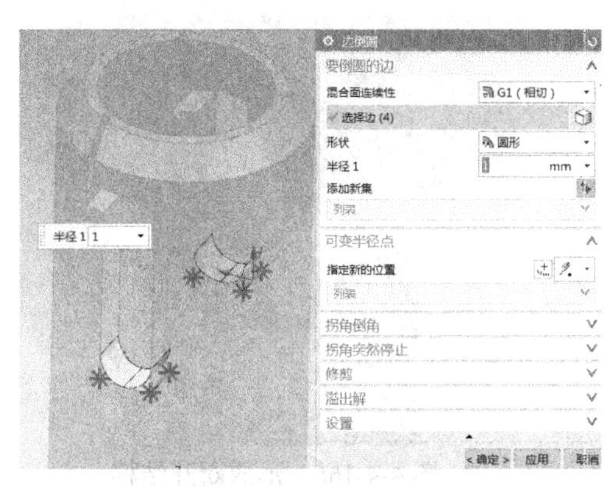

图 4-4-161 边倒圆

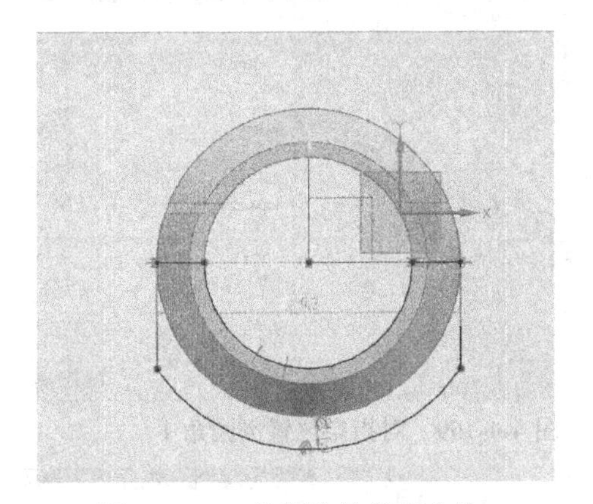

图 4-4-162 绘制拉伸截面曲线

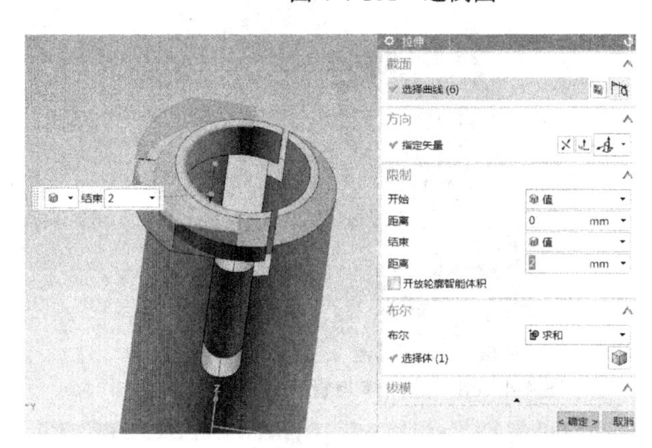

图 4-4-163 拉伸截面曲线并与管状体求和

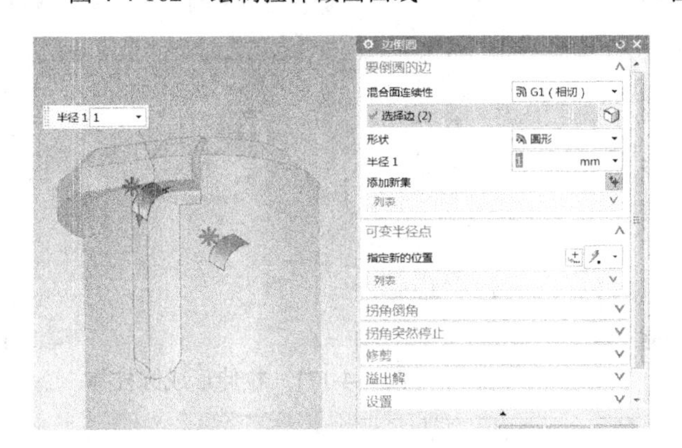

图 4-4-164 对转角处倒圆角

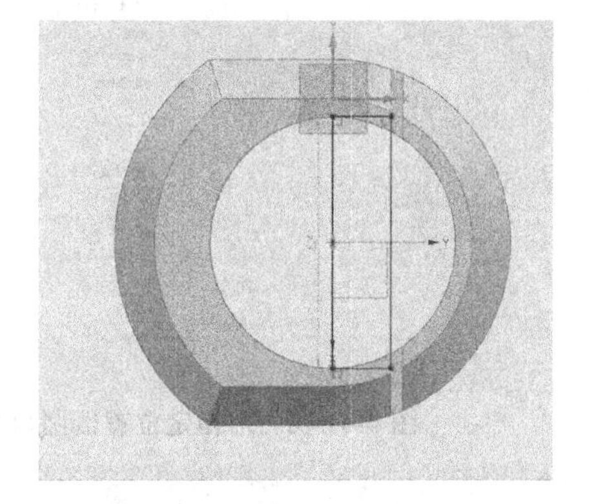

图 4-4-165 绘制矩形

选择【拉伸】命令，以 X 轴、Y 轴所在基准面为绘图面绘制一个直径为 13mm、高度为 4mm、方向为 Z 轴负方向的圆柱体（见图 4-4-171），然后对圆柱体的上边缘进行【倒斜角】，偏置距离为 1.8mm，如图 4-4-172 所示。选择【拉伸】命令，以 Y 轴、Z 轴所在基准面为绘图面，绘制一个截面曲线如图 4-4-173 所示、厚度为 8.4mm 的拉伸体（见图 4-4-174），随后将拉伸体边线进行倒圆角，半径为 1mm，如图 4-4-175 所示。

图 4-4-166　形成断开结构

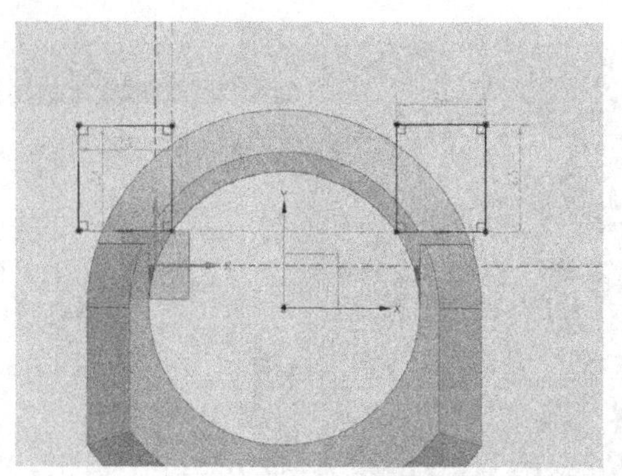

图 4-4-167　绘制两个矩形

图 4-4-168　拉伸体与管状体求差

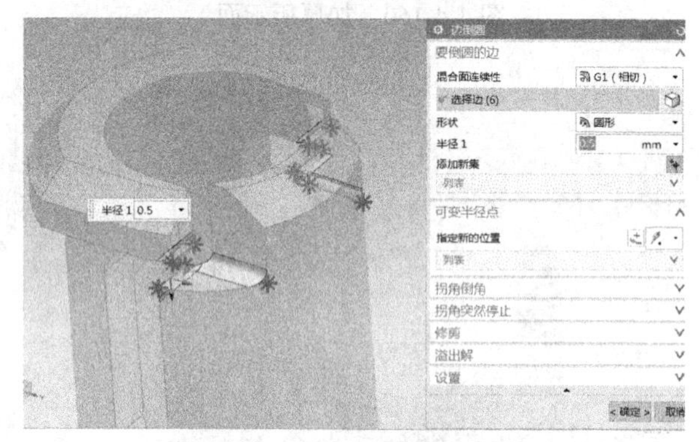

图 4-4-169　对指定位置倒圆角 1

图 4-4-170　对指定位置倒圆角 2

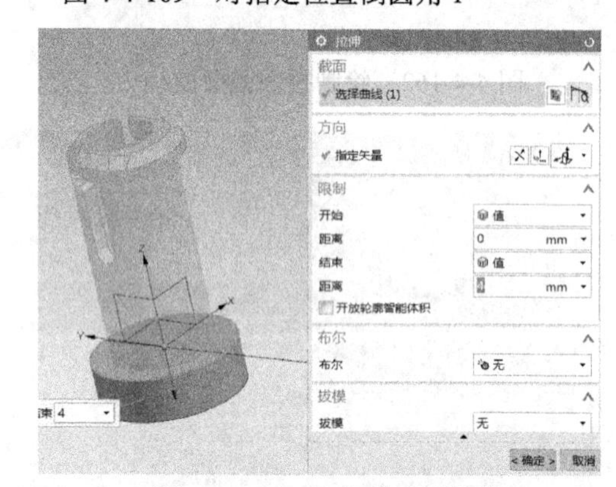

图 4-4-171　拉伸形成圆柱体

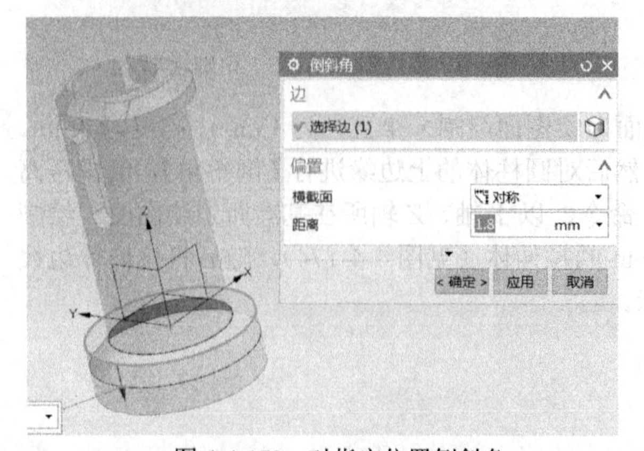

图 4-4-172　对指定位置倒斜角

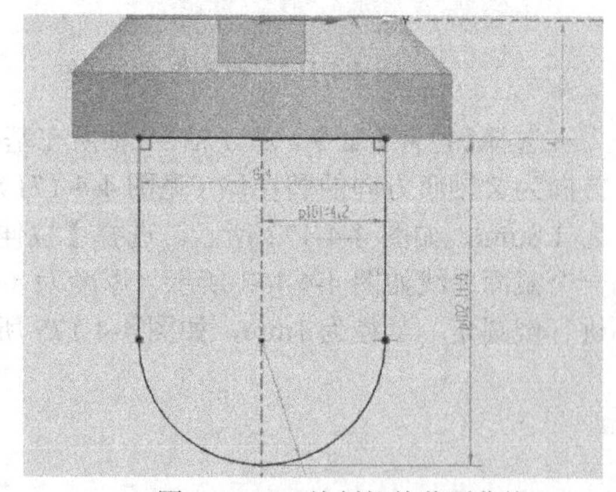

图 4-4-173　绘制拉伸截面曲线

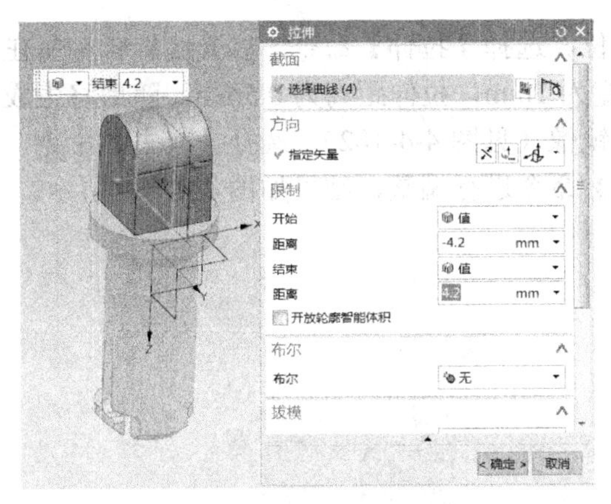

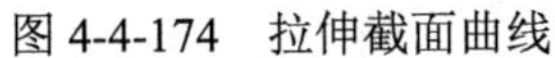
图 4-4-174　拉伸截面曲线

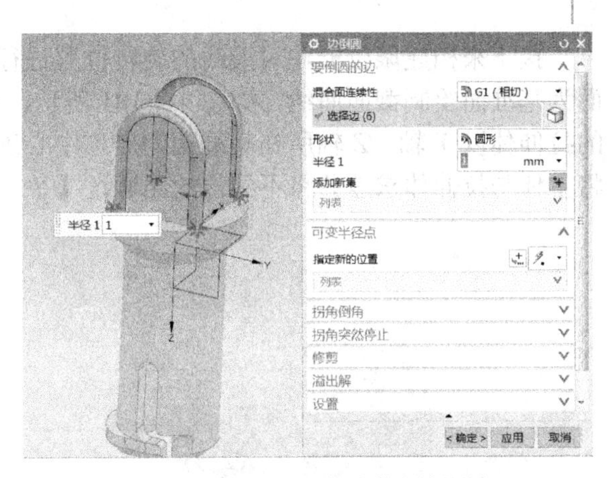

图 4-4-175　对指定位置倒圆角

以拉伸体的一个侧面为基准，绘制拉伸截面曲线，如图 4-4-176 所示，拉伸方向为 *Y* 轴的负方向，距离为 5.9mm，如图 4-4-177 所示，并与拉伸体求差。

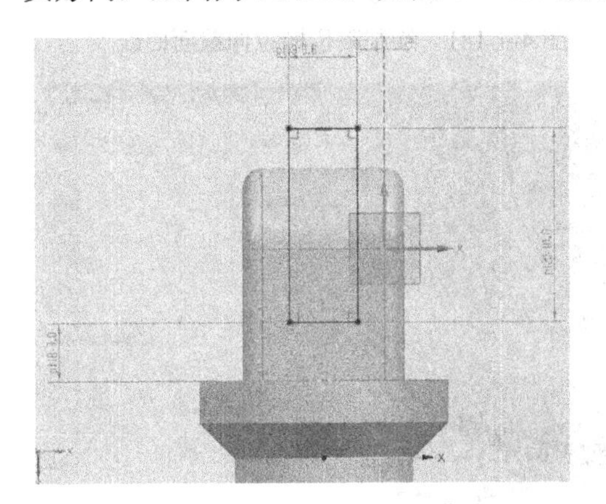

图 4-4-176　绘制拉伸截面曲线

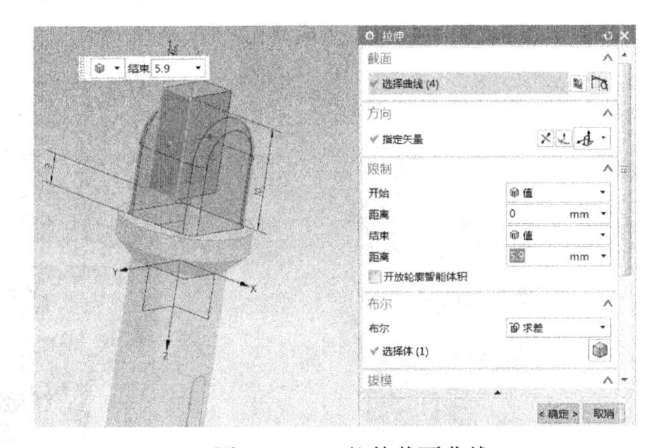

图 4-4-177　拉伸截面曲线

在拉伸体的另两个侧面上，以圆弧圆心为圆心，绘制两个半径为 2.2mm（见图 4-4-178）的拉伸截面曲线，拉伸距离为 1.8mm，拉伸为圆柱体，作为天线的旋转轴，如图 4-4-179 所示。然后将所有实体合并，并在管状体的中心绘制一个直径为 3mm 的通孔，如图 4-4-180 所示。

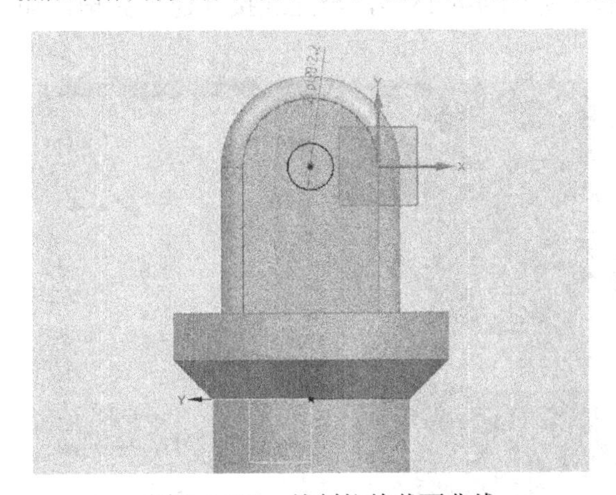

图 4-4-178　绘制拉伸截面曲线

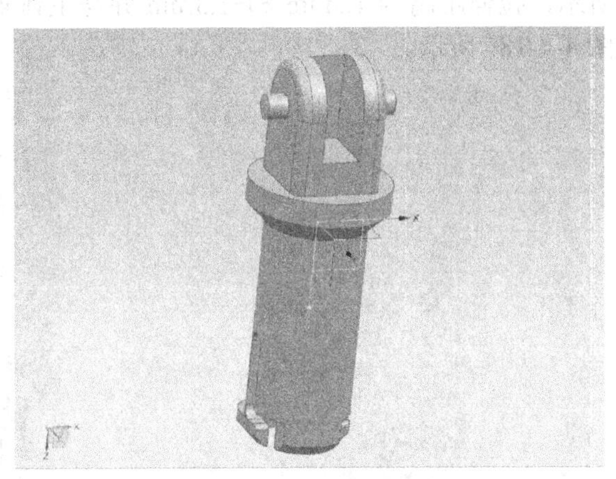

图 4-4-179　向外拉伸截面曲线

接下来构建限位槽，对天线的旋转位置进行限位。选择【拉伸】命令，以天线旋转轴所在面为基准面绘制截面曲线，如图 4-4-181 所示，槽宽为 1mm，拉伸距离为 0.5mm，随后将生成的拉伸体以 *Y* 轴、*Z* 轴所在基准面为对称中心进行镜像（见图 4-4-182）。选择【减去】命令，将主体与拉伸体求差并将不到位的面通过【替换面】命令进行调整，结果如图 4-4-183 所示。

图 4-4-180　形成通孔

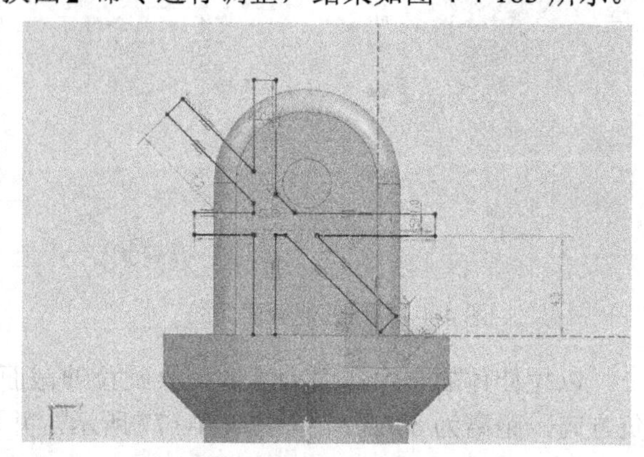

图 4-4-181　绘制限位槽拉伸截面曲线

图 4-4-182　镜像拉伸体

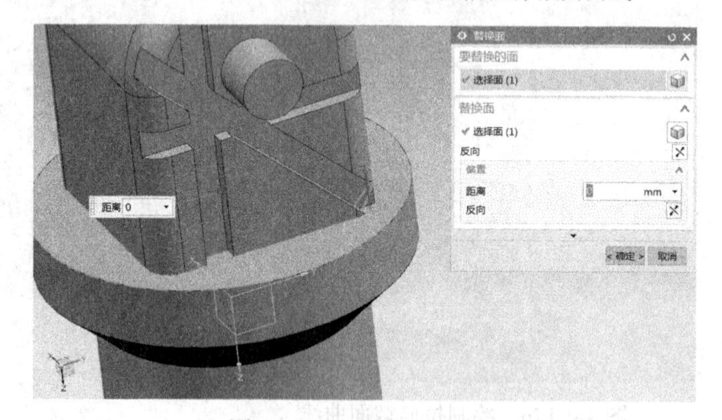

图 4-4-183　替换部分面

下面构建一个键体，用于将来旋转连接件时与下壳体上的限位结构配合使用。选择【拉伸】命令，以 *Y* 轴、*Z* 轴所在基准面为基础绘制一个矩形的拉伸截面曲线，尺寸、位置如图 4-4-184 所示，拉伸距离为 1.3mm 和-1.3mm 并与主体求和（见图 4-4-185），至此连接件建模完毕，如图 4-4-186 所示。

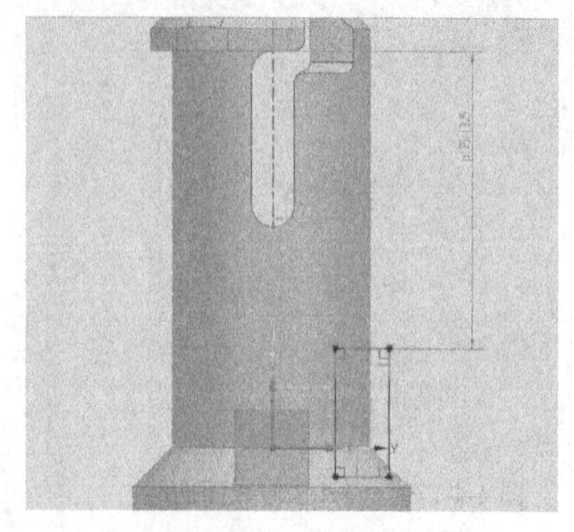

图 4-4-184　绘制拉伸截面曲线

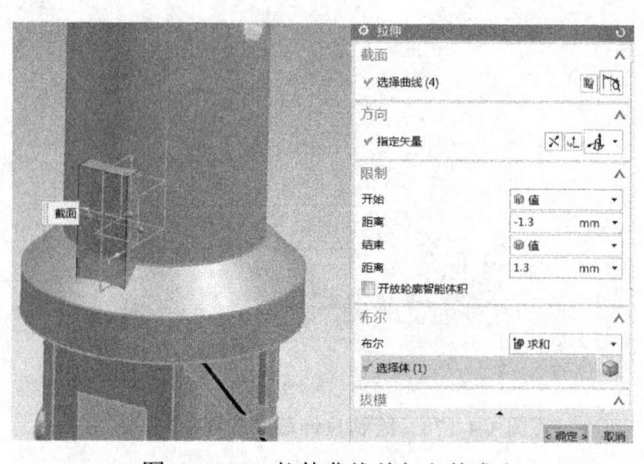

图 4-4-185　拉伸曲线并与主体求和

接下来绘制天线，选择【拉伸】命令，以图 4-4-187 所示实体上的平面为基础，绘制一个直径为 13mm 的圆形的拉伸截面曲线，拉伸距离为 38mm，生成一个圆柱体，如图 4-4-188 所示。选择【拉伸】命令，以圆柱体顶面为基准面，绘制如图 4-4-189 所示拉伸截面曲线，拉伸方向为 *Y* 轴负方向，在【限制】选项中，开始距离为 38mm，结束距离为 130mm，如图 4-4-190 所示。然后将天线的拐角处用【边倒圆】命令倒圆角，半径为 2.5mm，如图 4-4-191 所示。

图 4-4-186　完成连接件建模

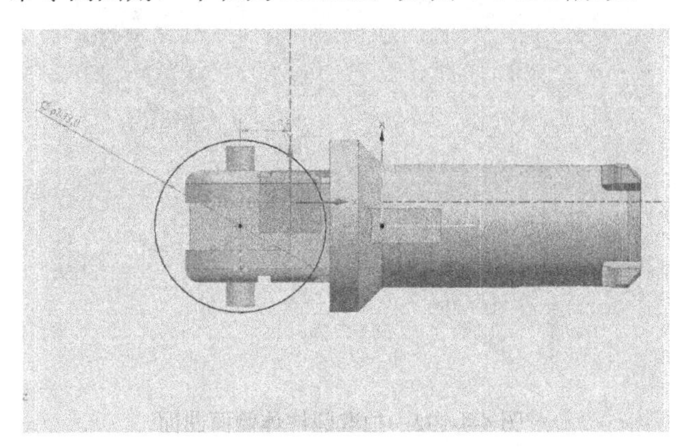

图 4-4-187　绘制拉伸截面曲线

图 4-4-188　生成圆柱体

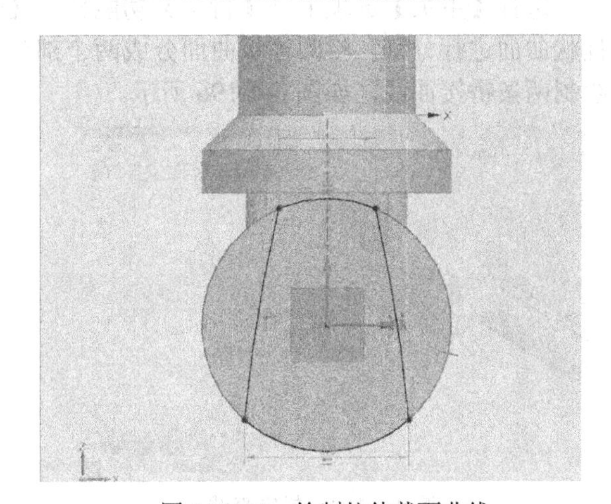

图 4-4-189　绘制拉伸截面曲线

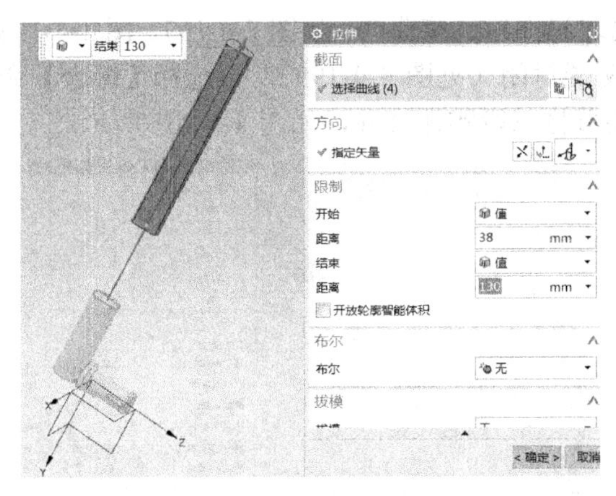

图 4-4-190　拉伸参数设置

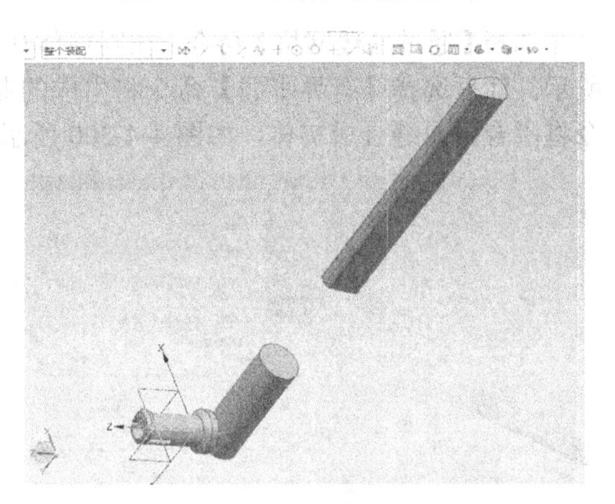

图 4-4-191　对天线拐角处倒圆角

选择【抽取几何特征】命令，将抽取圆柱体侧面曲面，如图 4-4-192 所示。选择【在任务环境中绘制草图】命令，以 *X* 轴、*Y* 轴所在基准面为绘图面，参考拉伸体上的结构线，绘制两条直线（见图 4-4-193）。选择【投影曲线】命令，将这两条直线沿 *Z* 轴方向投影到圆柱状曲面上，形成两条曲面上的线（见图 4-4-194）。

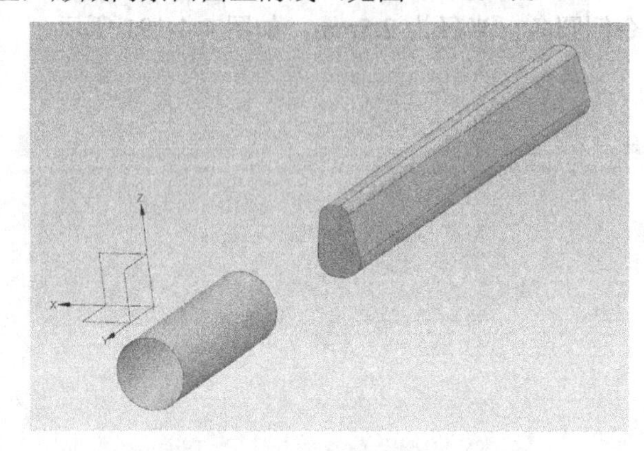

图 4-4-192 抽取圆柱体侧面曲面

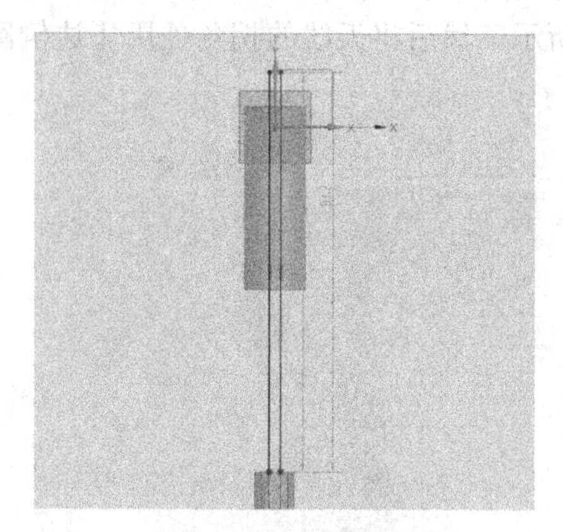

图 4-4-193 绘制直线

选择【主页】选项卡→【特征】功能栏→【分割面】命令，工具选择两条投影曲线，将圆柱状曲面进行分割，将圆柱状曲面分成两个部分，如图 4-4-195 所示。然后使用【桥接】命令，绘制两条桥接曲线，如图 4-4-196 所示。

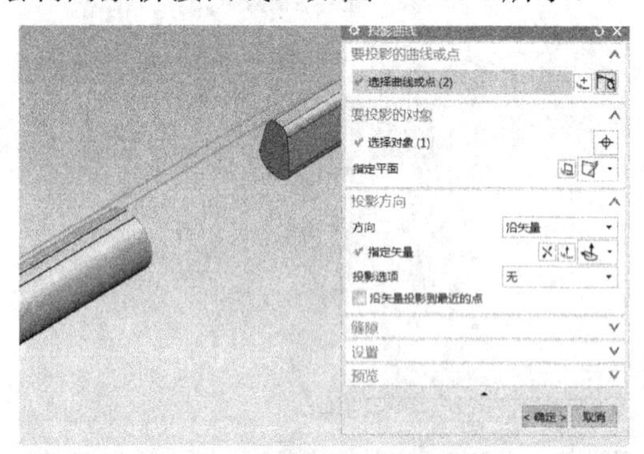

图 4-4-194 投影直线

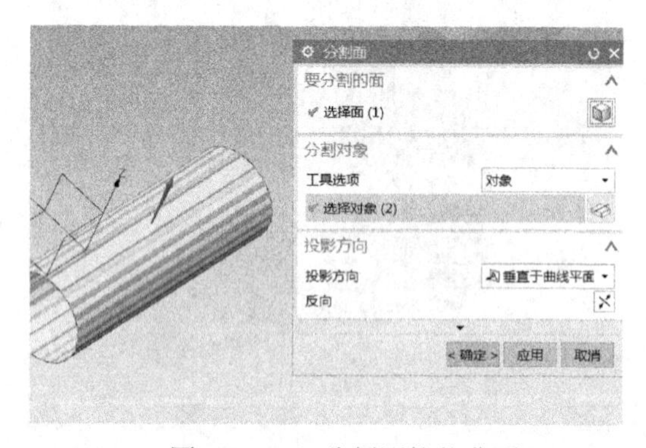

图 4-4-195 分割圆柱状曲面

选择【通过曲线网格】命令，在圆柱体和天线之间构建过渡曲面，如图 4-4-197、图 4-4-198 所示。然后选择【有界平面】命令将生成的曲面两端封闭（见图 4-4-199），再选择【缝合】命令将围合曲面缝合成实体，如图 4-4-200 所示，接着将三段实体合并，如图 4-4-201 所示。

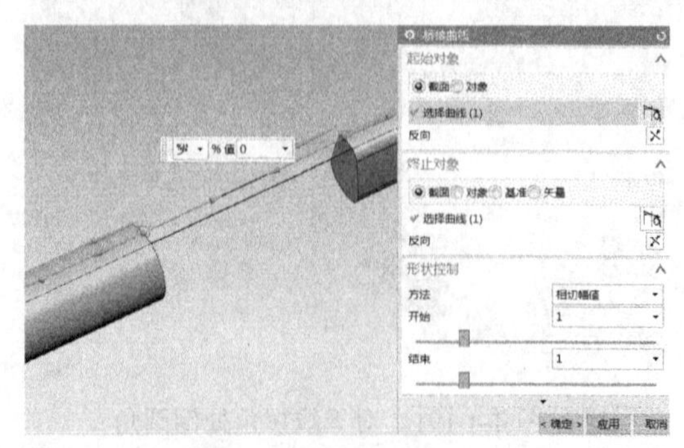

图 4-4-196 绘制桥接曲线

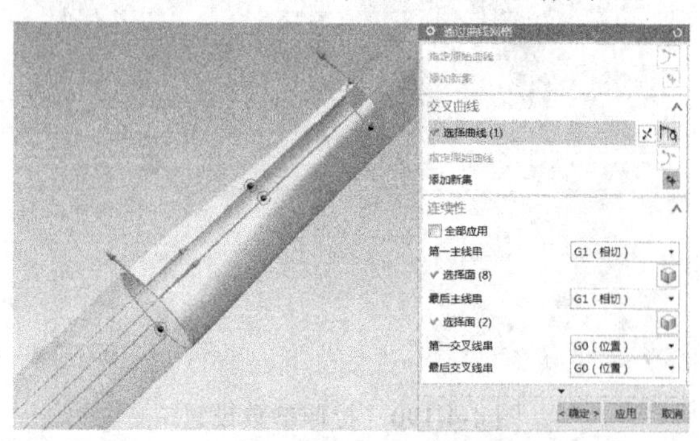

图 4-4-197 绘制过渡曲面

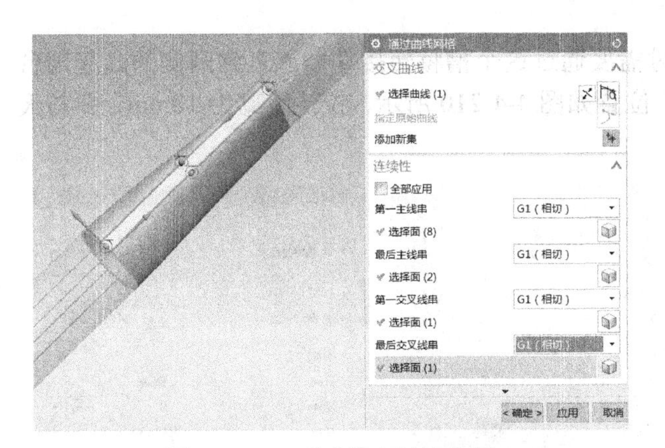

图 4-4-198　形成填充过渡曲面

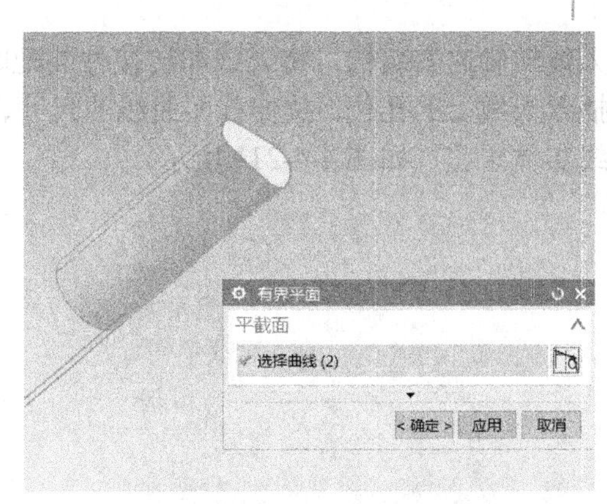

图 4-4-199　封闭曲面两端

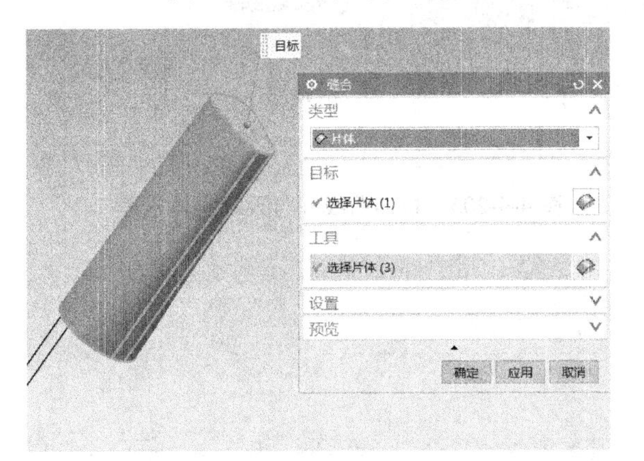

图 4-4-200　缝合围合曲面

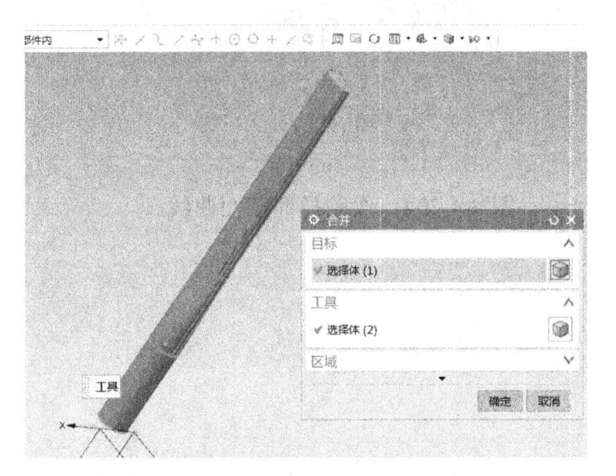

图 4-4-201　合并三段实体

选择【拔模】命令将天线顶端的面进行拔模，方向为 Z 轴正方向，角度为 30°，如图 4-4-202 所示。将天线实体进行【抽壳】，厚度为 1.5mm（见图 4-4-203）。选择【拉伸】命令，以天线底部为绘图面，绘制一个矩形的拉伸截面曲线，宽度为 8.8mm，位置、尺寸如图 4-4-204 所示，拉伸距离为 11.5mm，【布尔】选择与天线实体求差，如图 4-4-205 所示。

图 4-4-202　通过拔模改变形态

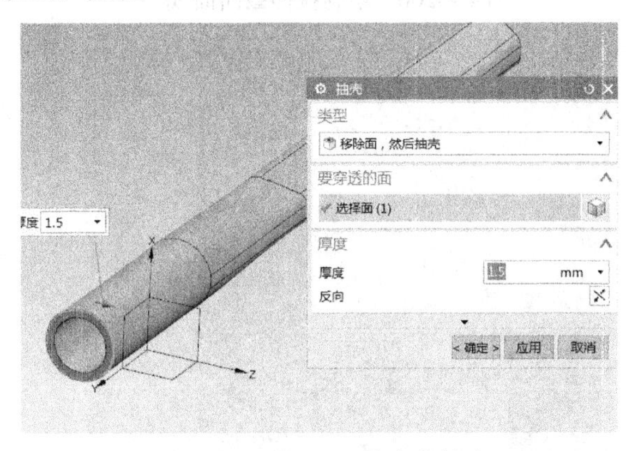

图 4-4-203　对天线实体抽壳

在如图 4-4-206 所示位置绘制一个直径为 2.4mm 的拉伸截面曲线，拉伸后将天线贯穿并与天线求差（见图 4-4-207）。然后选择【拉伸】命令，以天线底部平面为基础绘制拉伸截面曲线（见图 4-4-208），拉伸距离为 10mm 并与天线实体求和，如图 4-4-209 所示。在这个基础上绘制

天线转轴的安装槽，将天线和转接件装配时需要通过这个槽将转接件插入直到两侧的凸起圆台插入天线上的孔位。拉伸截面曲线的尺寸、位置如图 4-4-210 所示，拉伸距离为 10mm，并与天线实体求差，如图 4-4-211 所示。

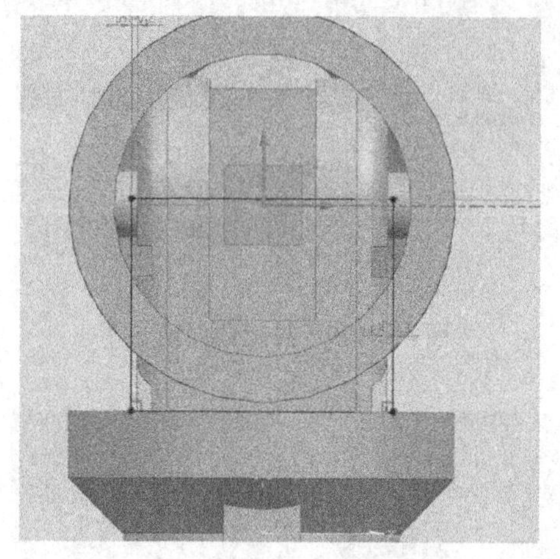

图 4-4-204　绘制拉伸截面曲线

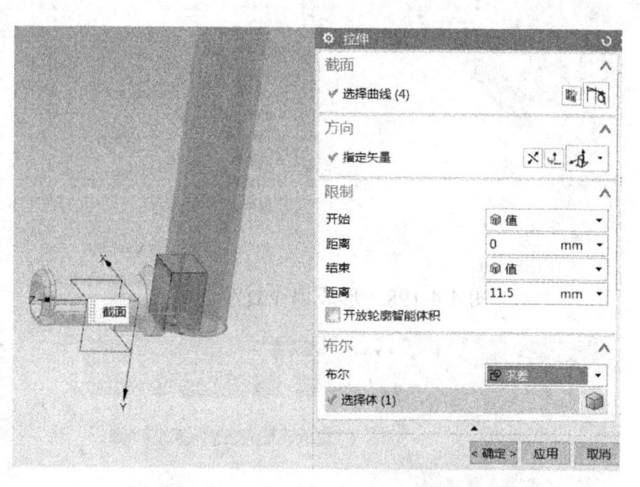

图 4-4-205　拉伸曲线并与天线实体求差

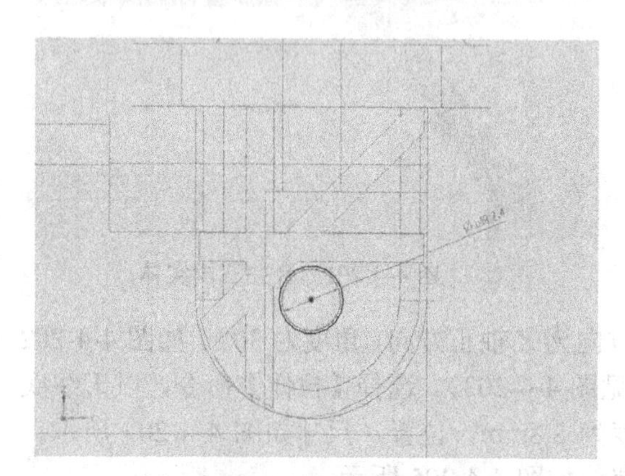

图 4-4-206　绘制拉伸截面曲线

图 4-4-207　拉伸体贯穿天线实体并求差

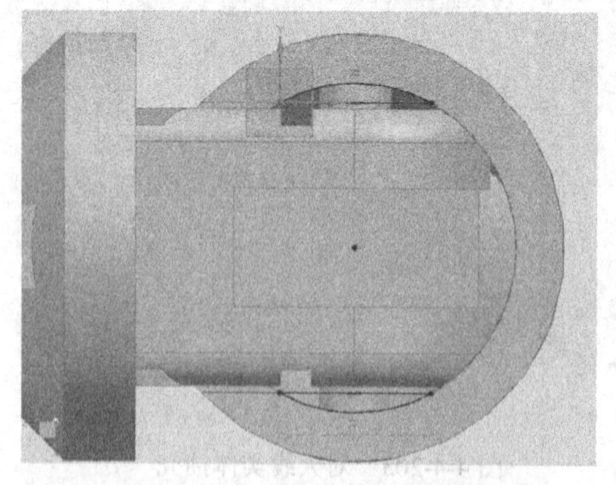

图 4-4-208　绘制拉伸截面曲线

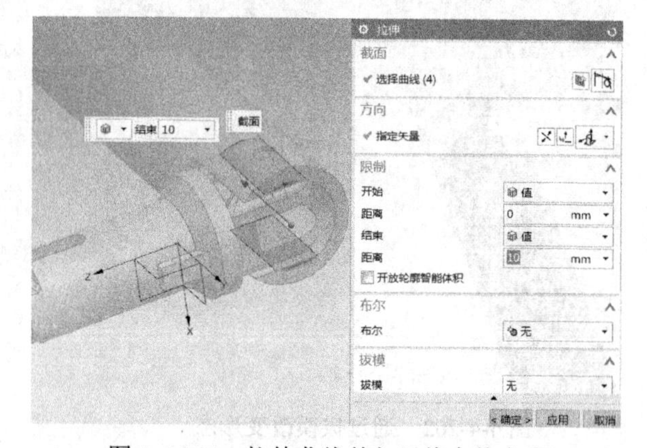

图 4-4-209　拉伸曲线并与天线实体求和

下面绘制天线的旋转定位棱。当天线旋转时，定位棱卡入连接件的定位槽内，天线即可保持相应位置不变。选择【拉伸】命令，以天线底部平面为绘图面绘制如图 4-4-212 所示尺寸

（0.8mm×0.5mm）、位置的矩形拉伸截面曲线（需要在镜像位置也绘制一个），拉伸距离为 10mm，并与天线实体求和（见图 4-4-213），选择【拉伸】命令，以 *Y* 轴、*Z* 轴所在基准面为绘图面，绘制一个拉伸体，拉伸截面曲线如图 4-4-214 所示，并与天线实体求差，这样做的目的是当天线旋转时该角不会与连接件发生干涉。至此，路由器天线的绘制工作全部完成，结果如图 4-4-215 所示。

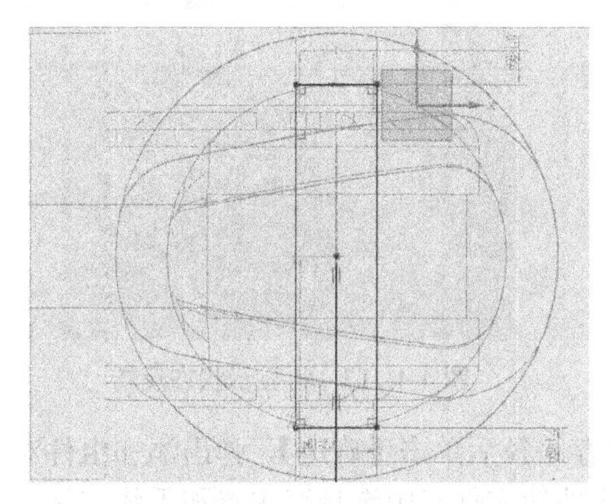

图 4-4-210　绘制拉伸截面曲线

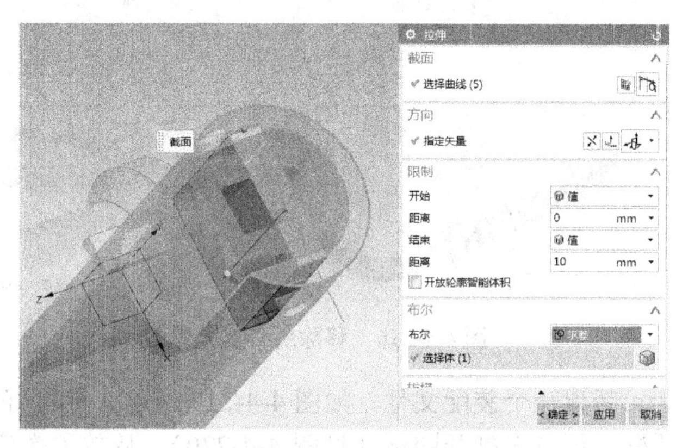

图 4-4-211　拉伸曲线并与天线实体求差

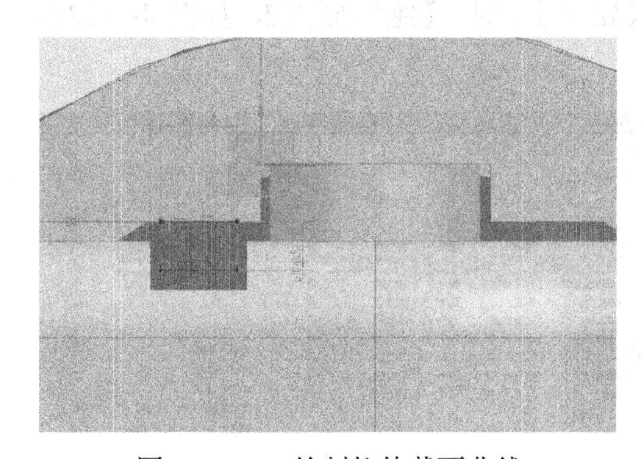

图 4-4-212　绘制拉伸截面曲线

图 4-4-213　拉伸曲线并与天线实体求和

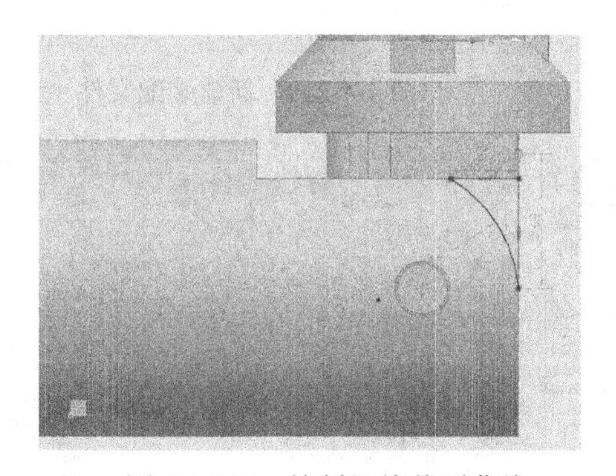

图 4-4-214　绘制拉伸截面曲线

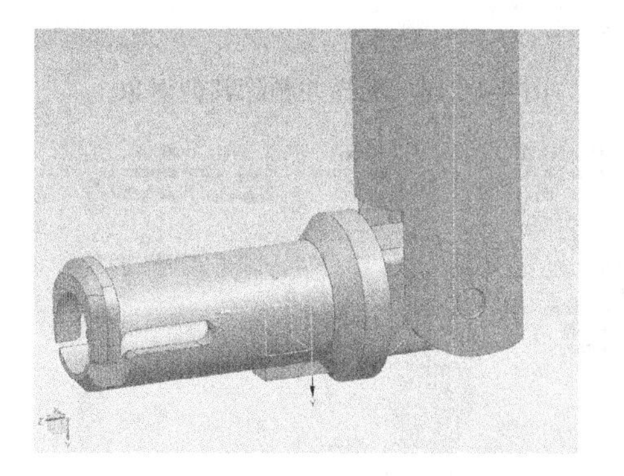

图 4-4-215　路由器天线实体绘制完成

4.4.4　路由器的装配

在装配前先做一些准备工作，先将两个数模文件内的所有对象移除参数并将无关对象全部删除。以路由器主体为例，先将路由器上下壳体、电路板、接线模块、指示灯条显示选择并移除参数，如图 4-4-216 所示。选择【视图】选项卡→【可见性】功能栏→【反向】命令（见图 4-4-217），将所有显示对象隐藏、隐藏对象显示，然后将剩余的所有对象选择（见图 4-4-218）并删除，再将路由器主体及零部件显示出来，对天线文件进行同样的操作。

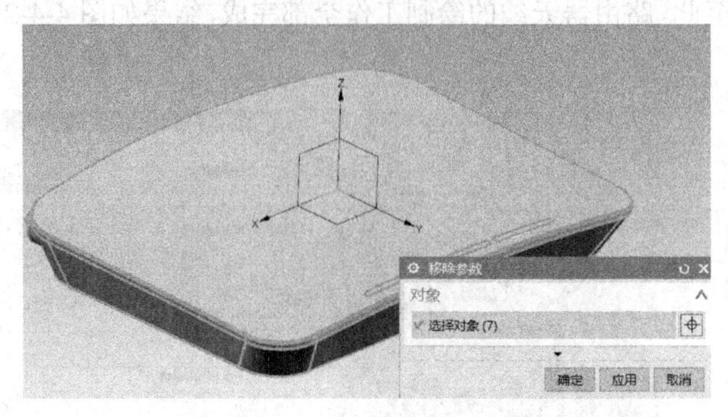

图 4-4-216 移除所有实体参数

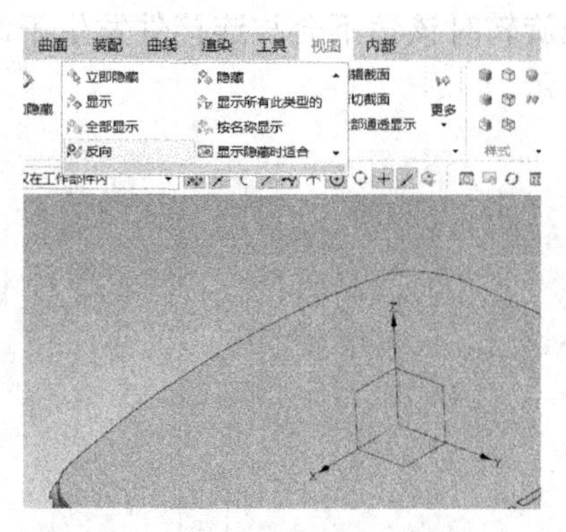

图 4-4-217 将显示状态反转

新建一个装配文件，如图 4-4-219 所示，设置好保存路径后单击【确定】，弹出添加组件对话框，再单击打开图标（见图 4-4-220），从放置数模文件的文件夹中选择路由器和天线文件，如图 4-4-221 所示，将两个数模文件同时添加进来，【定位】选择【绝对原点】，如图 4-4-222、图 4-4-223 所示。

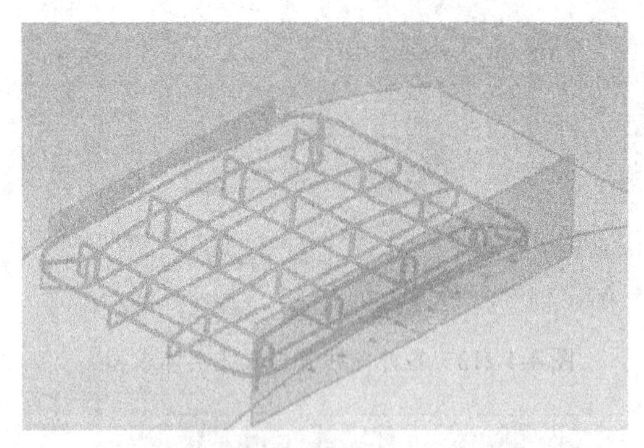

图 4-4-218 选择并删除其他对象

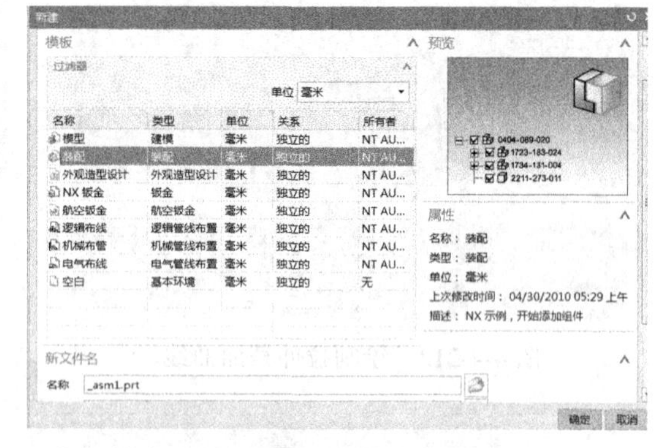

图 4-4-219 新建装配文件

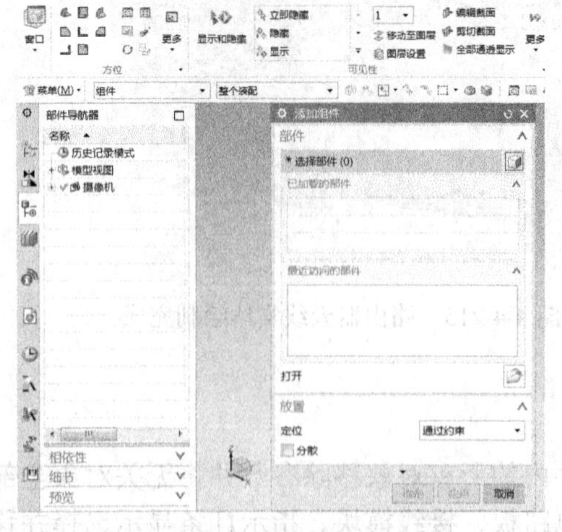

图 4-4-220 选择需要添加的文件

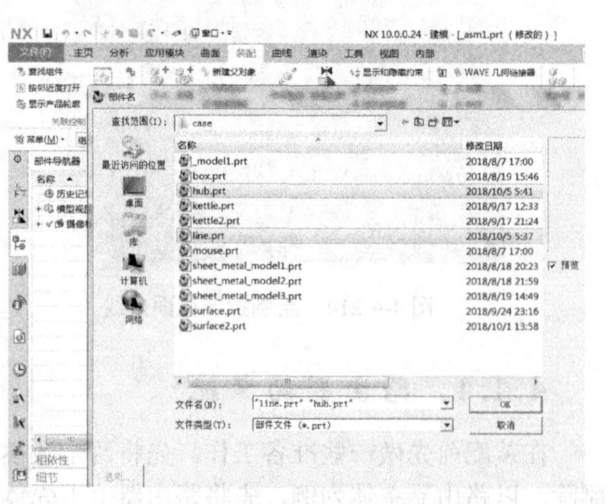

图 4-4-221 选择需要添加的文件

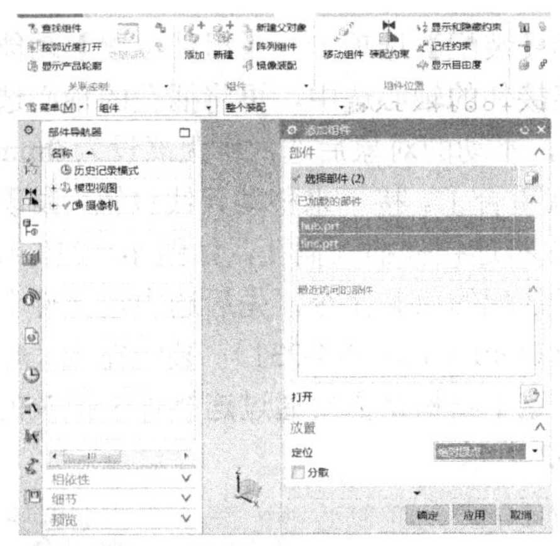

图 4-4-222　【定位】选择【绝对原点】

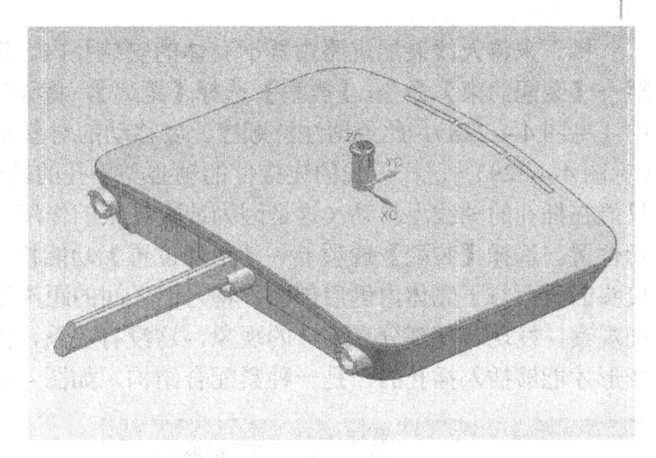

图 4-4-223　【定位】结果

首先将天线放置到正确的位置。选择【装配】选项卡→【组件位置】功能栏→【移动组件】命令，选择天线数模，将其通过操纵器拉出（见图 4-4-224），再旋转 90° 达到图 4-4-225 所示状态。

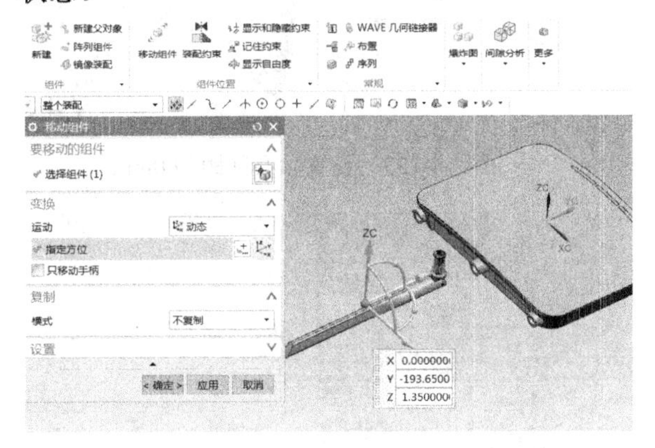

图 4-4-224　移动天线组件

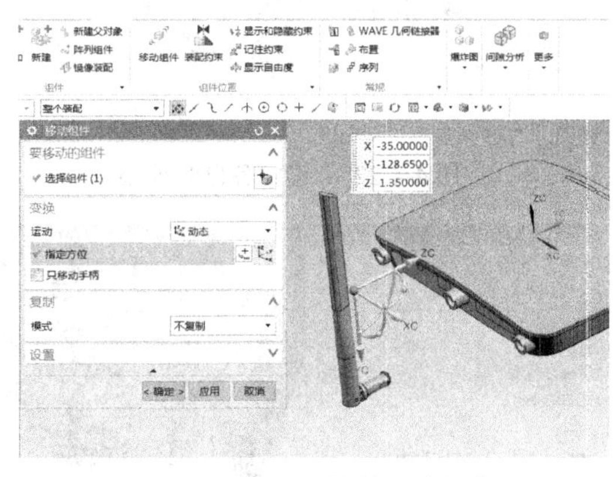

图 4-4-225　旋转天线组件

为了容易观察和进行装配，需要将路由器的上盖隐藏，在左侧【装配导航器】中将路由器主体设为工作部件，此时才可以将上盖壳体隐藏（见图 4-4-226），需要注意的是，部件只有进入工作部件状态才可以对部件内的数模进行隐藏或显示，如果对数模进行编辑、修改，数模对应的文件也会发生修改。在【装配导航器】中将装配文件设为工作部件，如图 4-4-227 所示。

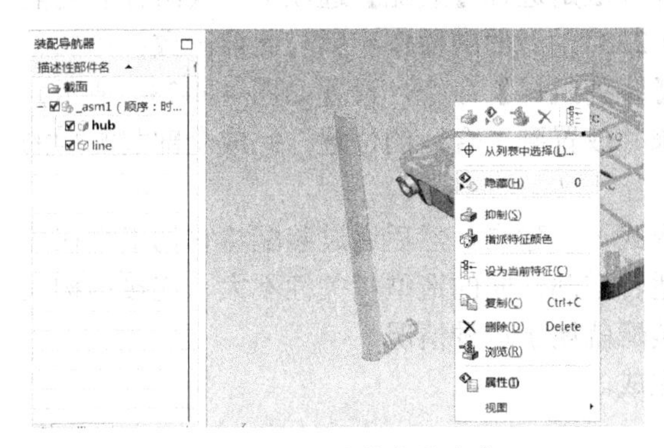

图 4-4-226　隐藏上盖壳体

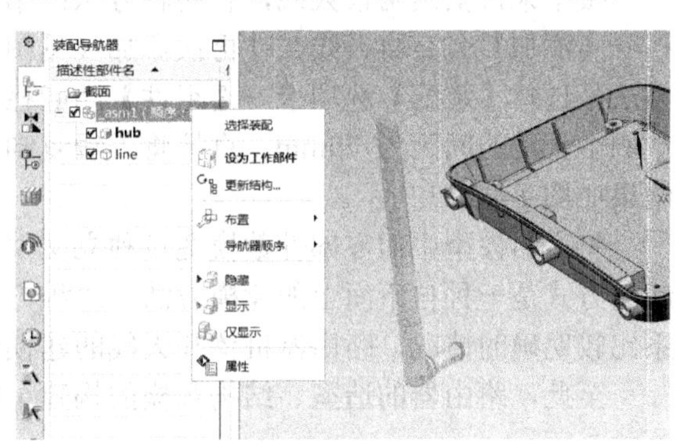

图 4-4-227　将装配文件设为工作部件

接下来将天线装配进路由器下壳体的安装孔内。选择【装配】选项卡→【组件位置】功能栏→【装配约束】命令，【类型】选择【距离】，将天线连接件的轴心选中，再将插孔的轴心选中（见图 4-4-228），此处请注意顺序，要移动的对象先选，不动的对象后选，将距离设为 0mm（见图 4-4-229），这样天线的连接件的轴心与插孔的轴心就重合了。接下来移动天线位置，发现只能在插孔的轴线上移动（这是因为装配约束的作用），先将连接件插入插孔，如图 4-4-230 所示位置。选择【装配】选项卡→【组件位置】功能栏→【装配约束】命令，先后选中连接件卡接头的背面与下壳体内侧后部面，将它们之间的距离设为 0mm（见图 4-4-231），装配完成。仔细观察，发现装配部分有干涉的现象，这没有关系，因为这个结构是需要通过连接件卡接头的变形才能够插入插孔的，是一种紧配合结构，如图 4-4-232 所示。

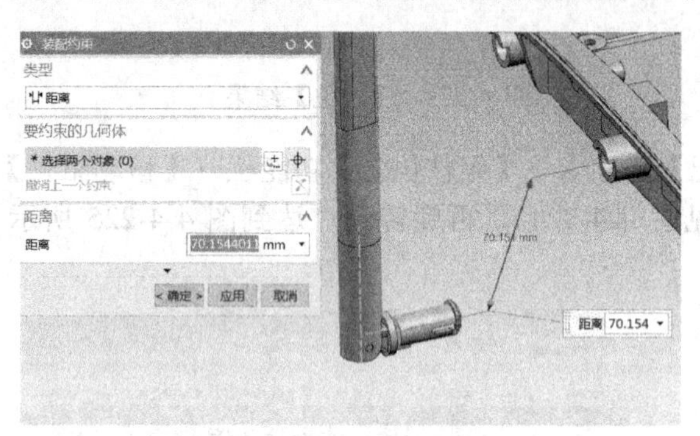

图 4-4-228　选中各自的轴心

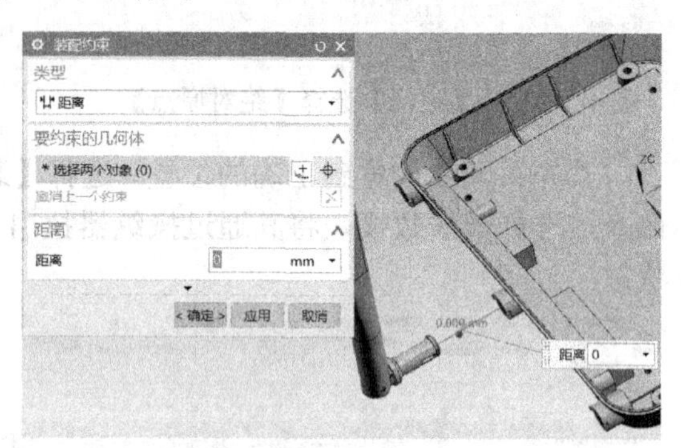

图 4-4-229　设置轴心间距为 0mm

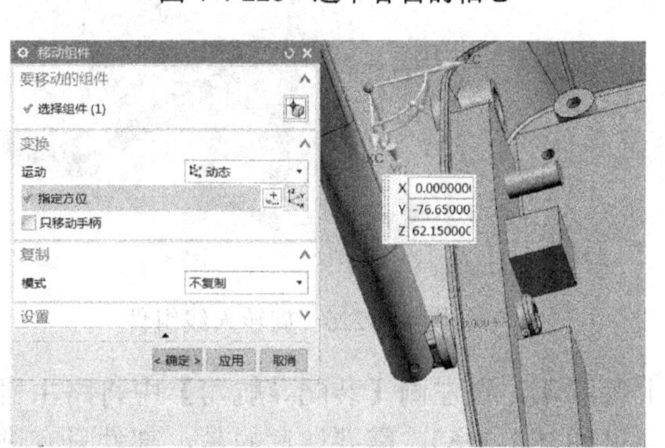

图 4-4-230　将连接件插入插孔

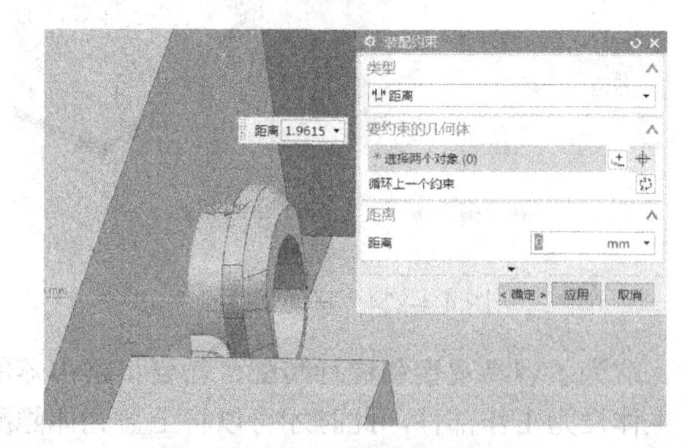

图 4-4-231　设置装配间距为 0mm

接下来再安装两根天线，有两种方法：第一种方法是选择【装配】选项卡→【组件】功能栏→【添加】命令将天线文件再次添加（见图 4-4-233），后面的操作步骤与此前一致；第二种方法是选择【装配】选项卡→【组件】功能栏→【阵列组件】命令，设置如图 4-4-234 所示，本例中天线的间距为 79mm，直接将天线复制出来并放置到了合适的位置。完成全部装配后的结果如图 4-4-235 所示。

将产品模型中的零部件数模通过独立文件的形式一一建立，然后通过装配将它们组合在一起的方式是一种自下而上的建模方法，这种方法适合零部件间的造型相关性不大、连接结构关系比较明确的情况，路由器机体和天线的建模和装配就属于这种情况。

至此，路由器的造型、结构数模的构建全部完成。

图 4-4-232 紧配合结构

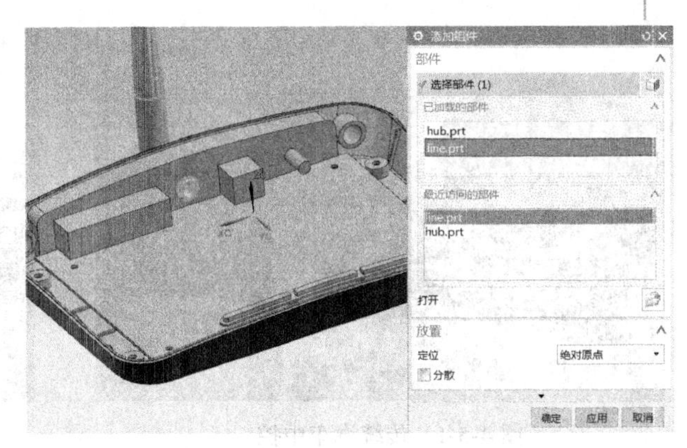

图 4-4-233 再次添加同一组件

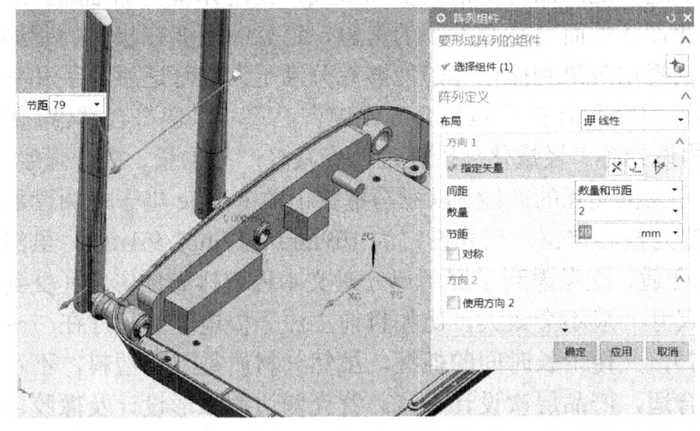

图 4-4-234 阵列组件

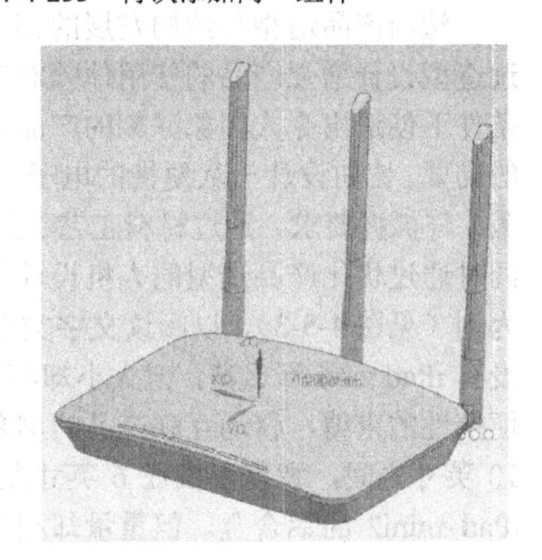

图 4-4-235 完成全部装配

至此，路由器的造型、结构设计以及数模构建的思维方法介绍完毕。

4.5 塑料产品造型与结构的发展趋势

由于塑料材质具有极强的可塑性，同时新型复合型塑料的研发不断取得突破，可以预见的是塑料在产品中的运用将更加广泛。就常用的塑料产品而言，塑料制品将谋求更多造型形式上的创新，更加充分地考虑用户的使用体验并将合理利用塑料结构实现方面的优势控制生产成本。

塑料产品造型与结构发展的第一个趋势是设计精准化，细节设计特征化，结构设计经济化。尽管产品的造型样式千差万别，但从造型设计的发展趋势来看，以目标用户核心需求为中心的设计越来越精准化，从功能设定到设计风格再到技术特性都是如此。比如选择无印良品产品的人群大多接受其简约、优质的设计理念，认同其风格设定。再比如进入触屏时代后很多产品尤其是电子产品的按键数量锐减，造型的复杂程度大大降低，再加上屏幕空间的制约使得产品实体造型特征不再像过去那样鲜明（见图 4-5-1），但是产品造型设计并没有因此沦为鸡肋，反而去伪存真，以屏幕为中心努力融入不同类型、不同风格的产品设计中（见图 4-5-2）。同时在设计中强化产品的细节特征，凸显产品的设计特色，帮助用户快速归纳、识别产品特征，更加注重细节设计对用户的影响。结构设计将围绕设计定位选择最优的结构方案和工艺路径，避免过度设计造成资源的浪费，从而降低生产成本。

图 4-5-1　传统汽车中控

图 4-5-2　特斯拉汽车大屏中控

塑料产品造型与结构发展的第二个趋势是产品造型语义更加直接，使用体验更加细腻。通过造型设计增强产品的使用体验对工业设计师而言是个不小的考验，这意味着要在极大的制约条件下创造出令人印象深刻的产品，从视觉效果到操作体验能够充分满足人们舒适感和亲和感的需要。比如设计一款便携的电子产品，具体设计措施包括合理设定产品尺寸以便符合携带（佩戴）与抓握要求，通过材料工艺、结构设计等“轻量化”措施进一步减轻产品重量、提升强度，同时通过优化产品造型的人机设计提升人机交互的效能。以亚马逊推出的 Kindle 电子书阅读器为例（见图 4-5-3），以阅读文字类书籍为核心定位，尺寸设定为 169mm×117mm×9.1mm，虽然没有 iPad mini 那么薄，但大小却相当合适，既考虑到了屏幕尺寸对文本内容排布的影响（受到便携性的束缚，移动互联产品的屏幕尺寸一般不会太大，比如目前主流平板电脑的尺寸在 7～10 英寸之间，智能手机在 6 英寸左右），又便于长时间的抓握。虽然其材质是工程塑料，不及 iPad mini2 的铝合金，但重量却相当合适，产品层次设计丰富。背壳侧边的弧形设计及橡胶包裹很好地顾及了抓握的感受，通过造型细节设计凸显了设计的质感（见图 4-5-4）。马云曾经说过：“最优秀的模式往往是最简单的东西”，将产品造型从“复杂”转为“简单”，从“好看”转向“易用”，回归简单和质朴，似乎成了一种潮流。越来越多的用户接受了简约、清晰的设计理念，产品造型设计的难度也越来越大。

图 4-5-3　Kindle 电子书阅读器

图 4-5-4　Kindle 细节设计

塑料产品造型与结构发展的第三个趋势是产品设计细分度越来越高。随着物质生活的不断丰富，人们对同类产品的需求层次和方向也逐渐形成明显的差异，曾经的“小众”设计逐渐成了“主流”设计。在选择产品时人们对“非物质”功能的需求愈加强烈，能否透过产品表达情感和生活态度成为人们选择产品的重要条件之一。比如星巴克发布的“猫爪”杯就是一款现象级的产品，在产品发布之前市场环境已经形成，2016 年开始的“吸猫”文化成功地造就了一批对猫“成瘾”的人，充斥在微信朋友圈内的各类可爱的猫爪的图片（见图 4-5-5）和视频无时无刻地“吸引”看客们驻足欣赏，近来这股潮流似乎达到了顶峰，星巴克顺势而为，“猫爪”杯（见

图 4-5-6）横空出世，着实击中了“猫粉”们的要害，引发抢购。从这个角度来说，针对特定人群，将社会文化现象及时融入产品造型设计的方式正是产品设计细分度越来越高的表现。

图 4-5-5　可爱的猫爪

图 4-5-6　星巴克推出的“猫爪”杯

第5章 钣金产品成型工艺与结构设计的基本方法

工业设计目标产品的制造材料和工艺主要是以塑料模具成型和钣金成型为主。塑料件的造型、结构设计甚至工艺设计基本上都可以由工业设计师完成，因此在设计的过程中对工艺方面的考虑会比较多，尤其是模具的因素，如果在进行数模设计的时候比较细致，那么数模基本上能符合后续的工艺要求。而钣金的设计和生产与加工企业自身的硬件条件、工艺水平以及结构工程师的能力和经验有关，通常钣金的工程化是由企业自己的结构工程师根据生产条件对设计好的产品进行拆件、出展开图和工艺图，工业设计师通常把要求提清楚就可以了，即使将图纸出到可以直接加工的状态，不同的加工厂还是会根据自身设备和工艺水平的实际情况进行修改。虽然如此，在产品造型和结构的设计中如果能够充分考虑钣金加工的工艺因素，就可以为后续生产图纸的绘制工作和产品生产工作奠定良好的基础，能够大幅提升结构工程师的工作效率，对高水平地还原设计很有帮助。恰恰在当前，很多工业设计师对钣金工艺不熟悉，从这个角度来说，加深对钣金设计的理解是很有意义的。

与塑料产品的加工工艺相比，钣金的加工工艺也有其独特的优势：（1）成型过程不使用加热设备，可使用多种方式确保强度；（2）冲压模具相对简单，成本低，生产效率高，材料浪费少；（3）适合制作体量较大的产品，而不需要巨额的模具费。图 5-0-1～图 5-0-4 所示为生产生活中常见的包含钣金部件的产品。

图 5-0-1　车门

图 5-0-2　机床罩壳

图 5-0-3　地铁 TVM 机壳

图 5-0-4　工作站机箱

5.1　工业设计领域常用的金属加工工艺

工业设计领域常用的金属加工工艺以铸造加工、压力加工、切削加工、钣金加工为主，其他加工方法为辅，其中钣金成型零件的数量占全部金属制品的 80%左右。在钣金加工工艺中往往需要与其他工艺相配合，因此有必要对相关工艺进行简单介绍。

5.1.1　铸造加工工艺

铸造加工一般用来大批量制造复杂零件或大型设备的底座，需要将金属加热至液态，浇入事先制作好的铸造模具（见图 5-1-1），待液态金属冷却成固态，再将模具脱落得到制成品。铸造分为砂型铸造、特种铸造两类，特种铸造又包括金属型铸造、压力铸造、离心铸造、熔模铸造等。铸造的主要特点是：（1）可生产形状复杂件，如箱体、床身、机架、发动机气缸（见图 5-1-2）等；（2）铸造方法适应性广；（3）低成本；（4）毛坯与零件形态相近，节省金属。在工业设计中，铸造通常用来制造产品精度要求不高的零部件（精密铸造除外）。

图 5-1-1　铸造模具

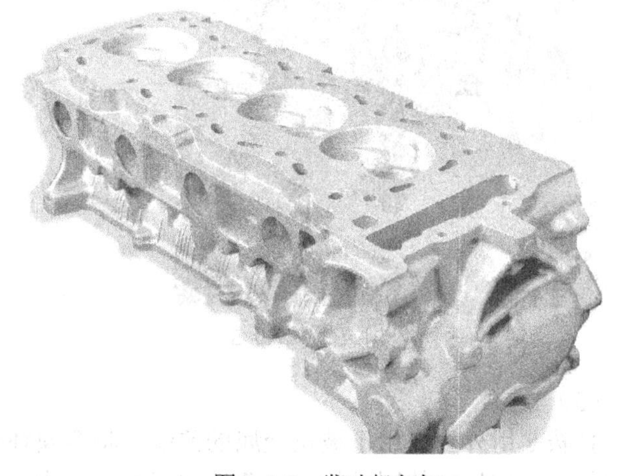

图 5-1-2　发动机气缸

5.1.2　压力加工工艺

压力加工指利用金属在外力下所产生的塑性变形，来获得具有一定形状、尺寸和机械性能的原材料、毛坯或零件的生产方法。其特点是力学性能好，生产率高，成型容易。压力加工分为轧制、挤压、拉拔、锻压、冲压。

（1）轧制

将金属坯料通过一对旋转轧辊的间隙（有各种形状），因受轧辊的压缩使材料截面减小、长度增加的压力加工方法称为轧制，如图 5-1-3 所示。这是生产钢材最常用的生产方式，主要用来生产型材、板材（见图 5-1-4）、管材，分热轧和冷轧两种。

（2）挤压

挤压是用冲头或凸模对放置在凹模中的坯料加压，使之产生塑性流动，从而获得相应于模具的型孔或凹凸模形状的制件的锻压方法，图 5-1-5、图 5-1-6 所示为连续挤压成型设备和挤压成型的灯罩。挤压时，坯料产生三向压应力，即使是塑性较低的坯料，也可被挤压成型。

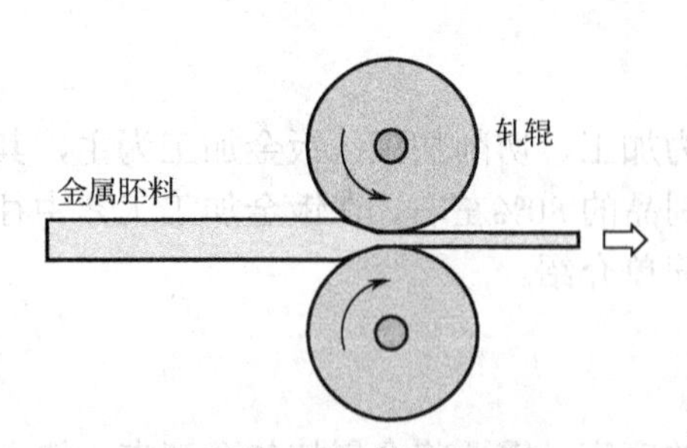

图 5-1-3　轧制

图 5-1-4　板材轧制

图 5-1-5　连续挤压成型设备

图 5-1-6　挤压成型的灯罩

（3）拉拔

拉拔是用外力作用于被拉金属的前端，将金属坯料从小于坯料断面的模孔中拉出，以获得相应的形状和尺寸的制品的一种塑性加工方法。由于拉拔多在冷态下进行，因此也称为冷拔或冷拉，如图 5-1-7、图 5-1-8 所示为液压拉拔机和铜管、铜丝。

图 5-1-7　液压拉拔机

图 5-1-8　铜管、铜丝

（4）锻压

锻压是锻造和冲压的合称，是利用锻压机械的锤头、砧块、冲头或通过模具对坯料施加压力，使之产生塑性变形，从而获得所需形状和尺寸的制件的成型加工方法，如图 5-1-9、图 5-1-10 所示为锻压机和锻压出的高尔夫球杆球头。

图 5-1-9　锻压机

图 5-1-10　锻压出的高尔夫球杆球头

（5）冲压

冲压是在室温下，利用安装在压力机上的模具（见图 5-1-11）对材料施加压力（见图 5-1-12），使其产生分离或塑性变形，从而获得所需零件的一种压力加工方法。冲压加工的特点有：①冲压生产率和材料利用率高；②生产的制件精度高，复杂程度高，一致性高；③模具精度高，技术要求高，复杂模具制作成本高。图 5-1-13 为微波炉门冲压件。

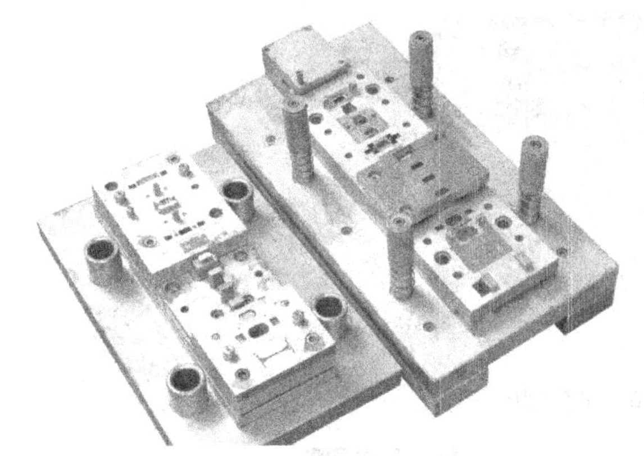

图 5-1-11　冲压模具

图 5-1-12　冲压机

图 5-1-13　微波炉门冲压件

5.1.3 切削加工工艺

根据工件用途不同，可以采用不同的切削加工设备进行加工，比如车床（如图 5-1-14 所示为阿斯卡利多功能微型车床，如图 5-1-15 所示为车削加工）、刨床（如图 5-1-16 所示为牛头刨床）、磨床（如图 5-1-17 所示为磨床，如图 5-1-18 所示为磨削加工）、铣床（如图 5-1-19 所示为普通立式铣床，如图 5-1-20 所示为铣削加工）。现代加工设备通常由人工进行编程，通过软件程序进行加工控制，金属产品加工常用数控铣床（也称为 CNC 加工中心）进行去料加工，一般 CNC 加工包含 CNC 加工车床、CNC 加工铣床、CNC 加工镗铣床等。

图 5-1-14　阿斯卡利多功能微型车床

图 5-1-15　车削加工

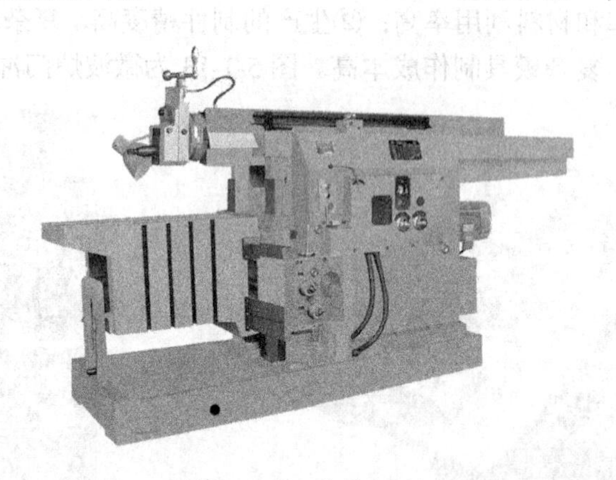

图 5-1-16　牛头刨床

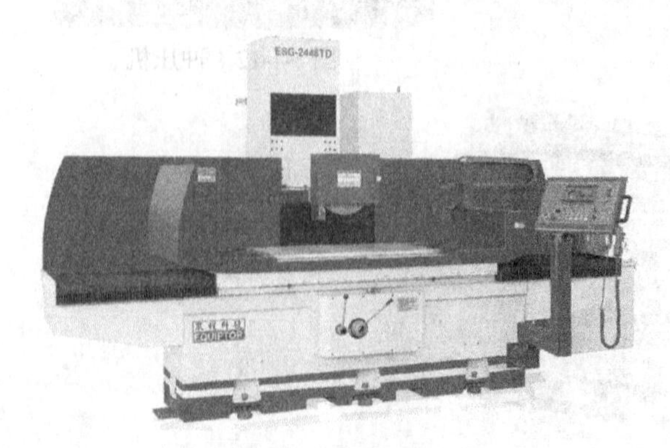

图 5-1-17　磨床

图 5-1-18　磨削加工

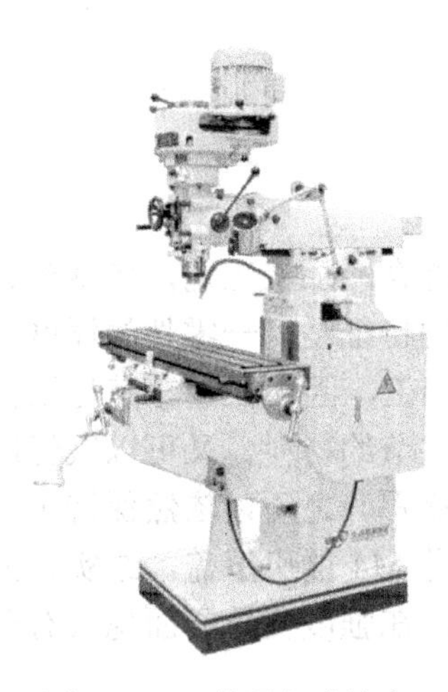

图 5-1-19　普通立式铣床

图 5-1-20　铣削加工

通过 CNC 加工中心加工是机械加工最重要的进步，由于加工中心的速度和精确性使它成为目前主要的机械加工工艺，在加工维度上有三轴、四轴、五轴等不同类型，并且可以自动更换刀具，在不移动工件的情况下将其各个面完全加工到位，加工效率极高，如图 5-1-21、图 5-1-22 所示为德玛吉数控机床和五轴加工。CNC 加工多用于加工产品内部零件，在较为高端的产品中也用来加工产品外壳，比如苹果公司的产品外壳大多由铝合金材料 CNC 加工而来，如 Macbook 系列（见图 5-1-23、图 5-1-24）、iPhone 系列。

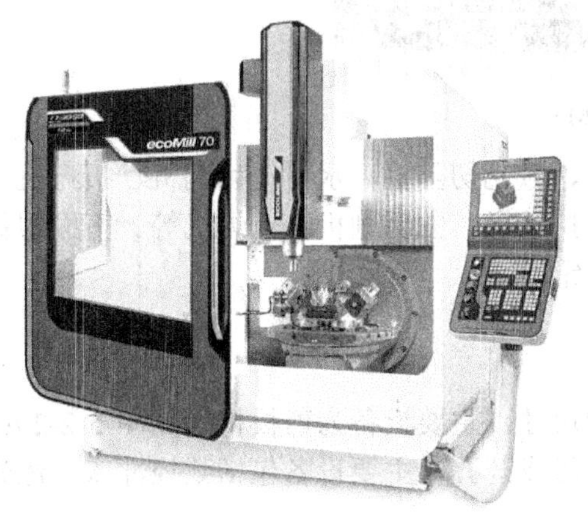

图 5-1-21　德玛吉数控机床

图 5-1-22　五轴加工

图 5-1-23　Macbook 机壳

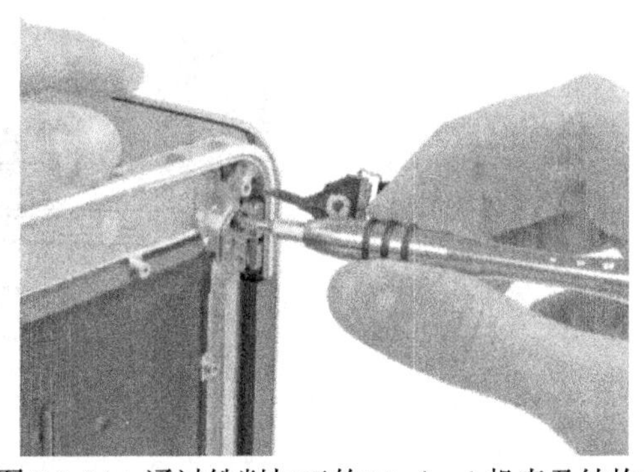

图 5-1-24　通过铣削加工的 Macbook 机壳及结构件

5.2 钣金加工工艺

钣金加工主要是针对金属薄板（厚度 6mm 以下）的一种综合冷加工工艺，包括剪、冲、切、折、焊接、铆接、拼接、成型（如汽车车身）等，其显著的特征是同一零件的厚度一致。钣金的厚度通常在 0.5～4mm，厚度越大工艺越复杂，越难以加工，因此在能够满足结构强度的前提下，板厚越薄越好，通常在 1mm 以下，这样既可以大大节约材料，又可以减轻产品重量。汽车的钣金厚度通常在 0.8～1.2mm，远没有大家想象得那么厚，之所以依然保持了很好的强度，靠的就是模具压力加工形成的形变带来的强度，比如宝马 M4 的引擎盖，结实、流畅的线条和凹凸有致的造型不仅凸显了凶悍且动感十足的外观效果，在强度支撑方面也大有益处，如图 5-2-1 所示。

图 5-2-1　宝马 M4

目前钣金加工的主要设备包括剪板机、数控冲床、激光切割机、水射流切割机、折弯机，各种辅助设备包括压铆机、磨床、开卷机、校平机、拉丝机、去毛刺机、点焊机等。下面根据工艺流程和相应的加工设备，展开钣金加工工艺的介绍。

5.2.1　下料

下料主要有三个目的：（1）将板材裁切至合适的尺寸，主要设备为剪板机（见图 5-2-2）；（2）将板材切割至零件展开图的形状，包括在板材上形成开孔，主要设备包括数控冲床、激光切割机、水射流切割机。

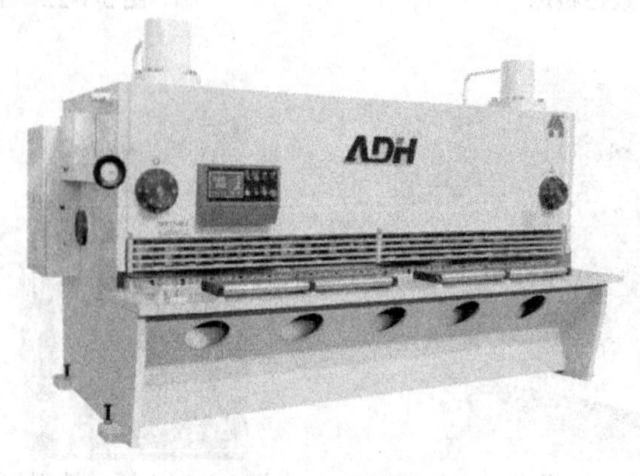

图 5-2-2　剪板机

数控冲床是数字控制冲床的简称，如图 5-2-3 所示，是一种装有程序控制系统的自动化机床。该控制系统能够处理具有控制编码或其他符号指令规定的程序，并将其译码，从而使冲床动作并加工零件。与激光切割机、水切割机加工部移动不同的是数控冲床的加工部（冲裁机构）是不移动的，加工时板材被夹具固定并移动，冲裁机构只需携数控冲床刀具（见图 5-2-4）上下运动即可。数控冲床的优点是：（1）加工精度高，具有稳定的加工质量；（2）加工幅面大；（3）冲床本身的精度高、刚性大，生产率高。数控冲床的缺点是每刀的连接处会形成毛刺，如图 5-2-5 所示，折弯前需要进行去毛刺的工作。

图 5-2-3　数控冲床

图 5-2-4　数控冲床刀具

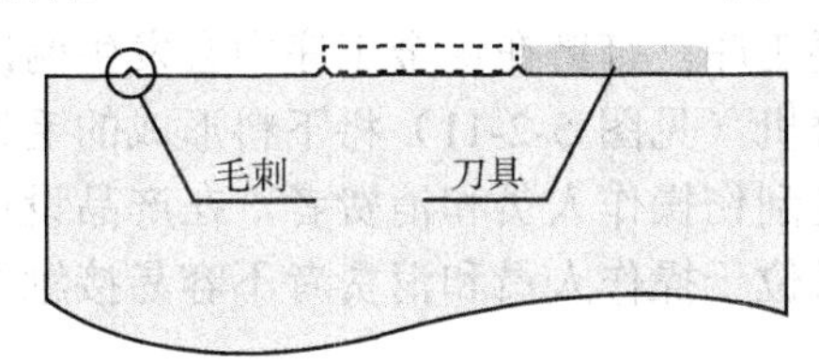

图 5-2-5　板材冲裁后形成的毛刺

金属激光切割机（见图 5-2-6）主要利用高功率激光束照射被切割材料，使材料很快被加热至汽化温度，蒸发形成孔洞，随着光束的移动，材料上的孔洞连续形成宽度很窄的（如 0.1mm 左右）切缝，完成对材料的切割。金属激光切割机主要适合加工 20mm 以下的板材，设备成本较高，主要优点为：（1）加工效率高；（2）加工精度高，切口光滑平整无毛刺（见图 5-2-7、图 5-2-8），一般无须再加工；（3）材料利用率高，由于切割形状没有限制，一张板材上可以充分利用各种空间布置零件，材料利用充分，如图 5-2-9 所示为某电源分配盒激光切割图。

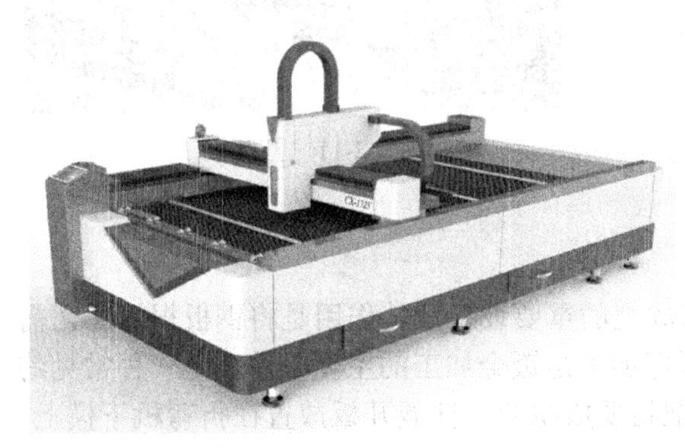

图 5-2-6　金属激光切割机

图 5-2-7　未下加工台的激光切割后的零件

图 5-2-8 激光切割成品

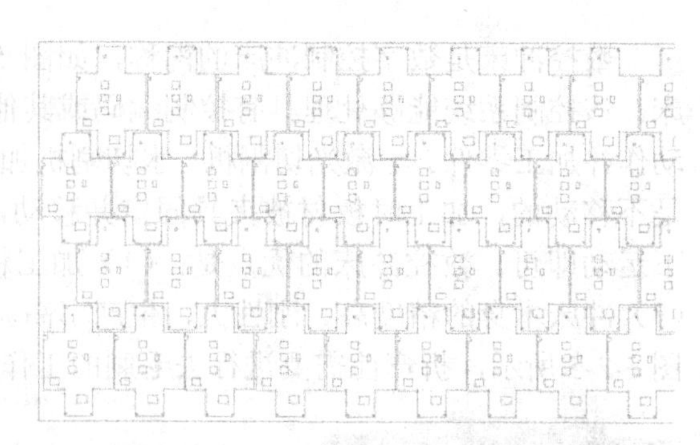

图 5-2-9 某电源分配盒激光切割图

水射流切割机简称水切割机（见图 5-2-10），应用范围广泛，从金属材料到非金属材料，从天然材料到人工材料，基本上都能切割，设备成本适中。其主要应用领域包含：（1）陶瓷、石材等建筑材料加工；（2）玻璃制品加工，如家电产品中玻璃部件切割等；（3）机械行业的金属板材切割；（4）广告行业的标牌、艺术图案切割。在金属板材切割领域，水切割的主要优势包含：①加工厚度可以达到 100mm；②加工精度较高，切口光滑平整无毛刺，一般无须再加工；③材料利用率高。

5.2.2 打磨

打磨是钣金工艺中的重要工序，打磨在钣金工序中会发生两次，第一次在下料后对有毛边的展开件进行打磨，利用打磨机（见图 5-2-11）将下料形成的毛边进行打磨处理。毛边会带来安全问题，毛边上的毛刺可能刮伤操作人员和消费者，在产品设计阶段，就应当明确毛边的方向，把毛边设置于钣金内部或位于操作人员和消费者不容易接触的位置，而且要求毛边的高度不超过钣金厚度的 10%。

图 5-2-10 水射流切割机

图 5-2-11 打磨机

5.2.3 折弯

折弯机（见图 5-2-12）是钣金行业工件折弯成型的重要设备，其作用是将钢板根据工艺需要压制成各种形状的零件，如图 5-2-13 所示。折弯加工是钣金加工的主要方法，是一种常见的冷料压力加工方法。其工作流程是将刀具提起，把将要成型的工件展开板放置在折弯机下模上，滑动到适当的位置，然后将刀具降低到要成型的工件展开板上，向下挤压，通过模具形成形变，如图 5-2-14、图 5-2-15 所示。

图 5-2-12　折弯机

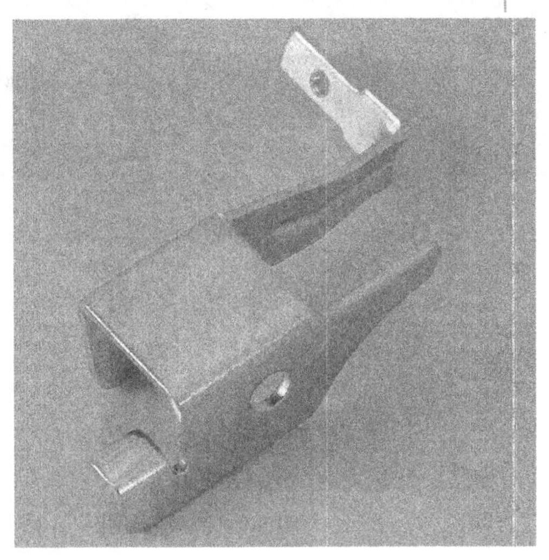

图 5-2-13　折弯件成品

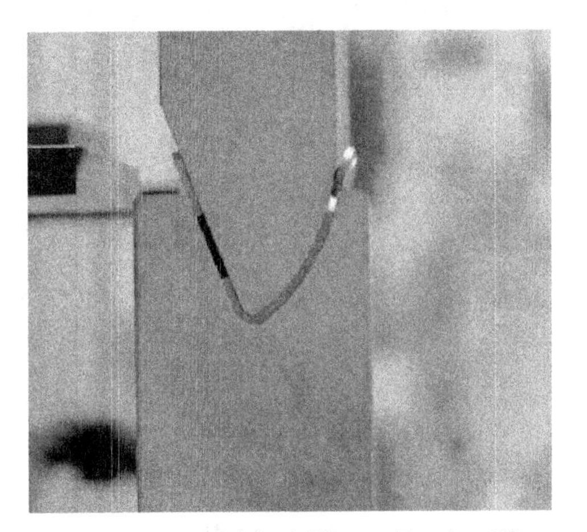

图 5-2-14　折弯机上模（刀具）与下模

图 5-2-15　折弯件成品

为了提升钣金折弯的效率和质量，在设计钣金零件的时候，需要根据材料的特性和折弯机的特点进行设计。设计时需要注意以下几点：（1）板料折弯时折弯处会产生拉伸变形，零件数模展开时需考虑折弯系数或折弯扣除量（详见 5.3 节）；（2）折弯的两端会产生毛刺，可以将折弯边外移或添加让位槽（止裂槽）来避免毛刺的产生；（3）如果折弯后零件还有焊接的需求，需考虑焊接位置，可以预留定位点，同时将焊接位置放在零件内侧或用户不容易触及的地方，以减少后期焊点、毛刺处理的工作量，避免使用者被划伤；（4）如果压铆后不影响折弯，可以根据实际情况预先考虑压铆。

5.2.4　压铆与铆接

通常钣金零部件的内外部需要一些螺母、螺柱或螺钉等，用于零件的连接和部件的安装。压铆是指在进行铆接过程中在外界压力下（可以用机器压铆，如图 5-2-16 所示，也可以用手工敲击进行压铆）将压铆螺母（见图 5-2-17）、压铆螺母柱（见图 5-2-18）或压铆螺钉（见图 5-2-19）的头部压入钣金特别预留的压铆孔内（见图 5-2-20），压铆件头部有齿纹压花，当压入压铆孔后，压铆孔在压铆件头部的周围产生变形，和齿纹发生咬合现象，从而与钣金件牢固连接（见图 5-2-21）。

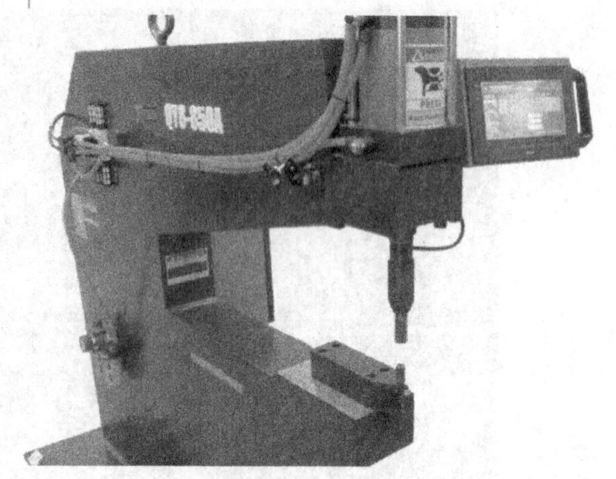

图 5-2-16　压铆机

图 5-2-17　压铆螺母

图 5-2-18　压铆螺母柱

图 5-2-19　压铆螺钉

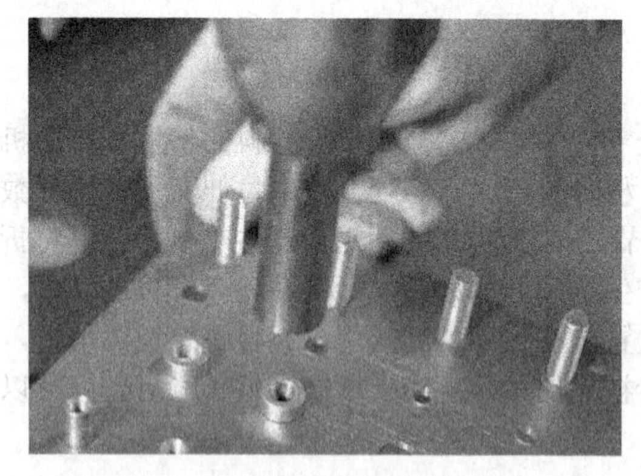

图 5-5-20　压铆孔

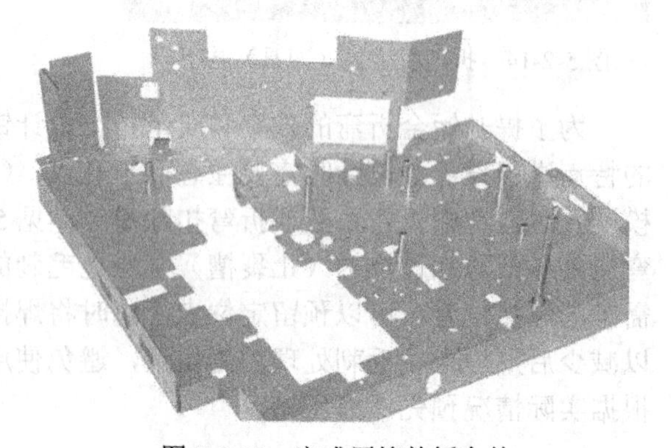

图 5-2-21　完成压铆的钣金件

铆接在 1.2 节中有过介绍，在钣金工艺中经常采用拉铆连接零件，将铆钉穿过两个零件对齐的通孔，利用铆枪将铆钉（见图 5-2-22）孔内钉杆墩粗并形成钉头，将零件相连接。在钣金工艺中，铆接在能够满足强度要求的情况下，有时可以替代焊接工艺，或者在钣金和其他材质进行连接时也可以应用（见图 5-2-23）。

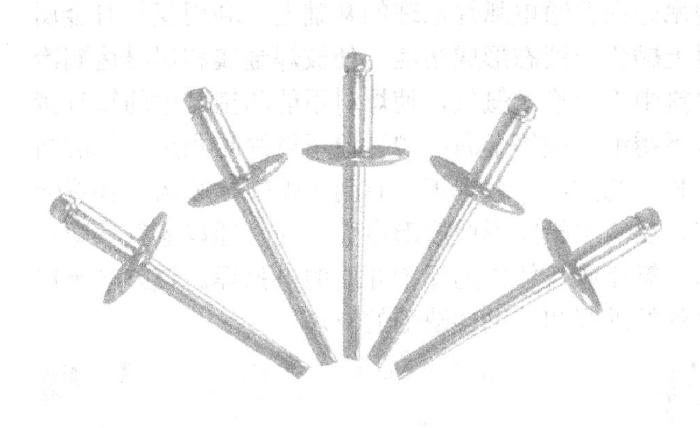

图 5-2-22　铆钉

图 5-2-23　铆接

5.2.5　焊接

焊接的实质是利用加热或加压等手段，借助于金属原子的结合与扩散作用，使分离的金属材料牢固地连接起来。焊接工艺与焊接方法等因素有关，操作时需根据被焊工件的材质、牌号、化学成分、结构类型、性能要求来确定。焊接方法包括手弧焊、埋弧焊、气体保护焊等。

1. 手弧焊

手弧焊是手工电弧焊的简称，是利用电弧产生的热量来熔化焊条的一种手工操作的焊接方法，以焊条和被焊接的工件为两个电极，利用焊条与焊件之间的电弧热量熔化金属进行焊接，如图 5-2-24 所示。

图 5-2-24　手弧焊

2. 埋弧焊

埋弧焊是利用电弧在焊剂层下燃烧进行焊接的方法，具有焊接质量稳定、焊接生产率高、无弧光及烟尘很少等优点，埋弧焊机如图 5-2-25 所示。埋弧焊是压力容器（见图 5-2-26）、管段制造、箱型梁柱等重要钢结构制作的主要焊接方法。

3. 气体保护焊（气电焊）

气体保护焊是用外加气体来保护电焊及熔池的电弧焊。按保护气体分，有氩弧焊、原子氢焊和二氧化碳气体保护焊等。（1）氩弧焊技术是在普通电弧焊原理的基础上，利用氩气对金属焊材的保护，通过高电流使焊材在被焊基材上融化成液态形成熔池，使被焊金属和焊材达到冶金结合的一种焊接技术。由于在高温熔融焊接中不断输送氩气，使焊材不能和空气中的氧气接触，从而防止了焊材的氧化，因此可以焊接不锈钢、铁等金属；（2）原子氢焊是利用氢气的高温化学反应热和电弧的辐射热进行焊接的一种工艺方法。在焊炬上有两个喷嘴，喷嘴中各置一根钨棒作为电极，两电极间的夹角可以调节，在两电极间形成扇形电弧，同时通以氢气，即可进行焊接。（3）二氧化碳气体保护焊是利用二氧化碳气体作为保护介质的电弧焊。该方法不仅适用于焊接碳钢和合金钢，还适用于磨损零件的堆焊和铸钢件缺陷的补焊。

图 5-2-25　埋弧焊机

图 5-2-26　压力容器

5.2.6　再次打磨

焊接完成后，先审图后施工，严格按图纸要求对焊接好的工件进行打磨处理：（1）要重点对焊接焊缝、焊点、表面有凹凸不平的地方用打磨机进行打磨，如图 5-2-27 所示；（2）内外角打磨时要重点处理棱角或较难打磨到的死角，满焊处的圆角大小要打磨一致。

图 5-2-27　打磨焊接后的零件

5.2.7　表面处理

对钣金件进行表面处理，可以避免由于某些材料不具备防锈防腐蚀的能力而影响使用寿命。表面处理的方式与材料的使用息息相关，所以进行表面处理是十分必要的，可以提高产品在恶劣环境下的使用寿命或达到特定的表面效果，甚至实现某些特定的功能。钣金常见的表面处理方式为烤漆、喷塑、电镀、阳极氧化（铝）、拉丝、喷砂。

1．烤漆

在塑料表面处理工艺中已经介绍了油漆工艺，对于金属制品而言，通常在中高端产品上使用油漆工艺。为了增强油漆的附着强度、减少固化时间，常常采用烤漆工艺进行处理。烤漆分为两大类，一类是低温烤漆，固化温度为140～180℃，另一类为高温烤漆，固化温度为280～400℃。烤漆通常需要在基材上喷多遍底漆和面漆，每上一遍漆，都要送入无尘恒温烤房烘干，因此工艺成本比较高，通常在大批量产品的关键的外观部件，比如图5-2-28所示的冰箱外壳和图5-2-29所示的汽车，或有特殊表面要求的产品才会采用这种工艺，比如军用装备里的钣金制品大多采用烤漆工艺以提升其在复杂环境下的抗腐蚀能力。

图5-2-28　冰箱外壳

图5-2-29　汽车

2．喷塑

金属工件表面经除油、除锈、磷化处理后进行静电喷塑，主要是利用高压静电、电晕、电场的原理，在喷枪头部金属导流杯上接上高压负极，被涂工件接地形成正极，使喷枪和工件之间形成一个较强的静电电场。作为运载气体的压缩空气，将塑料粉末涂料从储粉桶经输粉软管送到喷枪的导流杯中时，由于导流杯接上高压负极产生的电晕放电，在其附近产生密集的电荷，粉末带上了负电荷，并进入电场强度很高的静电场，在静电和运载气体的作用下，粉末均匀飞向接地工件上（见图5-2-30）。然后将工件放置在烤箱中加热至180℃（户外用塑料粉末要加热至190℃），塑料粉末融化后致密地附着在工件的表面，冷却后形成一层防护涂层（见图5-2-31）。静电喷塑涂层的硬度、附着力以及耐酸碱、耐候性好，外观平整、光滑、防腐性能好、不生锈。静电喷塑工艺可以分为光面、麻面、皮面、皱纹等多种类型，可以实现多种质感效果。对家电产品如冰箱、洗衣机、空调等进行喷涂后，不仅防腐性能好、涂层坚固耐用，而且装饰效果好。对机电产品如电气柜、电焊机、电动工具等进行喷涂后，不仅防腐耐用，而且绝缘性能好（见图5-2-32）。在金属产品表面处理工艺中，也有对工件通过喷塑进行打底，打磨后进行烤漆的做法，可以在一定程度上简化工艺、节约成本。

3．电镀

电镀工艺的基本原理前面已有介绍，采用电镀工艺的目的在于：（1）提高金属工件在使用环境中的抗蚀性能，提高导电性、导磁性、耐热性，比如图5-2-33所示的电镀三通；（2）提高工件的工作基础，例如提高表面硬度和耐磨性，防止热处理时的渗碳和渗氮，修复磨损零件，增加金属的反光和防反光能力；（3）提升工件外观的美观度，如图5-2-34所示的电镀水龙头。

4．阳极氧化（铝）

铝阳极氧化是指铝及其合金在相应的电解液和特定的工艺条件下，在外加电流的作用下，在铝制品（阳极）上形成一层氧化膜的过程。阳极氧化如果没有特别指明，通常是指硫酸阳极氧化。为了克服铝合金表面硬度、耐磨损性等方面的缺陷，扩大应用范围，延长使用寿命，表面处理技术成为铝合金使用中不可缺少的一环，而阳极氧化技术是目前应用最广且最成功的技术。

图 5-2-30 喷塑过程

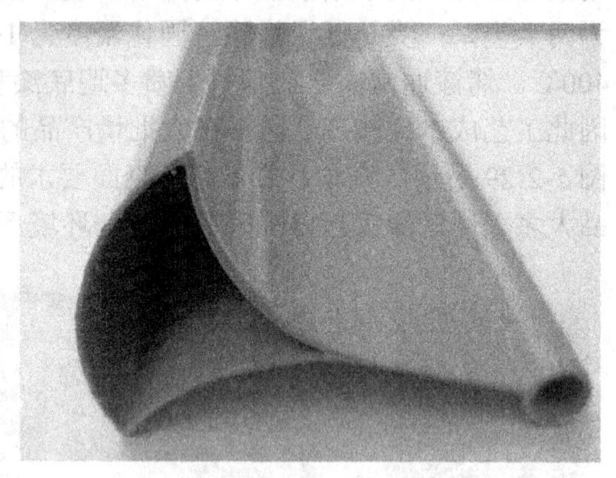

图 5-2-31 形成防护涂层

图 5-2-32 表面喷塑的电气柜

图 5-2-33 电镀三通

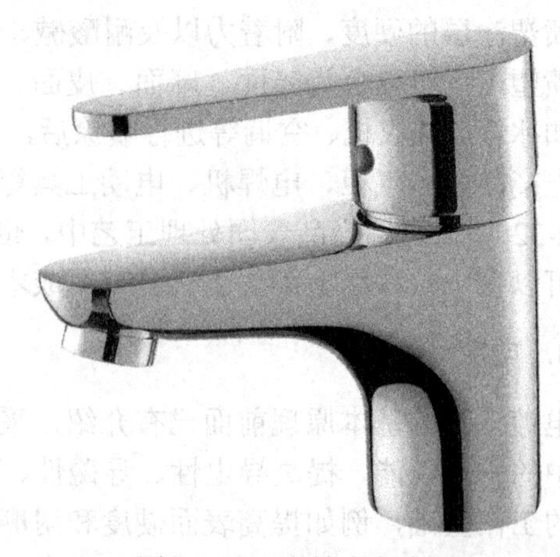

图 5-2-34 电镀水龙头

作为轻金属的铝及其合金，在工业设计中的应用已经越来越普遍。数字播放器（见图 5-2-35）、手机、平板电脑甚至台式电脑等产品大量采用铝合金材料。氧化着色效果与铝合金的材料成分、工艺参数有关，而且着色并非是氧化的后处理，而是在氧化的同时进行的（见图 5-2-36）。铝合金表面氧化着色后通常还有后续处理工艺，使整个产品更具美观性。

图 5-2-35 数字播放器

图 5-2-36 阳极氧化效果

5. 拉丝

拉丝一般指金属拉丝，常用材料为铝或不锈钢，可根据装饰需要制成直纹、乱纹、螺纹、波纹和旋纹等。直纹拉丝是指在金属板表面用机械摩擦的方法加工出直线纹路，它具有刷除金属板表面划痕和装饰金属板表面的双重作用（见图 5-2-37、图 5-2-38）。乱纹拉丝是在高速运转的铜丝刷下，使金属板前后左右移动摩擦所获得的一种无规则、无明显纹路的亚光丝纹。这种加工工艺对金属板的表面要求较高。波纹一般在刷光机或擦纹机上制取，利用上组磨辊的轴向运动，在金属板表面磨刷，得到波浪式纹路。旋纹是采用圆柱状毛毡或将研石尼龙轮装在钻床上，用煤油调和抛光油膏对金属板表面进行旋转抛磨所获取的一种丝纹，多用于圆形标牌和小型表盘的装饰性加工。

图 5-2-37 不锈钢拉丝效果

图 5-2-38 手机壳拉丝效果

6. 喷砂

喷砂处理在金属表面处理中应用十分普遍，原理是将加速的磨料颗粒向金属表面撞击，起到除锈、去毛刺、去氧化层的作用或作为表面预处理的方法，喷砂能改变金属表面的光洁度和应力状态。一些影响喷砂技术的参数是需要留意的，如磨料种类、磨料粒度、喷射距离、喷射角度和速度等，通常铝制品的表面常用喷砂形成肌理效果，比如图 5-2-39、图 5-2-40 所示的发动机外壳喷砂和门把手喷砂。

图 5-2-39 发动机外壳喷砂

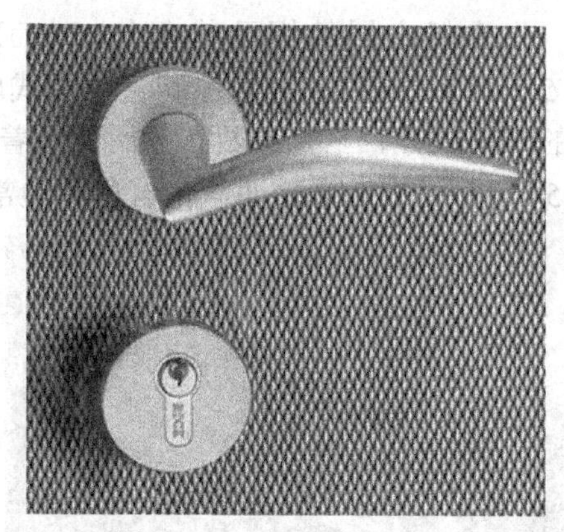
图 5-2-40 门把手喷砂

5.3 钣金工艺设计的基本原则

（1）选择适合的材料与厚度

根据产品用途、运输安装要求与应用场景等选择合适的制造材料，同时材料的厚度与产品加工工艺、强度要求、产品批量与成本等因素密切相关，在满足强度要求的情况下应尽量选择薄的板材。

（2）避免在产品上出现大平面的情况

单纯的平面式钣金强度较低，尤其是使用较薄或较软的材料时很容易出现变形的情况，因此钣金设计应当避免这样的设计，可以采用折弯、翻边或压死边以及添加加强筋的方式来提高钣金的强度。

（3）合理使用加强筋

加强筋的使用可以显著增强钣金的强度，减小钣金的变形。加强筋的实现主要有两种方式：其一，通过模具将加强筋压在钣金上，如钣金折弯处常采用压三角加强筋的方式进行加强；其二，将折弯过的加强筋焊接在需要加强的位置上。加强筋要均匀对称地设置在钣金上，不均匀的加强筋也会引起零件变形翘曲。同时加强筋的数量也要适中。

（4）折弯考量要充分

折弯是钣金工艺中最重要的部分之一，折弯不仅有成型的作用，还可以起到增加结构强度的作用。折弯会带来金属材料局部的形变（包括拉伸、挤压等），为了将来平板实际折弯时可以达到设计时要求的尺寸，在设计时要考虑材料的折弯系数与折弯扣除量（见图 5-3-1）。不同材料的折弯系数与折弯扣除量也是有差异的。另外，在折弯起止处设计让位槽（止裂口）、在折弯侧板设计切口（见图 5-3-2）等操作也是为了应对折弯变形的情况。同时折弯设备对折弯成型的限制因素也要进行考虑，比如折弯的次序（见图 5-3-3）问题与折弯机上下模具有关。

（5）尽量采用铆接工艺实现钣金连接

钣金零件的连接一般采用焊接工艺，但铆接工艺的优势也很明显，在产品表面要求不高（允许有拼缝）的时候尽量采用铆接工艺，不但可以保证连接强度，而且可以简化工艺、节约成本。

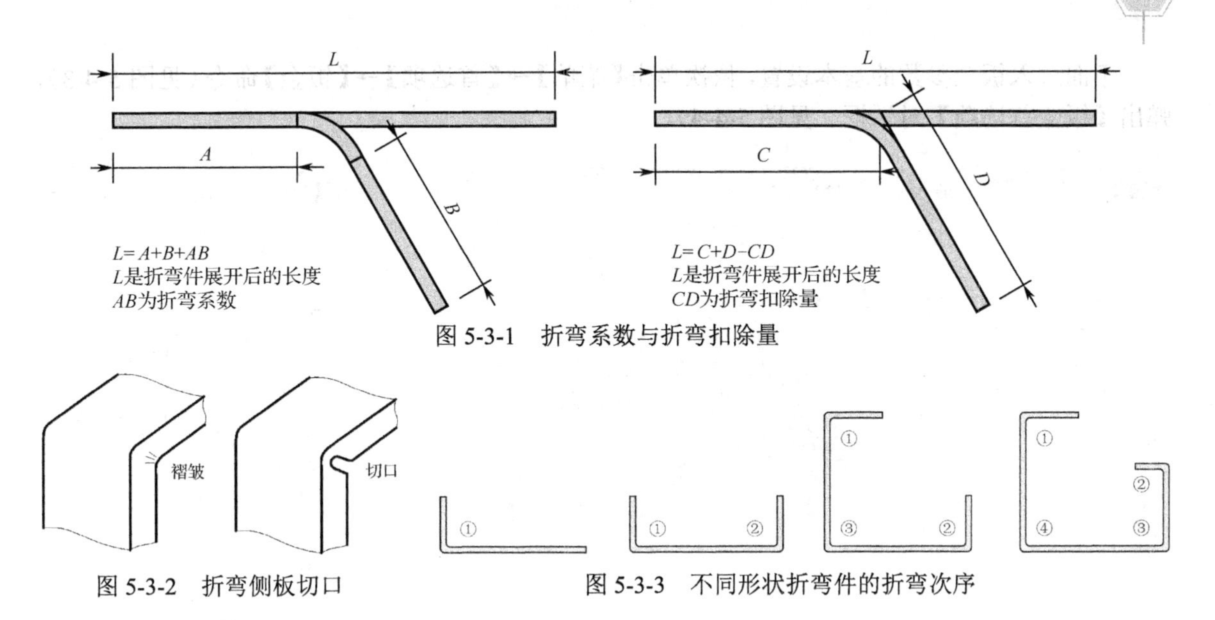

图 5-3-1　折弯系数与折弯扣除量

图 5-3-2　折弯侧板切口

图 5-3-3　不同形状折弯件的折弯次序

5.4　UG 钣金建模环境与钣金基础建模

采用 UG 进行钣金建模的优点突出，在单一零件的情况下，用户可以在建模生成的数模与钣金特征之间实现转换，尤其对工业设计师而言这是很有意义的。在造型设计时使用功能丰富的模型模块，进入结构设计环节再进入钣金模块进行钣金特征的添加并出展开图，这样可以大大提升设计的效率，避免用钣金模块重新建模带来的重复劳动。

启动 UG，选择【主页】选项卡→【标准】功能栏→【新建】命令，在弹出的【新建】对话框的【模型】栏目中选择【NX 钣金】，进入钣金建模界面，如图 5-4-1、图 5-4-2 所示。当然，依次选择【菜单】→【文件】→【新建】命令也是可以创建的。

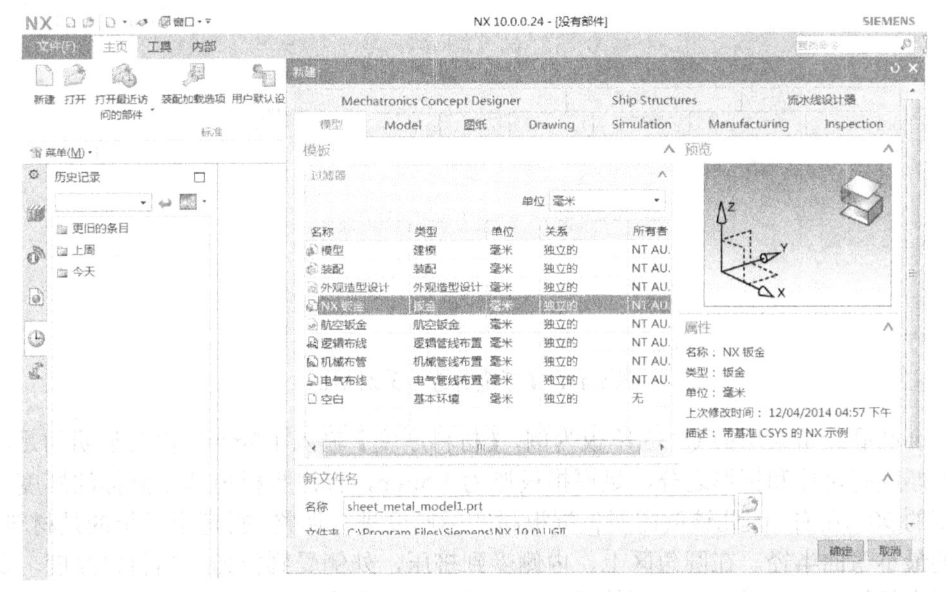

图 5-4-1　新建钣金模型文件

下面进入钣金参数的基本设置，依次单击【菜单】→【首选项】→【钣金】命令（见图 5-4-3），弹出【钣金首选项】对话框（见图 5-4-4）。

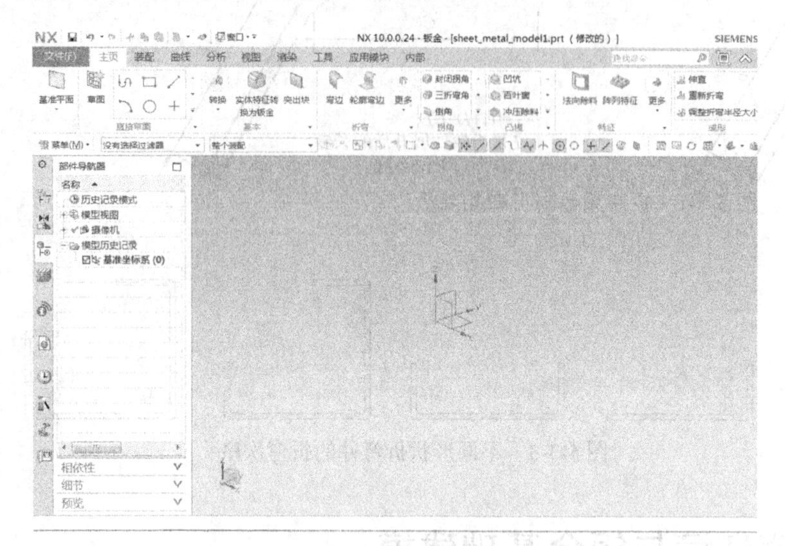

图 5-4-2　钣金建模界面

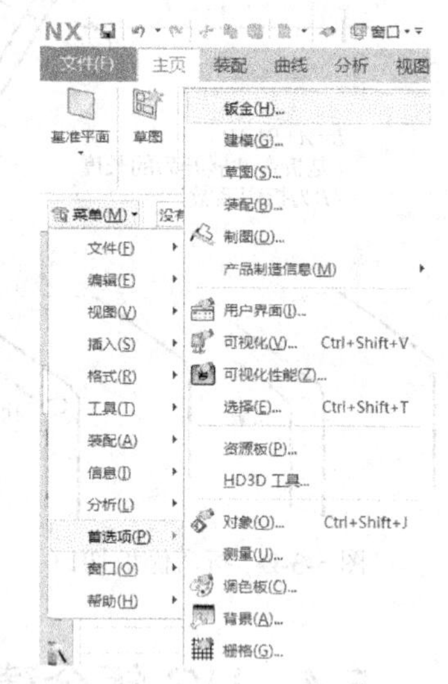

图 5-4-3　钣金设置命令

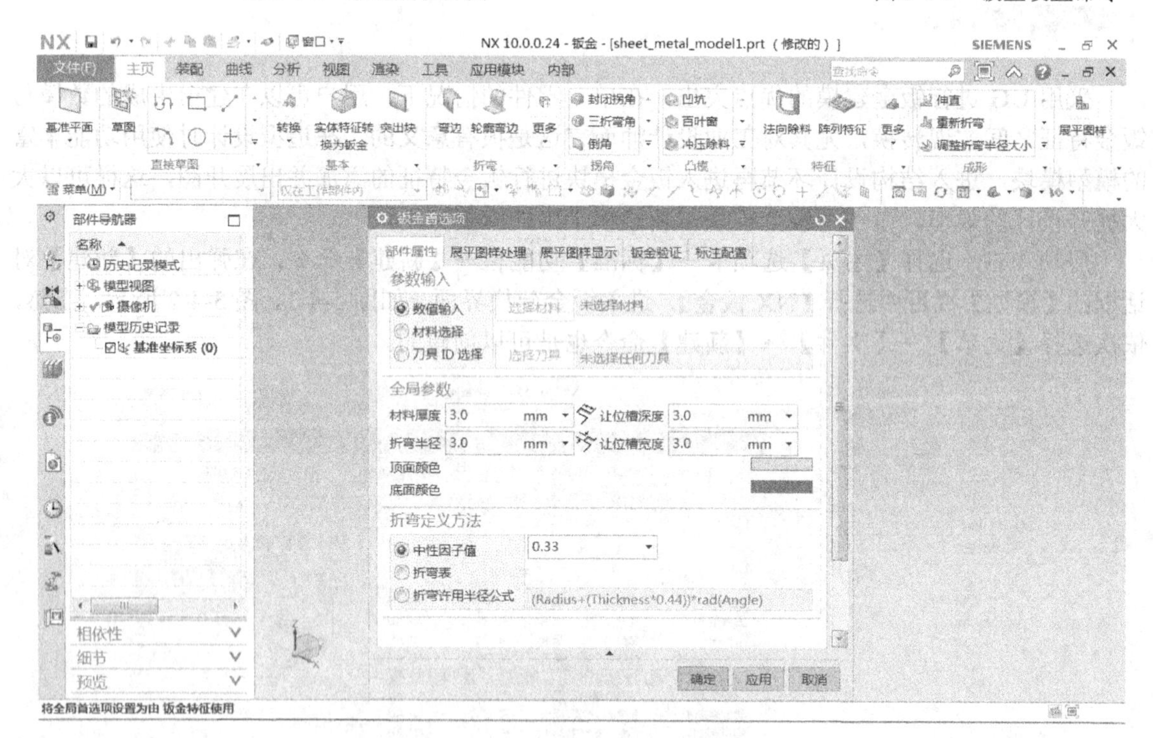

图 5-4-4　【钣金首选项】对话框

以钣金产品经常采用的 Q235 冷板为例，【材料厚度】输入 1.5mm，需要说明的是，在市场上板材的厚度有足厚和标厚之分，足厚指板厚为 1.5mm，标厚指板材达不到标注厚度，通常为标注厚度的 90%左右，因此该值需要根据板材实际厚度进行调整。折弯半径指的是材料弯曲时，内圆角的最小弯曲半径。在圆角区上，内侧受到挤压，外侧受到拉力，当材料厚度一定时，内圆角设置半径越小，材料内侧受到的压力和外侧受到的拉力越大。当圆角外侧的拉伸应力超过材料的极限强度时，就会产生裂缝和折断的现象，因此进行材料折弯设计时，应避免过小的折弯半径。折弯半径的取值跟材料类型及厚度有关，具体可以参考金属材料最小折弯半径列表（见表 5-4-1）。根据列表，Q235 冷板的折弯半径为材料厚度的一半，因此折弯半径输入 0.75mm，让位槽（止裂口）的深度采用默认的 3mm，宽度改为 2mm，如图 5-4-5 所示。让位槽的主要作用是对板块凸出部分进行折弯时，避免连接处产生变形或撕裂的现象，如图 5-4-6 所示。

表 5-4-1　常用金属材料最小折弯半径列表

序　号	材　料	最小弯曲半径（*t* 为材料壁厚）
1	碳素结构钢（08、08F、10、10F）、镀锌板 DX2、不锈钢板（冷轧 0Cr18Ni9、1Cr18Ni9、1Cr18Ni9Ti）、马口铁（E1-T52）、铝（1100-H24）、紫铜（T2）	0.4*t*
2	碳素结构钢（15、20）、冷轧钢板 Q235	0.5*t*
3	碳素结构钢（25、30）、冷轧钢板 Q255	0.6*t*
4	黄铜 H62（M、Y、Y2、冷轧）	0.8*t*
5	碳素结构钢（45、50）	1.0*t*
6	碳素结构钢（55、60）	1.5*t*
7	弹簧钢板（热轧，65Mn、60SiMn）、不锈钢带（冷轧，1Cr17Ni7、1Cr17Ni7-Y、1Cr17Ni7-DY）、不锈钢带（SUS301）、不锈钢板（SUS302）	2.0*t*

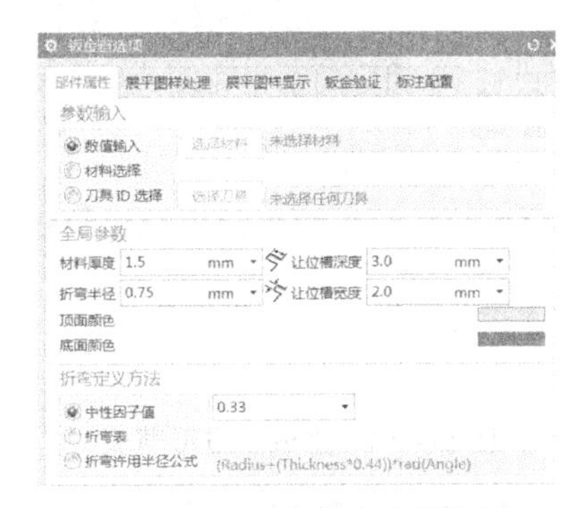

图 5-4-5　钣金基本参数设置

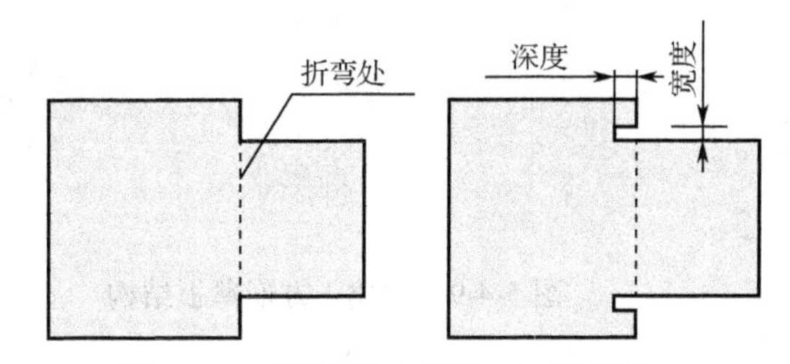

图 5-4-6　让位槽（止裂口）示意图

在【展平图样处理】选项中，需要注意展平后的钣金件所有的内外拐角是否要进行倒斜角和倒圆角处理，如果需要则需把对应数值输入（见图 5-4-7）。

完成设置之后，选择【主页】选项卡→【基本】功能栏→【突出块】命令（见图 5-4-8），使用该命令创建各种形状的薄板特征。在 *X*、*Y* 轴所在基准面创建一个长宽均为 100mm 的正方形薄板结构（见图 5-4-9），默认厚度 1.5mm（这是之前在钣金参数里设置的），单击【确定】，生成正方形薄板（见图 5-4-10）。

选择【主页】选项卡→【折弯】功能栏→【弯边】命令，将宽度选项改为【在中心】，【宽度】设为 60mm，【长度】设为 30mm，其他值采用默认值（见图 5-4-11），【止裂口】内的【折弯止裂口】有【正方形】、【圆形】和【无】三种类型，【无】指取消让位槽，【正方形】和【圆形】可根据需要选择。

在【弯边属性】里【参考长度】有【内部】、【外部】和【腹板】三种类型，【内部】指从板料内侧面算起，测量弯边的长度（见图 5-4-12）；【外部】指从板料外侧面算起，测量弯边的长度（见图 5-4-13）；【腹板】指从板料折弯处算起，测量弯边的长度（见图 5-4-14）。

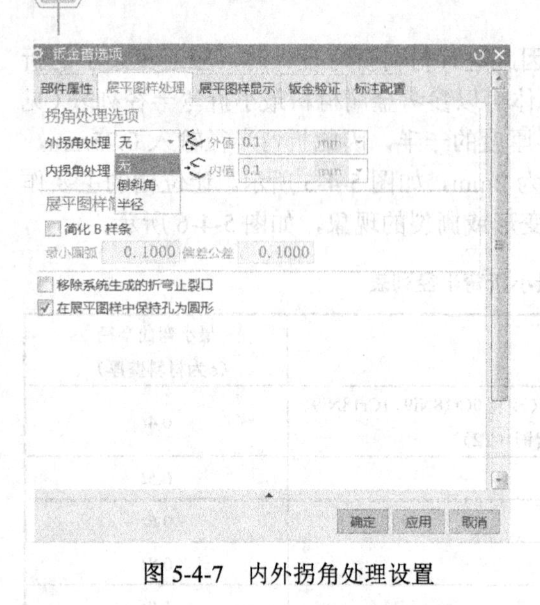

图 5-4-7　内外拐角处理设置

图 5-4-8　【突出块】命令对话框

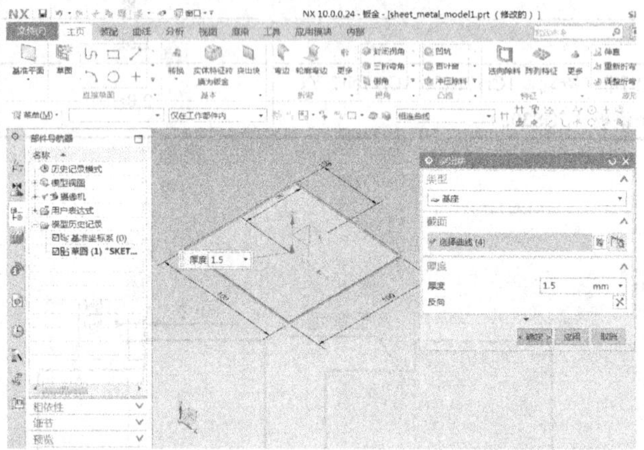

图 5-4-9　创建正方形薄板结构

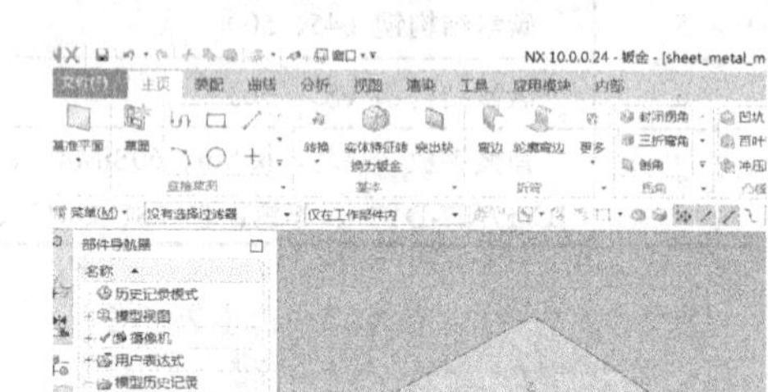

图 5-4-10　生成正方形薄板

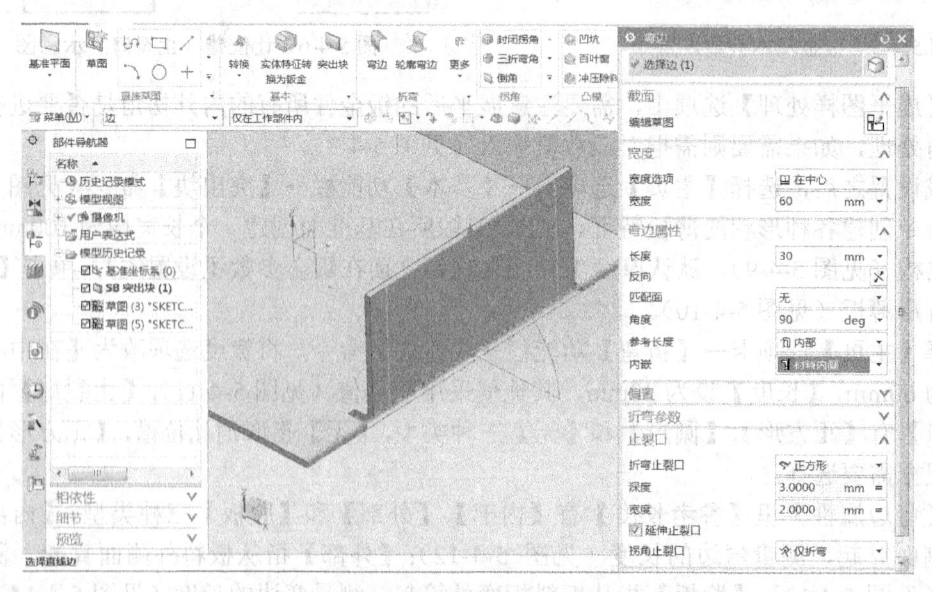

图 5-4-11　【弯边】命令

图 5-4-12　从内侧面开始测量弯边的长度

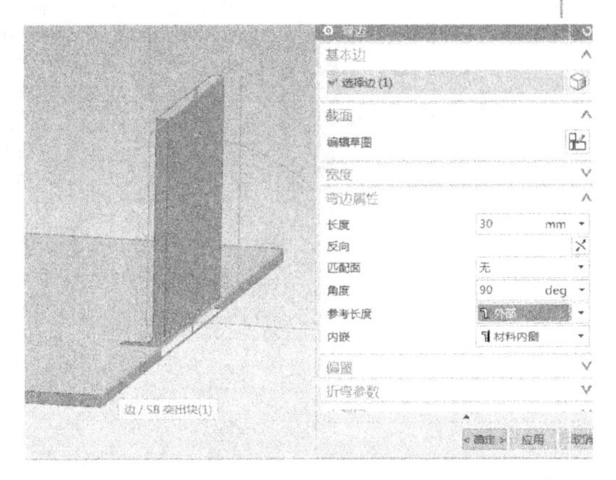

图 5-4-13　从外侧面开始测量弯边的长度

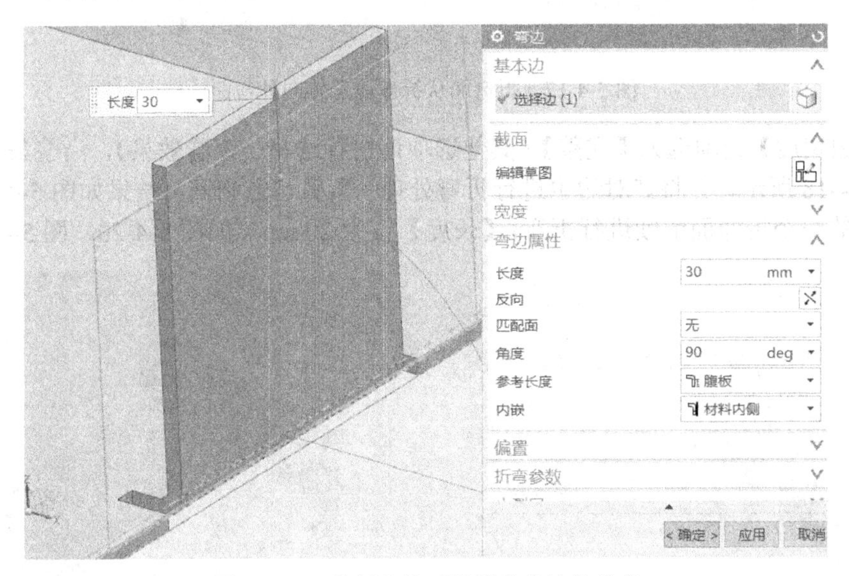

图 5-4-14　从折弯处开始测量弯边的长度

在【弯边属性】里的【内嵌】有【材料内侧】、【材料外侧】和【折弯外侧】三种类型，【材料内侧】指折弯边在折弯面的外侧（见图 5-4-15）；【材料外侧】指折弯边在折弯面的内侧（见图 5-4-16）；【折弯外侧】指折弯面从折弯边开始向外弯曲（见图 5-4-17）。

图 5-4-15　折弯边在折弯面的外侧

图 5-4-16　折弯边在折弯面的内侧

图 5-4-17　折弯面从折弯边开始向外弯曲

将【弯边宽度】选项选为【完整】(其他选项请自行选择，查看效果)，沿整条折弯边折弯，参数如图 5-4-18 所示，并将其对边也进行折弯处理，参数与之相同，结果如图 5-4-19 所示。然后将折弯件的一个折弯面继续进行折弯，【长度】设为 20mm，如图 5-4-20、图 5-4-21 所示。

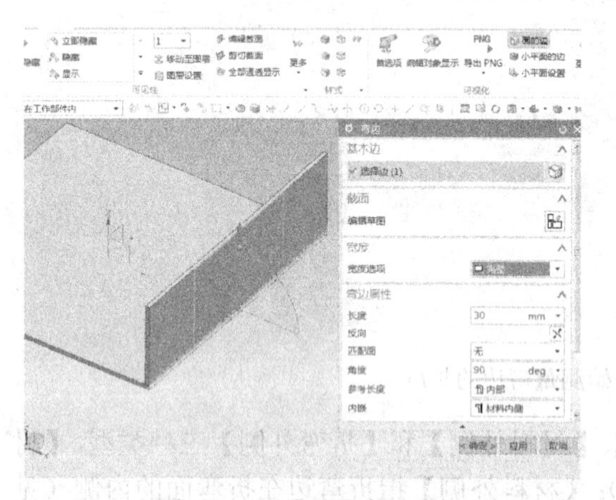

图 5-4-18　弯边参数设置

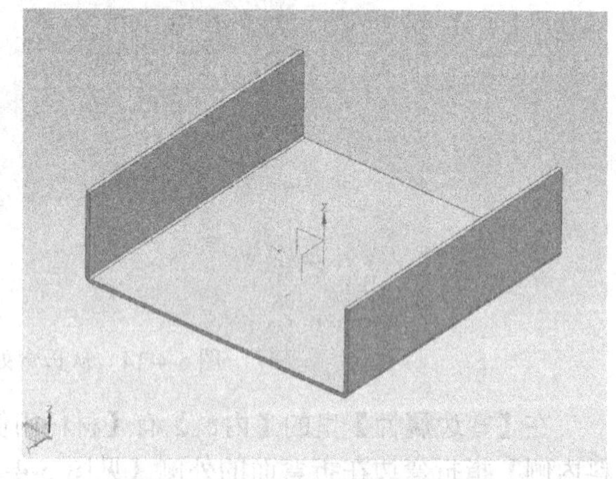

图 5-4-19　完成相对位置的弯边

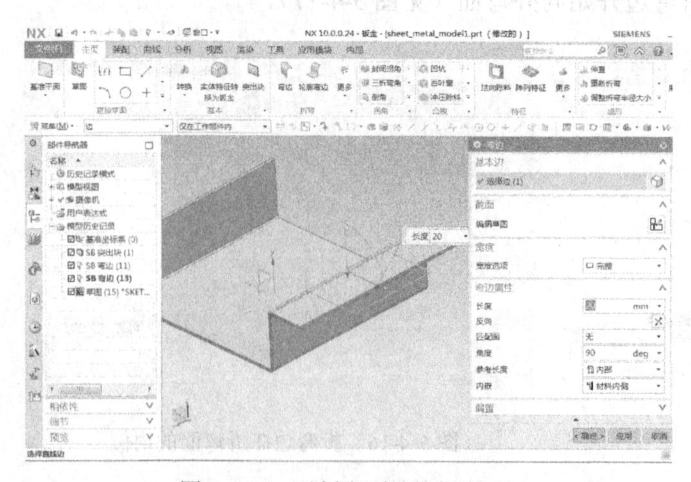

图 5-4-20　对折弯面继续折弯

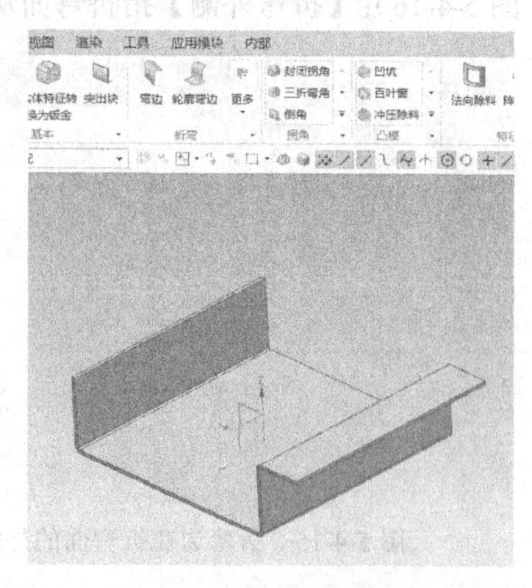

图 5-4-21　完成二次折弯

将折弯件未折弯的一边进行折弯处理，【长度】设为 30mm，注意【内嵌】方式改为【材料内侧】（见图 5-4-22），同时要注意围合而成的拐角部分拐角止裂口的处理，有 3 个选项，其效果如图 5-4-23～图 5-4-25 所示。

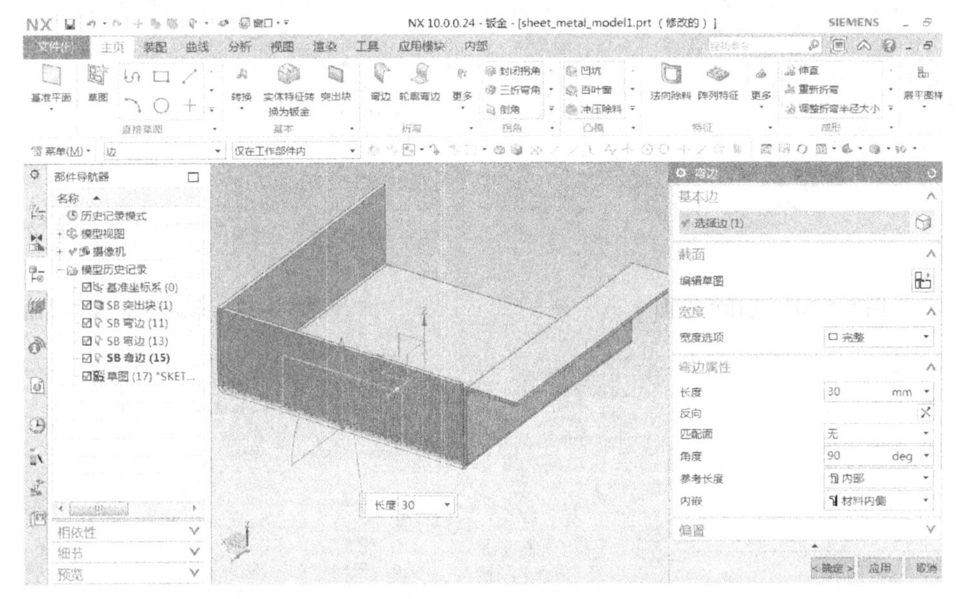

图 5-4-22 设置参数生成弯边

图 5-4-23 【仅折弯】

图 5-4-24 【折弯/面】

图 5-4-25 【折弯/面链】

接下来尝试改变折弯面的轮廓特征以改变其造型。选择折弯面（见图 5-4-26）右击选择【可回滚编辑】，进入弯边特征的修改界面（见图 5-4-27），单击【截面】里的【编辑草图】命令，对截面草图进行修改（见图 5-4-28）。

在进行草图编辑的时候，要注意新增曲线的起始位置（见图 5-4-29），图形完成后，将其他所有无关曲线一并修剪、删除（见图 5-4-30），完成草图编辑后，单击【确定】，折弯面的造型由先前的矩形改为了梯形（见图 5-4-31）。

接下来，在另一边使用【轮廓弯边】命令，创建一个折弯边。选择【主页】选项卡→【折弯】功能栏→【轮廓弯边】命令，弹出对话框，在【类型】中选择【次要】选项（见图 5-4-32），与【基座】选项不同之处在于，【基座】选项适合新建一个轮廓弯边钣金，而【次要】选项可以在已有的钣金零件上继续生成轮廓弯边，厚度与已有钣金一致。【截面】选项选择【绘制截面】，【路径】选择折弯面外边缘，【平面位置】选项→【位置】里的【弧长百分比】输入 0，表示从起始位置开始，单击【确定】进入轮廓线的绘制，如图 5-4-33 所示。

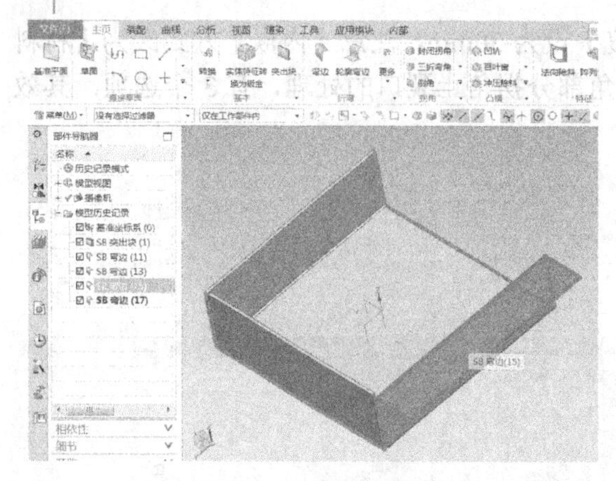

图 5-4-26　选择折弯面

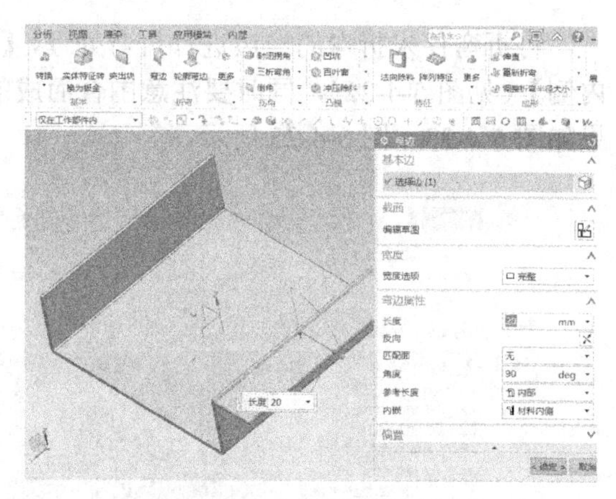

图 5-4-27　弯边特征修改界面

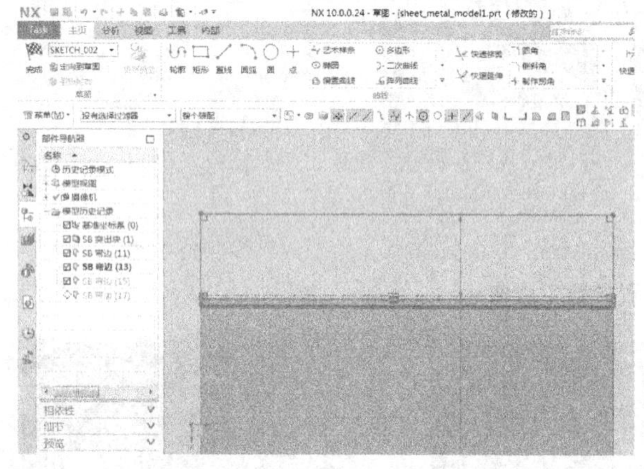

图 5-4-28　对截面草图进行修改

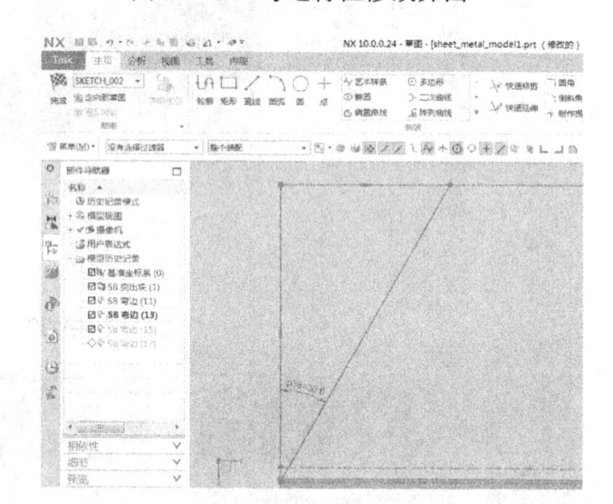

图 5-4-29　新增曲线

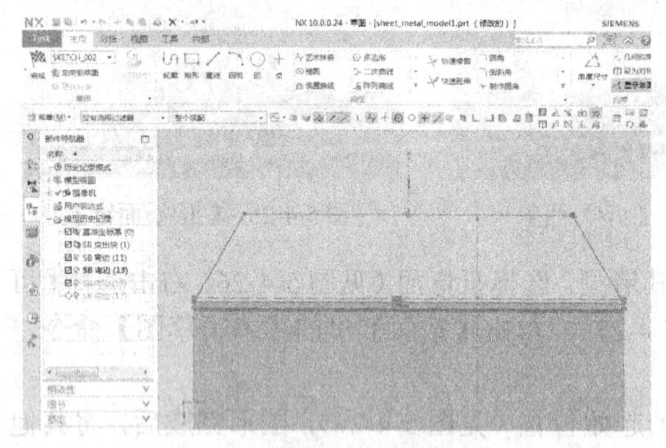

图 5-4-30　修剪无关曲线

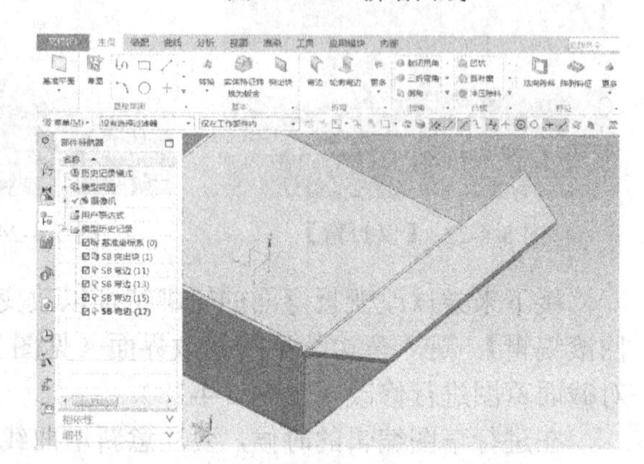

图 5-4-31　梯形折弯面修改完成

选择【主页】选项卡→【曲线】功能栏→【直线】命令，在基准平面上绘制一条直线，参数如图 5-4-34 所示。完成草绘后，将【轮廓弯边】的【宽度】选项设置为到端点，【斜接】选项中将【开始端】、【结束端】中的【斜接角】选项勾选，【除料】方式根据需要选择，【角度】设置为 -45°（负值向内倾斜、正值向外倾斜），单击【确定】，这样就得到一个梯形的折弯面，如图 5-4-35 所示。

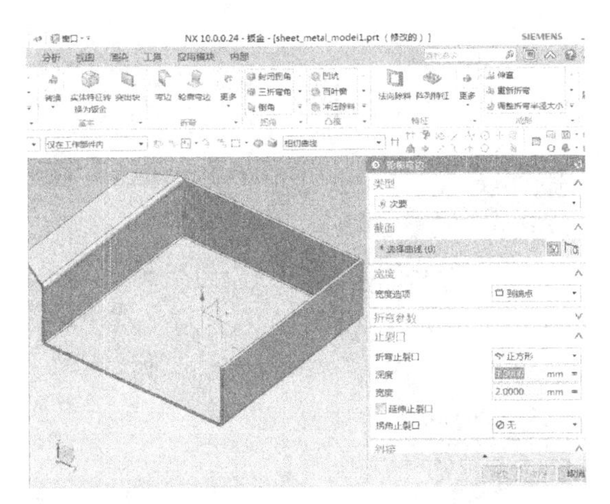

图 5-4-32 【轮廓弯边】命令对话框

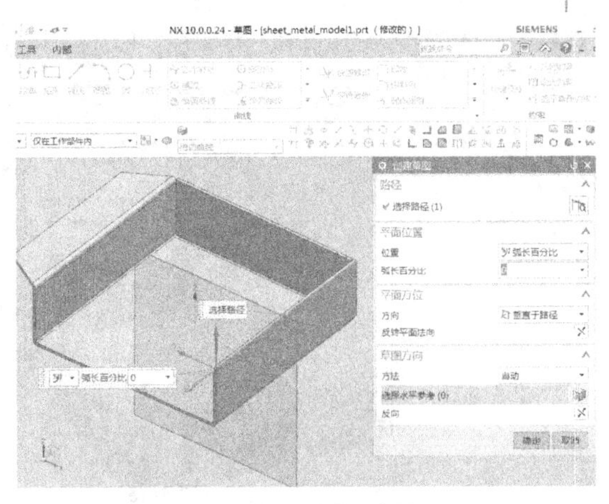

图 5-4-33 绘制轮廓线

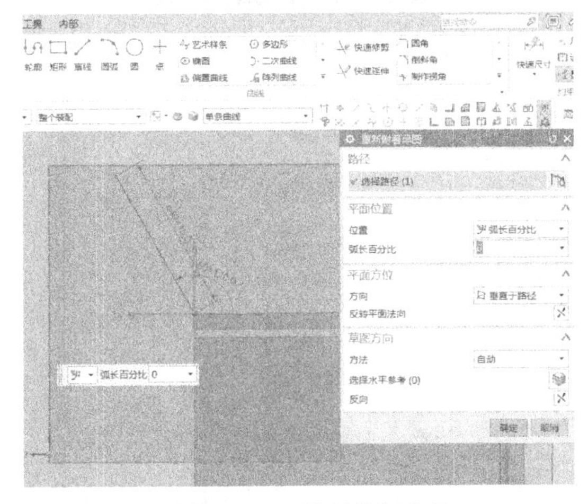

图 5-4-34 绘制特征直线

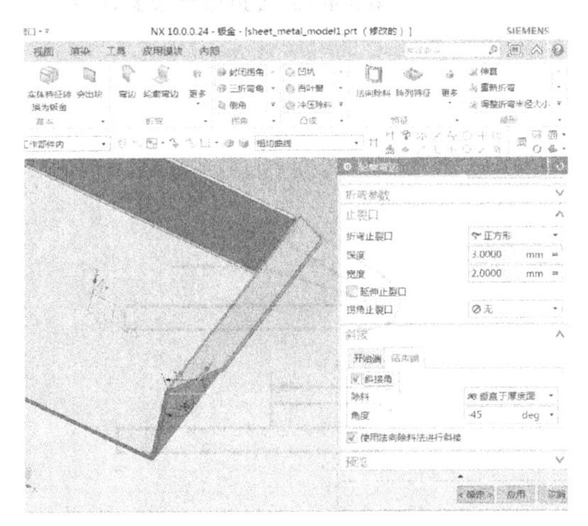

图 5-4-35 设置斜接角

下面利用剩余的一个直角折弯面演示【折边弯边】命令的用法。选择【折边弯边】命令（见图 5-4-36），弹出【折边】对话框，在【类型】下拉列表中可以选择折边的类型，每个类型都可以通过调节参数生成需要的折边形态。以第一项【封闭的】为选项，这个设计称为打“死边”设计，主要目的是在钣金边缘形成圆形角，防止划手。选择要折边的边，【内嵌】选【材料外侧】，弯边长度为 8mm，【斜接】勾选【斜接折边】，【角度】输入-45°，单击【确定】，生成梯形折边，如图 5-4-37 所示。要做“死边”，在前道工序就需要通过折弯做一个角度为 R 的翻边，“死边”最小长度为 L，一般需要满足以下条件：$L \geqslant 3.5t + R$（t 为板料厚度，R 为翻边内侧角的半径），如图 5-4-38 所示。

下面通过【放样弯边】生成钣金特征。新建一个文件，在【钣金首选项】里设置【材料厚度】为 1.5mm，【折弯半径】为 0.75mm，【让位槽深度】为 3mm，【让位槽宽度】为 2mm，如图 5-4-39 所示。新建一个基准平面，距离 X、Y 轴所在基准面 200mm（见图 5-4-40）。在 X、Y 轴所在平面上创建一个草绘曲线（见图 5-4-41）。然后在新的基准平面上，以之前的草绘曲线为基础，通过向内偏置曲线获得新的曲线，距离为 10mm，注意把圆角半径改为 10mm，如图 5-4-42、图 5-4-43 所示。

选择【主页】选项卡→【折弯】功能栏→【放样弯边】命令，【起始截面】选择上端曲线，【终止截面】选择下端曲线，厚度方向向内，单击【确定】，生成钣金实体，如图 5-4-44、图 5-4-45 所示。

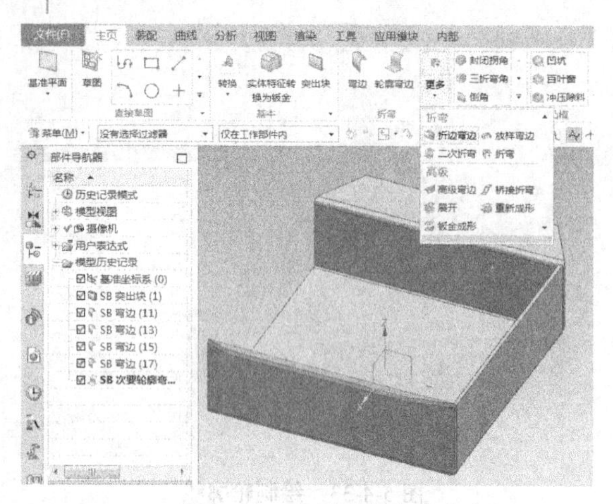

图 5-4-36 【折边弯边】命令

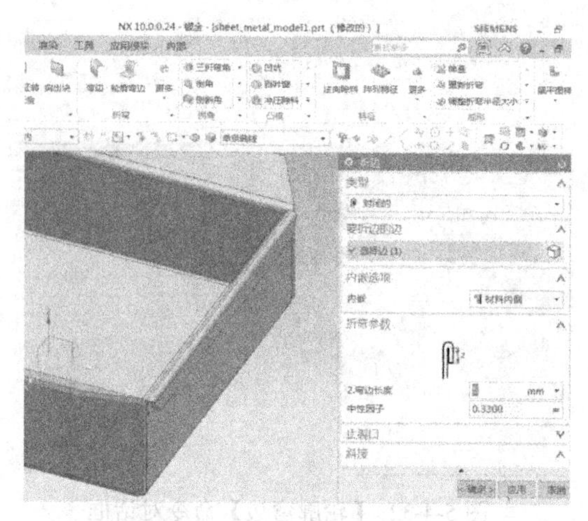

图 5-4-37 生成梯形折边

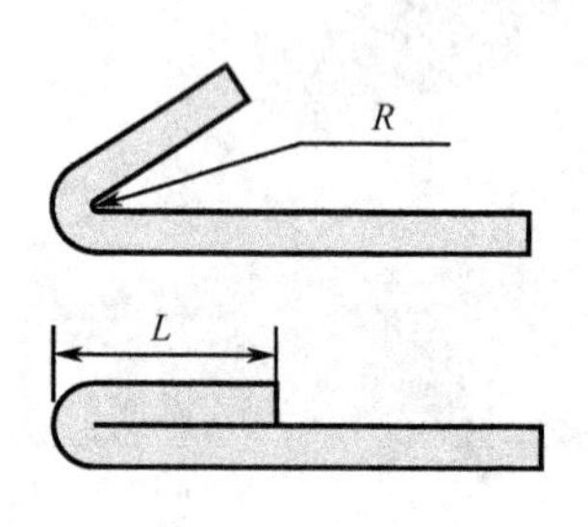

图 5-4-38 打“死边”

图 5-4-39 钣金基本参数设置

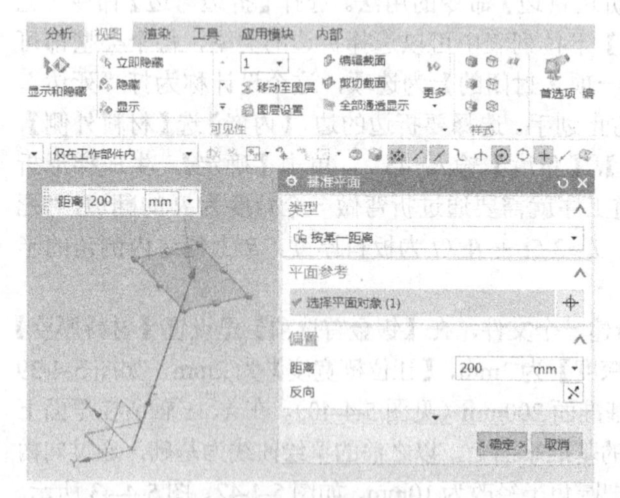

图 5-4-40 新建基准面

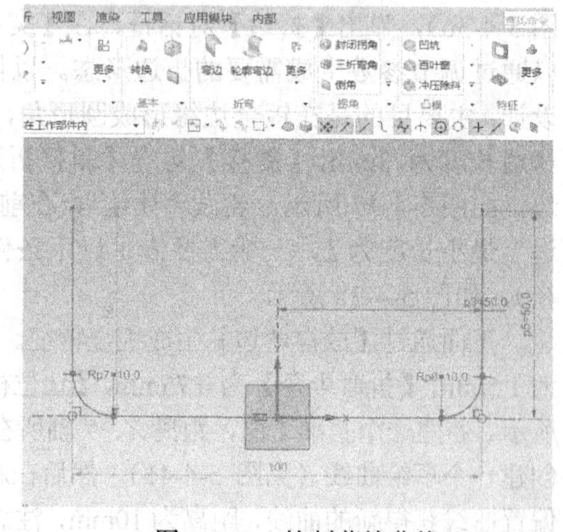

图 5-4-41 绘制草绘曲线

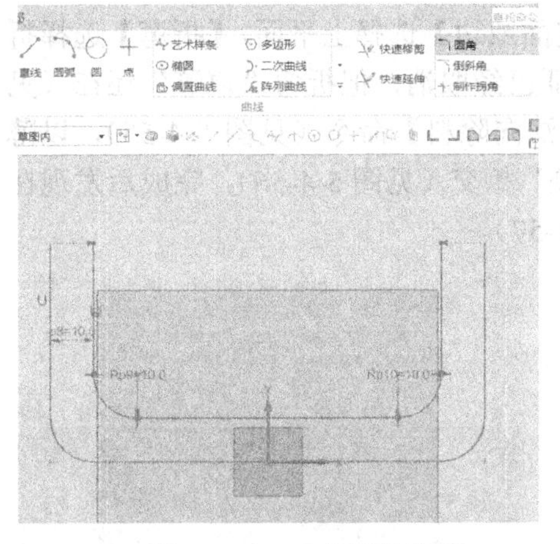

图 5-4-42　改变圆角半径

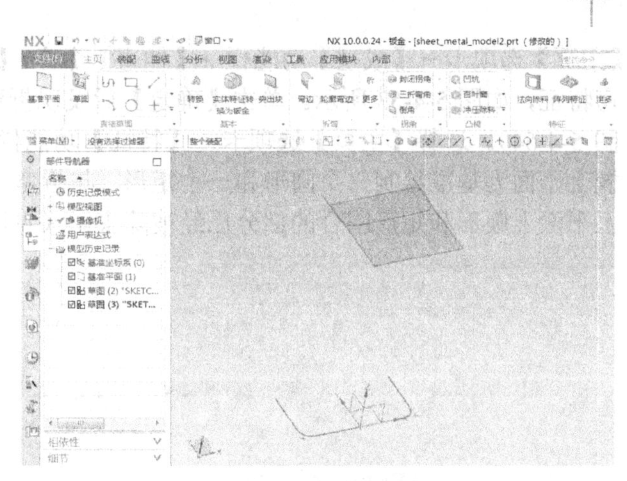

图 5-4-43　生成曲线

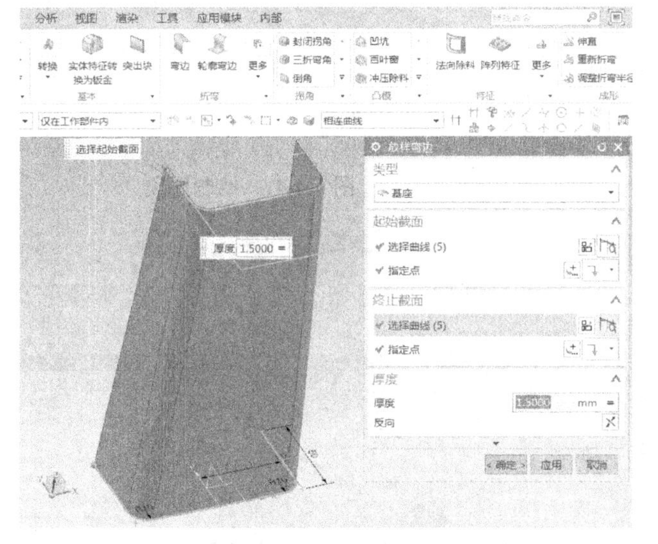

图 5-4-44　依次选择曲线

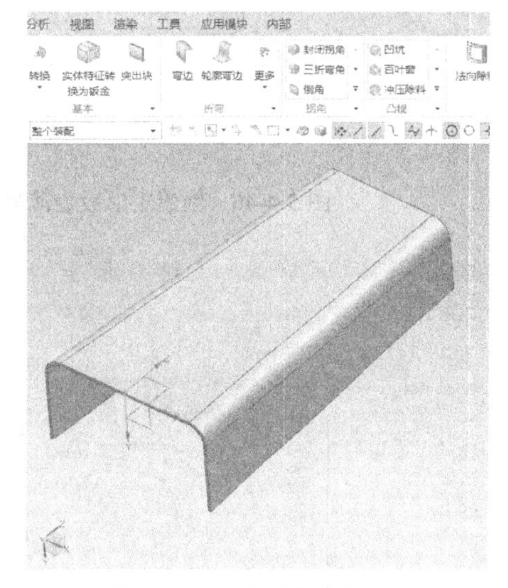

图 5-4-45　生成钣金实体

在钣金结构设计中，常常有二次折弯的情况，通常是为了结构上的加强，当然在绘制的过程中可以分两次实现，但通过二次折弯命令可以在钣金平面上创建两个 90° 的折弯区域，并且在折弯特征上添加材料，一次成型。选择【突出块】命令新建一个矩形钣金薄板，尺寸为 120mm×30mm×1.5mm（见图 5-4-46），在钣金薄板上通过绘制草图创建一条与短边平行的线段，长度为 40mm（见图 5-4-47），单击【二次折弯】命令（见图 5-4-48），选择刚刚绘制的线段，就会在此处形成一个直角的折弯效果，不仅如此，在折弯面的上沿还会形成一个新的折弯面，与原面平行，长度为 80mm（120mm−40mm），二次折弯高度设为 15mm（高度通常不能低于料厚的 5 倍，否则折弯机难以折弯），如图 5-4-49 所示。

下面使用折弯出来的薄板上平面，示范使用【折弯】命令。在上平面上任意绘制一条线段（见图 5-4-50），也不用与矩形边框相连，完成后，选择【主页】选项卡→【折弯】功能栏→【折弯】命令，以刚刚生成的线段为折弯线，生成一个与平面夹角为 60° 的折弯面，如图 5-4-51、图 5-4-52 所示。

如果想在折弯后的区域创建孔或裁剪特征，而这些特征恰恰与折弯线相交，则需要用到【伸直】命令将折弯特征临时取消，然后在平面上将孔和裁剪区绘制完成后再恢复折弯特征。选择

【主页】选项卡→【成型】功能栏→【伸直】命令，【固定面或边】选择上平面，【折弯】选择折弯特征，如图 5-4-53 所示。单击【确定】后发现折弯特征已经取消，但折弯“痕迹”还在（见图 5-4-54）。选择【主页】选项卡→【特征】功能栏→【法向除料】命令（见图 5-4-55），以薄板上平面为基准绘制一个圆形和一个矩形，与折弯“痕迹”相交（见图 5-4-56），完成后发现在上平面上圆形和矩形围合的部分已经被除去了（见图 5-4-57）。

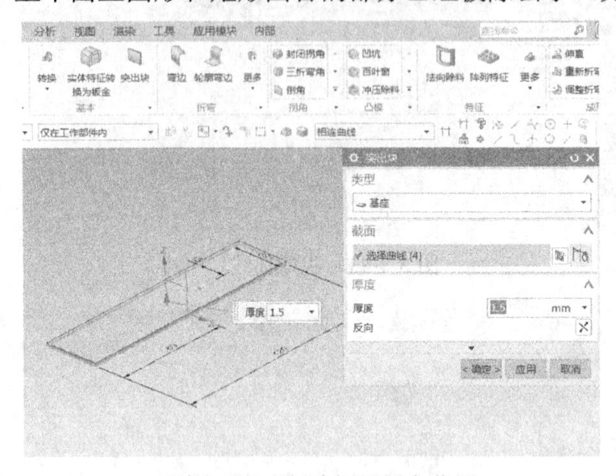

图 5-4-46　创建矩形钣金薄板

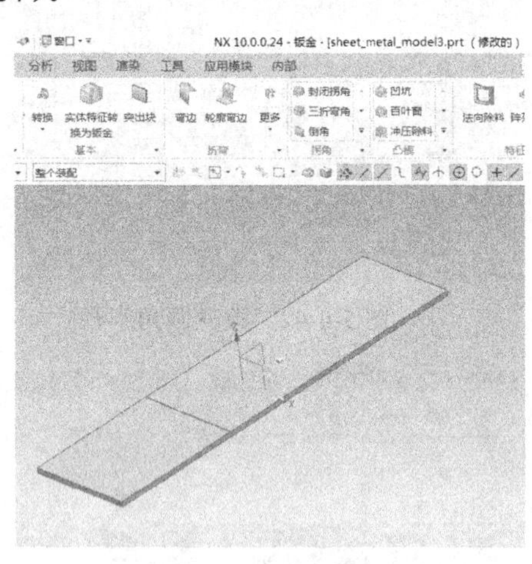

图 5-4-47　绘制线段

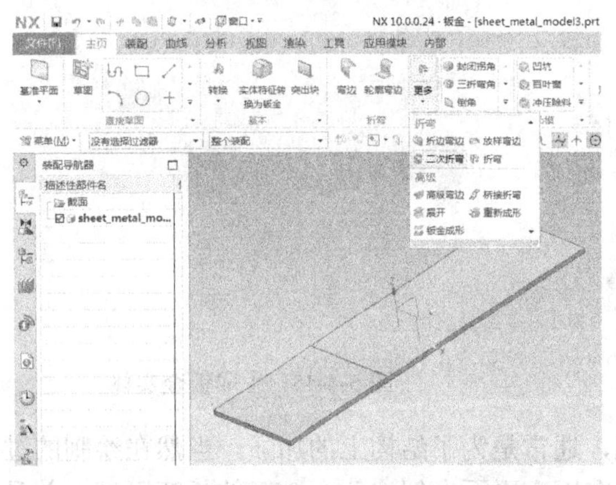

图 5-4-48　选择【二次折弯】命令

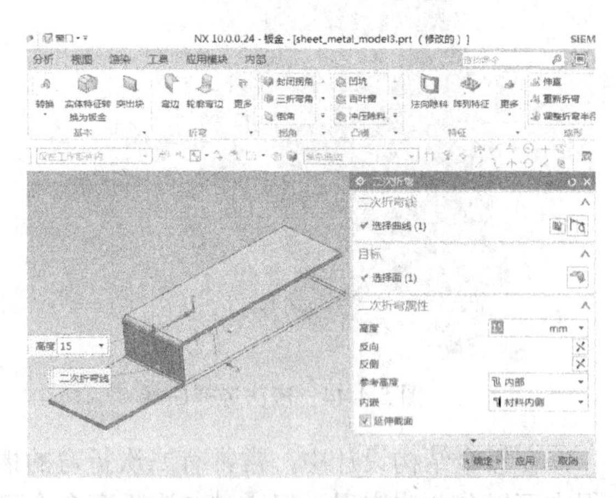

图 5-4-49　设置二次折弯参数

图 5-4-50　绘制任意线段

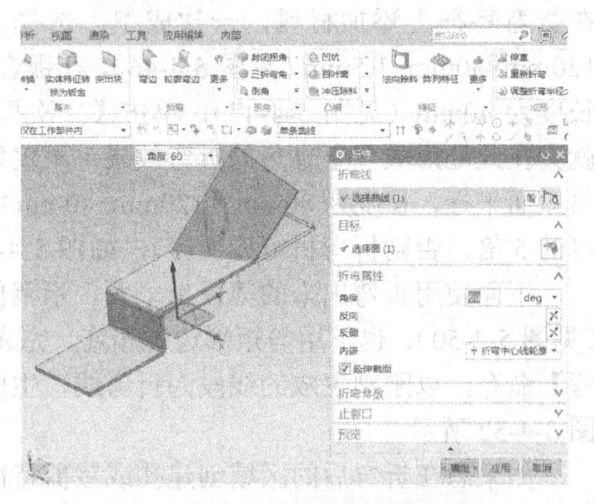

图 5-4-51　设置折弯参数

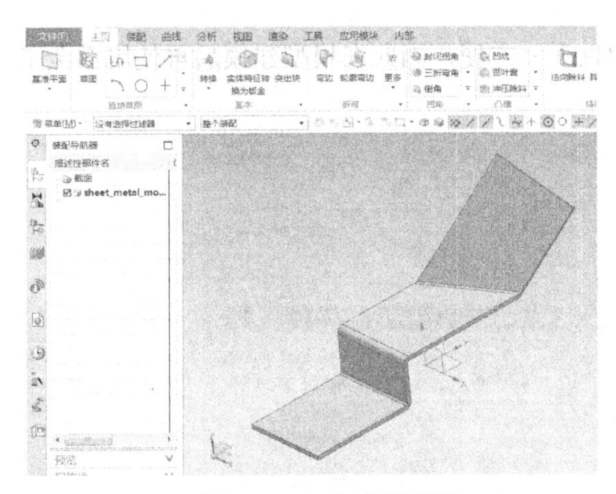

图 5-4-52　生成折弯面

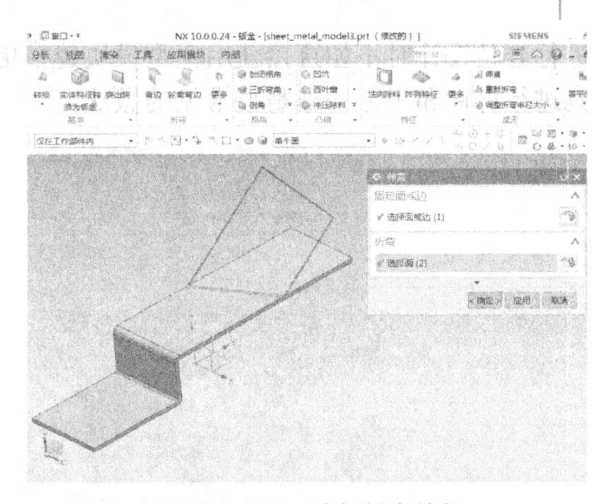

图 5-4-53　选择折弯特征

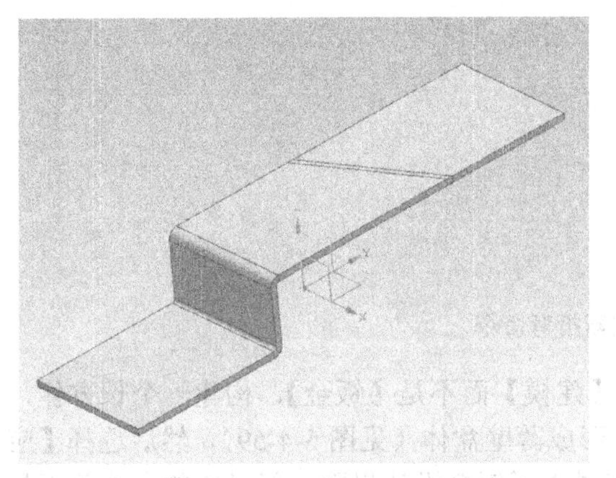

图 5-4-54　折弯“痕迹”

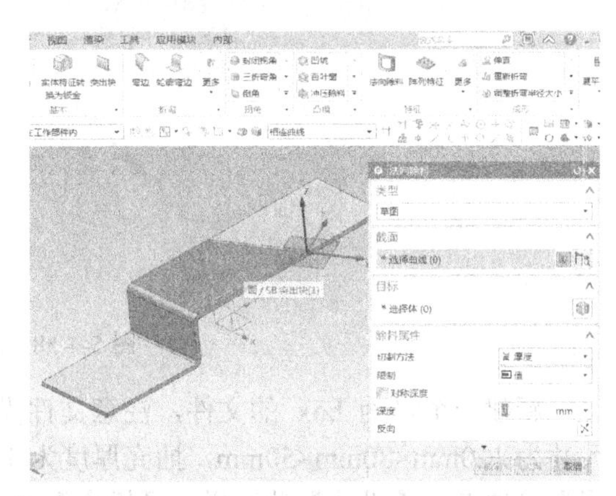

图 5-4-55　选择【法向除料】命令

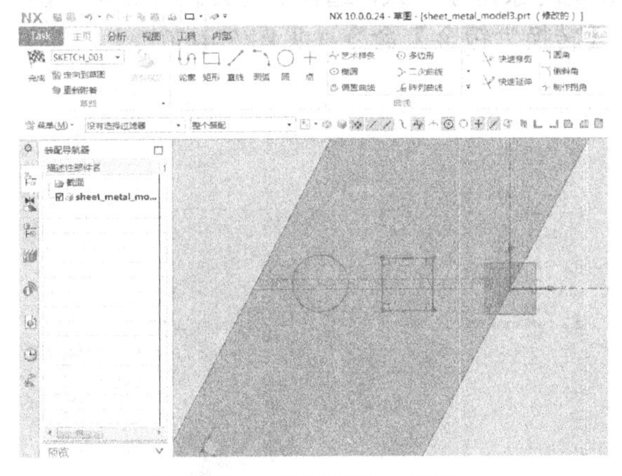

图 5-4-56　绘制圆形、矩形

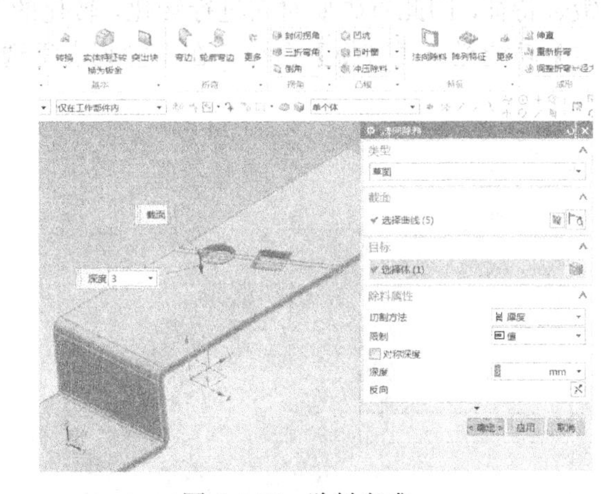

图 5-4-57　除料完成

选择【主页】选项卡→【成型】功能栏→【重新折弯】命令，在对话框内选择折弯特征的“痕迹”，单击【确定】后，折弯特征恢复，圆形和矩形区域的去料也完成了，如图 5-4-58 所示。

钣金建模可以直接根据钣金模块里的命令直接建模，也可以通过建模模块进行建模，然后把生成的实体再转化为钣金零件。将实体数模零件转化为钣金是常用的转化方法。在直接进行产品建模时既要考虑产品的空间形态又要考虑拆分和展开工艺，加上命令的使用限制较多，在进行产品设计时不如直接使用模型模块建模更加直观、方便，因此在模型建模后再使用钣金工具进行拆件和工艺处理是很常见的做法。

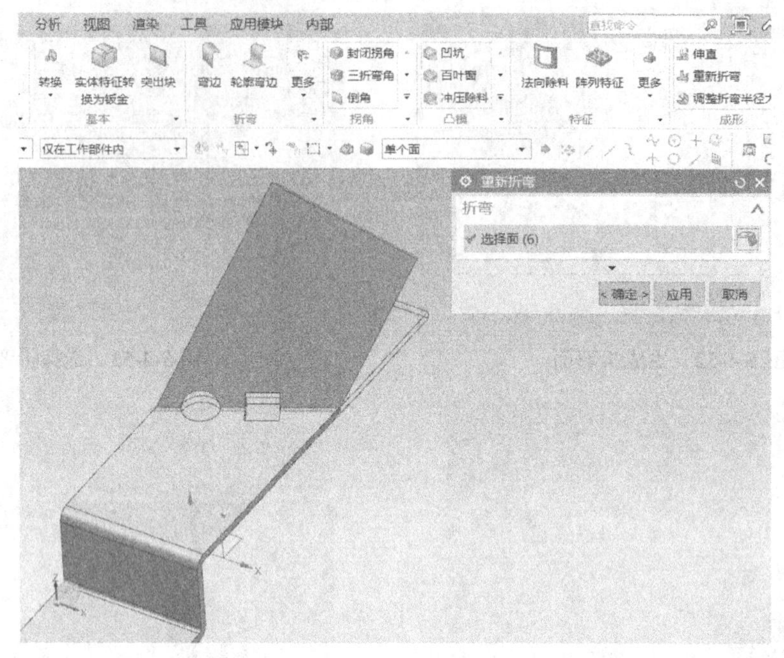

图 5-4-58 选择重新折弯命令

新建一个名为 box 的文件，注意文件类型为【建模】而不是【钣金】，构建一个长方体，尺寸为 120mm×80mm×50mm，抽壳厚度为 1.5mm 形成薄壁盒体（见图 5-4-59），然后选择【应用】选项卡→【设计】功能栏→【钣金】命令，就进入了钣金设计界面，但目前的盒体并不是钣金特征，因此首先要对它进行转化，转化的前提是对象壁厚一致。选择【主页】选项卡→【基本】功能栏→【转换】命令，在下拉列表里选择【转换为钣金】命令（见图 5-4-60）。

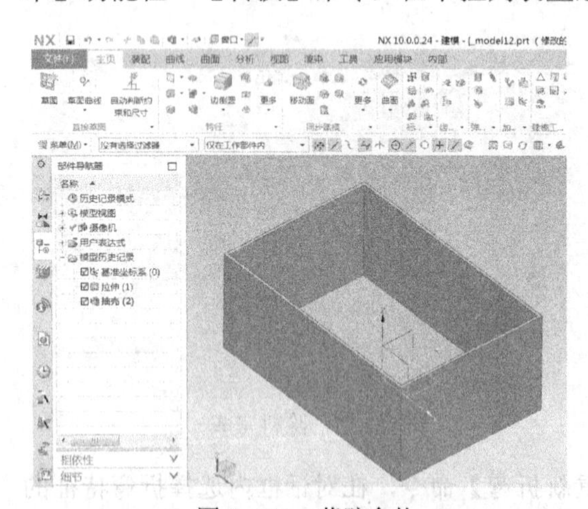

图 5-4-59 薄壁盒体

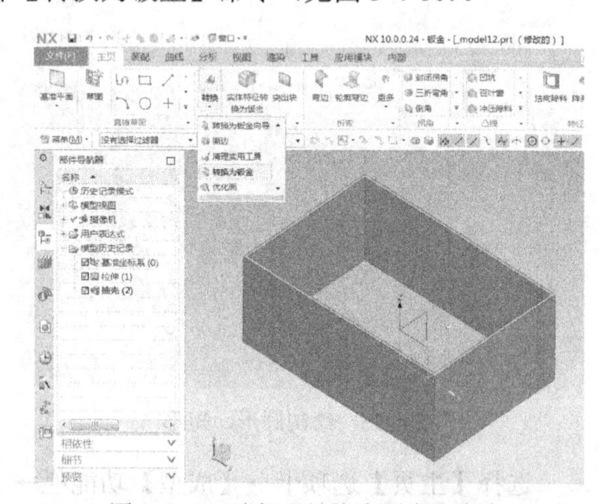

图 5-4-60 选择【转换为钣金】命令

【基本面】选择盒体的底面，要撕开的边选择 4 条竖边，也就是说从这 4 条边切开，【折弯止裂口】选择正方形（见图 5-4-61），单击【确定】，盒体完全转化为折弯后的钣金数模，如图 5-4-62 所示，生成钣金盒体。

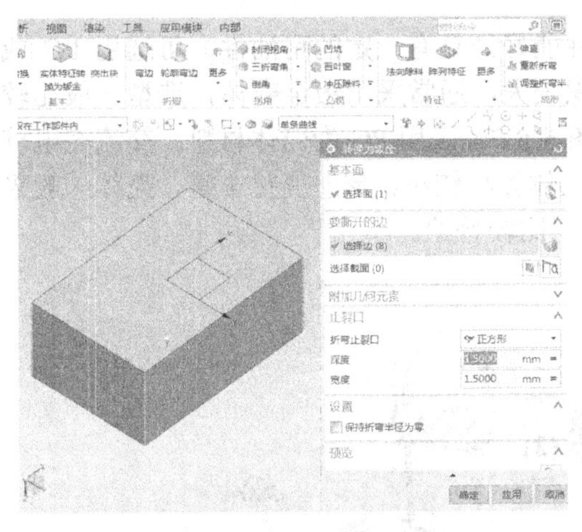

图 5-4-61 设置止裂口参数

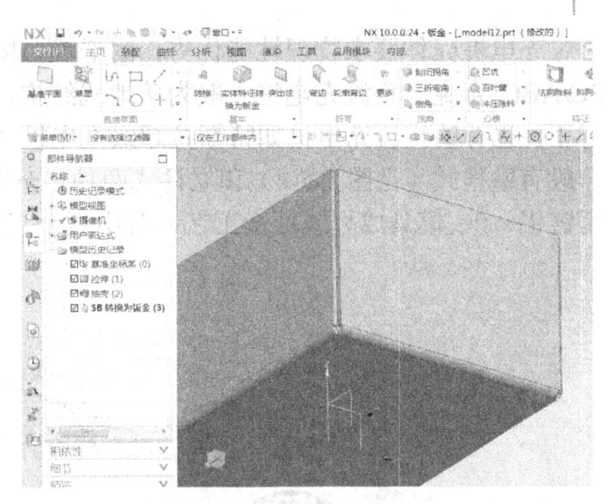

图 5-4-62 生成钣金盒体

5.5 汽车充电桩的造型与结构设计

5.5.1 汽车充电桩的造型与结构设计分析

随着电动汽车的高速发展，汽车充电桩逐渐普及，其功能类似于加油站里的加油机，可以固定在地面或墙壁上，安装于公共建筑（公共楼宇、商场、公共停车场等）和居民小区停车场或专用充电站内，可以根据不同的电压等级为各种型号的电动汽车充电。充电桩一般提供常规充电（慢充）和快速充电（快充）两种充电方式，快充和慢充是相对的概念。充电桩分为直流充电桩（见图 5-5-1）和交流充电桩（见图 5-5-2）两种，一般快充为大功率直流充电，半小时可以充满电池的 80%容量，慢充一般为交流充电，充电过程需 6～8h。电动汽车充电的快慢与充电机功率、电池充电特性和温度等紧密相关。充电桩显示屏能显示充电量、费用、充电时间等数据。

图 5-5-1 直流充电桩

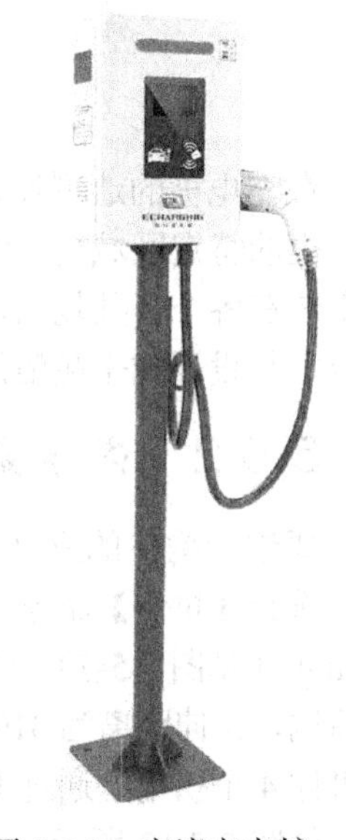

图 5-5-2 交流充电桩

充电桩壳体要求物理性能优秀，耐低温、阻燃性能好，具有一定的耐油性，可选用 PC 或 PC/ABC 合金。直流充电桩一般为落地式结构，体积较大，通常采用钣金壳体，造型一般比较方正，也有的直流充电桩如特斯拉超级充电桩（见图 5-5-3）采用 PC 为壳体材料。交流充电桩一般有壁挂式（见图 5-5-4）和立柱式两种。充电桩主体体积较小，形态变化丰富，壳体一般采用铸铝、PC 模具成型或钣金工艺，其中钣金工艺使用比较普遍。

图 5-5-3　特斯拉超级充电桩

图 5-5-4　壁挂式充电桩

在充电桩的造型设计方面，早期的充电桩主要以企业级应用为主，一般应用在如公交车停车场之类的特定区域内，因此以功能性设计为主，外观部分考虑较少。而现在汽车充电桩被大规模地安装在各个公共场所，不仅在性能上需要安全、稳定，而且造型设计方面也需要与所在环境相适应，与设计越来越酷炫的电动汽车相匹配，因此充电桩的设计也越来越富有时尚感和科技感。

5.5.2　汽车立柱式交流充电桩基础形态的构建

要进行构建的立柱式交流充电桩的外形和大致结构如图 5-5-5 所示。

选择【拉伸】命令，以 X 轴、Z 轴所在平面为基准面绘制截面曲线（见图 5-5-6），拉伸厚度为 175mm（见图 5-5-7）。选择【拉伸】命令以拉伸体的一竖直侧面为基准面，绘制如图 5-5-8 所示截面曲线，拉伸距离为 310mm，【布尔】选择【求差】（见图 5-5-9），得到如图 5-5-10 所示机体实体，将机体 4 个拐角处通过【边倒圆】命令倒圆角，半径为 30mm，如图 5-5-11 所示，生成机体基本造型，如图 5-5-12 所示。

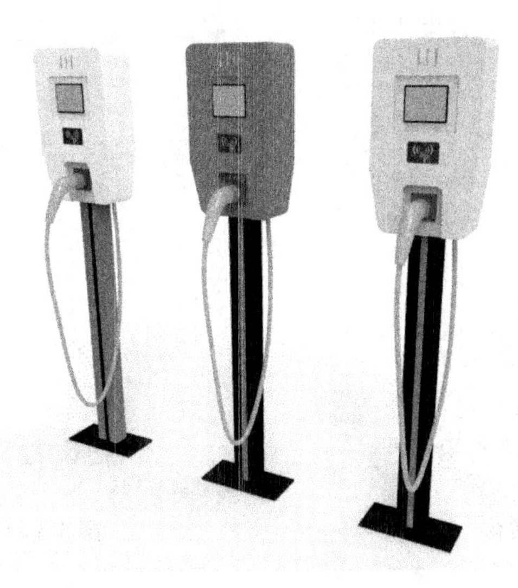

图 5-5-5　立柱式交流充电桩

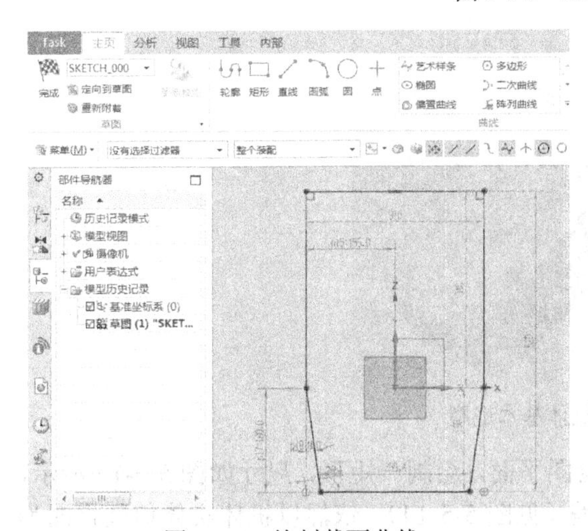

图 5-5-6　绘制截面曲线

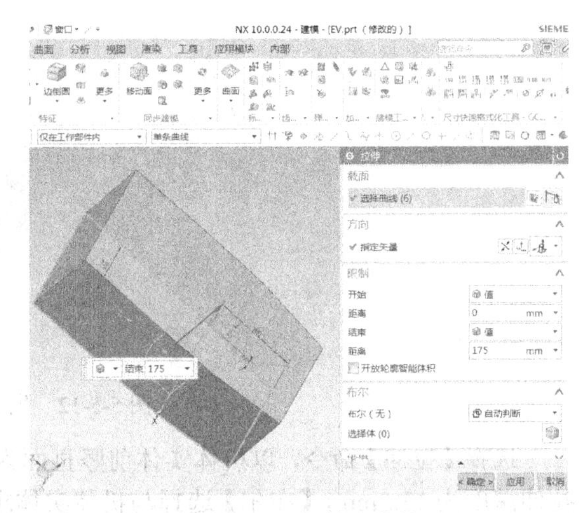

图 5-5-7　拉伸出实体

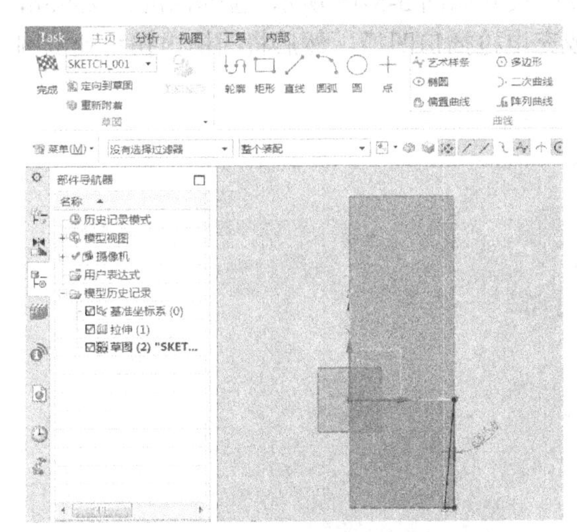

图 5-5-8　绘制截面曲线

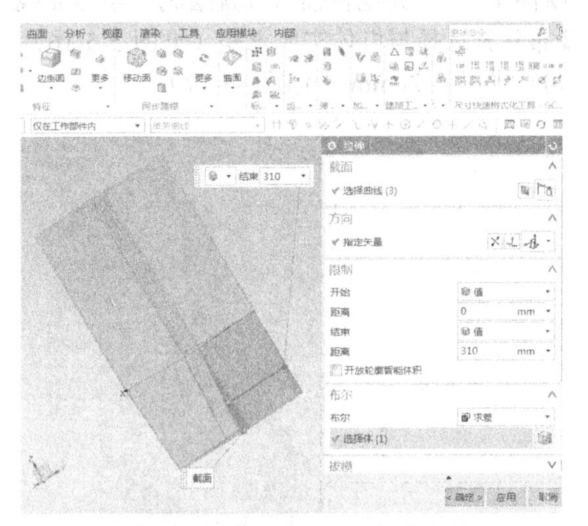

图 5-5-9　拉伸实体并与机体求差

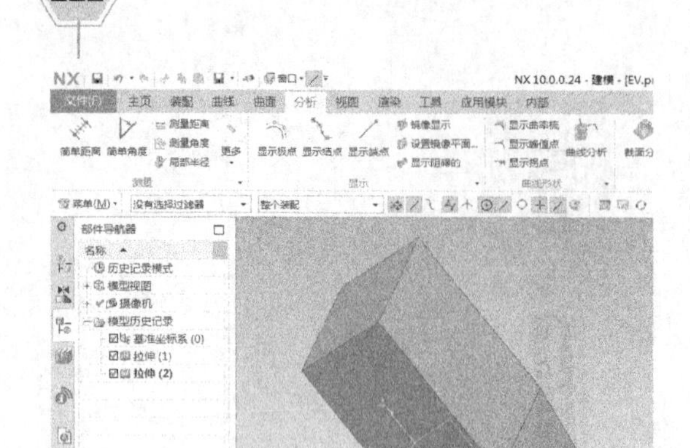

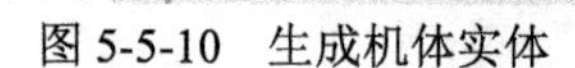

图 5-5-10 生成机体实体

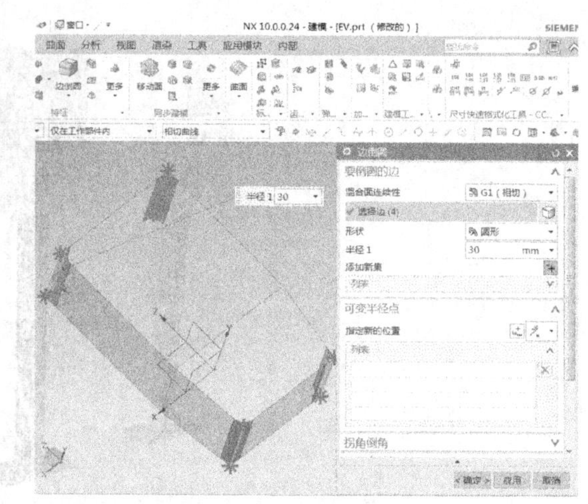

图 5-5-11 四边倒圆角

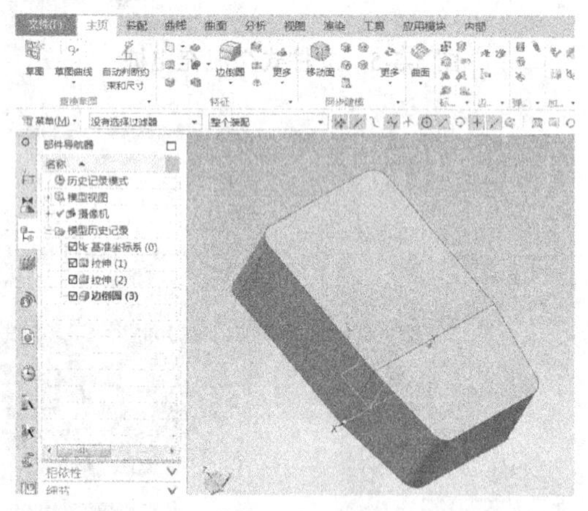

图 5-5-12 生成机体基本造型

选择【拉伸】命令，以机体实体前竖直面为绘图平面，绘制一矩形，尺寸如图 5-5-13 所示，拉伸深度为 13.5mm，【布尔】选择与机体实体求差（见图 5-5-14）。依然以机体实体前竖直面为绘图平面，在充电枪插口位置绘制一矩形曲线，位置、尺寸如图 5-5-15 所示，拉伸深度为 25mm，【布尔】选择与机体实体求差（见图 5-5-16），形成充电枪插口凹槽，然后将凹槽内拐角处倒圆角，半径为 20mm（见图 5-5-17）。

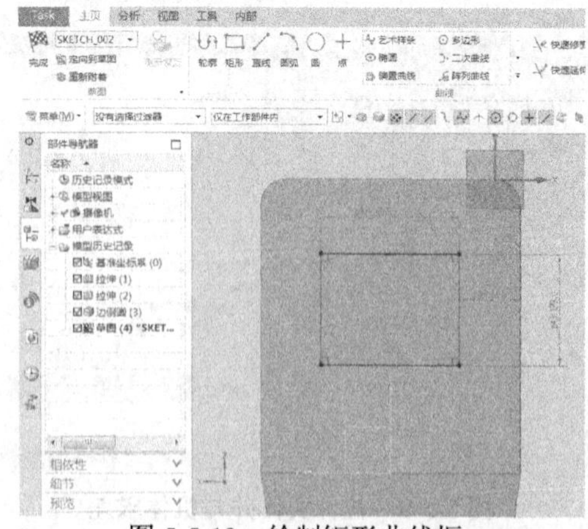

图 5-5-13 绘制矩形曲线框

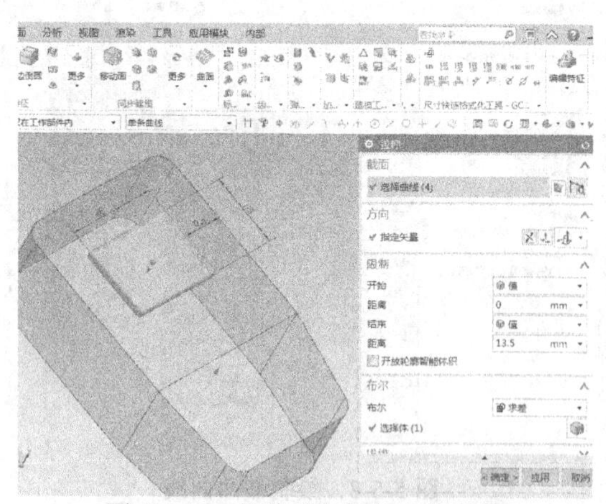

图 5-5-14 拉伸并与机体实体求差

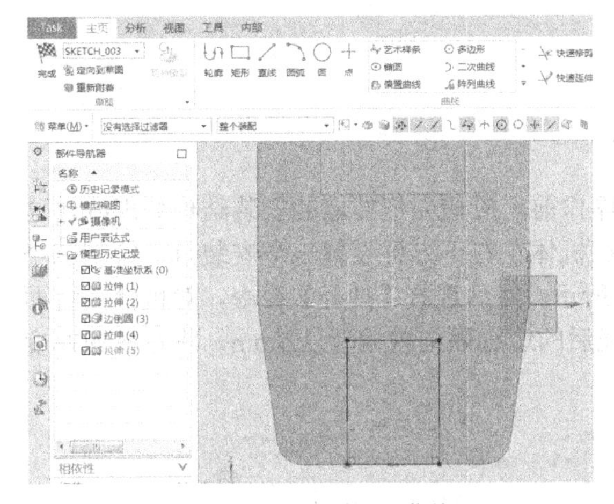

图 5-5-15　绘制矩形曲线

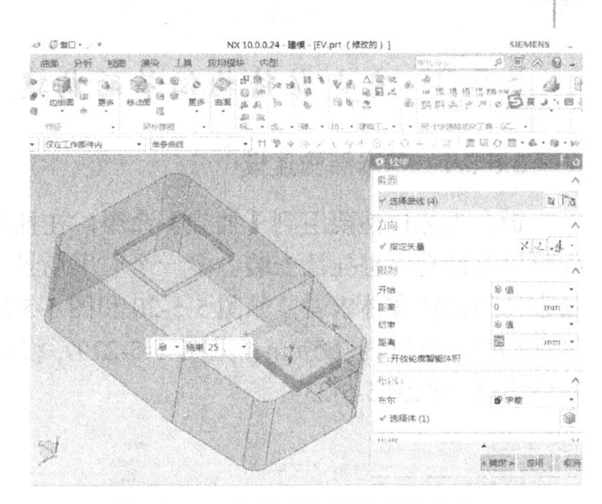

图 5-5-16　拉伸并与机体实体求差

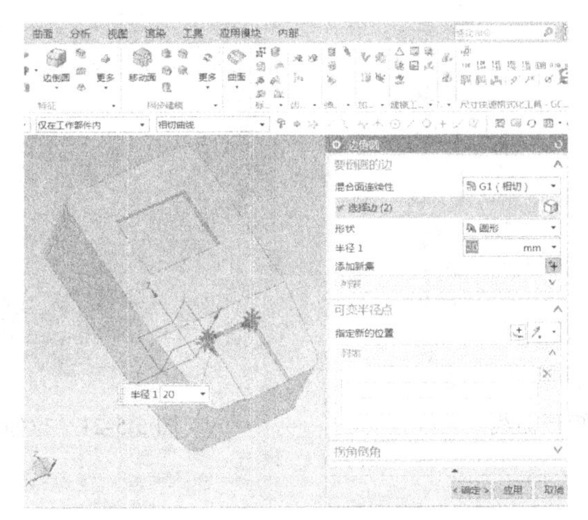

图 5-5-17　凹槽内拐角处倒圆角

选择【拉伸】命令，以机体右侧竖直面为绘图平面，绘制一矩形曲线，位置、尺寸如图 5-5-18 所示，拉伸厚度为 18.5mm，【布尔】选择与机体实体求差，得到的凹槽为空气开关的安装位置（见图 5-5-19）。至此汽车立柱式交流充电桩基础形态构建完成。

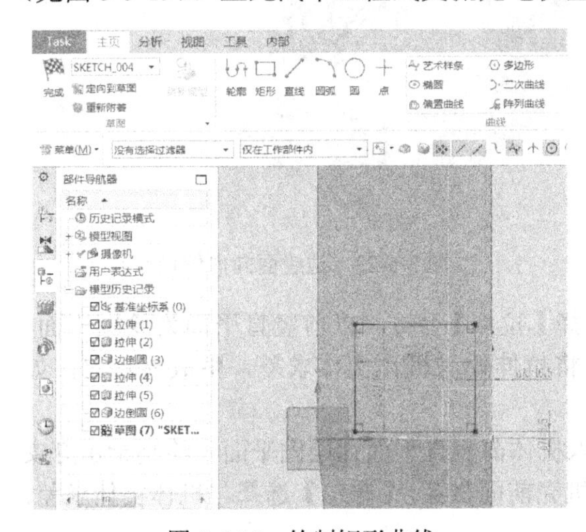

图 5-5-18　绘制矩形曲线

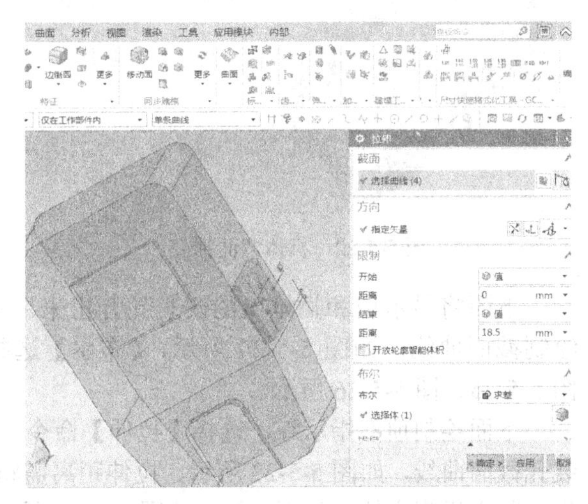

图 5-5-19　拉伸并与机体实体求差

5.5.3 充电桩结构细节的构建

5.5.3.1 基本结构建模

钣金工艺自然要用到【抽壳】命令，在抽壳操作前，应该先把挂墙的安装结构处理好，这样可以支持充电桩挂墙安装，多一个应用场景。在机体左右下方各设置一个安装点，绘制三个长方体与机体实体求差，如图 5-5-20 和图 5-5-21 所示。然后选择【抽壳】命令，对机体的背面进行抽壳，厚度为 1.5mm（见图 5-5-22），将抽壳后的边缘面向内偏置 1.5mm，将背板的厚度预留出来（见图 5-5-23）。

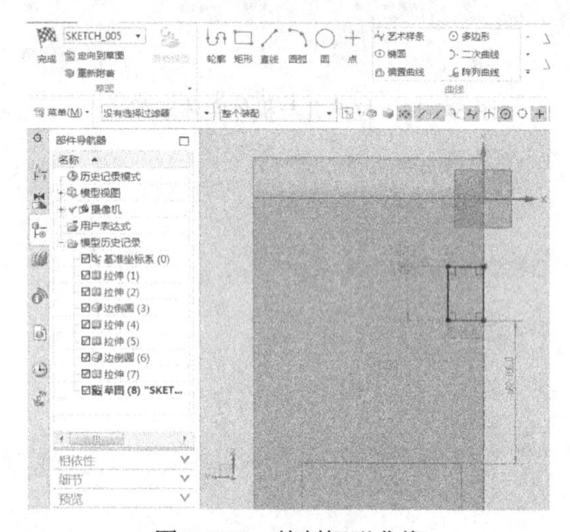

图 5-5-20 绘制矩形曲线

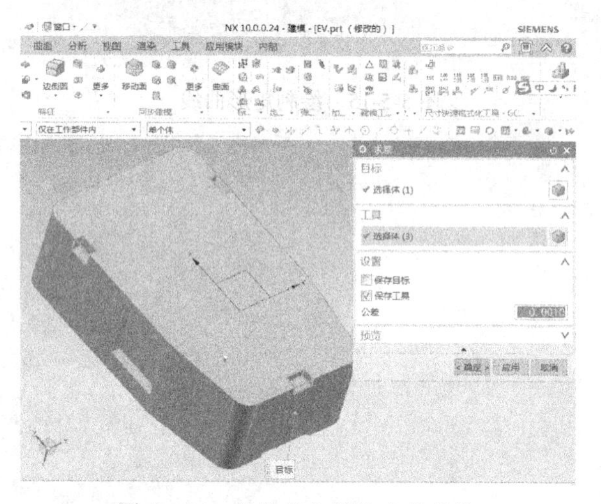

图 5-5-21 拉伸并与机体实体求差

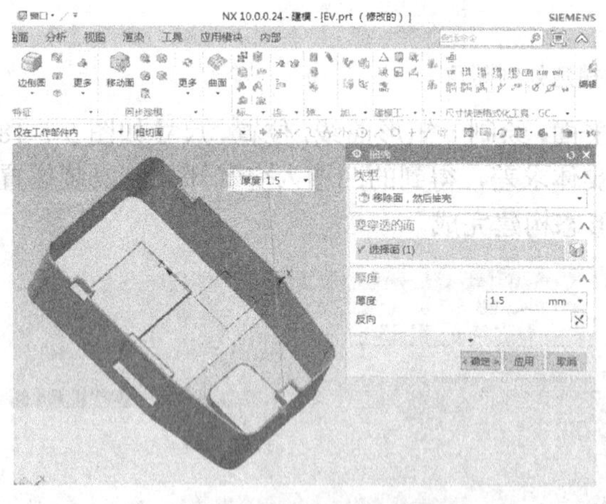

图 5-5-22 机体背面抽壳

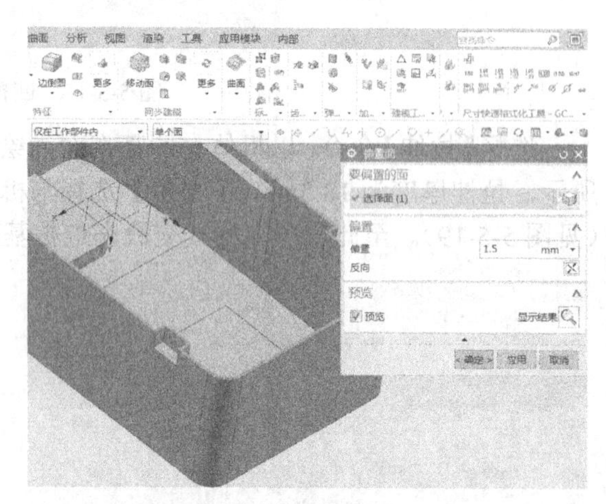

图 5-5-23 边缘面向内偏置

下面将显示屏和插枪口的安装孔开出来。选择【拉伸】命令，以前竖直平面为绘图平面，绘制截面曲线，如图 5-5-24 所示，【布尔】选择将拉伸体与机体实体求差，生成显示器，如图 5-5-25、图 5-5-26 所示。

下面绘制顶部指示灯，选择【拉伸】命令，以机体前竖直平面为绘图平面，绘制指示灯安装孔截面曲线，如图 5-5-27 所示。拉伸距离需将机壳前面贯穿，【布尔】选择与机体实体求差，生成基本机壳实体，如图 5-5-28、图 5-5-29 所示。

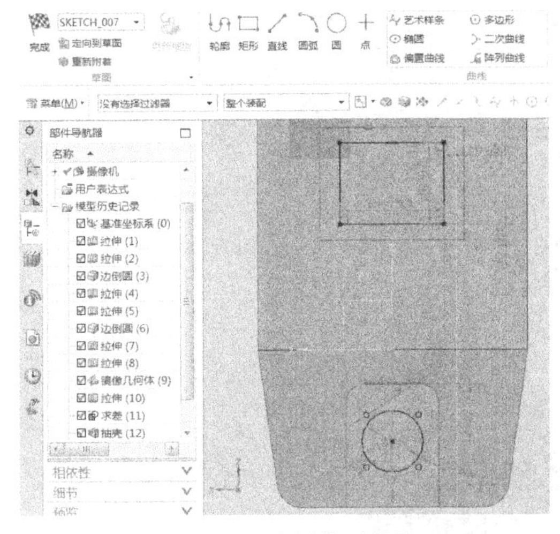

图 5-5-24　绘制截面曲线

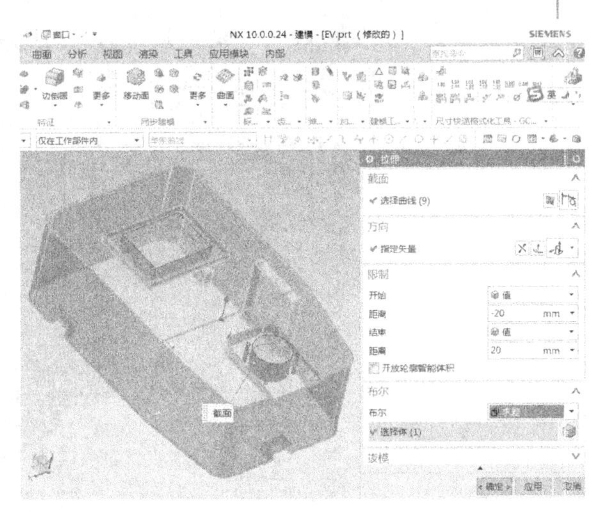

图 5-5-25　拉伸曲线并与机体实体求差

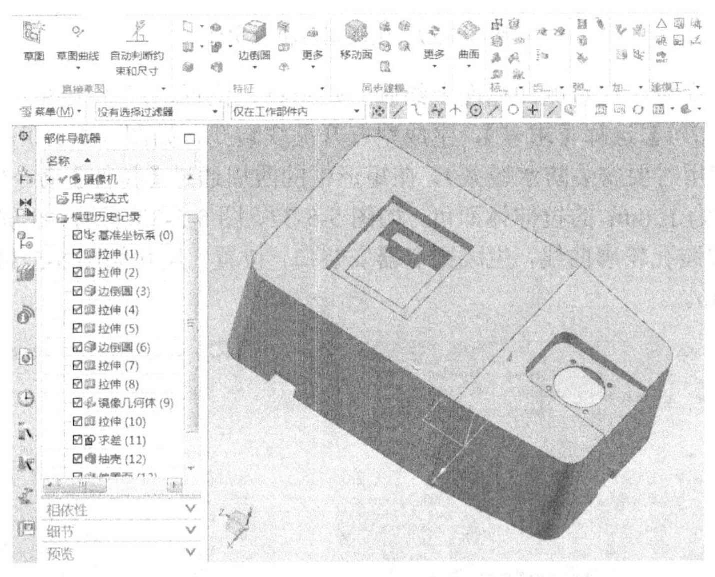

图 5-5-26　生成显示器

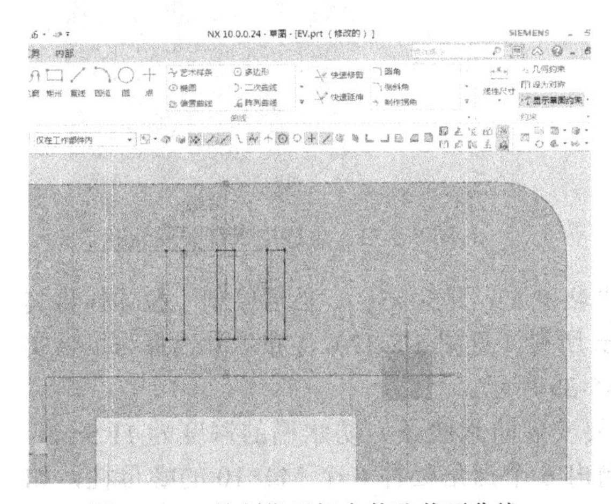

图 5-5-27　绘制指示灯安装孔截面曲线

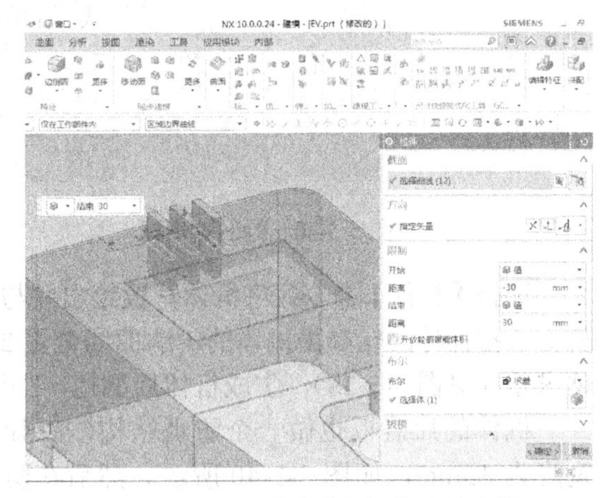

图 5-5-28　拉伸曲线并与机体实体求差

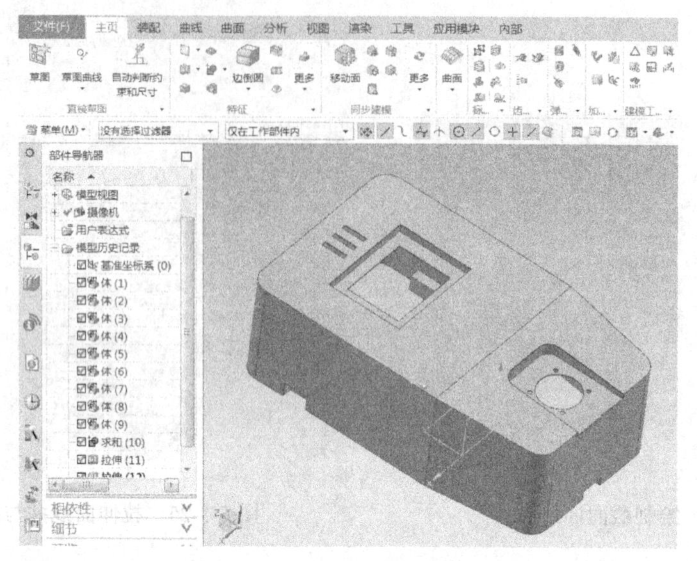

图 5-5-29 生成基本机壳实体

选择【拉伸】命令，在右侧凹槽面上绘制一矩形框，位置、尺寸如图 5-5-30 所示，拉伸距离需将其贯穿，【布尔】选择【求差】，生成空气开关安装孔，如图 5-5-31 所示。下面做一个简单的防水结构（使用时要安装防水胶条），在矩形框的四周通过【拉伸】命令绘制出一个厚度为 1.5mm、拉伸距离为 15mm 的拉伸体即可，如图 5-5-32、图 5-5-33 所示。在屏幕安装位置下方，绘制一个刷卡器安装孔轮廓曲线，生成刷卡器安装口，位置、尺寸如图 5-5-34、图 5-5-35 所示，圆角钣金厚为 3mm。

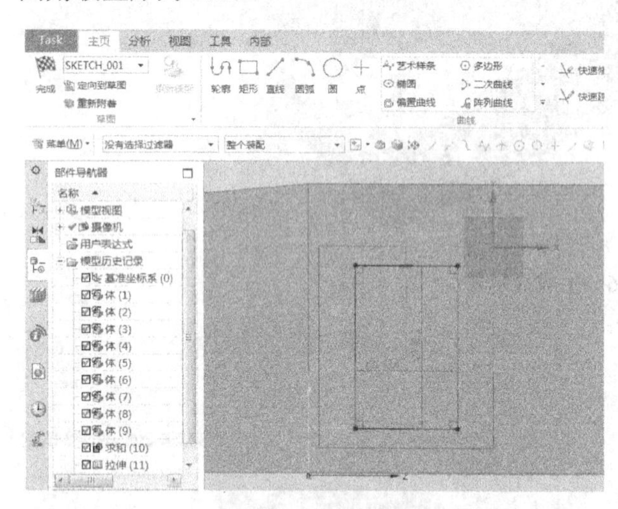

图 5-5-30 绘制矩形框

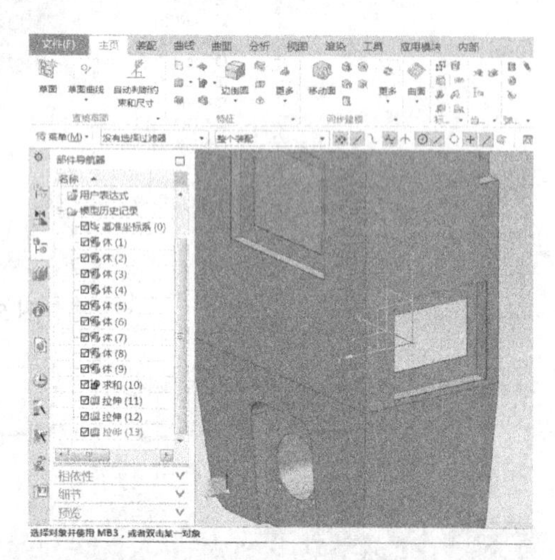

图 5-5-31 生成空气开关安装孔

选择【拉伸】命令，将机体背板绘出并与机体求和（见图 5-5-36），然后绘制一拉伸体将其贯穿，拉伸体的轮廓由机体的轮廓曲线偏置 20mm 所得（见图 5-5-37），【布尔】选择与机体实体求差（见图 5-5-38），生成机体后翻边，如图 5-5-39 所示。

机体的后盖板也做一个防水结构（使用时需要安装防水胶条），防水槽的深度为 11.5mm，宽度为 15mm，如图 5-5-40 所示。然后在防水槽内 6 个拐角处种 6 个 M4×10 的螺母柱，如图 5-5-41 所示，同时将左右和下方的挂墙安装孔开出，如图 5-5-42 所示。

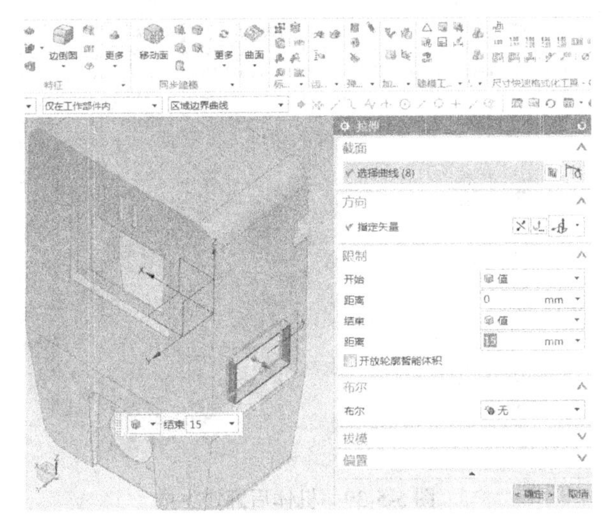

图 5-5-32 拉伸截面

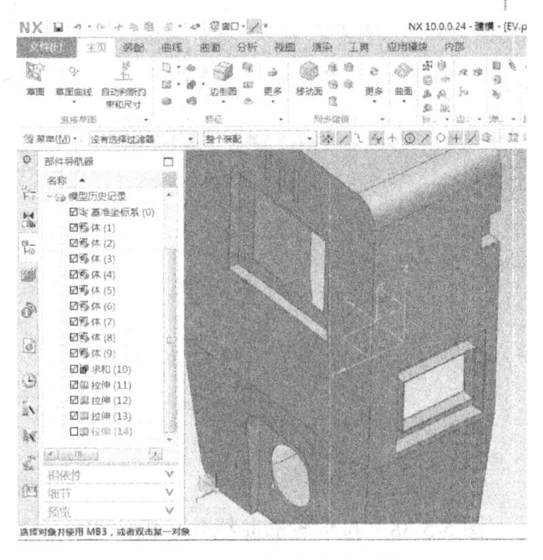

图 5-5-33 生成防水结构

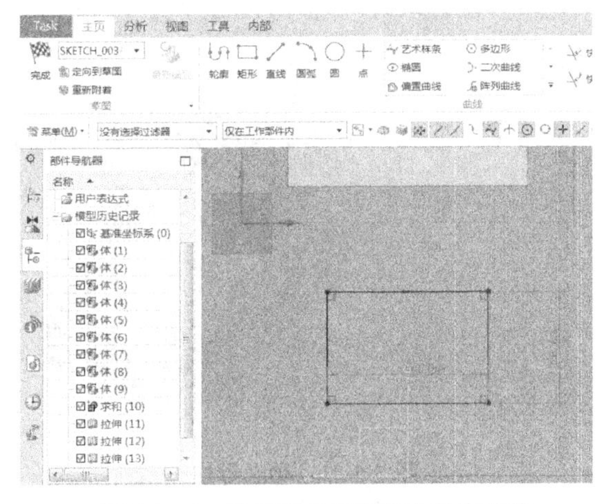

图 5-5-34 绘制刷卡器安装孔轮廓曲线

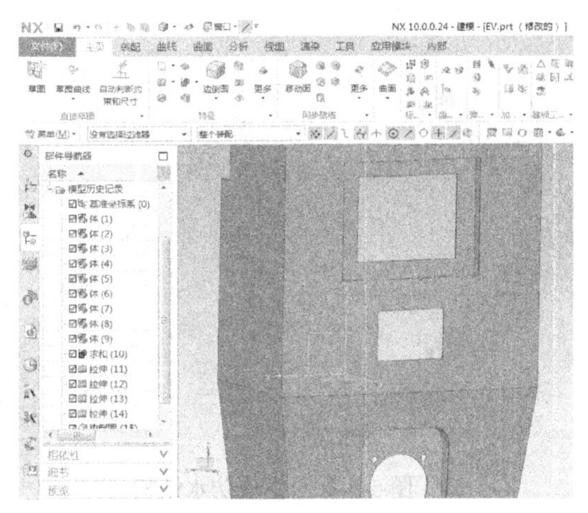

图 5-5-35 生成刷卡器安装孔

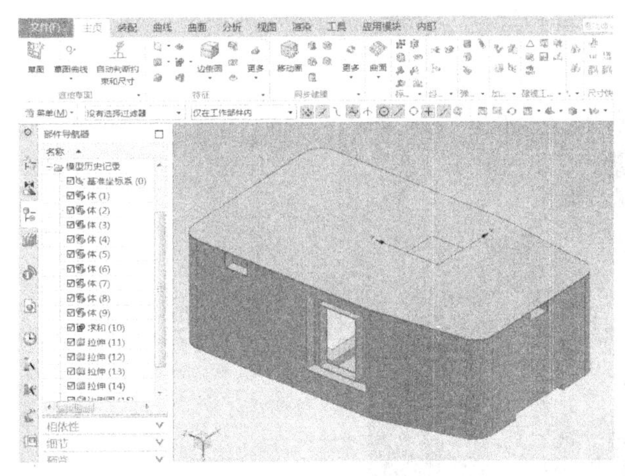

图 5-5-36 生成机体背板

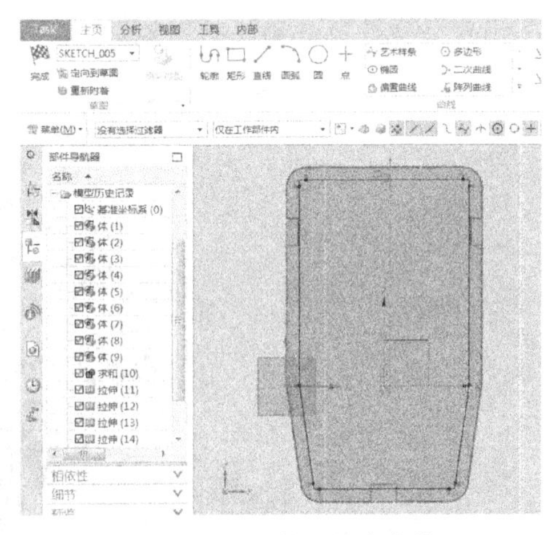

图 5-5-37 偏置轮廓曲线

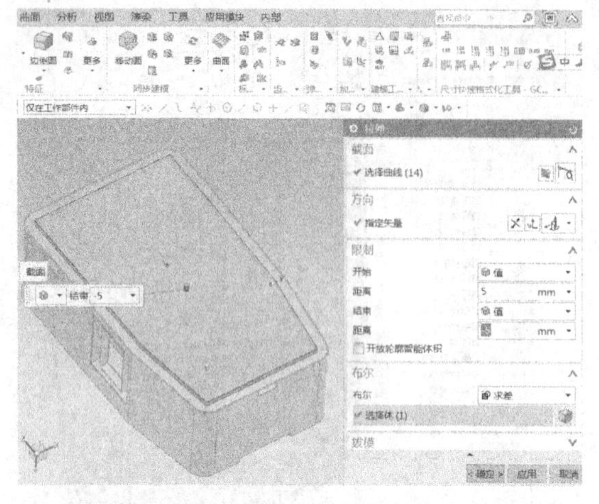

图 5-5-38 拉伸轮廓曲线并与机体实体求差

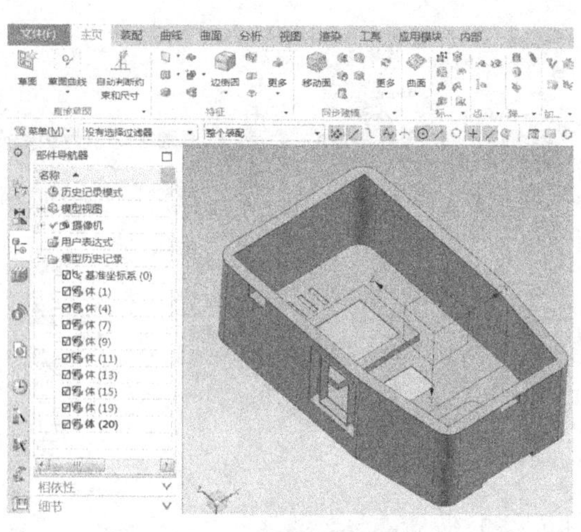

图 5-5-39 机体后翻边生成

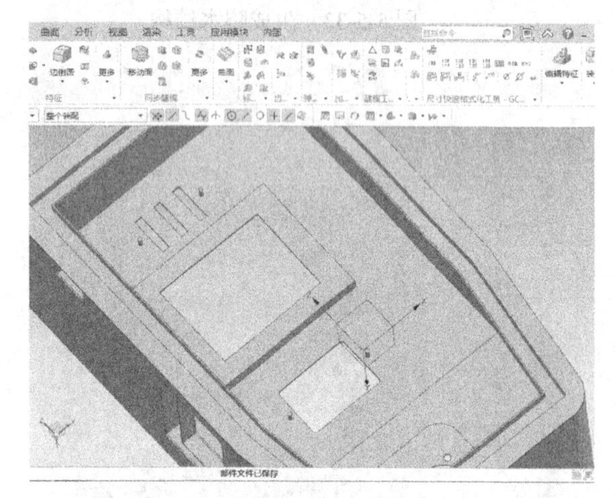

图 5-5-40 生成防水结构

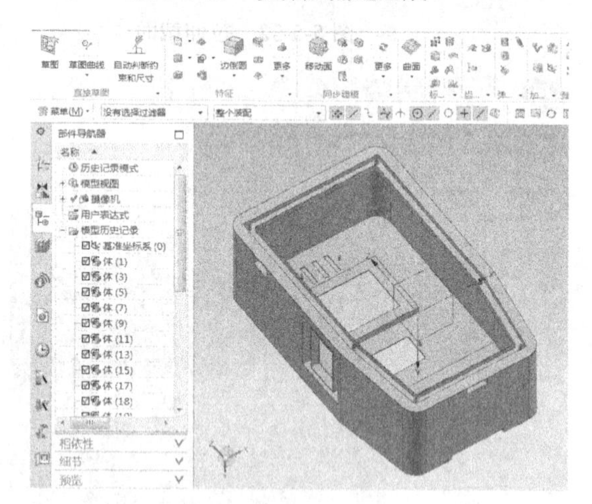

图 5-5-41 种螺母柱

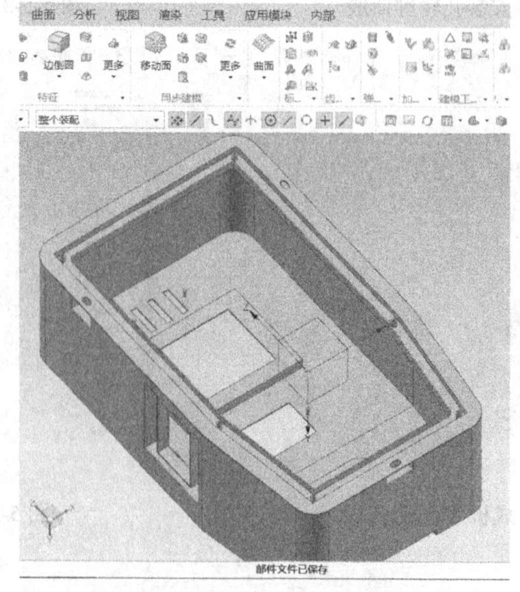

图 5-5-42 生成挂墙安装孔

5.5.3.2　零部件的建模、装配与安装结构设计

将已经绘制好的显示屏、刷卡器面板、刷卡器感应头等安装模块（见图 5-5-43）通过装配放置在相应的位置（见图 5-5-44、图 5-5-45），将机体作为工作部件，选择【装配】选项卡→【常规】功能栏→【WAVE 几何链接器】命令，将刷卡器面板上安装孔的轮廓曲线复制，确定安装螺钉的位置，然后将螺钉的值设为 M4×10（见图 5-5-46），再根据螺钉的位置，绘制出刷卡器感应头电路板的钣金安装支架，如图 5-5-47 所示。

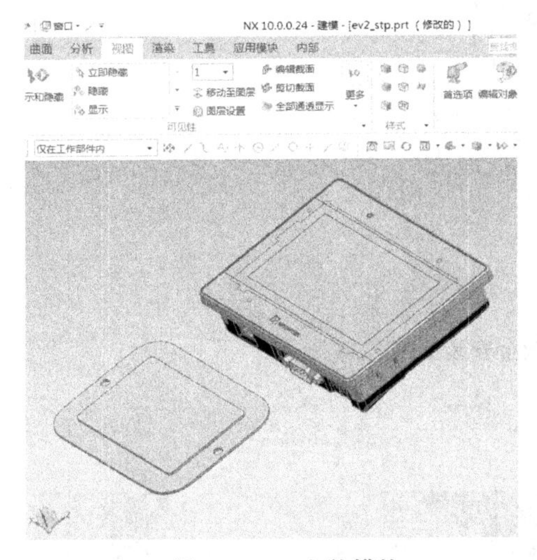

图 5-5-43　安装模块

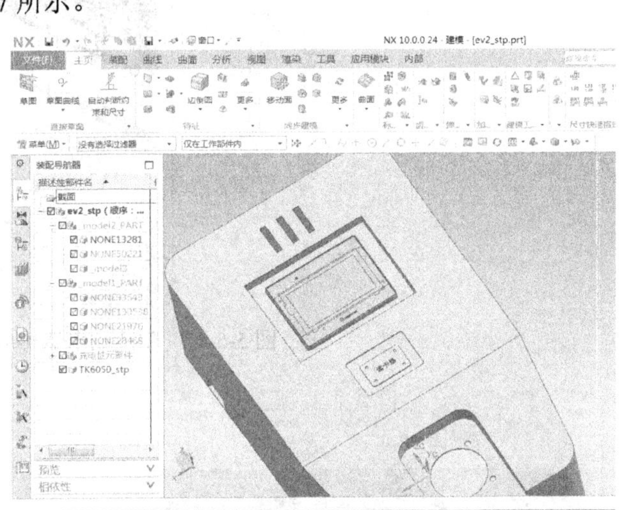

图 5-5-44　装配显示屏、刷卡器感应头

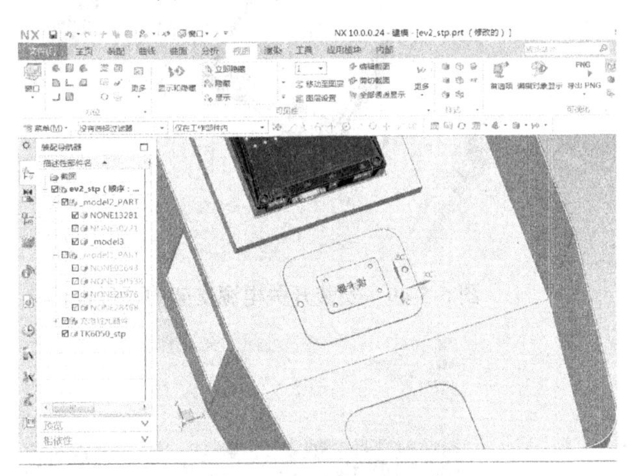

图 5-5-45　装配刷卡器面板

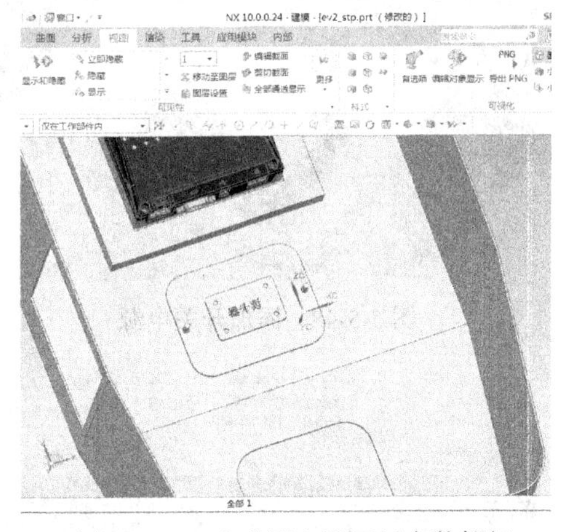

图 5-5-46　生成刷卡器面板安装螺钉

将开关电源添加进机体内，位置在显示屏的正后方（见图 5-5-48），然后绘制安装开关电源支架的螺母柱（M4×12）（见图 5-5-49），并将开关电源支架绘制完成（见图 5-5-50）。同理，将主控制器数模添加进来，放置于开关电源后，并在电源支架上设计主控制器的安装支架（见图 5-5-51）。

将其他需要安装的元器件数模添加进来并放置在需要的位置（见图 5-5-52），通过参考这些元器件的排布方式和安装结构，绘制模块安装支架及其固定螺母柱，如图 5-5-53、图 5-5-54 所示，随后将指示灯的安装螺钉绘制好（见图 5-5-55），请注意螺母柱和螺钉一般通过压铆的方式固定在钣金上，板材厚度不应小于 1mm，否则影响压铆强度，这里涉及一个在钣金上开孔（底孔）的问题，如果是压螺钉，开孔尺寸与螺钉直径一致就可以了，比如 M4 的螺钉就开直径为 4mm 的孔；如果是压螺母柱则需要考虑压铆螺母柱头部的尺寸问题，孔开大了压不紧，孔开小

了压不进去，所以一般来说有一个基本尺寸，压 M3 的螺母柱开孔尺寸为ϕ5.4（螺母柱规格为3.5M3 或 M3.5），压 M4 的螺母柱开孔尺寸为ϕ7.2，具体可对照《常用压铆五金件及底孔表》。

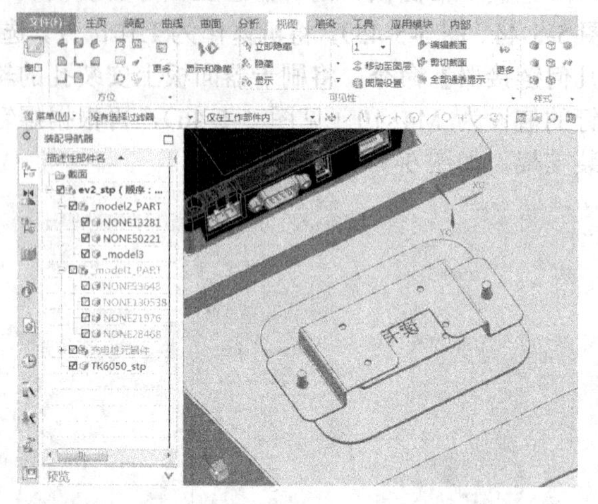

图 5-5-47　生成刷卡器感应头钣金安装支架

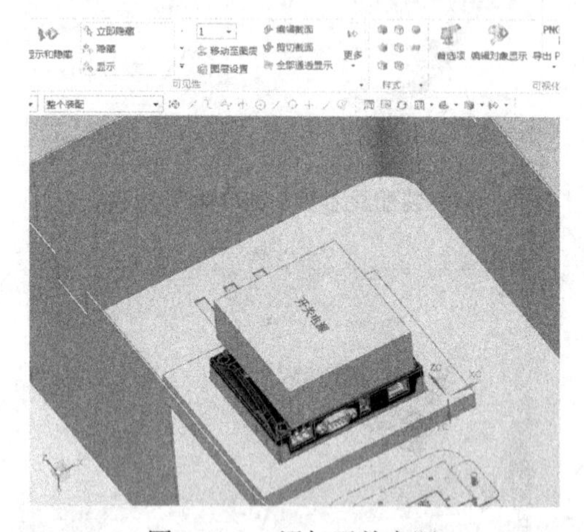

图 5-5-48　添加开关电源

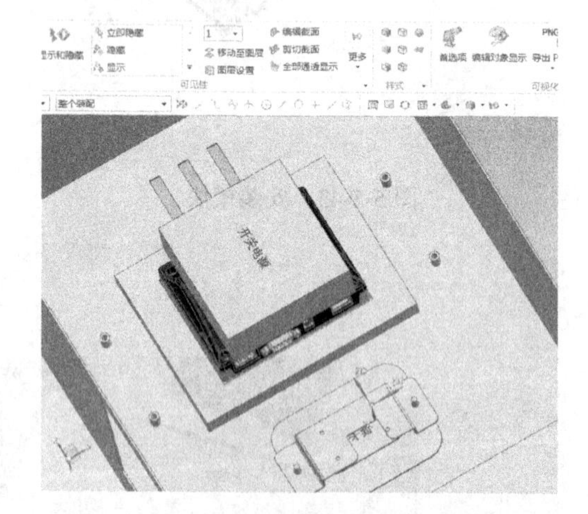

图 5-5-49　安装开关电源支架的螺母柱

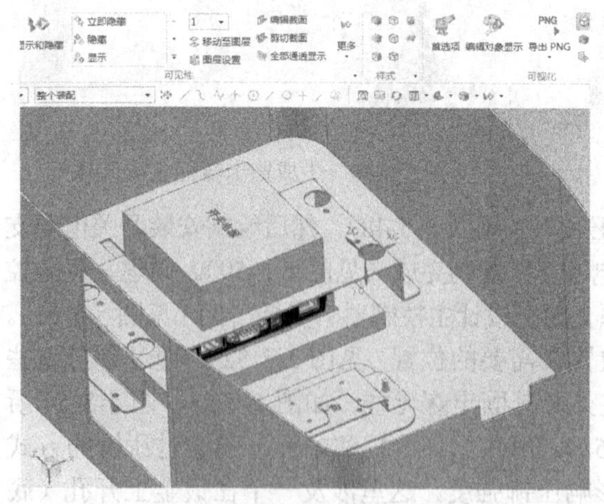

图 5-5-50　创建开关电源支架

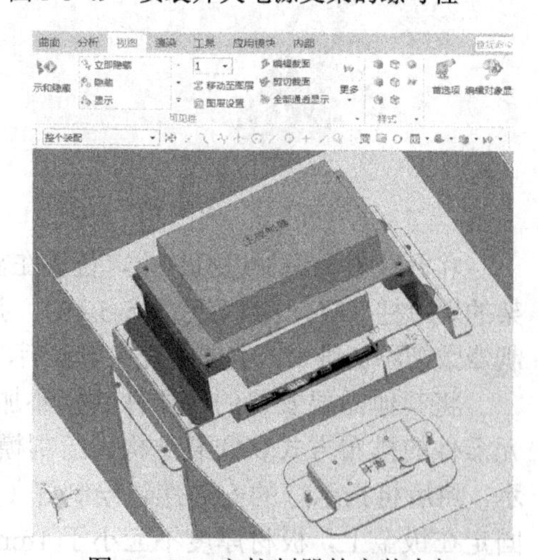

图 5-5-51　主控制器的安装支架

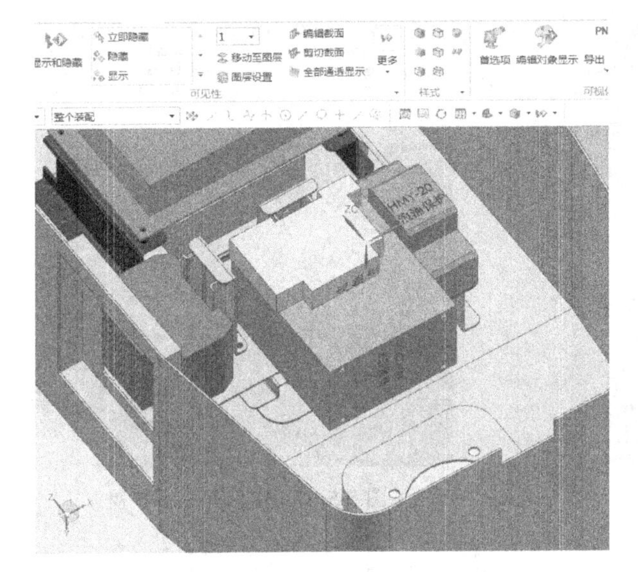

图 5-5-52　添加其他元器件数模

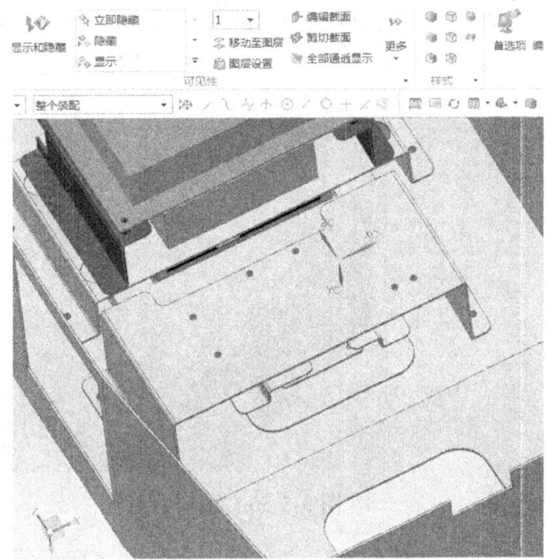

图 5-5-53　绘制模块安装支架

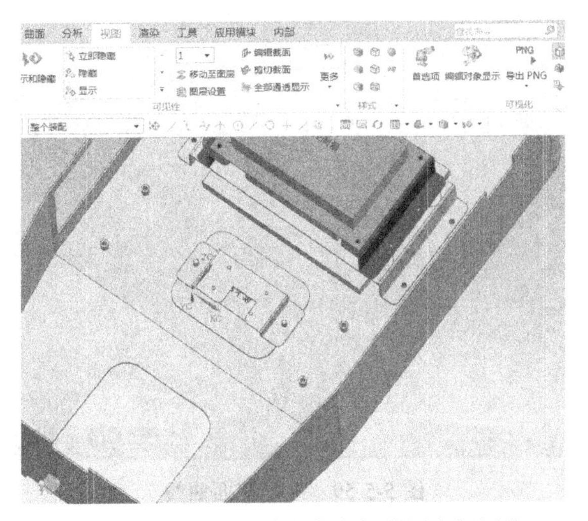

图 5-5-54　绘制模块安装支架的固定螺母柱

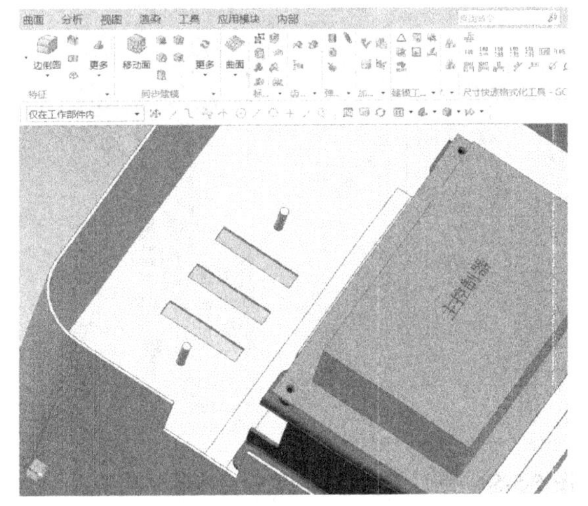

图 5-5-55　绘制指示灯安装螺钉

接下来设计机体后盖板，后盖板与机体的安装间隙为 1mm，如图 5-5-56 所示。然后将机体右侧的空气开关保护盖设计好，结构如图 5-5-57 所示，可以选择【视图】→【可见性】→【剪切截面】命令查看保护盖与空气开关槽的结构关系，如图 5-5-58 所示。选择【拉伸】命令，以机体底部平面为绘制平面，绘制如图 5-5-59 所示截面曲线，并用【布尔】命令与机体实体求差。中间直径为 60mm 的圆孔为走线孔，网线、电线将从这里穿过，通过下方的空心支柱与预埋在地下的管线相连。四周 4 个直径为 6mm 的圆形通孔用于连接支柱，直径为 28mm 的圆孔用于安装充电枪的电线，直径为 8mm 的孔为预留孔。完成后如图 5-5-60 所示。

然后绘制支柱及底座，在支架顶部安装板上需焊接 4 个 M5 的螺钉，用于与机体的连接，如图 5-5-61 所示。至此充电桩造型和结构的建模工作基本完成。

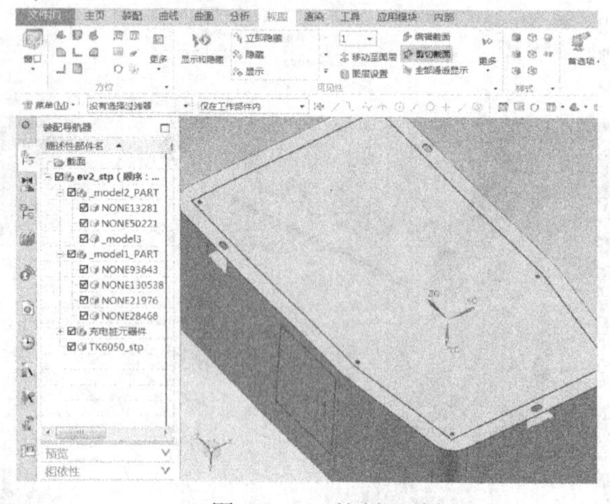

图 5-5-56　绘制后盖板

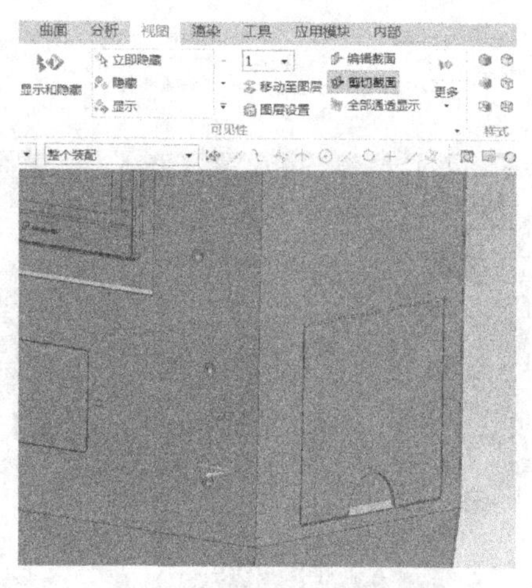

图 5-5-57　空气开关保护盖

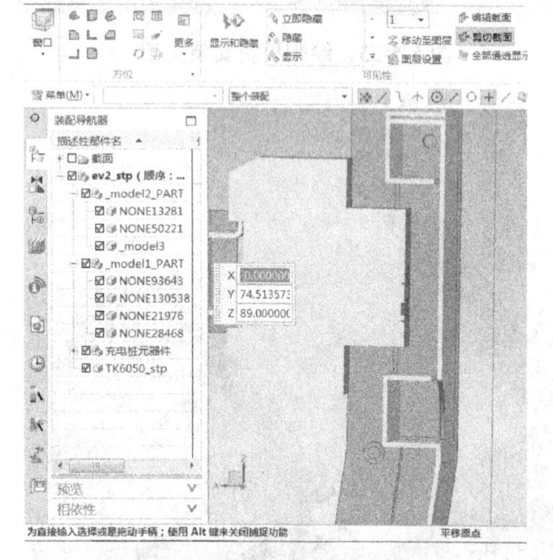

图 5-5-58　通过【剪切截面】命令查看结构关系

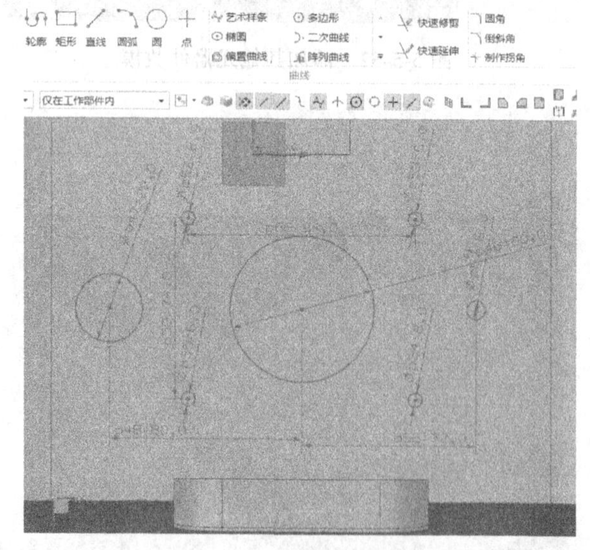

图 5-5-59　绘制截面曲线

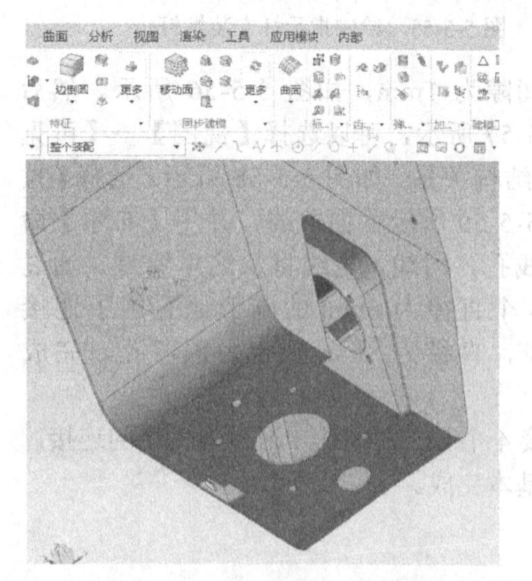

图 5-5-60　生成安装、走线孔

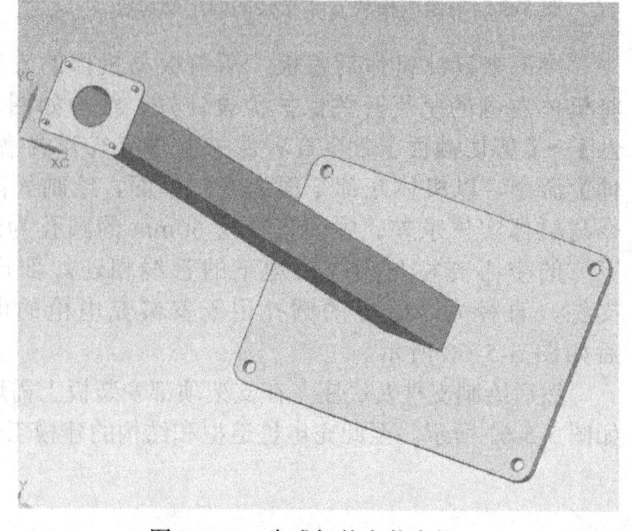

图 5-5-61　生成机体安装支柱

5.5.3.3 将实体模型转换为钣金零件

接下来将构建的实体模型转换为钣金零件，用于将来展开后进行加工处理，在此之前需要将机体上将来需要进行焊接的部分先通过【拆分体】命令一一转换为独立的零件。首先将后盖板转换为钣金零件，选择【应用模块】选项卡→【设计】功能栏→【钣金】命令，在【钣金首选项】里将全局参数设置为图 5-5-62 所示值。在【主页】选项卡→【基本】功能栏→【转换】选项里选择【转换为钣金】命令，【基本面】选择盖板的内外侧平面均可，【要撕开的边】选择翻边的 6 条转角线，内外侧均可，单击【确定】后钣金后盖板生成，如图 5-5-63、图 5-5-64 所示。同理，将空气开关保护盖转换成钣金零件，如图 5-5-65 所示。

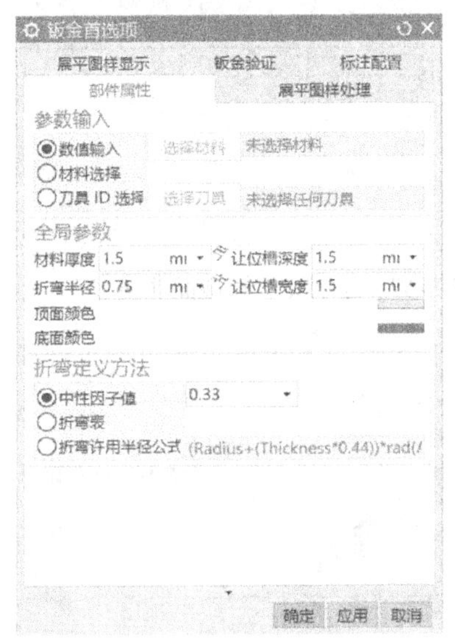

图 5-5-62 钣金参数设置

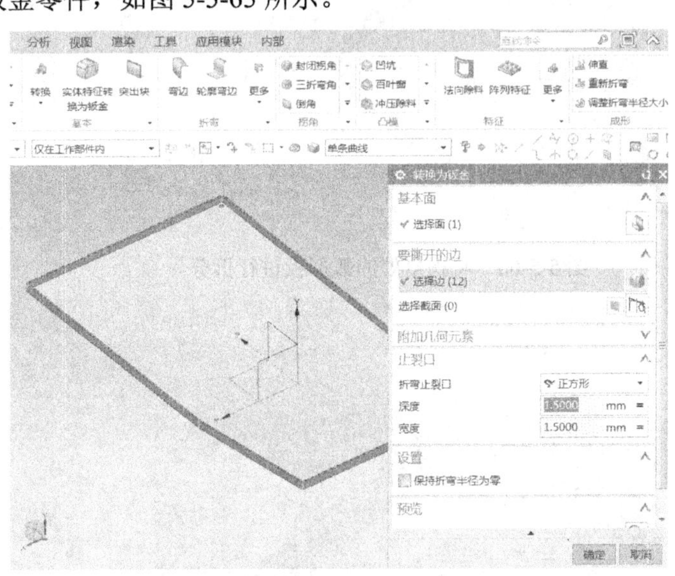

图 5-5-63 【转换为钣金】对话框

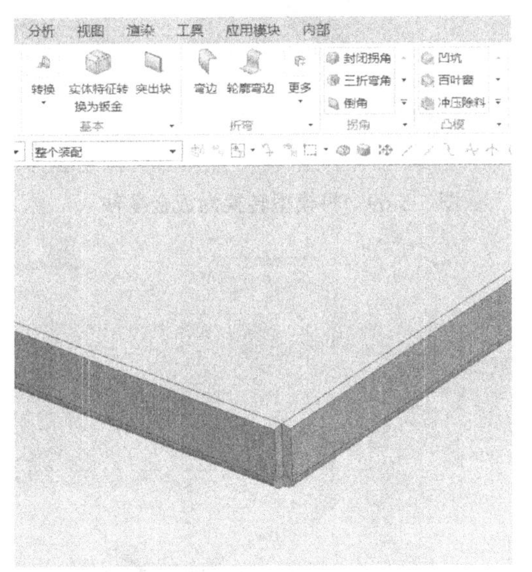

图 5-5-64 将后盖板转换为钣金零件

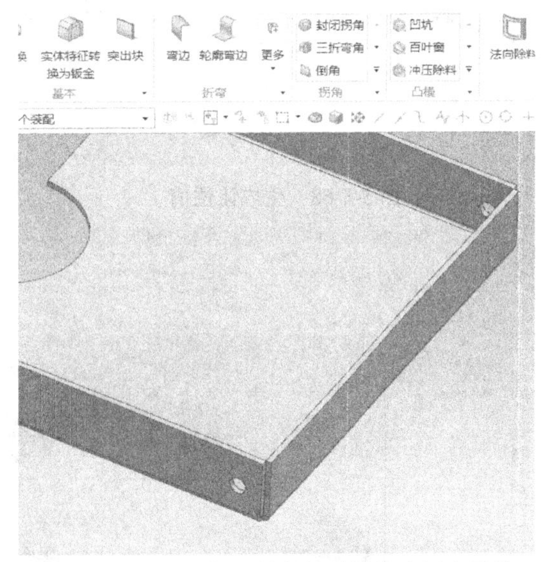

图 5-5-65 将空气开关保护盖转换为钣金零件

接下来将插枪口的零件转换为钣金零件，在【建模】模块中将零件拐角处的弧形板通过【拆分体】命令拆分下来（见图 5-5-66），考虑到将来转换成钣金零件时折弯处的处理，在翻边边缘处做一个让位槽，宽度为 0.5mm，深度为 1.5mm，如图 5-5-67、图 5-5-68 所示。然后进入【钣金】模块，选择【转换为钣金】命令，将此零件转换为钣金零件，如图 5-5-69、图 5-5-70 所示。同理，将所有从机体上拆分出的零件转换为钣金零件，如图 5-5-71 所示。

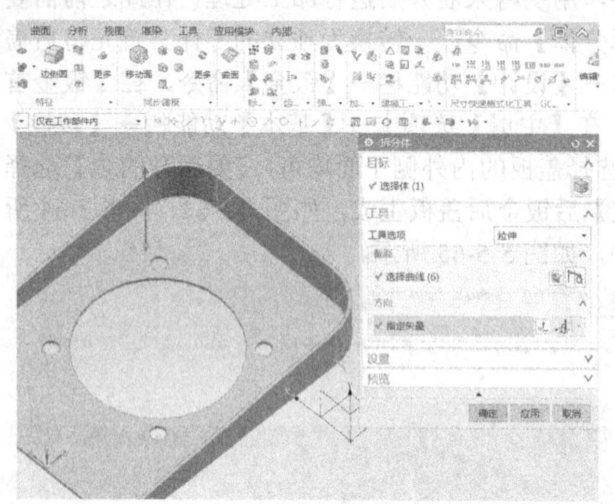

图 5-5-66　将拐角处的弧形板进行拆分

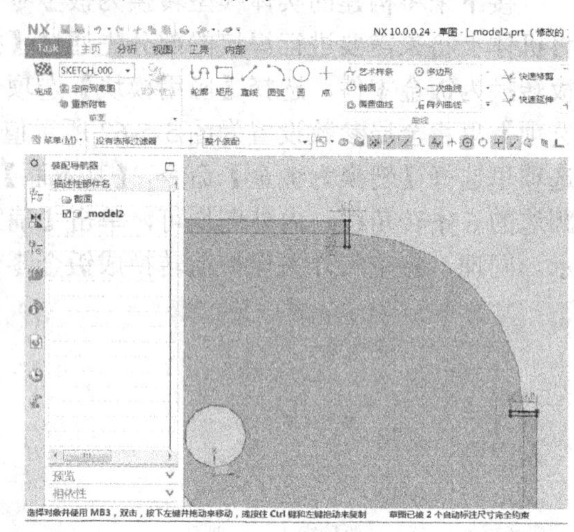

图 5-5-67　绘制让位槽截面曲线

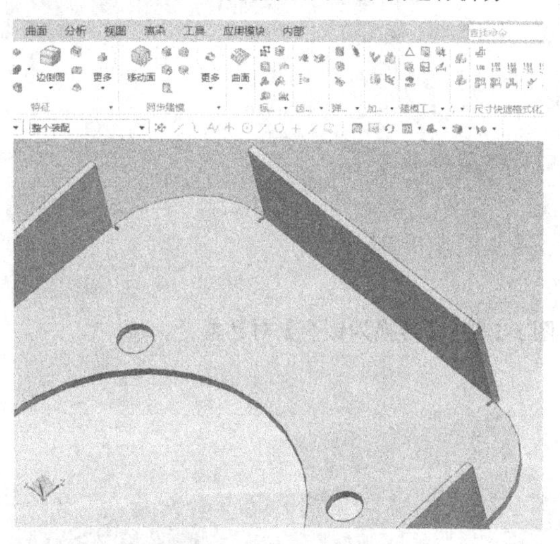

图 5-5-68　生成让位槽

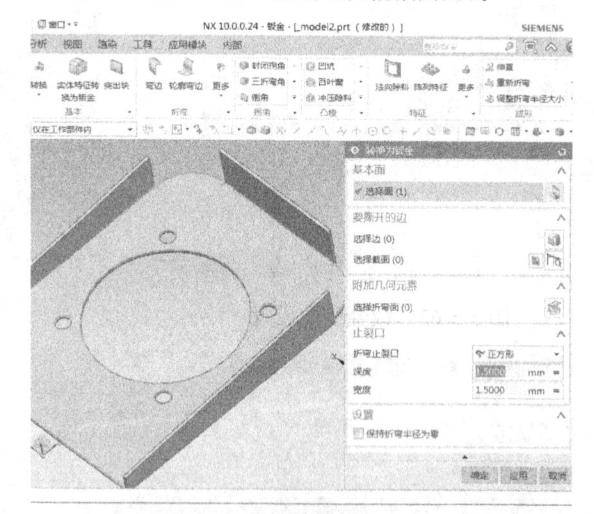

图 5-5-69　将模型转换为钣金零件

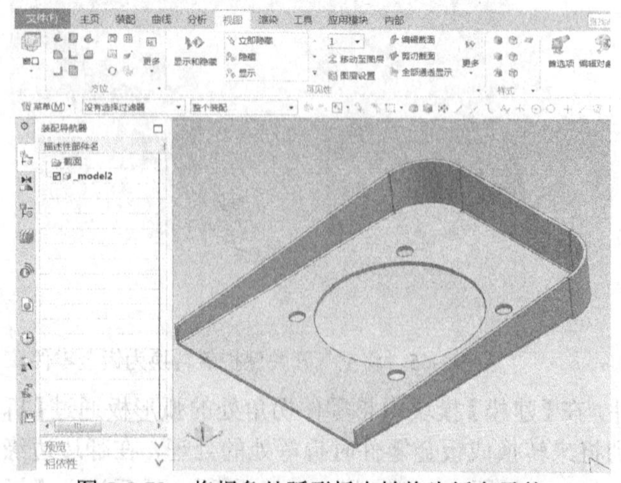

图 5-5-70　将拐角处弧形板也转换为钣金零件

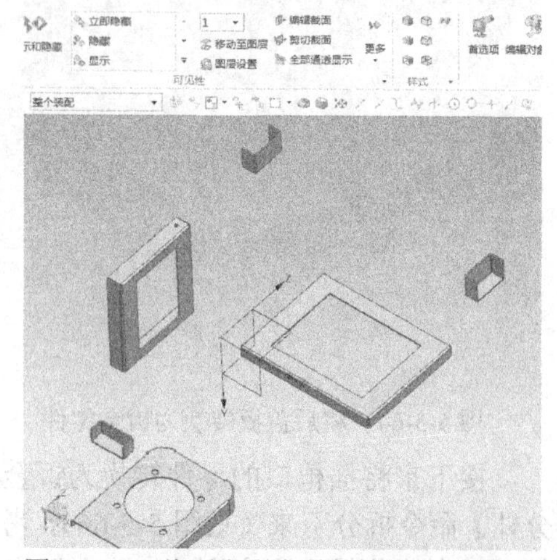

图 5-5-71　将所有剩余零件转换为钣金零件

然后在【建模】模块中将机体根据折弯和焊接工艺的要求进行拆分（见图 5-5-72），上半部分相对复杂，需要进一步拆分，下半部分十分简单，可以直接转换为钣金零件。选择【拆分体】命令将上半部分顶部拐角的圆弧面拆分出来（见图 5-5-73），在翻边的边缘处做一个让位槽，宽 0.5mm，深 1.5mm（见图 5-5-74、图 5-5-75），在显示屏所在面、倾斜面及侧面的交汇处情况比较复杂，同样通过设计让位槽的方式将这几个面的关系明确下来，如图 5-5-76、图 5-5-77 所示，然后进入【钣金】模块，选择【转换为钣金】命令，将机体都转换为钣金零件（见图 5-5-78、图 5-5-79）。

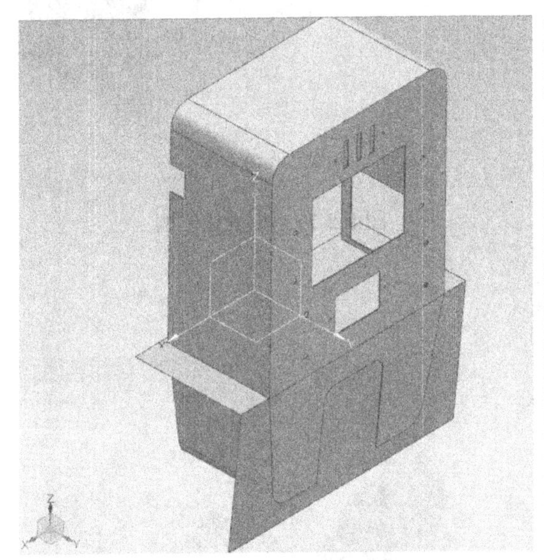

图 5-5-72　绘制拆分曲面

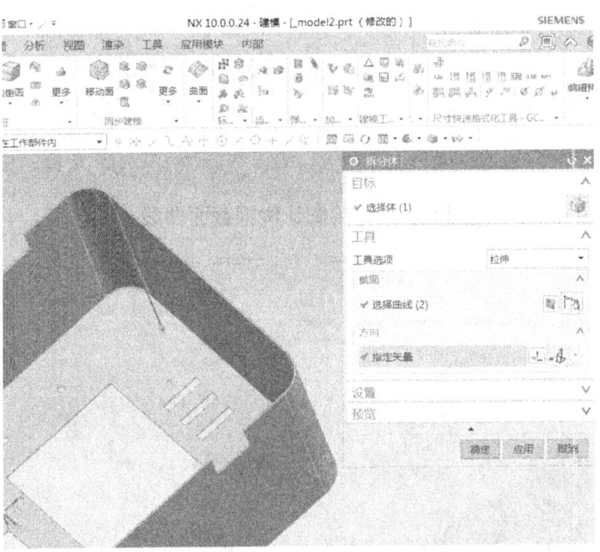

图 5-5-73　拆分拐角圆弧面

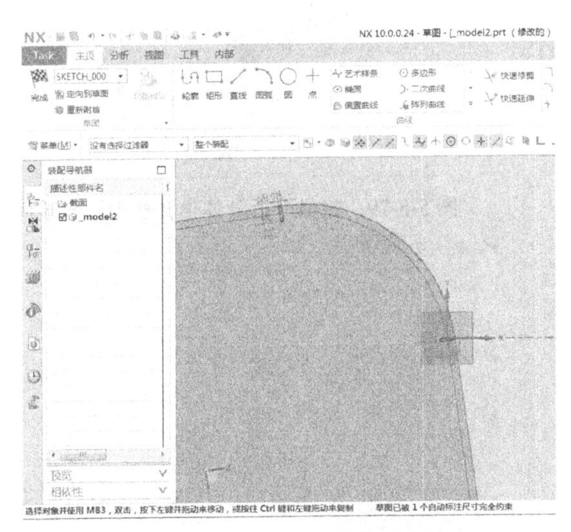

图 5-5-74　绘制让位槽截面曲线

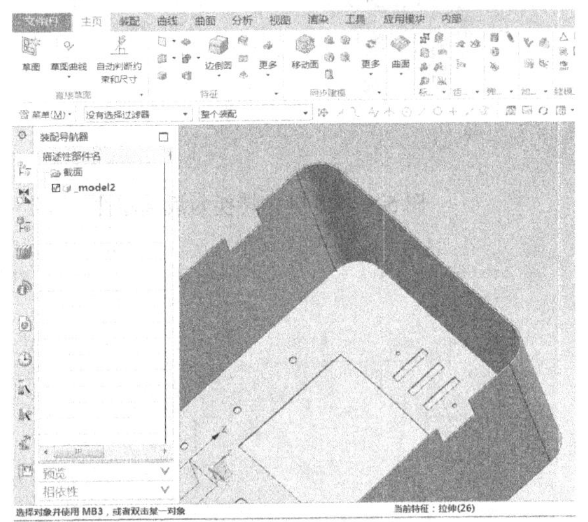

图 5-5-75　生成让位槽

由于机体后部防水边框需要进行多次折弯和焊接，因此进入【建模】模块将其拆分为 4 块，如图 5-5-80、图 5-5-81 所示，框体上、下部分可以通过多次折弯进行成型，如图 5-5-82、图 5-5-83 所示。

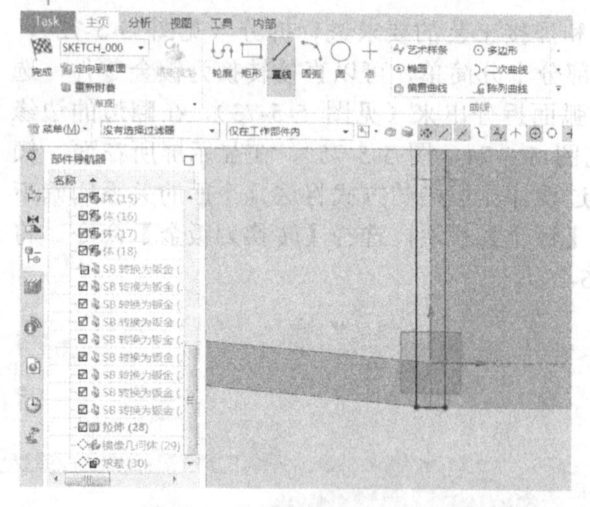

图 5-5-76　绘制让位槽截面曲线

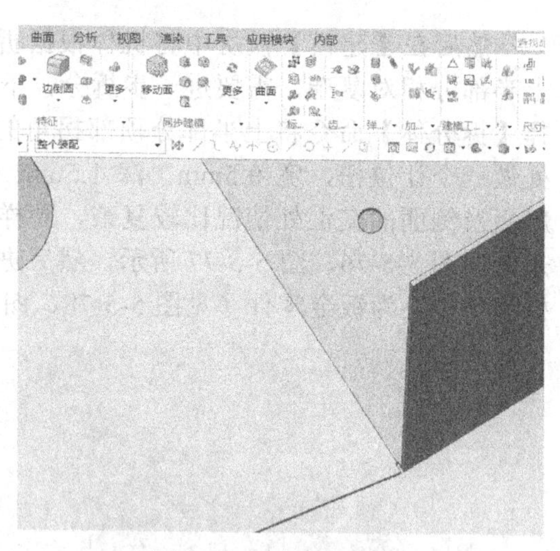

图 5-5-77　生成让位槽

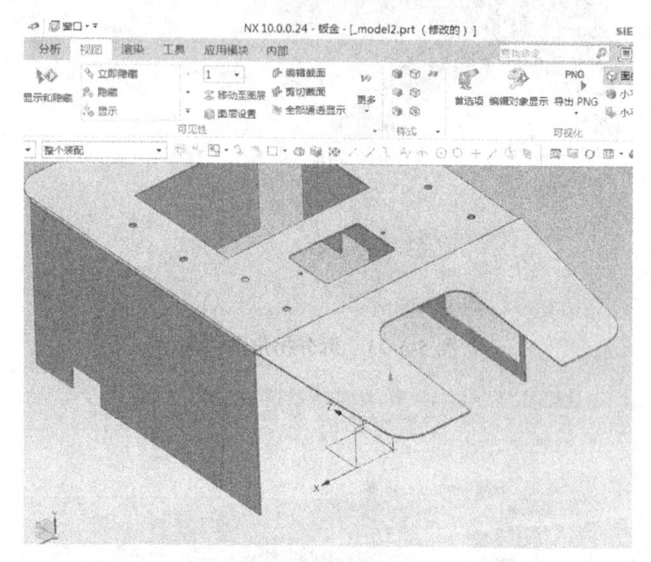

图 5-5-78　机体转换为钣金零件

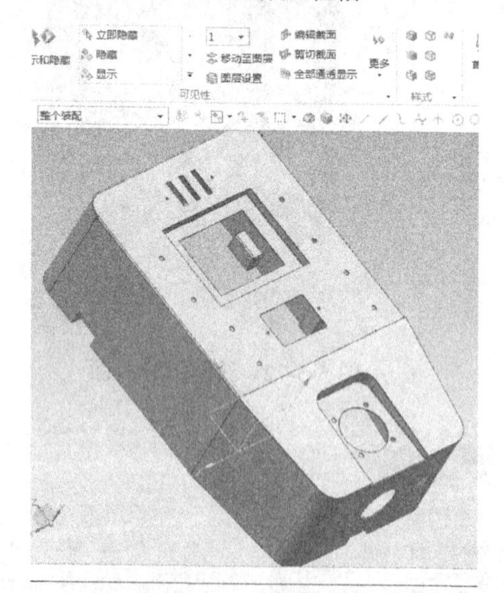

图 5-5-79　将另一拆分体也转换为钣金零件

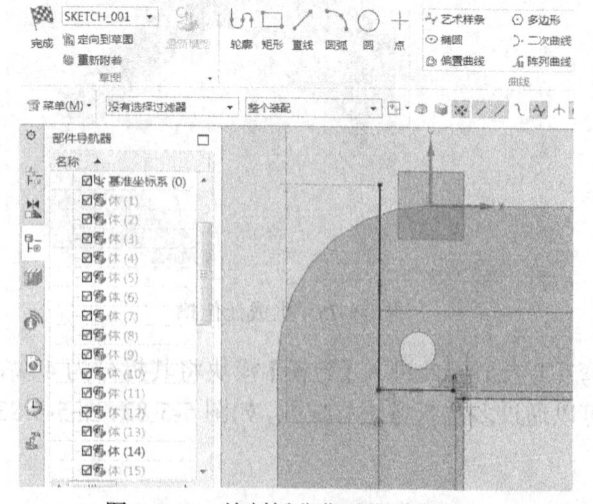

图 5-5-80　绘制拆分曲面截面曲线

图 5-5-81　生成拆分曲面

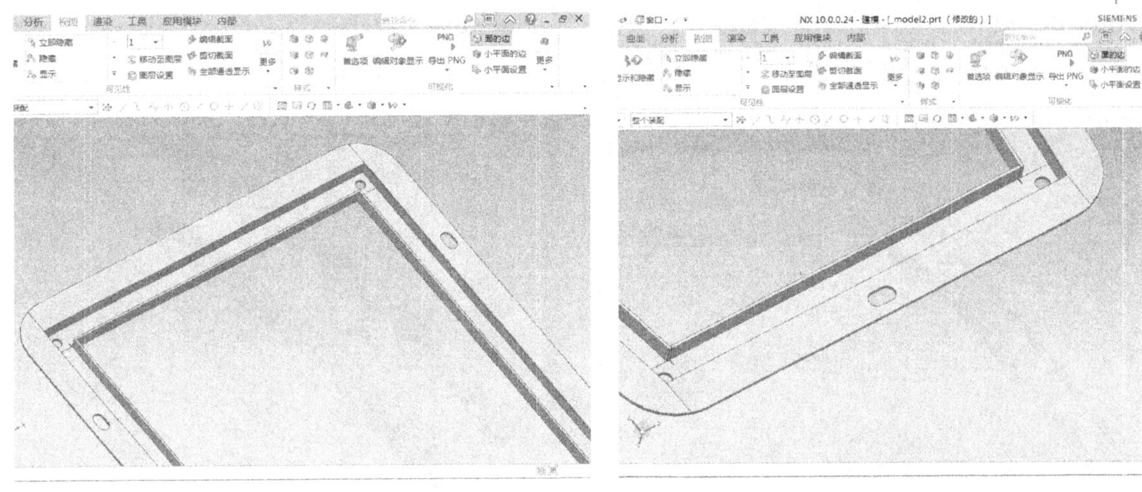

图 5-5-82　框体上部　　　　图 5-5-83　框体下部

框体左右两侧因为折弯方向的问题不能通过多次折弯成型（见图 5-5-84），需要分别拆分出两个零件并隐藏无须折弯的部分，对其中一个凹槽形零件进行折弯（见图 5-5-85），然后通过【焊接】命令将它们连接起来。将凹槽形零件先转换为钣金零件，进入【钣金】模块，选择【转换为钣金】命令，【基本面】选择平面，要撕开的边选择拐角的直线（见图 5-5-86），单击【确定】后此件转换为了钣金零件。仔细观察该零件，展开后外侧翻边没有问题，内侧翻边展开后会产生干涉（见图 5-5-87），因此选择【主页】选项卡→【特征】功能栏→【法向除料】命令，以外表面平面为绘图平面绘制除料矩形截面曲线，宽度为 0.8mm，如图 5-5-88 所示，切割深度输入 10mm，单击【确定】，完成除料（见图 5-5-89），经过这样的操作，该钣金零件展开后就不存在干涉的问题了。

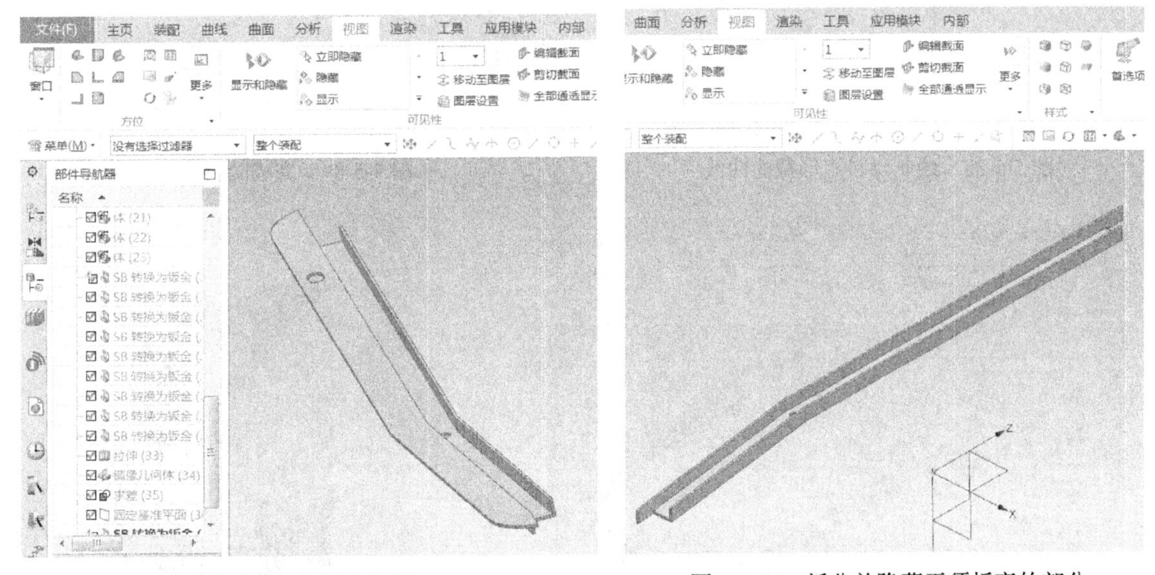

图 5-5-84　框体左侧　　　　图 5-5-85　拆分并隐藏无须折弯的部分

将需要焊接的零件用不同颜色区分开来，再将所有要装配的元器件显示，整个机体的焊接、装配关系将很清晰地被展现出来，如图 5-5-90～图 5-5-94 所示。

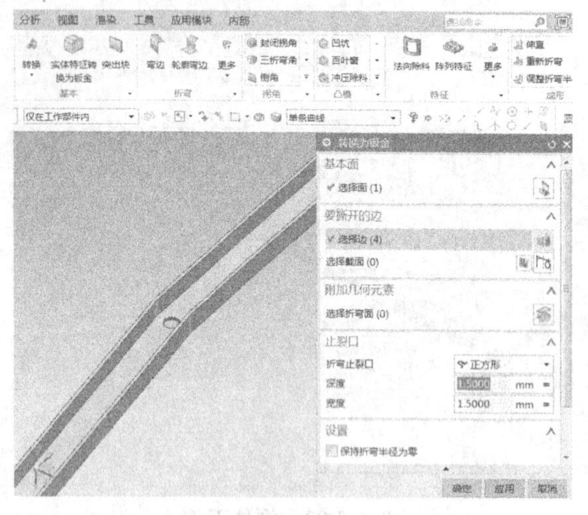

图 5-5-86　将数模转换为钣金零件

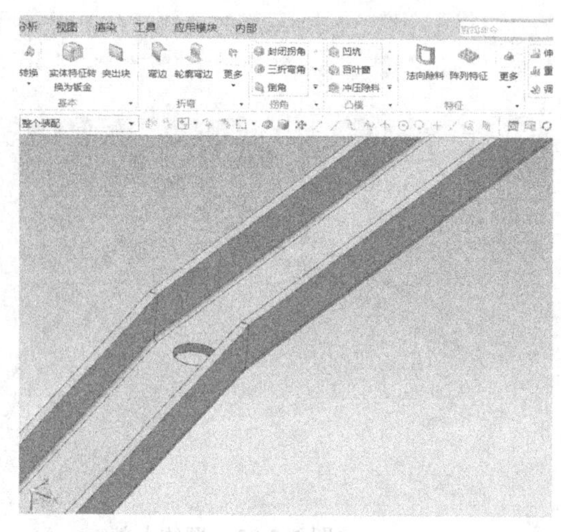

图 5-5-87　内侧翻边展开后会形成干涉

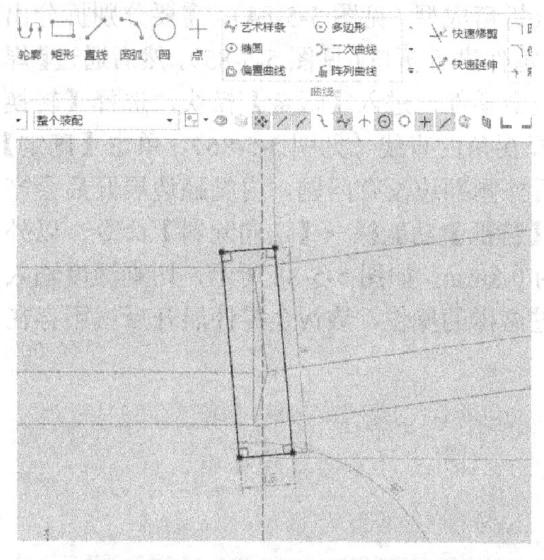

图 5-5-88　绘制除料矩形截面曲线

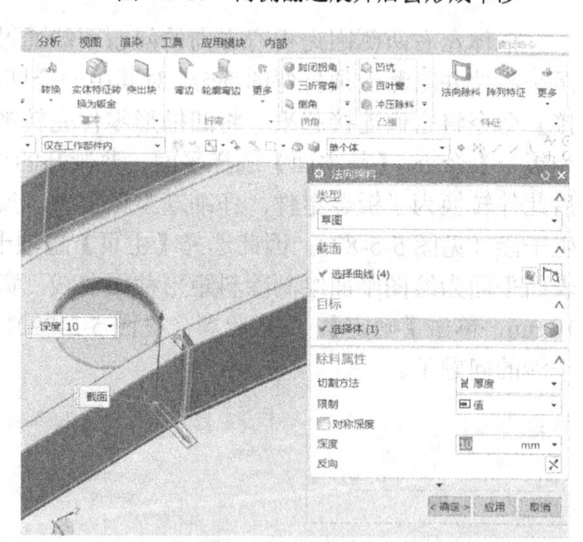

图 5-5-89　完成除料

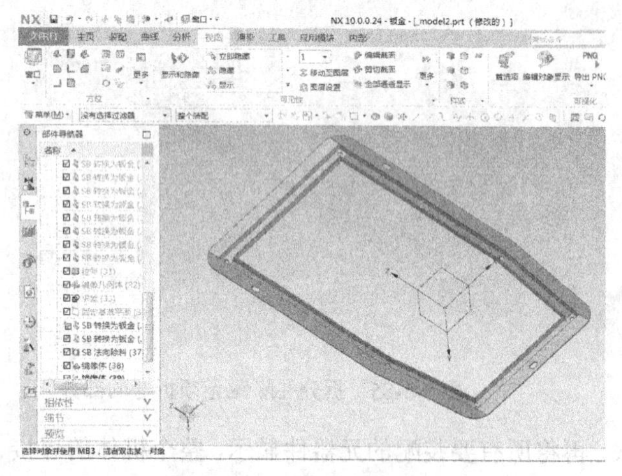

图 5-5-90　框体焊接位置关系

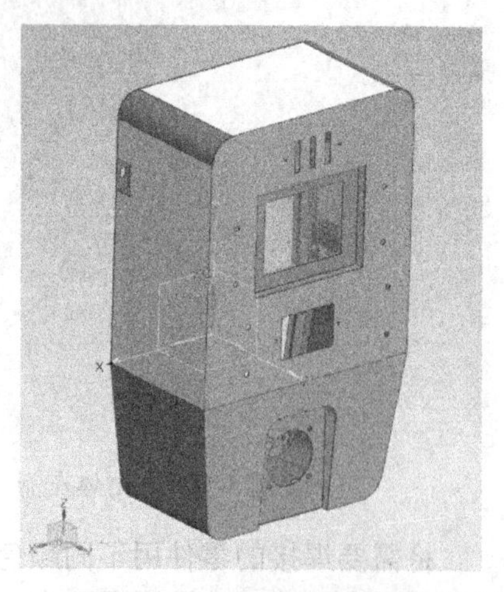

图 5-5-91　壳体焊接位置关系

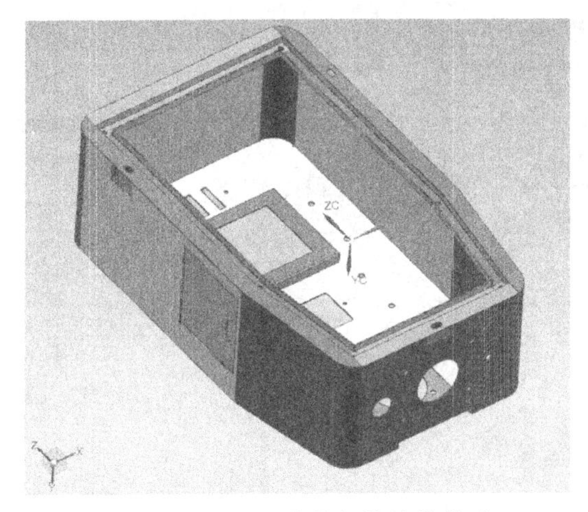

图 5-5-92　整体焊接结构关系

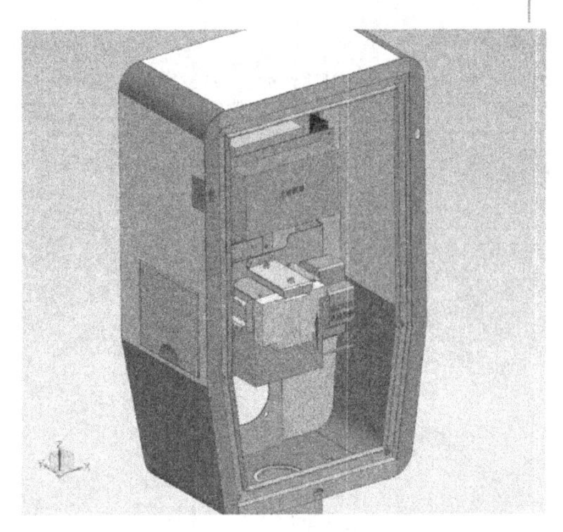

图 5-5-93　机体装配关系

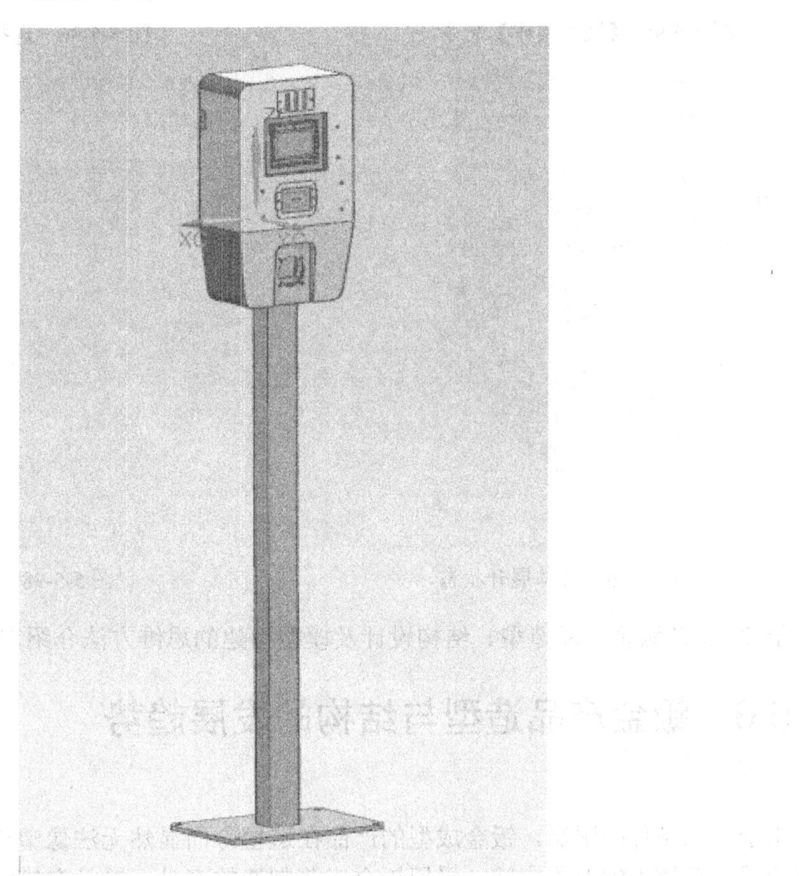

图 5-5-94　整体装配关系

5.5.3.4　将钣金零件展开为加工图

只有成为钣金的零件才可以进行展开编辑，在钣金模块中，将壳体的主要零件显示，其余零件隐藏。选择【主页】选项卡→【展平图样】→【展平实体】命令（见图 5-5-95），【展平实体】选项内【固定面】选择图 5-5-96 所示的平面，单击【确定】，得到该壳体的展开状态，如图 5-5-97、图 5-5-98 所示，利用该钣金展开图就可以出二维图纸进行下料了。

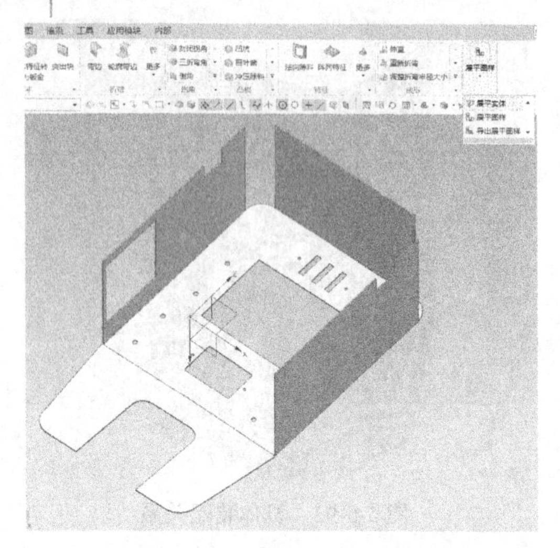

图 5-5-95 【展平实体】命令

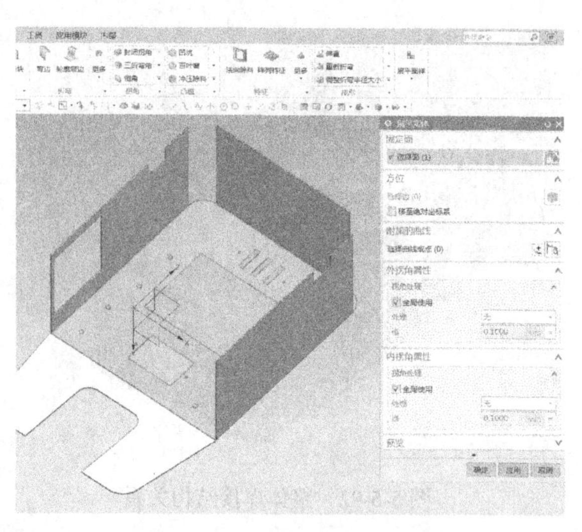

图 5-5-96 选择展平实体固定面

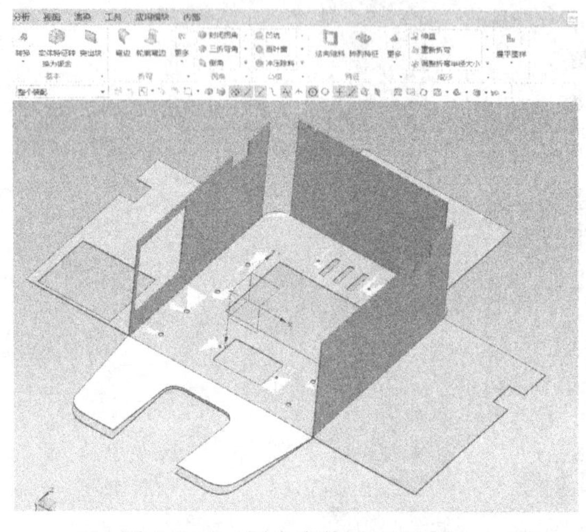

图 5-5-97 钣金壳体展开状态

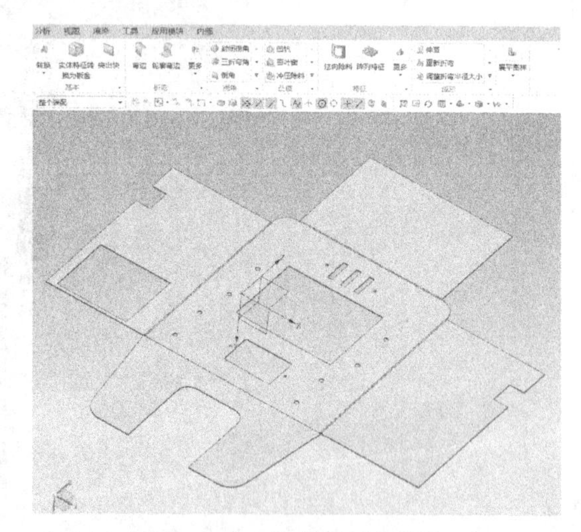

图 5-5-98 隐藏原钣金数模

至此，UG 钣金产品造型、结构设计及模型构建的思维方法介绍完毕。

5.6 钣金产品造型与结构的发展趋势

由于工艺条件的限制，钣金成型的产品在造型方面显然无法像塑料产品一样丰富，但总体而言依然存在较大的发展空间。采用钣金工艺制造的产品一般具有较大的体积，容易吸引人们的关注，如果造型处理得不好会显得突兀或缺乏特色，导致受关注程度降低甚至被忽视。因此钣金产品的造型在塑造产品形象方面作用巨大，至于结构设计则需要从连接强度、拆件的合理性等方面确保造型的可实现性。

5.6.1 围绕工艺展开产品造型的设计模式长期存在

与塑料模具成型工艺不同，在钣金的加工和生产中人工参与的工序比较多，加工设备的限制条件也比较多，工艺质量的稳定性一直是钣金工艺追求的目标。由于三 D 打印技术短期内无法应用于产品的实际生产，因此针对钣金工艺的设计方式暂时无法有根本性的改变。这就促使设计者在产品结构和工艺的交互性方面加以更多的考量，既能使产品有较为鲜明的视觉形象又能够优化工艺，提升产品的制造水平。以加工中心的外壳设计为例（见图 5-6-1、图 5-6-2），由于这类产品一般具有较大的体积，在造型的处理上以块面为主，需要避免复杂的形态成型带来工艺实现上的困难，同时为了凸显产品造型的特色，在造型细节上形成符号性的特征造型，形成一定的视觉冲击。

图 5-6-1 美国哈斯加工中心

图 5-6-2 德国 LAVATEC 加工中心

5.6.2 与其他材料工艺搭配进行设计创新

在现代产品设计中综合运用多种材料进行产品造型设计的情况是很普遍的。钣金由于其工艺的局限性，实现复杂造型的成本很高，但由于钣金具备良好的结构强度和较低的成本（指简单形态），因此在产品设计中往往与其他材料工艺搭配进行创新设计。比较典型的例子是台式电脑主机机箱（见图 5-6-3），通常机箱主体为钣金结构而前面板部分则由塑料模具成型，集成了较为复杂的造型和功能模块，钣金部分主要提供了结构框架以及主要壳体覆盖件。如果用钣金来制作前面板，显然达不到目前这个外观效果，即使能够达到这个效果，加工成本也会显著增加。再比如人们熟悉的 ATM 机（见图 5-6-4）除了显示、操作的面板部分是由 PC 材料模具成型的，其他箱体、壳体结构均是由钣金工艺完成的。

图 5-6-3 台式电脑主机机箱

图 5-6-4 ATM 机